AF496189

HISTOIRE

ABRÉGÉE

DES DROGUES SIMPLES.

I.

DE L'IMPRIMERIE DE FAIN, PLACE DE L'ODÉON.

HISTOIRE

ABRÉGÉE

DES DROGUES SIMPLES.

PAR N.-J.-B.-G. GUIBOURT,

PHARMACIEN, MEMBRE DE LA SOCIÉTÉ DES PHARMACIENS DE PARIS,
EX-SOUS-CHEF DE LA PHARMACIE CENTRALE DES HÔPITAUX CIVILS.

TOME PREMIER.

A PARIS,

CHEZ
L. COLAS, Imprimeur-Libraire, rue Dauphine, n°. 32.
MÉQUIGNON-MARVIS, Libraire, rue de l'École de Médecine, n°. 3, près celle de la Harpe.
L'AUTEUR, Pharmacien, rue de Richelieu, n°. 77.

1820.

A MONSIEUR

THÉNARD.

Monsieur,

Il n'y aurait qu'un homme tout-à-fait étranger aux sciences naturelles qui pourrait être étonné de voir un ouvrage du genre de celui-ci dédié à l'un de nos premiers chimistes. Pour peu qu'on les ait étudiées, on s'est bientôt convaincu des nombreux rapports qui les unissent, et par-dessus toutes combien la chimie éclaire les autres et rend leur marche plus assurée. J'appréhende avec bien plus de raison que ce ne soit l'exécution qui en paraisse trop indigne de vous, et qu'on ne me punisse par d'amères critiques du contraste que fera votre nom avec le peu de mérite de l'ouvrage. Cependant, Monsieur, d'autres pourront-ils trouver mauvais ce que votre bienveillance pour moi vous a fait agréer, et me voudront-ils mal de votre indulgence lorsqu'ils la trouveront entre eux et moi? Qu'elle me serve donc d'appui, et qu'il me soit permis d'augmenter encore les sentimens de reconnaissance et de vénération que je vous dois.

GUIBOURT.

ORDRE DE L'OUVRAGE.

ORDRE DE L'OUVRAGE.

TOME SECOND.

AVANT-PROPOS.

L'HISTOIRE des Drogues a de nombreux rapports avec l'histoire naturelle, mais ne doit pas être entièrement confondue avec elle. Celle-ci a pour objet de décrire, et de nous apprendre à distinguer les corps et les êtres tels qu'ils se trouvent dans la nature; la première nous fait connaître, en outre, des parties de ces corps ou de ces êtres plus ou moins éloignées de leur état naturel, ou même encore, des substances qui n'existent pas dans la nature et sont formées par la chimie.

Cependant l'histoire des Drogues est beaucoup plus bornée que l'une ou l'autre de ces deux sciences prise séparément; car chacune doit traiter, de la manière qui lui est propre, de tous les corps de la nature, ou ne serait pas complète : l'histoire des Drogues peut ne s'étendre qu'aux corps employés jusqu'à présent dans l'art médical; et quelle que soit la crainte de la mort, qui porte l'homme à chercher des remèdes à ses maladies parmi tous les corps qui l'entourent, il est encore loin d'avoir pu se les appliquer tous. De plus, des substances ont pu être essayées et préconisées pendant un temps, qui sont tombées dans l'oubli dès qu'on a mieux apprécié leurs prétendues propriétés : est-il donc indispensable de les rappeler toutes? D'autres, non encore essayées, pourront l'être un jour, et feront partie de la matière médicale future.

Il suit de là que l'histoire des Drogues n'est pas une science particulière qui puisse être distinguée des autres sciences naturelles; mais c'est une étude qui, pour être mixte et variable comme les corps qui en font l'objet, n'en est pas moins indispensable aux pharmaciens. Il est donc utile de leur présenter à des époques plus ou moins distantes ou rapprochées, suivant les progrès plus ou moins rapides des sciences naturelles, un ouvrage élémentaire où l'on ramène cette histoire à peu près au niveau des connaissances nouvelles : en examinant avec attention ceux de ces ouvrages que nous avons, j'ai cru pouvoir hasarder celui-ci.

L'ordre que j'ai suivi est d'abord fondé sur la division si ancienne, et si connue, de tous les corps naturels en trois *Règnes :* les Règnes *minéral*, *végétal* et *animal*. Linné, comme on le sait, a exprimé d'une manière aussi heureuse que laconique ce qui les distingue principalement; il a dit : « Les minéraux croissent, les végétaux croissent et vivent, les animaux croissent, vivent et sentent. »

J'observerai, cependant, à l'égard de cette ancienne division, que depuis que la chimie nous a fait connaître l'existence de plusieurs corps, qui n'appartiennent à aucun des deux derniers règnes et qu'il serait difficile de comprendre dans le premier en lui conservant son nom; depuis, surtout, qu'on a mieux apprécié la distance infinie qui sépare la matière inerte de la matière vivante, comparativement à celle que l'on observe entre les deux classes d'êtres vivans, on a été porté à changer la première division et à ne plus distinguer que deux grands règnes dans la nature : le *Règne inorganique* et le *Règne organique*.

Le règne organique renferme tous les corps doués

d'une structure autre que celle qui résulte des lois générales de la matière, ou qui sont formés de parties distinctes et agissantes nommées *organes*, dont le but commun et l'effet sont l'entretien de la vie. Ce règne comprend les *végétaux* et les *animaux*.

Le règne inorganique comprend tous les corps qui ne sont soumis dans leur structure, leur durée et leurs autres qualités, qu'aux lois générales de la matière : tels sont les *minéraux*.

Sans vouloir approfondir ici les nombreuses différences que l'on remarque entre les êtres qui composent ces deux grandes classes, je ne puis cependant m'empêcher d'en exposer quelques-unes tellement tranchées qu'elles seront facilement reconnues de tous.

Les corps inorganiques sont formés de particules toutes semblables entre elles, jointes par simple juxtaposition en vertu de la force d'attraction universellement répandue, et pouvant se réunir toutes les fois qu'elles se trouvent en contact. Ces corps peuvent, à la rigueur, avoir une croissance et une durée indéfinies ; et si une cause extérieure vient à séparer leurs parties, chacune d'elles, considérée isolément, sera encore un corps entier, existant de la même manière que le tout primitif.

Les corps organiques, au contraire, sont formés de parties hétérogènes qui ne peuvent se réunir ou s'accroître que par un travail intérieur nommé *intussusception*, et qui séparées ne peuvent vivre ou exister de la même manière que le tout qu'elles formaient par leur réunion. Ces corps ne peuvent naître que d'individus préexistans et semblables à eux, ne croissent, qu'autant que le permet le développement des organes dont ils sont formés, et ne peuvent vivre indéfiniment; car ces organes, après avoir atteint leur plus grand développement, ne tardent pas à dépérir; d'abord leurs fonctions s'affaiblissent, bientôt elles cessent entièrement, et l'individu n'existe plus.

Si nous comparons à présent les deux classes d'êtres organisés, ou les végétaux et les animaux, nous y verrons aussi des différences bien marquées, quoique d'un ordre inférieur à celles que nous venons de signaler, et qui ne seront, pour ainsi dire, que des modifications de la même manière d'exister.

Les végétaux, qui sont ceux de ces êtres dont l'organisation est la plus simple, sont dépourvus de sensibilité et de la faculté de se mouvoir volontairement; ils ne se nourrissent, d'après cela, que de matières universellement répandues dans la nature, inertes et déjà très-divisées, tels sont l'eau, l'air et les corps qui peuvent y être dissous; ils n'ont pas de cavité particulière pour recevoir leurs alimens, et l'absorption de leur nourriture paraît se faire par tous les points de leur surface; enfin ils peuvent très-souvent être partagés en plusieurs individus et se propager par boutures.

Les animaux ont le sentiment de leur existence, la faculté de se mouvoir selon leur volonté, et, par suite, celle de chercher leur nourriture, qui alors peut être plus diversifiée, plus consistante et moins abondamment répandue dans la nature. Ils ont un sac particulier ou un *estomac* pour recevoir cette nourriture; c'est vers ce centre que sont dirigés leurs vaisseaux absorbans, et par cela même que leur centre de nutrition est unique, ils ne sont que très-rarement divisibles en plusieurs individus. Cela même n'a lieu que dans les classes d'animaux les plus imparfaits et dont la manière d'exister se rapproche le plus de la vie végétative.

Voici donc une grande division établie entre tous les corps de la nature. Corps bruts, inertes ou inanimés, et corps ou êtres vivans. Tous les minéraux sont compris dans les premiers, les seconds se composent des végétaux et des animaux. Telle est aussi la division générale de cet ouvrage en trois livres.

Dans le premier livre je traite des substances minérales employées en pharmacie, soit quelles existent dans la nature, soit qu'on les fabrique dans les arts; car, sans vouloir borner l'art pharmaceutique, il est certain que l'on doit comprendre dans une histoire des Drogues celle des acides et des préparations de plomb, de fer, de cuivre ou de mercure, que les pharmaciens ont de tout temps puisés dans le commerce. D'ailleurs, dans une grande ville, on n'est pas toujours libre de se loger de manière à pouvoir préparer dans son laboratoire des substances d'une action très-énergique sur nos organes, sans danger pour soi, pour ses élèves, et sans nuire à la salubrité d'une maison entière. Dans cette position, il est conforme aux sentimens d'humanité et aux règlemens sur la salubrité publique, d'abandonner la préparation de ces substances à ceux qui peuvent l'exécuter dans des ateliers isolés, spécialement destinés à cet usage, et où l'on peut prendre toutes les précautions qu'un local moins propice ne pourrait pas admettre. C'est à ce titre que j'ai compris dans cet ouvrage le sublimé corrosif, le précipité rouge et quelques autres; je ne crois pas en être blâmé.

Une suite nécessaire de ce que je comprends dans

ce livre des produits artificiels, est qu'il eût été illusoire de m'astreindre à suivre une méthode quelconque faite seulement pour des corps naturels : j'ai donc été obligé de m'en faire une, et telle qu'elle ma paru la plus propre à comprendre les corps dont j'avais à parler. J'ai cru cependant devoir commencer par exposer la méthode minéralogique de M. Haüy, telle qu'elle existe encore, afin qu'on puisse au moins y rapporter les espèces qui en font partie. Cette exposition est suivie de celle des principaux caractères à l'aide desquels on peut décrire et reconnaître les minéraux.

J'ai distribué les drogues minérales en sept divisions comprenant successivement : les *corps combustibles non métalliques*, les *métaux*, les *composés métalliques non acides ni salins*, les *acides*, les *sels*, les *mélanges* ou *composés terreux*, enfin l'*eau*. Un coup d'œil jeté sur le tableau placé à la suite de cet avant-propos fera mieux connaître cette classification.

L'histoire de chaque substance se compose de ses différens états dans la nature, de ses procédés d'extraction, de ses propriétés physiques et chimiques les plus marquantes, et de ses usages. J'ai cru cet ordre plus méthodique que celui dans lequel on décrirait d'abord la substance obtenue à l'état de pureté, et ensuite les moyens de l'obtenir, quoique cette dernière méthode ait de grandes autorités pour elle.

Je me suis beaucoup aidé dans cette partie de l'ouvrage, surtout dans ce qui se rapporte à l'état naturel des substances et à l'extraction des métaux, soit du *Traité de Chimie* de M. Thénard, soit d'un autre ouvrage qui n'est pas assez connu des pharmaciens, je veux dire le *Traité de Minéralogie* de M. Brongniart.

Quelques passages, même, en sont presque textuellement tirés; d'autres fois aussi la ressemblance de mes articles a été involontaire ou commandée par le sujet : il m'était en effet impossible, lorsque je me suis borné à indiquer les formes principales d'une substance, les lieux où on la trouve et ses propriétés les plus caractéristiques, de ne pas me rencontrer avec ces deux savans, de même qu'avec tous ceux qui ont traité du même corps.

En exposant les propriétés des drogues minérales et surtout celles des substances métalliques, je me suis attaché à présenter d'une manière précise les caractères de leurs dissolutions. Il y a une infinité de cas où un pharmacien a besoin de se rappeler de suite les caractères de celles d'argent, d'antimoine, de mercure, de plomb, etc. : il les trouvera facilement en cherchant dans la table générale placée à la fin du second volume les articles *argent dissous*, *antimoine dissous*, etc.

En parlant du bleu de Prusse (I. 117) j'ai exposé une nouvelle théorie de sa fabrication, fondée sur les faits observés par M. Proust. J'ai eu le déplaisir d'en voir une autre analogue publiée auparavant la mienne dans le Journal de Pharmacie (VI. 381). J'observe cependant que cette partie de mon ouvrage était imprimée bien avant le numéro du journal, et de plus que les deux théories diffèrent encore assez l'une de l'autre. Je n'admets pas d'hydrogène dans l'acide des prussiates triples et l'auteur anglais en admet. J'avoue que les expériences de M. Robiquet semblent prouver qu'il y en a effectivement; mais nos plus grands chimistes n'ont-ils pas admis de l'hydrogène dans le carbure de soufre?

La division des acides m'a donné occasion de signaler un vice dans la nomenclature actuellement admise pour un certain nombre d'entre eux; mais je n'en ai pas assez clairement indiqué la correction. Voici en quoi elle consiste: l'oxigène continuant d'être regardé comme principe électro-négatif ou acidifiant, et les acides qu'il forme étant toujours nommés acides sulfurique ou oxisulfurique, phosphorique ou oxiphosphorique, etc.; le nom de tous les acides devrait, comme ceux qui précèdent, être formé des deux noms de leurs composans, dont celui du principe acidifiant serait toujours nommé le premier. Suivant cette idée, les acides hydrochlorique, hydrosulfurique, hydrocyanique, devraient être nommés *chlorohydrique*, *sulfurohydrique*, *cyanohydrique*; l'acide formé par la combinaison du chlore avec le phosphore serait l'acide *chlorophosphorique*; celui qui résulte de l'union du chlore avec l'étain, l'acide *chlorostannique*; ceux que forme le cyanogène avec l'hydrogène et le fer, seraient les acides *cyanohydrique* et *cyanoferrique*. J'ai même adopté ce dernier nom.

J'ai suivi dans le second livre un ordre analogue à celui du premier, modifié cependant en raison de la nature différente des êtres qui en fournissent le sujet: ainsi les minéraux n'ayant pas d'organes et étant composés de particules toutes similaires, leurs généralités se sont presque uniquement composées de la description des propriétés qui appartiennent à la matière en général; les végétaux, outre ces mêmes propriétés qui leur sont communes, doivent être étudiés sous le rapport des parties qui les composent, et comme la description des premières ne serait qu'une répétition de ces mêmes propriétés considérées dans les minéraux, j'ai dû principalement m'attacher aux secondes: j'ai décrit successivement la *racine*, la *tige*, les *bourgeons*, les *feuilles*, la *fleur* et le *fruit*. Ces généralités sont terminées par l'exposition du système de Linné et de la méthode de Jussieu.

Les drogues que nous tirons du règne végétal ne se composent pas seulement de parties immédiates ou d'organes, elles comprennent aussi un grand nombre de leurs produits, soit naturels, soit extraits par le moyen de l'art; telles sont, la manne, les gommes et les résines, qui en découlent spontanément; le sucre, l'opium, l'aloès qu'on en retire par des manipulations plus ou moins compliquées; tels sont encore le vin et l'alcohol, qui n'existent pas dans les végétaux et qui résultent de l'altération de quelques-uns de leurs produits immédiats. J'ai formé une dernière division de toutes ces substances, et le second livre en renferme neuf : les *racines*, les *bois*, les *écorces*, les *bulbes* et *bourgeons*, les *feuilles* et *sommités*, les *fleurs*, les *fruits*, les *cryptogames* et les *excroissances*, enfin les *produits végétaux*.

Dans les huit premières divisions, les substances sont simplement disposées par ordre alphabétique. Beaucoup de mes lecteurs trouveront cet ordre trop puéril et me dispenseront de le tant exposer; mais qu'ils considèrent que je fais une histoire des Drogues et non un traité de botanique; je décris la racine d'ipécacuanha, l'écorce de quinquina, la noix vomique, non pas les *cephœlis*, les *cinchona*, les *strychnos;* or jamais ces substances n'ont été rangées dans un droguier autrement que je ne les dispose; cet ordre est suivi dans tous les cours, c'est celui de l'excellent traité de matière médicale de Geoffroy; il faut donc qu'il porte avec lui les qualités propres au sujet; et, s'il m'était permis de conclure des grandes choses aux petites, je dirais : au muséum d'histoire naturelle, les animaux sont rangés suivant la méthode de M. Cuvier, les végétaux suivant celle de M. de Jussieu, les minéraux d'après le Traité de minéralogie de M. Haüy; les ouvrages de ces illustres savans et les collections qu'ils ont fondées, ou enrichies, sont une exposition les uns des autres; de même une histoire des Drogues doit être l'exposition d'un droguier.

Il ne faut pas croire cependant que je ne donne aucun détail sur les plantes elles-mêmes; toutes les fois qu'un végétal est indigène, je le décris d'une manière suffisante pour le faire reconnaître, et pour cela j'emploie deux moyens: d'abord j'expose ses caractères génériques et spécifiques tels que les botanistes les donnent, ce qui est la seule manière rigoureuse d'en déterminer l'espèce; ensuite, en peu de mots, je fais connaître la grandeur de la plante, la couleur de ses feuilles, de ses fleurs, ou d'autres caractères analogues, qui, quoique moins essentiels que les premiers, sont cependant nécessaires pour en pouvoir conserver une idée. Outre la brièveté qui résulte de cette manière de procéder, les élèves y trouveront l'avantage de se familiariser avec les termes organographiques des plantes, et pourront, à l'aide d'un livre peu volumineux, soit en fréquentant les écoles, soit en parcourant les campagnes, soit même dans les officines, au moyen des plantes qu'ils y voient journellement, joindre une étude préliminaire de la botanique à celle des drogues simples.

La dernière division du second livre, celle des produits végétaux, demandait une sous-division intermédiaire avant l'ordre alphabétique. Je l'ai établie, à peu près, suivant l'ordre communément reçu, en *produits sucrés*, *gommes*, *gommes-résines*, *résines*, etc. J'avoue que cet ordre n'est pas rigoureux, et que, par exemple, plusieurs gommes-résines offrent à l'analyse autre chose que de la gomme et de la résine, que plusieurs résines contiennent de la gomme, des principes colorans, de la cire, etc.; mais il en sera de cette division comme de celle des eaux minérales en eaux gazeuzes, salines, ferrugineuses et sulfureuses, dont aucune ne contient exclusivement de l'acide carbonique, ou des sels à base d'alcali, ou du fer, ou du soufre; j'appellerai *gomme-résine* le produit végétal où la gomme et la résine domineront; *résine*, celui qui sera presque entièrement résineux; *baume*, celui qui contiendra de l'acide benzoïque: cette classification ainsi modifiée, et non plus exclusive, est encore la meilleure, parce qu'elle est la plus simple.

Un séjour de huit années à la pharmacie centrale des hôpitaux civils, sous la direction de M. Henry, m'a mis à même de voir et de manier une masse prodigieuse de drogues simples. C'est durant ce temps et toujours les substances sous les yeux que j'ai fait presque toutes mes descriptions. Aussi ai-je l'espérance qu'on les trouvera généralement plus exactes que dans les ouvrages antérieurs. De plus j'ai comparé entre elles les substances que les élèves pourraient confondre, en raison d'une analogie de forme plus ou moins grande. C'est ainsi que j'ai opposé la racine d'asarine à celles d'asarum, d'asclépiade et de valériane phu, l'hermodacte au colchique, le meum au chardon roland et au nard indien, le turbith au costus arabique, le bois nephrétique à celui de gayac, la busserole à l'airelle ponctuée et au buis, le scordium à la germandrée et à la scorodone, le carthame au safran, l'anacarde à la noix d'acajou, le carpobalsamum aux cubèbes, les fruits d'ombellifères les uns aux autres, le galbanum à la gomme ammoniaque et au sagapénum, etc.

J'ai rapporté autant que j'en ai eu connaissance les meilleures analyses qui ont été faites sur les substances dont j'ai traité. Quelquefois j'ai comparé les résultats de plusieurs chimistes et indiqué ceux qui me paraissaient préférables. D'autres fois encore j'ai opposé aux faits qu'ils ont observés, ou aux opinions qu'ils ont émises des faits et des opinions qui me sont personnels : mon excuse est d'avoir cru le faire dans l'intérêt de la vérité.

Il me reste peu de chose à exposer sur le troisième livre, comprenant les drogues tirées du règne animal. J'ai réduit ces substances au petit nombre de celles qui sont encore usitées en pharmacie, et n'en ai formé que quatre sections qui sont : les *animaux entiers*, les *parties solides*, les *humeurs et sécrétions*, les *huiles animales*. Leur histoire est précédée de l'exposition détaillée de la méthode zoologique de M. Cuvier telle qu'elle existe dans son ouvrage intitulé : *Le règne animal distribué d'après son organisation*. Paris 1817.

Je dois des remercîmens à plusieurs droguistes de Paris, pour les données commerciales qu'ils m'ont fournies sur un grand nombre de substances ; je nommerai entre autres MM. A. Delondre et Marchand : ce que j'ai puisé de lumières auprès d'eux me fait regretter que leurs occupations personnelles et les miennes propres ne m'aient pas permis d'y recourir plus souvent.

HISTOIRE ABRÉGÉE

DES

DROGUES SIMPLES.

LIVRE PREMIER.

DES DROGUES MINÉRALES.

1. Bien que, par les raisons exposées précédemment, on ne puisse suivre, pour l'histoire des drogues minérales, une méthode faite seulement pour des corps existant dans la nature, cependant, comme ces corps en font encore la majeure partie, ce serait une omission presque impardonnable, que de ne pas faire connaître aux élèves au moins une des méthodes minéralogiques les plus accréditées.

La méthode de M. Haüy, qui a paru il y a dix-sept ans, et qu'il a retouchée depuis dans une sorte de supplément publié en 1809 (1), est fondée à la fois sur les résultats de l'analyse des cristaux et sur ceux de l'analyse chimique. Elle est aussi parfaite que le permettait alors l'état de cette dernière science; et même aujourd'hui que les progrès de la chimie y nécessitent des changemens importans, elle est encore, suivant mon faible avis, supérieure à celles dont j'ai connaissance. C'est donc elle que je vais analyser; j'y joindrai un exposé des caractères à l'aide desquels on peut décrire et reconnaître les minéraux.

(1) *Traité de minéralogie* de 1801, et *Tableau comparatif des résultats de la cristallographie et de l'analyse chimique, etc.*, 1809. M. Haüy nous promet une seconde édition de son traité.

Méthode de M. Haüy.

2. M. Haüy a divisé les minéraux en quatre classes principales, après chacune desquelles il a placé un ou plusieurs appendices, pour les corps qu'il n'a pu faire entrer dans la classification générale. Ces quatre classes comprennent successivement les substances acidifères, les substances terreuses, les substances combustibles non métalliques, et les substances métalliques.

La première classe comprend quatre ordres dont le premier est réservé aux acides libres. Il n'y en a que deux qui forment deux espèces; ce sont les acides sulfurique et boracique.

Le second ordre renferme les substances acidifères terreuses, ou autrement les sels formés par la combinaison d'un acide avec une terre. M. Haüy, comme la plupart des chimistes, considérait alors la chaux, la baryte et la strontiane comme des terres, et réservait le nom d'*alcali* à la potasse, la soude et l'ammoniaque.

Le troisième ordre renferme les substances acidifères alcalines, et le quatrième les substances acidifères alcalino-terreuses ou à deux bases, l'une alcaline, l'autre terreuse. Dans chacun des trois derniers ordres, chaque base salifiable forme un genre, l'acide détermine l'espèce, et les formes secondaires les variétés. C'est, au surplus, ce que le tableau suivant fera mieux comprendre.

PREMIÈRE CLASSE. *Substances acidifères.*

PREMIER ORDRE. *Substances acidifères libres.*

1re. espèce. *Acide sulfurique.*
2e. — *A. boracique.*

SECOND ORDRE. *Substances acidifères terreuses.*

Premier genre. *Chaux.*

1re. espèce. *Chaux carbonatée :* craie, marbre.
2e. espèce. *Arragonite* (1).
3e. — *Chaux phosphatée.*
4e. — *Ch. fluatée :* spath fluor.
5e. — *Ch. sulfatée :* plâtre, gypse.
6e. — *Ch. anhydro-sulfatée* (2).
7e. — *Ch. nitratée.*
8e. — *Ch. arseniatée :* pharmacolithe.

---

(1) Espèce particulière de chaux carbonatée.

(2) Chaux sulfatée privée d'eau.

Deuxième genre. *Baryte.*
1re. espèce. *Baryte sulfatée :* spath pesant.
2e. — *B. carbonatée.*
Troisième genre. *Strontiane.*
1re. espèce. *Strontiane sulfatée.*
2e. — *S. carbonatée.*
Quatrième genre. *Magnésie.*
1re. espèce. *Magnésie sulfatée :* sel d'Epsom.
2e. — *M. boratée :* boracite.
3e. — *M. carbonatée.*
Cinquième genre. *Chaux* et *silice.*
Espèce unique. *Chaux boratée siliceuse.*
Sixième genre. *Silice* et *alumine.*
Espèce unique. *Silice fluatée alumineuse* ou topaze.
Troisième ordre. *Substances acidifères alcalines.*
Premier genre. *Potasse.*
Espèce unique. *Potasse nitratée :* sel de nitre.
Second genre. *Soude.*
1re. espèce. *Soude sulfatée :* sel de Glauber.
2e. — *S. muriatée :* sel marin, sel gemme.
3e. — *S. boratée :* borax.
4e. — *S. carbonatée.*
Troisième genre. *Ammoniaque.*
1re. Espèce. *Ammoniaque sulfatée.*
2e. — *A. muriatée :* sel ammoniac.
Quatrième ordre. *Substances acidifères alcalino-terreuses.*
Genre unique. *Alumine.*
1re. espèce. *Alumine sulfatée alcaline :* alun.
2e. — *A. fluatée alcaline :* cryolithe.
Appendice.
Espèce. *Glaubérite.*

3. La seconde classe renferme toutes les substances terreuses diversement combinées entre elles, pures ou colorées par des oxides métalliques, mais ne contenant pas d'acide. On y renferme également celles qui contiennent des alcalis en combinaison.

M. Haüy n'a divisé cette classe qu'en une série d'espèces. Comme il le dit lui-même, il a en vain essayé d'y introduire des genres, et il a fini par renoncer à un travail que l'état de la science semblait encore lui interdire.

Voici cette série d'espèces.

1. *Quarz.*
2. *Zircon.*
3. *Corindon.*
4. *Cymophane.*
5. *Spinelle.*
6. *Émeraude.*
7. *Euclase.*
8. *Grenat.*
9. *Amphigène.*
10. *Idocrase.*
11. *Méionite.*
12. *Feld-spath.*
13. *Apophyllite.*
14. *Triphane.*
15. *Axinite.*
16. *Tourmaline.*
17. *Amphibole.*
18. *Pyroxène.*
19. *Yénite.*
20. *Staurotide.*

21. *Épidote.*
22. *Hyperstène.*
23. *Wernerite.*
24. *Paranthine.*
25. *Diallage.*
26. *Gudolinite.*
27. *Lazulite.*
28. *Mésotype.*
29. *Stilbite.*
30. *Laumonite.*
31. *Prenhite.*
32. *Chabasie.*
33. *Anatzime.*
34. *Néphéline.*
35. *Harmotome.*
36. *Péridot.*
37. *Mica.*
38. *Pinite.*
39. *Distène.*
40. *Dipyre.*
41. *Asbeste.*
42. *Talc.*
43. *Macle.*

A la suite de cette classe se trouve un appendice contenant 26 substances d'une classification encore incertaine, et dont il est même inutile que je donne les noms. Quant aux espèces précédentes, comme elles ne sont à présent d'aucun usage en pharmacie, et que plusieurs cependant sont utiles dans les arts, ou sont employées à faire des bijoux, je vais, ne devant plus y revenir, placer ici un court commentaire sur les principales.

4. Le *quarz:* cette espèce se partage en cinq sous-espèces qui sont les quarz *hyalin*, *agate*, *résinite*, *jaspe* et *pseudomorphique*.

A. Le quarz hyalin (1) cristallisé et incolore se nomme *cristal de roche:* c'est de la silice pure. Souvent il est diversement coloré par des oxides métalliques, et alors il prend différens noms suivant l'espèce de pierre fine dont il usurpe la couleur.

Le quarz hyalin violet se nomme *améthyste*.
— — bleu — *saphir d'eau.*
— — jaune — *topaze de Bohème.*
— — hématoïde— *hyacinthe de Compostelle.*

C'est cette dernière pierre, ordinairement cristallisée en prismes hexaëdres terminés par des pyramides à 6 faces, et d'un rouge de sang, que l'on employait autrefois en place des vraies hyacinthes, comme ingrédient de la confection d'hyacinthes.

---

(1) C'est-à-dire vitreux.

Le quarz hyalin arénacé est le *sable* commun.

B. Le quarz agate comprend la *calcédoine*, la *cornaline*, la *sardoine*, la *prase*, la *pierre à fusil*, la *pierre meulière*, l'*agate-onyx* et l'*agate herborisée*.

C. Le quarz résinite comprend *l'hydrophane* et l'*opale*.

5. Le *zircon* : on distingue dans cette espèce la véritable *hyacinthe* qui est d'une couleur orangée brunâtre, et le *jargon* de Ceilan et de France.

Ces pierres sont remarquables parce qu'elles sont les seules jusqu'à présent où l'on ait trouvé la zircone.

6. Le *corindon* : cette espèce comprend :

Le *rubis oriental* ou corindon hyalin rouge.

Le *saphir oriental* ou corindon hyalin bleu.

La *topaze orientale* ou corindon hyalin jaune.

L'*émeril* ou corindon granulaire.

Le corindon hyalin bleu analysé par Klaproth, lui a donné : alumine 98,5 ; chaux 0,5 ; oxide de fer 1.

Le corindon granulaire a fourni à M. Vauquelin : alumine 54 ; silice 12,5 ; chaux 1,5 ; fer oxidé 24,5.

Les trois premières variétés sont les pierres gemmes les plus estimées en raison de leur dureté, de leur éclat et de la vivacité de leurs couleurs. L'émeril est très-précieux dans les arts, également à cause de sa dureté, qui le rend propre à polir les métaux et les pierres.

7. Le *spinelle*, *rubis spinelle* et *rubis balais* des lapidaires : M. Vauquelin, y a trouvé l'acide chrômique.

8. L'*émeraude*. M. Haüy, conduit par les résultats cristallographiques, avait joint le *béril* à l'émeraude avant même que la chimie en eût prouvé l'identité de composition. La seule différence que l'on trouve entre leurs principes, est que l'émeraude est colorée par de l'oxide de chrôme, et le béril par l'oxide de fer : toutes deux contiennent 13 à 14 parties de glacine sur 100.

9. Le *grenat* était autrefois un des *cinq fragmens précieux* employés en pharmacie : les quatre autres sont la cornaline, l'hyacinthe, le saphir et l'émeraude.

10. Le *feld-spath* : la variété blanche et opaque connue sous le nom de *petunzé* sert dans la fabrication de la porcelaine, ainsi que l'*argile kaolin* ou *terre à porcelaine* qui résulte de la décomposition spontanée du premier. Le feld-spath non altéré contient de la silice, de l'alumine, de la chaux et 13 à 14 centièmes de potasse. Ce dernier principe n'existe plus dans le kaolin.

11. La *tourmaline* est une pierre ordinairement noirâtre et cristallisée en prismes cannelés, qui offre la propriété remarquable d'acquérir deux pôles électriques opposés lorsqu'on la chauffe.

12. Le *lazulite* est une pierre infiniment précieuse par la belle couleur bleue qu'on en retire et que l'on nomme *bleu d'outremer*. Elle est d'un bleu plus ou moins foncé, susceptible d'un beau poli, ordinairement mêlée de points jaunes et brillans comme de l'or, mais qui sont du fer sulfuré. MM. Clément et Desormes l'ont trouvée composée de silice, d'alumine, de soufre et de carbonate de chaux, de sorte que la cause de sa couleur est encore un problème.

13. Le *mica*, l'*asbeste* et le *talc* sont trois espèces qui ne sont peut-être pas encore bien déterminées. Le mica est sous la forme de lames ou de paillettes plus ou moins translucides, très-éclatantes, flexibles, élastiques et divisibles presqu'à l'infini. Il a quelquefois le brillant métallique de l'or et de l'argent, mais sa poudre est toujours grise et mate. On en fait la *poudre d'or* pour sécher l'écriture.

14. L'*asbeste* est en filamens légers, soyeux, argentés, souvent flexibles et susceptibles d'être tissés. Les anciens en faisaient des nappes, des serviettes et des toiles incombustibles qui leur servaient à envelopper les cadavres destinés au bûcher, et dont ils voulaient recueillir les cendres.

15. Le *talc* est onctueux au toucher, translucide, à texture lamelleuse. Ses lames ont un aspect nacré, sont flexibles et divisibles jusqu'à un grand degré de ténuité

comme celles du mica, mais elles ne sont pas élastiques. On distingue comme variétés principales, le talc *laminaire* dit *talc de Venise*, et le talc *écailleux* nommé vulgairement *craie de Briançon :* tous deux servent à la préparation des pastels, et font la base du rouge dont les femmes se servent à leur toilette.

Le mica, suivant les analyses de Klaproth, est ordinairement composé de silice, d'alumine, de potasse, d'oxide de fer, d'oxide de manganèse et quelquefois de magnésie. L'asbeste, suivant Chenevix, contient de la silice, de la magnésie, de la chaux et de l'alumine.

Le talç, d'après M. Vauquelin, est composé de silice, d'une proportion considérable de magnésie, de fer et d'alumine.

16. Je reviens à l'exposé de la méthode de M. Haüy et à sa troisième classe, qui comprend les substances combustibles non métalliques. Ces corps sont simples ou composés, ce qui forme deux ordres. Le premier contient le *soufre*, le *diamant* et l'*anthracite ;* le second, le *graphite*, le *bitume*, la *houille*, le *jayet* et le *succin*.

17. La quatrième classe renferme les substances métalliques. M. Haüy les divise en trois ordres, dont le premier contient les métaux non oxidables immédiatement et réductibles sans intermède ; ce sont le *platine*, l'*or* et l'*argent*. Le second ordre ne renferme que le *mercure*, qui est oxidable et réductible immédiatement. Le troisième ordre comprend les métaux oxidables immédiatement, et non réductibles sans intermède ; tels sont le *plomb*, le *fer* et tous les autres : M. Haüy commence la série par six qui sont ductiles, et la termine par douze autres qui sont cassans.

Dans cette quatrième classe comme dans la première, chaque métal fournit un genre, chaque combinaison distincte une espèce, et chaque forme une variété.

Voici le tableau des espèces.

QUATRIÈME CLASSE. *Substances métalliques.*

PREMIER ORDRE. *Non oxidables immédiatement, etc.*

Premier genre. *Platine.*

Espèce..... *Platine.....*

Second genre. *Or.*

Espèce unique. *Or natif.*

Troisième genre. *Argent.*

1re. espèce. *Argent natif.*
2e. — *A. antimonial.*
3e. — *A. sulfuré.*
4e. — *A. antimonié sulfuré.*
5e. — *A. carbonaté.*
6e. — *A. muriaté.*

SECOND ORDRE. *Oxidables et réductibles immédiatement.*

Genre unique. *Mercure.*

1re. espèce. *Mercure natif.*
2e. — *M. argental.*
3e. — *M. sulfuré.*
4e. — *M. muriaté.*

TROISIÈME ORDRE. *Oxidables, mais non réductibles immédiatement.*

* *Ductiles.*

Premier genre. *Plomb.*

1re. espèce. *Plomb natif.*
2e. — *P. sulfuré.*
3e. — *P. oxidé.*
4e. — *P. arsenié.*
5e. — *P. chrômaté.*
6e. — *P. carbonaté.*
7e. — *P. phosphaté.*
8e. — *P. molybdaté.*
9e. — *P. sulfaté.*

Second genre. *Nickel.*

1re. espèce *Nickel natif.*
2e. — *N. arsenical.*
3e. — *N. oxidé.*

Troisième genre. *Cuivre.*

1re. espèce. *Cuivre natif.*
2e. — *C. pyriteux.*
3e. — *C. gris.*
4e. — *C. sulfuré.*
5e. — *C. oxidulé.*
6e. espèce. *Cuivre muriaté.*
7e. — *C. carbonaté bleu.*
8e. — *C. carbonaté vert.*
9e. — *C. arseniaté.*
10e. — *C. dioptase.*
11e. — *C. phosphaté.*
12e. — *C. sulfaté.*

Quatrième genre. *Fer.*

1re. espèce. *Fer natif.*
2e. — *F. oxidulé.*
3e. — *F. oligiste.*
4e. — *F. arsenical.*
5e. — *F. sulfuré.*
6e. — *F. oxidé.*
7e. — *F. phosphaté.*
8e. — *F. chrômaté.*
9e. — *F. arseniaté.*
10e. — *F. sulfaté.*

Cinquième genre. *Étain.*

1re. espèce. *Étain oxidé.*
2e. — *Étain sulfuré.*

Sixième genre. *Zinc.*

1re. espèce. *Zinc oxidé.*
2e. — *Z. carbonaté.*
3e. — *Z. sulfuré.*
4e. — *Z. sulfaté.*

** *Non ductiles.*

Septième genre. *Bismuth.*

1re. espèce. *Bismuth natif.*
2e. — *B. sulfuré.*
3e. — *B. oxidé.*

Huitième genre. *Cobalt.*

1re. espèce. *Cobalt arsenical.*
2e. — *C. gris.*
3e. — *C. oxidé noir.*
4e. — *C. arseniaté.*

Neuvième genre. *Arsenic.*

1re. espèce. *Arsenic natif.*
2e. — *A. oxidé.*
3e. — *A. sulfuré.*

Dixième genre. *Manganèse.*

1re. espèce. *Manganèse.*
2e. — *M. sulfuré.*
3e. — *M. phosphaté.*

Onzième genre. *Antimoine.*

1re. espèce. *Antimoine natif.*
2e. — *A. sulfuré.*
3e. — *A. oxidé.*
4e. — *A. oxidé sulfuré.*
Douzième genre. *Urane.*
1re. espèce. *Urane oxidulé.*
2e. — *U. oxidé.*
Treizième genre. *Molybdène.*
Espèce unique. *Molybdène sulfuré.*
Quatorzième genre. *Titane.*
1re. espèce. *Titane oxidé.*
2e. — *T. anatase.*
3e. — *T. silicéo-calcaire.*
Quinzième genre. *Schéelin : tungstène.*
1re. espèce. *Schéelin ferruginé.*
2e. — *S. calcaire.*
Seizième genre. *Tellure.*
Espèce unique. *Tellure natif ou allié.*
Dix-septième genre. *Tantale.*
Espèce unique. *Tantale oxidé.*
Dix-huitième genre. *Cérium.*
Espèce unique. *Cérium oxidé silicifère.*

18. On remarquera sans doute qu'aucune des quatre classes précédentes ne paraît devoir comprendre plusieurs corps quelquefois employés en pharmacie, tels que les argiles ou les bols, et les produits volcaniques; mais M. Haüy ne regarde la minéralogie que comme destinée à décrire et à classer les espèces distinctes des minéraux, et non les mélanges de ces espèces opérés dans quelqu'une des révolutions du globe.

Il pense que ces mélanges, ou, comme il les nomme, ces *agrégats*, qui n'admettent aucune limite dans la proportion des corps qui les composent, sortent du cadre de la méthode minéralogique, et doivent être compris dans une seconde méthode dont les bases seraient fournies par la géologie. Il a esquissé ce travail de la manière suivante, dans la dernière partie de son traité.

Les substances non comprises dans la méthode sont divisées en deux appendices, l'un pour les agrégats de différentes substances minérales, le second pour les produits volcaniques.

19. Les agrégats sont distribués dans trois ordres. Le premier contient ceux qui résultent de la réunion de plusieurs substances qui paraissent avoir cristallisé à la fois en s'entrelaçant les unes dans les autres; tels sont les *granites*, les *porphyres* et autres, que l'on regarde comme étant de première formation et que l'on a désignés plus spécialement sous le nom de roches.

On dit que ces agrégats sont de première formation, parce qu'on n'y rencontre aucun vestige de corps organisés, et qu'on en conclut que le globe n'était pas encore peuplé lorsqu'ils ont été formés.

Dans le second ordre sont compris les agrégats dont l'origine est plus récente, ou que l'on considère comme étant d'une formation postérieure à celle des végétaux et des animaux, dont ils renferment souvent des débris. Ces agrégats doivent le plus souvent leur naissance à des sédimens et leur dureté au dessèchement : ce sont les *marbres coquilliers*, les *marnes* et une partie des *schistes* : c'est également dans cet ordre que se trouvent les argiles et par suite le *bol d'Arménie* et la *terre sigillée*.

Au troisième ordre appartiennent les agrégats, composés de fragmens ou de débris de substances plus anciennes, d'abord amoncelées sans liaison, et réunies ensuite par un ciment qui s'y est introduit. C'est dans cet ordre que se trouvent les *pouddings*, les *brèches* et les *grès*.

20. Le second appendice comprend les produits volcaniques qui, abstraction faite de ceux déjà compris dans la méthode, peuvent être réduits à quatre classes : 1°. Les matières qui ont éprouvé la fluidité ignée ; on les nomme *laves*, et on les distingue en laves *lithoïdes*, *vitreuses* et *scorifiées*. La *pierre-ponce*, que l'on emploie encore quelquefois en pharmacie, est dans le second ordre.

2°. Les matières qui n'offrent que des indices de cuisson : ce sont les *pouzzolanes* si précieuses pour la préparation des cimens.

3°. Les laves altérées, comme est la *pierre alumineuse de la Tolfa*.

4°. Les tufs volcaniques qui sont produits par des éruptions boueuses ou par des agglutinations par voie humide.

Je ne me permettrai aucune observation sur la méthode que je viens d'exposer : il y a fort peu de mérite à découvrir en quoi elle s'éloigne, quant à présent, de nos connaissances en chimie, et il appartient à bien peu de personnes de se permettre de conseiller M. Haüy.

Caractères à l'aide desquels on distingue les minéraux.

Ces caractères sont de trois sortes : *physiques*, *géométriques* et *chimiques*.

Caractères physiques.

21. Les caractères physiques sont ceux dont l'observation n'apporte aucun changement à la nature des corps que l'on examine; tels sont l'état d'agrégation, la pesanteur spécifique, l'impression sur les sens, les effets d'électricité et de magnétisme.

22. *États d'agrégation.* Les corps se présentent à nous sous trois états principaux, qui sont l'état solide, l'état liquide, et l'état gazeux ou aériforme. Dans le premier, le corps résiste plus ou moins au choc et à la pression; dans le second, les particules ne conservent qu'une si faible cohésion, qu'elles cèdent à la seule force de pesanteur qui les attire vers la terre, et qu'elles roulent les unes sur les autres jusqu'à ce qu'elles se soient toutes mises en équilibre par rapport à cette force, et que la surface du corps soit horizontale; dans le troisième état, la cohésion est tout-à-fait nulle, et le corps ne paraît soumis qu'à l'influence du calorique qui, en lui supposant une tension constante, écarterait ses molécules indéfiniment, si elles n'étaient coërcées par la pression de l'atmosphère.

L'état d'agrégation d'un corps, ou la distance à laquelle se tiennent ses particules, dépend d'une sorte d'équilibre qui s'établit entre la force attractive des molécules, plus la pression de l'atmosphère d'une part, et la force élastique du calorique de l'autre : plus la première a de prépondérance sur la dernière, plus le corps est solide. Quant à la pression de l'atmosphère, elle n'ajoute pas sensiblement à la force d'agrégation, lorsque le corps est solide; mais elle contribue puissamment à retenir un certain nombre de corps à l'état liquide, et, comme je viens de le dire, elle seule limite le volume des corps gazeux.

Il est probable que ces différens états ont chacun différens degrés, et qu'ils passent à peu près de l'un à l'autre. Cela est très-sensible pour les corps solides, dont les uns sont très-durs et difficiles à rompre, et dont les autres cèdent à une pression assez légère. La liquidité n'est pas non plus la même pour tous les corps; mais il nous est moins facile d'établir, à cet égard, des distinctions entre les corps gazeux, ce qui tient à ce qu'ils cèdent tous si facilement à la moindre pression, que nous n'avons aucun moyen d'en discerner le plus ou le moins. C'est donc surtout aux diverses modifications de l'état de solidité qu'il convient de nous attacher.

On reconnaît ces modifications, en essayant différentes manières de désunir les particules des corps solides; tels sont : A. le frottement réciproque des corps; B. le frottement de la lime; C. le choc du briquet; D. la percussion du marteau; E. la flexion; F. la pression du laminoir; G. la traction de la filière; H. la suspension d'un poids augmenté jusqu'à fracture.

A. Le frottement des parties anguleuses d'un corps contre la surface d'un autre corps, indique la dureté relative de chacun. *Exemples :* Le carbonate de chaux cristallisé raye le sulfate de chaux, et est rayé par le fluate de la même base. Le diamant raye tous les corps, et ne peut être usé que par le frottement de sa propre poussière.

B. C. Le frottement de la lime et le choc du briquet servent aussi à reconnaître la dureté des corps : les plus durs résistent à la lime, ou n'en sont que faiblement attaqués. Un assez grand nombre étincellent sous le briquet, ce qui est dû à ce qu'ils séparent de celui-ci quelques particules d'acier qui brûlent vivement en raison du contact de l'air et de la haute température à laquelle la compression du choc les a portées. C'est au même effet que l'on doit rapporter la propriété qu'ont certains corps durs de briller dans l'obscurité, lorsqu'on les frotte l'un contre l'autre; la seule différence est que les particules échauffées ne brûlent pas.

Les deux propriétés opposées à la dureté, sont la *tendreté* et la *mollesse*. Un corps est tendre, lorsqu'il joint la friabilité à l'absence de dureté; *exemple*, la craie. Il est mou, lorsque le manque de dureté est associé à la ductibilité; *exemple*, le plomb.

D. La percussion du marteau sert à séparer les corps en deux autres catégories, qui sont les corps *malléables* et les corps *cassans*. Les premiers s'aplatissent et s'étendent sans se rompre; les seconds, au contraire, se brisent sans s'étendre; mais ils ne le font pas de la même manière, ce qui perm encore de distinguer : *a*, les corps qui se brisent difficilement, effet dû à une certaine ténacité jointe à la dureté; *b*, les corps qui, étant durs et dépourvus de toute ténacité, se brisent très-facilement, on les nomme *fragiles*; *c*, les corps qui se divisent en grains faiblement agglomérés, on dit qu'ils sont *friables*. La friabilité n'exclut pas la dureté; lorsqu'elle est jointe à la propriété contraire, le corps est *tendre*, comme on vient de le voir.

E. La flexion étant appliquée à des lames ou à des prismes d'une certaine épaisseur, les corps qui composent ces lames ou ces prismes, se conduisent de l'une quelconque des manières suivantes : *a*, ils se rompent sans ployer; alors ils sont *fragiles*, et ce sont les mêmes corps qui se brisent facilement sous le marteau, qui sont également dans ce cas : *b*, ils ploient sans se rompre, et reviennent à leur premier état lorsqu'on fait cesser la force de flexion; on les nomme *élastiques*, et l'on remarque qu'en général leur élasticité est en raison de leur dureté : *c*, ils fléchissent et gardent la forme qu'on leur a donnée, même après que la force de flexion a cessé d'agir; alors on dit qu'ils sont *mous*, ou *non élastiques*, parce qu'effectivement cette propriété de plier sans être élastique ne va jamais sans la mollesse.

F. G. La pression graduée du laminoir et celle de la

filière (1) servent à séparer les corps en deux classes : 1°. les corps *ductiles* ou qui peuvent s'étendre sans se rompre ; 2°. les corps *non ductiles*. On trouve parmi les premiers tous ceux qui s'étendent également sous le marteau, et qui sont *malléables*. Les seconds comprennent tous les corps *cassans*.

Il faut cependant remarquer que les corps ductiles ne suivent pas le même ordre dans leur faculté de pouvoir se réduire en fils d'un très-petit diamètre au moyen de la filière, ou en lames très-minces par le laminoir ou le marteau, ce qui dépend de leur degré de dureté ou de mollesse, et de leur texture fibreuse ou lamellaire. L'or est le plus malléable de tous les métaux, et peut être réduit en feuilles si légères que le moindre souffle les enlève ; mais sa mollesse s'oppose à ce qu'on en tire des fils très-fins, tandis que le fer, dont la dureté est plus considérable, et qui a d'ailleurs une texture fibreuse, se réduit en fils d'une ténuité extrême. Voici donc l'ordre de la malléabilité des métaux : or, argent, cuivre, platine, étain, plomb, zinc, fer, nickel,

(1) Le laminoir est composé de deux cylindres d'acier placés horizontalement l'un au-dessus de l'autre, pouvant être rapprochés à volonté, et tournant en sens contraire. On aplatit par un bout le corps que l'on veut y faire passer, et on l'engage par cette extrémité entre les deux cylindres, dont le mouvement contraire tend à l'y faire entrer. La résistance qu'oppose l'axe des cylindres à leur écartement étant plus grande que celle du corps soumis à l'expérience, celui-ci est forcé de s'aplatir et de se réduire en une lame d'autant plus mince que les cylindres sont plus rapprochés. Il n'y a que les métaux, et encore un petit nombre de métaux, qui puissent passer au laminoir.

La filière est une plaque rectangulaire d'acier percée de trous de différens diamètres, à travers lesquels on fait passer le corps que l'on veut réduire en fil. Il n'y a de même que quelques métaux qui puissent se prêter à cette opération : on les coule en lingots allongés, dont on amincit une extrémité, de manière à pouvoir l'engager dans un des trous de la plaque disposée verticalement et fixée avec beaucoup de solidité. On saisit l'extrémité amincie avec une pince fortement serrée et tirée à l'aide d'une force mécanique. La filière offrant encore plus de résistance que le corps métallique, c'est lui qui, lorsqu'il en est susceptible, s'étend dans le sens de sa longueur, s'amincit et se réduit en un fil d'autant plus délié que le trou de la filière est plus petit.

palladium. Voici celui de leur ductilité à la filière : fer, cuivre, platine, argent, or, étain, zinc, plomb.

H. La suspension d'un poids, augmenté jusqu'à fracture, à des fils métalliques d'un certain diamètre, sert à découvrir dans ces sortes de corps une dernière propriété, nommée *ténacité*, qui, à le bien prendre cependant, n'est que la limite de celle en vertu de laquelle les métaux peuvent se tirer en fils plus ou moins déliés au moyen de la filière; car il est évident que la force qui tend à faire passer le fil à travers la filière peut être assimilée à un poids suspendu à l'extrémité de ce fil, pris à l'endroit où son diamètre est le plus petit, et que, dans les deux cas, le fil se rompra au même diamètre pour une égale force de traction. L'ordre des ténacités est donc le même que celui de la plus grande ductilité à la filière.

23. *Pesanteur spécifique.* Que l'on mette un corps quelconque dans le plateau d'une balance et un certain nombre de poids dans l'autre, jusqu'à ce qu'il y ait équilibre des deux parts, le nombre de poids employé pourra représenter la *masse* du corps ou son *poids absolu*, si l'on fait abstraction de son volume; mais si l'on compare ce poids au volume, on aura ce qu'on nomme la *densité* ou la *pesanteur spécifique* du corps, parce qu'en effet chaque corps pourra présenter, sous le même volume, un poids qui lui sera propre et différent de tous les autres. Ainsi lorsque, pour faire équilibre à un morceau de fer, il faut employer un poids de 8 kilogrammes, je dis que son poids est de 8 kilogrammes : pareillement, lorsque pour faire équilibre à une certaine quantité d'eau il faut un poids de un kilogramme, je dis que son poids est de un kilogramme; mais si j'observe que le volume de l'eau est d'un litre, unité de mesure de capacité; que le volume du morceau de fer est également d'un litre, et si je prends le poids du litre d'eau pour unité, il est évident que la densité ou la pesanteur spécifique du fer, comparée à celle de l'eau, sera de 8. On voit par là que, pour trouver le rapport des pesanteurs spé-

cifiques de deux corps, il suffit de les peser sous le même volume. On rapporte ordinairement toutes les densités à celle de l'eau, prise pour unité.

24. L'eau étant liquide, et tous les liquides prenant facilement la forme des vases dans lesquels on les renferme, il est très-facile d'en déterminer les différentes pesanteurs spécifiques ; il suffit d'avoir un flacon de verre fermé avec un bouchon de même matière, et bien séché en dedans comme au dehors. On le pèse dans une balance très-sensible ; on le remplit entièrement d'eau distillée et bouillie (1), on le bouche, et, après l'avoir essuyé à l'extérieur, on le pèse de nouveau : la différence des deux poids donne celui de l'eau contenue dans le flacon. Alors on le vide, on le fait sécher, on le remplit de la même manière du liquide dont on veut connaître la pesanteur spécifique, et on le pèse une troisième fois : la différence de ce dernier poids avec la tare du flacon donne le poids du nouveau liquide pesé sous le même volume que l'eau. Supposons que le flacon contienne 220 grammes d'eau et 407 grammes d'acide sulfurique concentré, la pesanteur spécifique de l'acide sera à celle de l'eau comme 407 est à 220 ; ou, en ramenant celle de l'eau à l'unité, au moyen d'une proportion, comme 1,85 est à 1.

Si, au lieu de peser de l'acide sulfurique dans le flacon, j'y pèse du naphte ou du pétrole distillé, et que le flacon n'en contienne que 176 grammes, la pesanteur spécifique du naphte sera à celle de l'eau comme 176 est à 220, ou comme 0,80 est à 1. Dans le langage ordinaire, on supprime la comparaison à l'unité, et l'on dit simplement que

(1) Il faut prendre de l'eau distillée et bouillie, car l'eau ordinaire contient des sels qui en augmentent la pesanteur spécifique, et de l'air qui la diminue ; mais de manière que le premier effet l'emporte ordinairement sur le second. Il faut de plus opérer autant que possible à une basse température, l'eau se dilatant par la chaleur à partir du 4e. degré au-dessus de la glace fondante, et ayant une pesanteur spécifique d'autant moins considérable que sa température est plus élevée.

la pesanteur spécifique de l'acide sulfurique est de 1.85 ; celle du naphte de 0.80. Souvent aussi l'on représente la pesanteur spécifique de l'eau distillée par 1000, ou 10000; alors celle de l'acide sulfurique devient 1850 ou 18500, et celle du naphte 800 ou 8000, et ainsi des autres corps.

24 *bis*. La pesanteur spécifique des solides n'est pas plus difficile à déterminer ; mais on est obligé d'employer un autre moyen pour les peser comparativement avec l'eau sous un même volume ; car il serait, le plus souvent, impossible de fabriquer un solide ayant exactement le même volume qu'une quantité donnée d'eau distillée. Voici en quoi consiste ce moyen : on a une balance très-sensible, dite *balance hydrostatique*, qui ne diffère de la balance ordinaire qu'en ce que la tige qui supporte le centre de mouvement peut s'élever ou s'abaisser à volonté, et que les plateaux sont munis par dessous d'un petit crochet destiné à suspendre le corps solide au moyen d'un crin. On pèse d'abord le corps ainsi suspendu en l'air, et ensuite on abaisse la balance de manière à faire plonger le corps dans un vase plein d'eau distillée, placé au-dessous. On observe alors que le corps pèse moins sur le bras de la balance auquel il est suspendu, et que les poids placés de l'autre côté l'emportent ; effet dû à ce que, le corps plongé dans l'eau ayant pris la place d'un volume d'eau égal au sien, l'eau environnante qui soutenait le poids de ce volume soutient une partie égale dans le poids du corps, et diminue d'autant son action sur la balance. Il suit de là qu'en pesant de nouveau le corps plongé dans l'eau, la différence des deux poids fera connaître le poids d'un volume d'eau égal à celui du corps, d'où on en pourra conclure la pesanteur spécifique de celui-ci.

Soit, par exemple, un morceau de fer pesant dans l'air 85 grammes : ce fer, plongé dans l'eau, ne pèsera plus que 73.946 grammes ; d'où l'on conclura que le poids d'un pareil volume d'eau = 85 — 73.946 = 11.054, et que la pesanteur spécifique du fer est à celle de l'eau comme 85 :

11.054 = 7.78 : 1 ; enfin qu'elle est de 7.78 ; ce qui est la réalité.

Si l'on avait à déterminer la pesanteur spécifique d'un corps solide plus léger que l'eau, on y parviendrait également en le renfermant dans un petit vase suspendu à la balance et fermé par un couvercle de plomb dont on aurait d'abord déterminé la perte de poids dans l'eau ; l'excès de la perte serait attribué au corps plongé, et il est facile de concevoir que, dans ce cas, la perte sera plus grande que le poids du corps dans l'air, puisque le corps est moins dense que l'eau, et en déplace une masse plus considérable que la sienne propre.

On peut aussi peser le corps plus léger que l'eau dans du naphte ou de l'alcohol, lorsque les menstrues ne sont pas susceptibles de le dissoudre. Par une raison semblable, il faut peser dans du naphte tous les corps solides sur lesquels l'eau peut avoir de l'action ; par ce moyen, on trouve leur pesanteur spécifique comparée à celle du naphte, qui est environ de 0.80, et que l'on doit d'ailleurs déterminer d'avance ; on ramène ensuite cette pesanteur à celle de l'eau distillée qui est 1, au moyen d'une proportion.

25. *Impression sur les sens.* — A. *Sur le goût.* Les corps soumis à cette épreuve sont insipides, ou présentent des saveurs qui sont aussi variées que leur propre nature. On distingue cependant la saveur *salée* qui se rapproche de celle du sel marin ; *astringente*, analogue à celle de l'alun ; *amère*, comme celle du sulfate de magnésie ; *piquante*, celle du sel ammoniac ; *sucrée*, celle des sels de plomb ; *urineuse*, celle de la chaux ; *sulfureuse*, celle des eaux sulfureuses ; *ferrugineuse*, *cuivreuse*, *mercurielle*, *etc.*, celle que l'on trouve toujours aux dissolutions de fer, de cuivre, de mercure, etc. De plus, quelques corps abondans en eau de cristallisation et d'une facile dissolution dans l'eau, occasionent dans la bouche un sentiment de *fraîcheur* dû à la promptitude avec laquelle ils passent de l'état solide à l'état liquide ; d'autres, par une raison contraire,

ont une saveur *chaude*; ce sont ceux qui sont desséchés et qui ont une forte affinité pour l'eau ; ils commencent par solidifier celle qui humecte le palais et en dégagent une quantité sensible de calorique. *Exemple*, la chaux. Quelques autres corps, quoiqu'insipides, font encore sur la langue un effet nommé *happement*. Ces corps sont toujours poreux et avides d'eau, non à la manière de la chaux, mais seulement à l'instar d'une éponge ; ils absorbent celle de la langue, dessèchent cet organe et s'y attachent en raison d'un certain liant qu'acquiert leur mélange avec l'eau ; telles sont les différentes argiles et la craie.

B. *Sur le toucher*. Les corps soumis au toucher offrent une surface *onctueuse*, *ex.* le talc ; ou *douce* sans onctuosité, *ex.* l'asbeste, le mica ; ou *rude*, *ex.* la pierre ponce.

C. *Sur l'odorat*. Les corps sont odorans par eux-mêmes, *ex.* le naphte, le pétrole ; ou le deviennent par la chaleur, *ex.* le bitume de Judée ; ou par le frottement des mains, *ex.* le fer, le cuivre, l'étain, le plomb ; ou par la vapeur de l'haleine, *ex.* l'argile. Les odeurs sont variées comme les corps qui les produisent.

D. *Sur l'ouie*. Les corps frappés sont sonores ou ne le sont pas. Or, la sonorité résultant de la propriété qu'ont certains corps de pouvoir être altérés dans leur forme, sans cependant en être brisés, et de revenir à cette forme en oscillant, pour ainsi dire, alternativement au-delà et en-deçà du terme ; il est visible qu'elle suit la même loi que l'élasticité. Il faut observer cependant qu'il y a quelques corps mous élastiques, et que tous les corps sonores sont durs.

E. *Sur la vue*. Les impressions que les corps exercent sur ce sens sont très-variées et offrent plusieurs caractères importans. On y distingue surtout *la couleur*, *l'éclat de la surface, la transparence* ou *l'opacité*, *la force réfringente*.

a. La couleur d'un corps vu en masse peut être *uniforme*, comme dans l'émeraude, le soufre, les métaux ; *variée*, comme dans les marbres secondaires ; *chatoyante*, comme dans l'opale.

Très-souvent la couleur du corps réduit en poudre n'est pas la même que celle de la masse. C'est ainsi que le cinabre, qui est d'un gris violet en masse, est d'un rouge vif réduit en poudre ; que l'arsenic sulfuré rouge devient orangé ; le sulfure d'antimoine, noir, etc.

Quelquefois aussi lorsque le corps est tendre, il n'est pas nécessaire de le pulvériser et d'en détruire une partie pour l'examiner sous ce point de vue. Il suffit de le frotter contre un corps plus résistant que lui, et même sur le papier. Il en résulte une tache dont on note la couleur. L'essai des matières d'or et d'argent, à l'aide de la touche sur une pierre dure, peut être considéré comme une application de ce procédé.

b. L'éclat de la surface peut être *brillant*, *ex.* la plupart des corps cristallisés ; *terne*, la plupart des corps amorphes ou mélangés de matières terreuses ; *onctueuse*, le jade poli ; *soyeuse*, une variété de cuivre carbonaté vert, l'asbeste ; *nacrée*, la stilbite ; *métallique*, tous les métaux ; n'ayant que *l'apparence métallique*, le mica.

c. La transparence peut être parfaite, imparfaite ou nulle. Les corps tout-à-fait transparens laissent distinguer les objets au travers de leur substance ; ceux qui laissent passer trop peu de lumière pour permettre de les distinguer sont dits *translucides* ; ceux qui n'en laissent pas passer du tout sont *opaques*. Le verre et le spath d'Islande sont transparens, l'agathe est translucide, les métaux sont opaques.

d. La force réfringente est *simple* ou *double* : simple lorsque le corps transparent ne laisse voir qu'une image de l'objet que l'on regarde au travers ; double, quand on en distingue deux. Pour observer ce phénomène, on place le corps cristallisé sur une feuille de papier et sur un point noir qui s'y trouve marqué, et l'on regarde ce point à travers la face opposée au papier. Quelquefois cependant la double réfraction n'a lieu qu'en regardant le corps à travers une des faces inclinées, ou même à travers une facette artificielle.

26. *Électricité.* L'électricité, considérée comme caractère des minéraux, est passive ou active. *Passive*, lorsqu'on s'occupe de celle qu'ils reçoivent des corps avec lesquels on les met en contact. *Active*, quand il s'agit de celle qu'ils leur font prendre. Les minéraux reçoivent l'électricité passive, ou par communication, lorsqu'ils sont conducteurs du fluide, ou par frottement lorsqu'ils ne sont pas conducteurs, ou par l'exposition au calorique. L'électricité donnée par communication est de la même nature que celle du corps communiquant. Celle développée par frottement (on suppose un frottoir de laine), est ordinairement *vitrée* pour les pierres et les sels à surface polie, et *résineuse* pour le soufre, le succin, et les autres corps combustibles non métalliques : celle développée à l'aide du calorique, dans les corps susceptibles de présenter cet effet, est vitrée d'un côté et résineuse de l'autre ; *exemple* : la tourmaline.

L'électricité active ou communiquée à la cire à cacheter par le frottement, est tantôt vitrée, tantôt résineuse, quelquefois nulle. Elle est vitrée pour le sulfure de molybdène, résineuse pour la plupart des minéraux, nulle pour le carbure de fer.

On reconnaît l'état électrique d'un corps en le présentant à distance à une petite aiguille horizontale et mobile, préalablement chargée dune électricité connue. Si, par exemple, l'aiguille est chargée de l'électricité vitrée, et que le minéral la repousse, on en conclura qu'il est électrisé de la même manière ; s'il l'attirait, il serait, au contraire, électrisé résineusement, parce que les molécules de chacun des deux fluides qui composent l'électricité naturelle, se repoussent elles-mêmes, et attirent, au contraire, les molécules de l'autre fluide.

27. *Magnétisme.* Le fluide magnétique est un fluide analogue à celui qui produit les phénomènes électriques, mais qui n'agit d'une manière sensible pour nous que sur le fer, le nickel, le cobalt, et un petit nombre de leurs composés. Le fer est celui des trois dans lequel l'action magnétique se

développe le plus ; il suffit même souvent d'une très-petite quantité de fer dans un minéral pour le rendre susceptible d'agir sur le barreau aimanté. On dit que cette action est *simple* lorsque le corps attire indifféremment les deux pôles de l'aiguille, et qu'elle est *polaire* lorsqu'il attire un pôle et repousse l'autre, comme le font presque tous les cristaux de fer.

Caractères géométriques.

Ces caractères sont ceux que l'on peut tirer de la *forme* des corps, de leur *structure* et même de leur *cassure*.

28. *Formes.* Les formes sous lesquelles se présentent les corps sont *déterminables*, *indéterminables* ou *imitatives*. Les premières sont terminées par des faces planes, des arêtes rectilignes et des angles finis que l'on peut mesurer géométriquement : les corps qui les offrent sont dits *cristallisés*, et chaque polyèdre distinct est un *cristal*. Les secondes n'offrent que des faces et des angles altérés, ou n'ont aucune structure distincte. On nomme *amorphes* les corps qui se présentent sous ce dernier état. Les troisièmes imitent des formes généralement connues, comme des cônes, des cylindres, des sphères ; ou représentent des formes de corps organisés, auxquels le minéral s'est peu à peu substitué : c'est ainsi que le sulfure de fer se présente souvent sous la forme de coquilles roulées en volute.

Une étude approfondie des corps cristallisés a conduit M. Haüy à établir une théorie de la formation des cristaux, admirable surtout en ce qu'elle montre que toutes les formes déterminables sous lesquelles on peut trouver le même corps sont susceptibles d'être ramenées, par la division mécanique des lames et des joints naturels, à une seule et même forme qui en est comme le noyau commun. Cette règle une fois établie est devenue, entre les mains de ce savant minéralogiste, un moyen de séparer des corps que les naturalistes avaient, avant lui, réunis en une seule espèce, ou d'en réunir d'autres qu'ils avaient séparés, et presque toujours l'analyse chimique est venue confirmer les résultats de ses calculs. Mais ce n'est pas à moi qu'il peut appartenir de les développer aux autres, et d'ailleurs le peu de détails qui suivent suffiront dans un ouvrage de la nature de celui-ci.

On distingue trois sortes de formes pour un même cristal : la forme *secondaire*, qui est celle extérieure du cristal ; la forme *primitive*, que l'on peut trouver en séparant mécaniquement les lames du cristal, et qui est *unique* pour chaque espèce minéralogique, quelle que soit la forme secondaire dont on la fasse dériver ; enfin la forme de la *molécule intégrante*, que l'on peut obtenir par une division ultérieure de la forme primitive.

On n'a encore reconnu que trois formes principales de molécules intégrantes : le *tétraèdre*, le *prisme triangulaire* et le *parallélipipède*. Ces formes ont cela de remarquable que ce sont les plus simples que l'on puisse concevoir. En effet, il faut au moins quatre plans pour circonscrire un espace, et trois lignes pour circonscrire un plan. Le solide le plus simple sera donc terminé par quatre faces triangulaires, et c'est le tétraèdre. Le prisme triangulaire est de même le solide le plus simple que l'on puisse former avec cinq plans, et le parallélipipède avec six.

Quant aux formes primitives observées jusqu'ici, il y en a six qui sont : 1°. le *tétraèdre*, qui, dans ce cas, est toujours régulier ; 2°. le *parallélipipède*, qui est tantôt rhomboïdal, tantôt cubique ; 3°. l'*octaèdre*, dont les faces sont des triangles équilatéraux, isocèles ou scalènes, selon les espèces ; 4°. le *prisme hexaèdre régulier* ; 5°. le *dodécaèdre* à plans rhombes, égaux et semblables ; 6°. le *dodécaèdre* composé de deux pyramides droites hexaèdres, réunies par leur base.

Voici un exemple bien remarquable des résultats obtenus par la division mécanique des cristaux. La chaux carbonatée cristallisée qui, en raison de la grande diversité des formes secondaires qu'elle présente, a reçu le nom de *protée minéral*, n'offre pas moins de 105 variétés de formes. Parmi ces variétés il y a un prisme hexaèdre régulier et différens rhomboïdes : or, ils conduisent tous à un même rhomboïde obtus, qui est la forme primitive de la chaux carbonatée. Ce rhomboïde une fois obtenu, ne peut plus se diviser que par des plans parallèles à ses faces, et de plus en plus rapprochés entre eux; de sorte que la forme de la molécule intégrante est encore un rhomboïde.

Si l'on avait un autre minéral dont la forme primitive fût un dodécaèdre à plans rhombes, la molécule intégrante serait un tétraèdre; dans le cas d'un prisme hexaèdre régulier, elle serait un prisme triangulaire.

29. *Structure.* La structure d'un minéral est la disposition intérieure ou le groupement de ses particules. La structure est *laminaire*, lorsqu'elle offre des lames continues; *lamellaire*, lorsque les lames sont plus petites, et souvent inclinées en différens sens; *stratiforme*, en couches non séparables; *feuilletée*, en couches séparables; *fibreuse*, à fibres parallèles; *radiée*, à fibres convergentes; *granuleuse*, à grains distincts; *compacte*, à grains très-fins, serrés et non visibles à l'œil; *cellulaire*, offrant des espaces vides.

30. *Cassure.* La cassure est la manière dont les portions d'un minéral se séparent, lorsque la division ne suit pas l'ordre de la structure. Cette cassure est *conchoïde*, lorsqu'elle présente des concavités et des convexités qui imitent l'empreinte de coquilles. Elle peut être *lisse*, *raboteuse*, *écailleuse*, etc.; ces mots ne demandent pas d'explication.

Caractères chimiques.

31. Ces caractères sont ceux qui résultent de l'action chimique des corps sur la substance que l'on soumet à l'examen, et qu'on ne peut observer sans en altérer plus ou moins la nature. Les agens, dont on se sert ordinairement pour les déterminer, sont : le *calorique*, ordinairement aidé de la lumière et de quelques autres corps; l'*eau*,

les *acides*, quelques *sels*, et différentes *teintures végétales*.

32. Le *Calorique*. On essaie les corps par cet agent, soit en les exposant au chalumeau, soit en les projetant sur un charbon ardent; plus rarement en les renfermant dans un creuset, ce moyen en détruisant une trop grande quantité. Le chalumeau est un tube de verre, renflé au milieu, recourbé et tiré en pointe à une extrémité, ouvert des deux côtés. On souffle avec la bouche par l'extrémité la plus ouverte, et l'on dirige l'autre vers la flamme d'une bougie ou d'une lampe que l'on darde, par ce moyen, sur un petit fragment du corps soumis à l'essai. Ce corps est fixé à l'extrémité d'une petite pince de platine, ou contenu dans une petite cuillère du même métal, ou placé au fond d'une cavité creusée dans un charbon.

Les corps exposés au chalumeau sont : 1°. *fixes* et *infusibles*; 2°. *fusibles*, avec ou sans boursoufflement, et donnant, pour résultats, un verre transparent, un émail, ou une masse spongieuse; 3°. *volatils*, avec une fumée blanche, odorante, etc.; 4°. *réductibles* en substance métallique.

Quelquefois on aide la fusion du corps au moyen d'un *fondant*, qui est ordinairement le *Borax*, et on examine la couleur de la masse : il en résulte un caractère tranché pour reconnaître un grand nombre d'oxides métalliques.

On essaie sur les charbons ardens les corps pour lesquels on s'aperçoit que l'action du chalumeau est trop forte. Ces corps se fondent avec ou sans boursoufflement, ou décrépitent et sont projetés au loin, ou en activent la combustion d'une manière remarquable, ou s'y réduisent en vapeurs.

33. L'*Eau*. Les corps sont ou insolubles dans l'eau, ou légèrement solubles, ou très-solubles. Ils sont ordinairement plus solubles à chaud qu'à froid, et peuvent cristalliser en partie par le refroidissement du liquide.

34. Les *Acides*. Tous les corps solubles dans l'eau se dissolvent également dans les acides lorsqu'ils ne sont pas

trop concentrés. Quelques-uns le font en donnant lieu à une vive effervescence, due au dégagement de leur acide qui, étant gazeux, se trouve chassé par l'acide plus fixe que l'on emploie.

Parmi les corps insolubles dans l'eau, il y en a qui ne se dissolvent pas sensiblement davantage dans les acides, à moins qu'ils ne soient très-puissans et très-concentrés, et d'autres qui s'y dissolvent plus ou moins facilement; mais ces sortes d'actions sont tellement variées et accompagnées de phénomènes si différens, qu'il est impossible de les énoncer d'une manière succincte et générale : j'en remets donc la description à l'histoire de chaque corps, pour lequel il sera utile de la faire connaître.

Il en est de même des données que l'on peut tirer, pour la connaissance des corps, de l'emploi de ces agens chimiques, communément nommés *réactifs*; et je passe, sans plus de détail, à l'histoire particulière des drogues minérales.

DIVISION I. — *Corps combustibles non métalliques.*

35. En Chimie, le mot *Combustion* a d'abord été appliqué à l'ensemble des phénomènes visibles qui ont lieu lorsqu'un corps brûle à l'air libre; ensuite ayant reconnu que ces phénomènes, qui sont ordinairement un dégagement de calorique et de lumière, étaient dus à la fixation d'un des principes de l'air nommé *air vital* ou *oxigène*, on est convenu de ne pas admettre de combustion sans fixation d'oxigène; enfin on a étendu ce mot à toute fixation d'oxigène, qu'elle soit accompagnée ou non d'un dégagement sensible de calorique et de lumière, de sorte que l'on définit encore aujourd'hui un corps combustible, *un corps qui a la propriété de se combiner avec l'oxigène.*

J'admets d'autant plus volontiers cette définition, que je n'ai pas à parler ici de ceux de ces corps qui, par leurs nombreux rapports avec l'oxigène lui-même, me paraissent devoir en nécessiter une autre ; et, pour ce que j'en ai besoin, je partagerai les corps combustibles en deux divisions : dans celle-ci, je parlerai des *Corps combustibles non métalliques* ; dans la suivante, des *Corps combustibles métalliques* ou des *métaux*. La première division se subdivise naturellement en deux sections : l'une pour le *Soufre*, qui est le seul corps *simple* de ce genre que nous tirions indirectement du règne minéral par le commerce ; l'autre pour les corps combustibles non métalliques *composés*, anciennement désignés sous le nom commun de *Bitumes*.

SECTION I. — *Du Soufre*, Sulphur, is. — Off.

36. *États naturels*. Le Soufre existe dans la terre, tantôt à l'état de pureté, tantôt combiné aux métaux et formant des sulfures, d'autres fois combiné à l'oxigène et aux oxides métalliques et formant des sulfates : il ne sera question ici que du Soufre pur ou natif.

Le Soufre natif est quelquefois cristallisé en octaèdres transparens ; le plus souvent il est en masses translucides ou opaques, mêlées par couches dans du sulfate de chaux, de l'argile ou d'autres substances terreuses ; souvent aussi on le trouve aux environs des volcans, sous la forme d'une poussière jaune très-fine.

Les Soufrières les plus célèbres sont celles de la Solfatare près de Pouzzol, dans le royaume de Naples ; celles de Sicile, des États romains, de l'Islande, de la Guadeloupe et des Cordilières du Pérou.

Exploitation. Les différens procédés employés pour l'exploitation du soufre se réduisent tous à le volatiliser, ou au moins à le fondre, et à le séparer, par ce moyen, des terres qui lui servent de gangue. A la Solfatare, on chauffe la mine de soufre dans de grands pots de terre cuite, placés sur les deux côtés d'un fourneau plus long que large, nommé *galère*. Chacun de ces pots est muni, à sa partie supérieure, d'un tuyau qui conduit le soufre dans un autre pot percé par le fond, et placé au-dessus d'un baquet plein d'eau ; c'est dans cette eau que le soufre coule et se solidifie.

Mais ce soufre n'est pas pur, car il est passé pour la plus grande partie dans les récipiens, sous forme liquide, en se boursoufflant dans les premiers pots, et en élevant des matières terreuses jusqu'au tuyau d'écoulement : il faut donc le purifier.

La plus ancienne manière d'y procéder consiste à refondre le soufre dans une chaudière de fonte, et à le tenir fondu jusqu'à ce que les matières terreuses soient précipitées au fond ; alors on le puise avec une cuillère, et on le coule dans des moules cylindriques de bois, dont il prend la forme. Ce soufre se nomme dans le commerce *Soufre en canons* ; il est d'un jaune plus ou moins terne et grisâtre.

Aujourd'hui on obtient le soufre beaucoup plus pur, en le distillant dans une grande chaudière de fonte couverte d'un chapiteau, et communiquant avec une chambre en maçonnerie qui sert de récipient : on obtient même à volonté, par ce moyen, du soufre en canons ou du soufre en poudre.

Pour cela, il suffit de faire varier la grandeur de la chambre et la quantité de vapeur de soufre qui y passe dans un temps donné : lorsque la chambre est très-grande, et que la volatilisation du soufre est lente, ou qu'on l'interrompt pendant la nuit, les murs s'échauffent peu, et le soufre s'y condense à l'état solide, sous la forme d'une poussière jaune, nommée *Fleur de soufre* ou *Soufre sublimé* ; lorsque la chambre est petite, et que la distillation du soufre est accélérée et non interrompue, les parois s'échauffent, le soufre ne s'y condense plus qu'à l'état liquide, et coule vers le sol qui le conduit, suivant son inclinaison, dans un grand nombre de moules de bois cylindriques, où il se solidifie. Ce soufre est tout-à-fait exempt de matières terreuses ; il est d'un jaune beaucoup plus pur que celui qui a été obtenu par l'ancien procédé, et doit lui être préféré.

37. *Propriétés.* Le soufre est un corps solide, jaune, très-friable, insipide et inodore; il pèse 1.99; acquiert l'électricité résineuse par le frottement; se fond à 170 degr. centigr.; s'enflamme à une température plus élevée, s'il éprouve le contact de l'air; forme, par sa combustion, de l'acide sulfureux, très-reconnaissable à son action irritante et suffocante sur les organes de la respiration; quand, au contraire, le soufre n'a pas le contact de l'air, il se sublime ou distille sans altération.

Si, lorsque le soufre a été fondu et qu'il est déjà en partie refroidi, on perce la croûte solide qui le recouvre, pour faire écouler ce qui est resté liquide, on trouve la paroi interne tapissée d'une foule de cristaux aiguillés. Le soufre en canons offre souvent, dans son intérieur, une ébauche de cette cristallisation.

Ce même soufre en canons présente un autre fait assez singulier : lorsqu'on le presse pendant quelque temps dans la main, il craque et se brise en plusieurs morceaux. Cet effet est vraisemblablement dû à deux causes; d'abord à ce que les couches extérieures de soufre s'étant solidifiées, lorsque l'intérieur était encore liquide et dilaté par le calorique, la masse totale solidifiée occupe un espace plus grand que si toutes ses parties s'étaient solidifiées isolément; de sorte qu'elle se trouve dans un état de tension que la moindre pression peut détruire : secondement, le calorique, qui se transmet de la main dans le soufre, occasionne, dans ses particules, un petit mouvement qui favorise encore la rupture.

Usages. Le soufre sert dans les arts à fabriquer l'acide sulfurique, le cinabre et d'autres composés chimiques; il fait partie essentielle de la poudre à canon; on l'emploie au blanchîment de la soie; en pharmacie on en fait des sulfures alcalins et métalliques, des pastilles, des onguens, et des huiles volatiles soufrées, dites *Baumes de soufre.*

SECTION II. — *Corps combustibles non métalliques composés.*

38. C'est à l'exemple des minéralogistes, que je décris sous ce titre des composés naturels que les anciens comprenaient sous celui de *bitumes*; car ce nom, qui était d'abord générique, se trouve réduit à présent à une signification presque spécifique : il ne sera pas inutile d'entrer dans une courte explication à ce sujet.

On a long-temps donné le nom de *bitume* à toutes les substances minérales combustibles et inflammables, qui offrent, dans leur composition, une analogie frappante avec certaines substances végétales et animales. Aussi s'est-on généralement accordé à les regarder comme des produits de la décomposition lente et séculaire que ces matières éprouvent lorsqu'elles sont enfouies en grandes masses dans le sein de la terre : considérés, sous ce point de vue, la houille, le jayet et le succin sont des bitumes, tout aussi-bien que le naphte, le pétrole et l'asphalte.

Mais M. Haüy, ayant remarqué la grande analogie qui existe entre ces derniers, et qui est telle, qu'on les voit passer insensiblement de l'un à l'autre, sans qu'on puisse déterminer au juste où l'un finit et l'autre commence, a reconnu la nécessité de les réunir sous un même nom spécifique, et il a choisi celui de *bitume*. Dans sa méthode, l'ancien nom de bitume se trouve donc remplacé comme ici, par le titre général, *Corps combustibles non métalliques composés*; et le mot *bitume* ne désigne plus qu'une espèce, à la suite de laquelle viennent, comme espèces distinctes, la houille, le jayet et le succin.

Du Bitume. Bitumen, minis. — Off.

39. Le bitume de M. Haüy a, pour caractère, d'être odorant, ou de le devenir par le frottement; de brûler en répandant une fumée épaisse et une odeur forte; de ne laisser, en brûlant, qu'un résidu peu considérable; de ne

pas produire d'ammoniaque à la distillation : la pesanteur spécifique et la consistance varient.

M. Haüy distingue, comme variétés :

1°. Le *bitume liquide*, nommé *naphte*, ou *pétrole*, suivant sa fluidité plus ou moins grande, et sa couleur;

2°. Le *bitume glutineux*, ou *malthe*, nommé par d'autres *poix minérale*, ou *pissasphalte*; il a la consistance de la poix;

3°. Le *bitume solide*, dit aussi *asphalte* et *bitume de Judée*.

40. *Naphte* (Naphta, æ.—Off.). Le naphte pur est parfaitement fluide, transparent et d'une couleur jaunâtre : il répand une odeur forte, mais non désagréable; ne pèse que 0.80; est par conséquent aussi léger que l'alcohol le plus rectifié; s'enflamme, à distance, par l'approche d'un corps en ignition; répand, en brûlant, une fumée très-épaisse, et ne laisse aucun résidu : il se colore, s'épaissit avec le temps, et se rapproche de l'état de pétrole. Il est assez rare en Europe; et celui qu'on donne pour tel, n'est ordinairement que du pétrole distillé.

41. *Pétrole* (Petrolæum, læi.—Off.). Le pétrole, beaucoup plus commun que le naphte, et assez abondant dans plusieurs endroits de la France, notamment à Gabian, département de l'Hérault, est également liquide; mais il est brun, épais et onctueux; son odeur est très-forte et très-tenace; sa pesanteur spécifique va jusqu'à 0.85; il surnage donc encore l'eau.

Le pétrole, exposé à l'air, s'épaissit, et passe à l'état de poix minérale ou de *malthe*.

42. *Malthe* (Pissasphaltus, ti.—Off.). Le malthe est noir, glutineux, presque solide dans les temps froids; il a, d'ailleurs, la même odeur bitumineuse que les précédens, et brûle comme eux : quoique plus lourd que le pétrole, il surnage encore l'eau.

43. *Asphalte* (Asphaltus, ti.—Off.). L'asphalte est tout-à-fait solide, sec et friable; il n'a pas d'odeur sensible à froid, mais il en prend une assez forte par le frottement,

et acquiert en même temps l'électricité résineuse ; il a une cassure conchoïde et luisante ; il est un peu plus pesant que l'eau, brûle avec flamme, et laisse une petite quantité de résidu terreux.

On trouve l'asphalte, particulièrement à la surface du lac Asphaltique, en Judée. Ce lac a aussi porté le nom de *Mer Morte*, soit à cause de la stérilité de ses bords, soit parce qu'on supposait autrefois, que l'odeur répandue par le bitume, était capable de tuer les oiseaux qui passent au-dessus. Les eaux de ce lac sont salées comme toutes celles des sources qui accompagnent presque constamment les bitumes : c'est à leur salure, qui leur communique une plus grande pesanteur spécifique, qu'elles doivent la propriété de laisser surnager l'asphalte ; car ce corps, étant plus pesant que l'eau pure, s'y enfonce nécessairement.

Usages. Les bitumes sont peu usités en pharmacie ; cependant le naphte, et le pétrole distillé, sont quelquefois employés comme antihystériques et vermifuges ; et l'asphalte, qui entre encore dans la composition de la thériaque, pourrait servir avec avantage dans les embaumemens ; car les fameuses momies d'Égypte doivent en partie leur indestructibilité à une dissolution d'asphalte qui les a recouvertes, et qui, à l'aide du temps, a pénétré jusque dans la substance des os.

Le malthe est employé, à l'instar de la poix végétale, pour goudronner le bois et les cordages. Le pétrole et le naphte servent de combustible dans les pays qui les produisent ; on cite, entre autres, la ville de Gènes, qui est éclairée avec le naphte retiré d'une source découverte, en 1802, dans le duché de Parme. Le naphte, rectifié, sert en chimie à conserver le potassium et le sodium.

De la Houille ou Charbon-de-terre.

Lithanthrax, acis. — Off.

44. La houille est solide, opaque, noire, plus ou moins brillante, insipide, inodore, par le frottement, et non

électrique, à moins qu'elle ne soit isolée; sa pesanteur spécifique moyenne est de 1.3 : elle est plus dure que l'asphalte, et moins dure que le jayet; elle brûle avec une flamme blanche, une fumée noire et une odeur désagréable, mais qui n'a rien de piquant : elle laisse, après sa combustion, un résidu terreux plus ou moins considérable : distillée dans une cornue, elle produit beaucoup d'huile, beaucoup d'hydrogène carboné, de l'ammoniaque et un charbon volumineux nommé *coak*. On la trouve dans le sein de la terre, en masses considérables, disposée par couches, sans forme bien déterminée, mais susceptible de se diviser en parallélipipèdes avec une sorte de régularité.

On distingue plusieurs variétés de houille : 1°. La *houille grasse*, remarquable par sa légèreté, sa friabilité, sa grande combustibilité, et surtout parce qu'elle produit une flamme longue et blanche, qu'elle se gonfle et s'agglutine facilement; propriétés qu'elle doit à la grande quantité de matière huileuse qu'elle renferme. Telle est la houille de Valenciennes, de Mons, du Creuzot et du Forez.

2°. La *Houille compacte*. Cette houille quoique compacte est fort légère; elle est d'un noir un peu grisâtre et terne; sa cassure est tantôt conchoïde et tantôt droite; on la taille et on la polit facilement; elle brûle très-bien et donne une flamme brillante sans cependant produire une forte chaleur; le résidu qu'elle laisse est peu considérable. On trouve principalement cette variété dans le Lancashire.

3°. La *Houille sèche*. Celle-ci est d'un noir qui tire sur le gris de fer; elle est beaucoup plus solide et plus lourde que la précédente; elle brûle sans se gonfler ni s'agglutiner avec une flamme bleue et en répandant une forte odeur de gaz sulfureux; le résidu qu'elle laisse est considérable, ce qui est dû à la grande quantité de pyrite qu'elle contient. Telles sont les houilles de Saint-Étienne, d'Aix et de Toulon.

Usages. La houille est employée comme combustible

dans la plupart des usines ; elle donne une chaleur considérable et d'ailleurs coûte beaucoup moins que le bois ; mais elle a l'inconvénient, surtout celle de la dernière sorte, de détruire assez promptement les chaudières de fonte ou de cuivre qu'on place au-dessus, en raison du soufre qu'elle contient. Depuis long-temps on ne brûle presque pas d'autre combustible en Angleterre, même dans les appartemens ; mais on n'emploie à ce dernier usage que le *coak*, qui, ayant été privé de la plus grande partie de son huile par la distillation, brûle avec beaucoup moins d'odeur et de fumée. Depuis quelques années aussi, les Anglais ont utilisé le gaz hydrogène carboné qui se produit pendant la distillation de la houille, en le faisant servir à l'éclairage des grands établissemens et même des villes entières. Cet usage commence à s'introduire en France.

La houille n'est d'aucun usage en pharmacie si ce n'est comme combustible.

Du Jayet. Gagates, atis. — Off.

(*Lignite-Jayet*, Brongniart.)

45. Le Jayet est un corps noir, solide, dur, compact, cassant, mais non friable comme l'asphalte, susceptible de recevoir un très-beau poli ; il pèse 1.26, s'électrise difficilement par le frottement, est inodore, brûle avec flamme sans couler ni se boursoufler, et répand une odeur forte, âcre et aromatique : il donne un acide à la distillation et se distingue par ce résultat de la houille et de l'asphalte.

Le Jayet présente souvent des traces très-marquées de l'organisation du bois dont il paraît avoir été formé ; il offre comme un passage des substances végétales enfouies dans la terre aux matières bitumineuses.

Le Jayet sert dans la bijouterie et d'autres arts analogues pour faire des bijoux de deuil. Son usage en pharmacie, se borne à fournir à la distillation une huile empyreumatique qui entre dans la composition du baume hystérique.

Du Succin. Succinum, ni. — Off.

46. Le succin est un corps combustible minéral qui abonde dans la Prusse sur les bords de la mer Baltique; il y accompagne des cailloux roulés, du bois fossile et différentes substances. On l'extrait pour le compte du gouvernement; mais il s'en détache des portions qui sont entraînées par les vagues, et les habitans du pays profitent de la marée montante pour les pêcher avec de petits filets. On trouve aussi du succin en Allemagne, en France et ailleurs, disposé par petites masses sous du sable, dans de l'argile, ou entre des lits de matières pyriteuses; quelquefois aussi parmi les mines de houille.

Le succin est solide, dur, cassant mais non friable, susceptible d'être tourné et poli : le plus pur est transparent et d'un jaune doré; mais il est souvent opaque et sa couleur varie du blanc jaunâtre à l'orangé. Il est insipide, inodore, acquiert par le frottement une électricité résineuse très-marquée; il se fond sur les charbons, brûle avec flamme en se boursouflant et en exhalant une odeur forte non désagréable; chauffé dans une cornue, il donne, entre autres produits, un acide volatil nommé *acide succinique*, composé d'hydrogène, d'oxigène et de carbone comme les acides végétaux; on obtient de plus un peu d'eau, de l'acide acétique, une huile d'une odeur forte, dont la couleur et la consistance varient beaucoup suivant l'époque de l'opération; une matière jaune particulière, dont la nature n'est point encore bien déterminée; des gaz, un charbon volumineux.

Le succin le plus pur est réservé pour faire des bijoux. Le commun est employé à faire un vernis qui est le plus beau et le plus durable de tous; il est également usité en médecine, sous la forme de fumigations, et en teinture alcoholique; l'acide et l'huile qu'on en extrait par le feu sont également employés ; l'acide et ses composés salins sont des réactifs précieux pour la chimie analytique, mais malheureusement trop coûteux.

Le succin a reçu les différens noms d'*Ambre jaune*, à cause de sa couleur et par comparaison avec l'ambre gris, qui a long-temps été pris pour un bitume ; de *Karabé*, nom persan, qui veut dire *Tire-paille*, parce que le succin, étant électrisé par le frottement, attire la paille et les autres corps légers avec une force considérable ; enfin on l'a nommé *Electrum*, à cause de sa couleur analogue à celle d'un alliage d'or que les Grecs nommaient de même, et c'est de ce mot *Electrum* qu'on a fait depuis *Électrique* et ses dérivés.

DIVISION II. — *Des Métaux.*

47. Les métaux sont des corps simples, opaques, très-brillans, bons conducteurs du calorique et du fluide électrique ; ils sont susceptibles de se combiner à l'oxigène, peuvent presque tous le faire en plusieurs proportions, et donnent naissance alors, quelquefois à des corps brûlés *acides*, le plus souvent à des *oxides*, qui peuvent au contraire neutraliser plus ou moins les acides, et former, avec eux, des composés connus sous le nom général de *sels*.

M. Thénard a divisé les métaux, au nombre de trente-huit, en six sections, fondées sur l'affinité qu'ils ont pour l'oxigène.

Il place, dans la première section, sept substances métalliques que l'on présume exister dans les corps qui, avant la découverte de la décomposition des alcalis, étaient regardés comme des terres et des corps simples. Ces terres, qui sont la *Silice*, la *Zircône*, l'*Yttria*, la *Glucine*, la *Thorine* (nouvellement découverte), l'*Alumine* et la *Magnésie*, n'ont pas encore été décomposées ; mais tout porte à croire qu'elles renferment un métal uni à l'oxigène, et que l'impossibilité où l'on se trouve encore de les réduire à l'état métallique, tient à la forte attraction de leurs deux principes constituans. Les métaux de ces terres ont été nommés, par avance, *Silicium*, *Zirconium*, *Aluminium*, *Yttrium*, *Glucinium*, *Thorinium*, *Magnesium*.

M. Thénard comprend, dans la seconde section, les métaux qui ont été retirés, il y a quelques années, des corps nommés auparavant *Alcalis fixes*; ces métaux sont : le *Calcium*, le *Strontium*, le *Barium*, le *Sodium* et le *Potassium* (1). Ils ont pour caractère essentiel d'absorber l'oxigène de l'air à la température la plus élevée, et de décomposer subitement l'eau à la température ordinaire; ils s'emparent de son oxigène, et en dégagent l'hydrogène avec une vive effervescence.

La troisième section renferme quatre métaux qui peuvent absorber le gaz oxigène à la température la plus élevée, mais qui ne décomposent l'eau qu'à l'aide du calorique. Ces métaux sont le *Manganèse*, le *Zinc*, le *Fer* et l'*Étain*.

La quatrième section est composée de quinze métaux, qui, comme les précédens encore, peuvent absorber le gaz oxigène à la température la plus élevée, mais qui ne décomposent l'eau ni à froid ni à chaud. Parmi ces métaux, six peuvent, en se combinant à un *maximum* d'oxigène, donner naissance à des acides, ce sont : l'*Arsenic*, le *Molybdène*, le *Chrôme*, le *Tungstène*, le *Colombium* et l'*Antimoine*; les neuf autres ne forment que des oxides; on les nomme : *Urane*, *Cérium*, *Cobalt*, *Titane*, *Bismuth*, *Cuivre*, *Tellure*, *Nickel* et *Plomb*.

La cinquième section comprend les métaux qui ne peuvent absorber l'oxigène qu'à un certain degré de chaleur, dont les oxides se réduisent seuls à une haute température, et qui ne peuvent opérer la décomposition de l'eau. Ces métaux sont seulement au nombre de deux : le *Mercure* et l'*Osmium*.

---

(1) Ces noms sont tirés de ceux des alcalis : *chaux*, *strontiane*, *baryte*, *soude* et *potasse*.

La dernière section est formée des métaux qui ne peuvent absorber le gaz oxigène, ni décomposer l'eau à aucune température, et dont les oxides se réduisent au-dessous de la chaleur rouge. Ces métaux sont au nombre de six, savoir : l'*Argent*, le *Palladium*, le *Rhodium*, le *Platine*, l'*Or* et l'*Iridium*.

J'ai rapporté cette classification, parce qu'elle est la seule qui réponde à l'état actuel de nos connaissances sur les métaux ; mais le nombre de ceux qui sont employés à l'état métallique, et dont je dois parler, est si borné, que je me contenterai de les ranger suivant l'ordre alphabétique.

De l'Antimoine.

Antimonium, nii; Stibium, bii. — Off.

48. *États naturels.* L'antimoine se trouve, à l'état natif, allié à l'arsenic, combiné au soufre, oxidé, enfin combiné à la fois à l'oxigène et au soufre, ou, si l'on veut, *oxisulfuré.* C'est cette dernière mine qui, ressemblant au kermès minéral par sa couleur, a été nommée *kermès natif.*

De toutes ces mines, la plus abondante et la seule exploitée est celle du sulfure ; on le trouve presque partout, mais surtout dans le midi de la France et en Auvergne, en Hongrie, en Bohème, en Saxe, en Angleterre et en Sibérie.

Extraction. Pour extraire l'antimoine de son sulfure, on commence par purifier celui-ci par la fusion, comme il sera dit à l'article sulfure d'antimoine (106) ; ensuite on le concasse, on le mêle avec un peu de charbon, et on le grille dans des fours d'une forme particulière propre à cette opération. On chauffe d'abord très-modérément, pour ne pas fondre le sulfure ; mais, à mesure que le soufre se dégage et que l'antimoine s'oxide, la matière devient moins fusible, et on augmente le feu : on continue ainsi jusqu'à ce que le sulfure soit converti en une matière d'un gris terne, qui est un mélange, plutôt qu'une combinaison d'oxide d'antimoine et de sulfure non décomposé.

On mêle cette matière grise avec partie égale de tartre brut pulvérisé, et on projète le tout dans des creusets rouges. L'acide tartarique et la matière colorante du tartre, étant composés de principes combustibles non saturés d'oxigène, réduisent l'oxide d'antimoine, en même temps que la potasse du même tartre s'empare du soufre du sulfure. Le résultat de cette double action est un culot métallique recouvert de scories, qui contiennent du sulfure de potasse uni à de l'oxide d'antimoine sulfuré. On fait refondre le métal une fois, et on le coule dans un bassin de terre où il se refroidit et cristallise (1).

49. *Propriétés.* L'antimoine est d'un blanc bleuâtre, très-éclatant, lamelleux et cassant; le culot entier offre ordinairement à sa surface une cristallisation ébauchée, disposée en étoiles ou en feuilles de fougère; il pèse 6.70; se fond à la chaleur rouge, et cristallise facilement en octaèdres par le refroidissement.

L'antimoine exposé à une forte chaleur, dans un creuset recouvert d'un autre renversé et percé à son fond, se volatilise peu à peu, s'oxide, et se condense dans le creuset supérieur, en un oxide blanc, souvent cristallisé en aiguilles, qui était nommé autrefois *fleurs argentines d'an-*

---

(1) On prétend que ce procédé commence à être abandonné, et qu'aujourd'hui on obtient l'antimoine en décomposant directement son sulfure par de la grenaille de fonte. Si cela est ainsi, les pharmaciens devront chercher dans les caractères physiques de ce nouvel antimoine un moyen de le distinguer du premier; car cet antimoine doit contenir du fer et ne peut que donner de l'*antimoine diaphorétique* coloré, tandis qu'on tient avec raison à l'avoir très-blanc, puisque c'est un signe de sa pureté. A défaut de caractère physique assez tranché, on pourra essayer l'antimoine du commerce en le traitant par un peu d'acide chloro-nitreux (*eau régale*), étendant peu à peu la liqueur d'une grande quantité d'eau pour en précipiter tout l'oxide d'antimoine, filtrant, et essayant par les réactifs convenables si cette liqueur contient du fer. (Voyez les moyens de reconnaître les dissolutions de fer, n°. 77).

timoine. Cet oxide est fusible au feu, volatil lorsqu'il a le contact de l'air, un peu soluble dans l'eau, et vomitif.

L'antimoine, traité à chaud par l'acide sulfurique concentré, se convertit en un sous-sulfate qui perd tout son acide par une forte chaleur, et se change en un simple oxide semblable à celui dont il vient d'être question (protoxide). Traité par l'acide nitrique, il se convertit en un deutoxide blanc, insoluble dans cet acide. Il est inattaquable par l'acide hydrochlorique, à moins qu'il n'ait en même temps le contact de l'air.

L'antimoine dissous dans les acides se reconnaît aux caractères suivans : il forme avec les alcalis un précipité blanc, qu'un excès de potasse ou de soude redissout, et que l'ammoniaque ne redissout pas ; il produit avec l'acide hydrosulfurique et les hydrosulfates, un précipité orangé, soluble dans l'acide hydrochlorique, avec dégagement de gaz hydrosulfurique ; il forme un précipité blanc avec l'infusum de noix de galle, et n'est pas précipité par le ferrocyanate de potasse (*prussiate de potasse ferrugineux*).

Usages. L'antimoine combiné avec quatre fois son poids de plomb, forme l'alliage des caractères d'imprimerie. Les potiers d'étain l'emploient également pour donner de la dureté à l'étain. En médecine, ses principales préparations usitées sont : le sulfure d'antimoine, les oxisulfures vitreux et demi-vitreux (*verre d'antimoine et crocus*), les deux hydrosulfates sulfurés (*kermès minéral* et *soufre doré d'antimoine*), le tartrate double d'antimoine et de potasse (*émétique*), le chlorure d'antimoine (*beurre d'antimoine*), l'antimoniate de potasse (*antimoine diaphorétique*) : les trois premiers de ces composés nous étant fournis par le commerce, seront traités séparément.

De l'Argent. Argentum, ti. — Off.

50. *États naturels*. L'argent se trouve sous cinq états, savoir : *natif* ou ne contenant qu'une quantité d'alliage

assez faible pour ne pas cesser d'être ductile, *allié à l'antimoine*, *sulfuré*, *antimonié sulfuré*, à l'état de *muriate* ou de *chlorure*.

1°. *Argent natif*. Cet argent n'est jamais pur; il contient de l'or, du cuivre ou du plomb; il est tantôt en filets déliés, tantôt en lames insérées dans les fissures des pierres, ou appliquées à leur surface; on le trouve aussi en masses plus ou moins considérables.

L'argent natif se trouve surtout au Pérou, au Mexique et en Sibérie. Il existe en Europe dans les mines de Kongsberg en Norwège, de Freyberg et de Johann-Georgen-Stadt en Saxe, d'Allemont et de Sainte-Marie-aux-Mines en France. On a trouvé dans ce dernier endroit, des masses de 50 à 60 livres. On fait aussi mention d'un bloc d'argent natif de 400 quintaux, trouvé en 1478, à Schnéeberg en Saxe; mais de pareils cas sont très-rares.

2°. *Argent antimonié*, *mine d'argent blanche*. Cette espèce est cassante, lamelleuse, et d'un blanc jaunâtre. Elle varie dans sa composition, car Klaproth en a analysé deux variétés, dont l'une lui a donné 0.16, et l'autre 0.24 d'antimoine, le reste en argent. M. Vauquelin a aussi analysé un fragment de l'argent antimonial d'Andreasberg, et l'a trouvé composé de 0.22 d'antimoine, et 0.78 d'argent. Indépendamment de ces variations, l'argent antimonial contient quelquefois de l'arsenic, et rarement du fer. On le trouve surtout près de Guadalcanal en Espagne, et à Wolfach, dans la principauté de Furstemberg.

3°. *Argent sulfuré*. Il est noir, lamelleux, brillant lorsqu'il est cristallisé, mat et informe quand il se trouve disséminé dans les roches. Il est malléable, tendre, et se laisse entamer par le couteau; la flamme d'une bougie suffit pour le fondre; exposé au chalumeau, le soufre s'en dégage, et l'argent paraît à l'état métallique.

L'argent sulfuré se trouve en Saxe, en Bohème, en Hongrie, en Norwège et au Mexique. On a quelquefois profité de sa mollesse et de sa malléabilité, pour en frapper des médailles : on peut même ensuite chauffer peu à peu les pièces, pour en dégager le soufre, et l'argent qui reste garde encore assez fidèlement l'empreinte.

4°. *Argent antimonié sulfuré*, *argent rouge*. Ce minéral se trouve en cristaux, tantôt transparens et d'un rouge vif, tantôt opaques et jouissant d'un brillant métallique gris; lorsqu'il a éprouvé quelque altération à sa surface, sa poudre est d'un beau rouge cramoisi; il est cassant, facile à racler avec le couteau, et très-fusible; il est électrique par communication.

On avait d'abord pris l'argent rouge pour une mine d'argent arsenicale, parce qu'il dégage, lorsqu'on le chauffe, de l'antimoine dont l'odeur est analogue à celle de l'arsenic. Sa couleur, qui ressemble assez à celle du réalgar, et l'arsenic qui s'y trouve quelquefois accidentellement, avaient aussi contribué à propager cette erreur. M. Vauquelin a trouvé l'argent rouge composé de : argent 0.57, antimoine 0.16, soufre 0.15, oxigène 0.12.

5°. *Argent muriaté*, *chlorure d'argent*, *argent corné*. Ce chlorure est quelquefois en masses considérables; mais on le trouve le plus souvent en petits cristaux cubiques et transparens, ayant pour gangue du quartz, de la chaux carbonatée, ou recouvrant de l'argent natif. Il est mou, demi-transparent, fusible au-dessus de la flamme d'une bougie, d'une pesanteur spécifique de 4.748. Il est insoluble dans tous les acides, et soluble dans l'ammoniaque; le frottement du fer et du zinc humectés donne à sa surface l'éclat métallique de l'argent.

Outre ces cinq mines d'argent et plusieurs variétés qui s'y rapportent, on trouve encore ce métal :

6°. *Amalgamé au mercure*. C'est le *Mercure argental* de M. Haüy : il est susceptible de cristalliser.

7°. Dans un état de combinaison non encore bien déterminé, dans un minéral nommé autrefois *argent gris*, mais que M. Haüy a rangé parmi les mines de cuivre, sous le nom de *cuivre gris*. Cette mine varie souvent dans la proportion, et même dans le nombre de ses composans : le plus souvent elle est formée de cuivre, d'antimoine, d'argent, de fer et de soufre; quelquefois elle contient de l'arsenic au lieu d'antimoine, d'autres fois les deux ensemble, rarement du zinc, du mercure ou du manganèse.

8°. Disséminé dans le sulfure de plomb ou *galène;* surtout dans celui qui est à grain d'acier et à petites facettes. Ces sulfures contiennent depuis une once jusqu'à trente d'argent par quintal, de manière que ce métal est le principal produit de leur exploitation.

51. *Extraction.* Les mines d'argent les plus considérables sont celles du Mexique et du Pérou, qui en fournissent incomparablement plus à elles seules que les mines réunies des autres parties du monde. En Europe, c'est la mine de Kongsberg qui est la plus riche; viennent ensuite celles de Hongrie et de Saxe : nous n'avons en France que la mine d'Allemont, dans le département de l'Isère, qui produit fort peu à présent, et celle de Sainte-Marie-aux-Mines dans le département du Haut-Rhin, qui est plus considérable.

Les procédés employés dans ces différens pays pour extraire l'argent, varient en raison de la nature des mines, de leur richesse et des localités; cependant, en dernier résultat, ces procédés consistent à ramener l'argent à l'état métallique lorsqu'il n'y est pas, à l'allier au plomb ou au mercure pour le séparer des autres métaux, à l'isoler enfin de ces derniers.

52. — *De l'argent natif.* A Kongsberg, où la mine consiste principalement en argent natif, on la fait fondre avec partie égale de plomb, après l'avoir bocardée et séparée de sa gangue par le lavage : il en résulte un alliage qui contient de 0.30 à 0.35 d'argent; on en retire celui-ci par *la coupellation :* voici en peu de mots comment on procède à cette opération.

On fabrique un très-grand creuset avec des os calcinés, pulvérisés et mis en pâte avec de l'eau; lorsque ce creuset, qui se nomme *coupelle*, est bien sec, on le place au milieu de l'aire d'un four à reverbère, ce qui se fait en l'élevant peu à peu à travers le sol du fourneau qui est à jour, jusqu'à ce que le bord supérieur de la coupelle se trouve de niveau avec l'aire du four ; alors, on l'assujettit avec la même pâte qui a servi à le former, de manière qu'il fasse corps avec le fourneau.

Quelquefois la coupelle n'est autre chose que l'aire même du four qui est creusée en coupe, et recouverte d'une couche de cendre lessivée et fortement battue ; dans les deux cas, la voûte du four qui recouvre la coupelle est très-surbaissée ; d'un côté de la coupelle se trouve le foyer ; la cheminée est à l'opposé ; dans un des côtés attenans au foyer est placée la douille d'un fort soufflet, et dans l'autre, vers la partie supérieure de la coupelle, on a pratiqué une rigole.

On remplit la coupelle de plomb argentifère, et l'on chauffe le fourneau : bientôt l'alliage fond ; alors le vent du soufflet étant dirigé vers sa surface, le plomb s'oxide ; et avec lui le cuivre et le fer qui peuvent s'y trouver. Ces oxides, étant moins pesans que l'argent, restent à la surface du bain, et s'écoulent par la rigole pratiquée vers la partie supérieure de la coupelle. A mesure que cet effet a lieu, on verse de nouveau plomb dans la coupelle, pour l'entretenir toujours convenablement pleine, et l'on continue ainsi pendant plusieurs jours, ou jusqu'à ce que la coupelle contienne une forte masse d'argent. Alors, on achève de faire écouler l'oxide de plomb qui la recouvre, en creusant l'échancrure d'écoulement jusqu'à la surface du bain d'argent. On retire celui-ci, en y plongeant à plusieurs reprises et jusqu'à la fin, des ringards froids sur lesquels l'argent se solidifie et s'attache.

53. — *Du cuivre gris*. Dans les pays où cette mine est abondante, on la pulvérise, on la grille pour volatiliser le soufre et l'antimoine, et l'on traite le résidu avec un fondant convenable, pour en retirer un culot de cuivre et d'ar-

gent, le fer n'ayant pas été réduit. Le culot est rouge, et contient beaucoup plus de cuivre que d'argent.

On fond cet alliage avec environ trois fois et demie son poids de plomb (1), et on le coule en lingots carrés ou orbiculaires, nommés *pains de liquation*. Ces pains sont ensuite placés de champ dans des fourneaux à réverbère, dont le sol est disposé de manière à pouvoir recueillir le plomb qui se liquéfie. On chauffe d'abord doucement, et l'on n'augmente le feu que graduellement, à mesure que l'alliage devient moins fusible par la séparation du plomb : ce métal, en fondant, entraîne avec lui l'argent. Mais, comme une seule opération n'enlève pas tout l'argent au cuivre, on fait refondre les pains de liquation avec de nouveau plomb : on répète même quelquefois l'opération une troisième et une quatrième fois, en diminuant à chaque fois la dose du métal ajouté. Le plomb des dernières opérations est refondu pour servir à de nouvelles liquations ; quant à celui de la première, on le passe à la coupelle pour en retirer l'argent.

Le cuivre, qui reste des pains de liquation, retient toujours un peu de plomb ; on le purifie, comme nous le dirons en parlant de l'extraction du cuivre.

54. — *Du sulfure de plomb argentifère.* Cette mine est comme les autres, bocardée, lavée et grillée. Le grillage se fait à une chaleur modérée dans un fourneau à réverbère, en remuant continuellement la matière avec des râbles de fer, et en y ajoutant, par intervalles, de la poudre de charbon, qui ramène le sulfate de plomb formé à l'état de sulfure, et favorise la séparation d'une partie du soufre : le résultat de cette opération est un mélange grisâtre d'oxide, de sulfate et de sulfure de plomb.

On mêle cette matière avec de la poudre de charbon,

(1) Ou plus exactement la quantité de plomb est proportionée à celle de l'argent qui existe dans l'alliage. On s'assure de cette quantité par une analyse préliminaire.

de la menue ferraille ou de la mine de fer oxidé, et assez d'eau pour en former une pâte, que l'on introduit par portion, et alternativement avec du charbon, dans un fourneau à manche. Dans ce fourneau, qui est quadrangulaire et assez haut, le feu est activé par deux forts soufflets : le fer se réduit, se combine au soufre du sulfate et du sulfure, et coule avec le plomb réduit également à l'état métallique, vers la partie la plus basse et antérieure du fourneau, d'où ils s'écoulent tout rouges de feu dans un bassin destiné à les recevoir. C'est dans ce bassin que se fait la séparation du plomb et du sulfure de fer : celui-ci, étant plus léger, reste à la surface; l'autre, plus pesant, gagne le fond, et s'écoule seul dans un second bassin inférieur au premier, nommé *bassin de percée* (Le premier se nomme *bassin de réception*).

Le plomb argentifère ainsi obtenu, porte le nom de *plomb d'œuvre*; on le passe à la coupelle pour en extraire l'argent.

55. — *Des pyrites argentifères de Freyberg*. On suit à Freyberg deux procédés, dont un surtout mérite d'être connu : il est appliqué à un minerai de sulfure d'argent disséminé dans une grande quantité de pyrites de fer et de cuivre, et ne contenant guère que deux millièmes et demi d'argent.

Après avoir mêlé cette mine avec un dixième de sel marin, ou chlorure de sodium, on la grille dans un fourneau à réverbère, en la remuant fréquemment. Le soufre des pyrites se brûle et se change, partie en acide sulfureux qui se dégage, partie en acide sulfurique qui se combine au sodium, au fer et au cuivre passés à l'état d'oxides, tandis que le chlore se porte sur l'argent et sur une partie des autres métaux : le résultat du grillage est donc un mélange des sulfates de soude de fer et de cuivre, des chlorures d'argent, de fer et de cuivre, d'oxides de fer et de cuivre. On réduit ce mélange en poudre fine, et on le met dans des tonneaux traversés par un axe horizontal qui tourne au moyen d'une roue mue par l'eau. On y ajoute, sur 100 parties de poudre, 50 de mercure, 30 d'eau et 6 de disques de fer, de la grandeur et de la forme de dames à jouer. On fait tourner ce mélange pendant seize à dix-huit heures. Voici alors ce qui se passe : le chlorure d'argent est décomposé par le fer, et donne lieu à du chlorure de fer qui se dissout dans l'eau, et à de l'argent métallique très-divisé qui s'unit au mercure; les sulfates de soude de fer et de cuivre se dissolvent également dans l'eau.

On retire l'amalgame des tonneaux, on le lave et on l'exprime fortement pour en séparer l'excès du mercure. L'amalgame est ensuite moulé en boules de la grosseur d'un œuf, et placé sur une sorte de *trépied*, ou de *chandelier* en fer, muni par étages de plusieurs plateaux ou soucoupes de même matière. Le tout est recouvert d'une cloche de fer, au tour de laquelle on allume du feu. Le mercure se volatilise; mais, ne pouvant s'échapper par le haut, il est obligé de gagner le bas de l'appareil, qui est formé par une caisse de fer continuellement rafraîchie par un courant d'eau, et il s'y condense à l'état liquide. L'argent reste sur les plateaux du chandelier.

Les quatre procédés que je viens de décrire, peuvent suffire pour donner une idée générale de l'exploitation des mines d'argent; les personnes qui voudront plus de détails, et surtout connaître les appareils dont on se sert pour l'extraction des différens métaux, devront recourir au traité de minéralogie de M. Brongniart.

56. *Propriétés.* L'argent est d'un blanc pur et très-éclatant; il est très-malléable, très-ductile, moins mou que l'or et plus tenace; sa pesanteur spécifique est de 10.47. Il est inaltérable à l'air, assez fusible au feu, mais ne s'y oxide à aucune température.

Parmi les acides, il n'y a guère que les acides sulfurique et nitrique qui dissolvent l'argent : le premier ne l'attaque que lorsqu'il est concentré et bouillant; le second le dissout à toutes les températures. Avec celui-ci, il se dégage du deutoxide d'azote, qui devient acide nitreux par le contact de l'air, et l'argent oxidé se dissout dans l'acide nitrique non décomposé.

Le nitrate d'argent est très-soluble, et facilement cristallisable en belles lames incolores et transparentes; fondu dans un creuset, et coulé dans une lingotière légèrement enduite de suif, il forme ce qu'on nomme communément la *pierre infernale*.

L'argent en dissolution est facile à reconnaître : il forme, avec la potasse, un précipité vert-olive d'oxide d'argent; il n'est pas précipité par l'ammoniaque; il donne, par l'acide hydrochlorique, un précipité blanc de chlorure d'argent, qui est insoluble dans l'acide nitrique et soluble dans l'ammoniaque; il précipite en noir par l'acide hydrosulfurique et les hydrosulfates; il forme sur le cuivre une tache blanche qui résiste au feu; il noircit la peau et toutes les matières organiques.

Usages. Les usages de l'argent sont généralement connus : on en fait des monnaies, des ustensiles et des bijoux; mais, avant de l'employer, on l'allie toujours avec une certaine quantité de cuivre qui lui donne de la dureté, et le rend plus propre à résister aux effets de l'usure. Cette quantité de cuivre est déterminée par la loi, et forme ce qu'on nomme *le titre* de l'argent. Le titre de l'argent des monnaies de France est de 0.900 pour la monnaie blanche, c'est-à-dire, que 1000 parties d'alliage contiennent 900 parties d'argent pur; celui de la monnaie de billon est de 0.200. L'argent d'orfévrerie peut avoir deux titres; le premier à 0.950, le second à 0.800.

On bat l'argent pur en feuilles, et on le réduit en fils comme l'or : il faut dire même que ce qu'on nomme fil d'or n'est que de l'argent doré, l'or seul étant trop mou et trop tenace pour être tiré en fil très-fin.

L'argent est employé en chimie et en pharmacie pour préparer le nitrate d'argent cristallisé et fondu.

Du Bismuth. Bismuthum, thi. — Off.

57. Le bismuth se trouve sous trois états dans la nature : 1°. *natif*, mais contenant le plus souvent de l'arsenic ; 2°. *oxidé* ; 3°. *sulfuré*. Ces trois sortes de mines, et surtout la première, se trouvent principalement en Suède ; il en existe aussi en France dans les mines de Bretagne, et à la vallée d'Ossan dans les Pyrénées.

Le bismuth est si fusible qu'il suffit pour l'obtenir, ou de projeter sa mine pulvérisée dans une fosse creusée en terre et remplie de fagots, ou de la mettre avec des copeaux dans une rainure pratiquée longitudinalement à un tronc d'arbre incliné au-dessus d'une fosse et de mettre le feu aux copeaux, ou enfin de la chauffer dans des tuyaux de fonte qui traversent presque horizontalement un fourneau. Dans tous les cas le bismuth se fond, ou se réduit s'il est à l'état d'oxide, et coule dans le bassin destiné à le recevoir. On le fond ordinairement une seconde fois, et on le chauffe même assez fortement pour le priver de l'arsenic qu'il contient encore.

58. Le bismuth est d'un blanc jaunâtre et rosé, il est lamelleux, éclatant, très-cassant et facile à pulvériser ; c'est de tous les métaux celui qui cristallise le plus facilement ; ses cristaux sont des cubes ; il pèse 9.82, est peu altérable à l'air froid, mais s'y oxide promptement aussitôt qu'il entre en fusion ; à la température rouge, il brûle avec un faible dégagement de lumière en donnant lieu à un oxide facilement fusible.

Le bismuth est soluble dans l'acide nitrique concentré, avec dégagement de gaz nitreux qui devient rutilant à l'air (1). Le nitrate de bismuth cristallise facilement par

(1) Souvent, néanmoins, le bismuth du commerce ne se dissout pas entièrement dans l'acide nitrique, et il reste, surtout en opérant à chaud, un résidu blanc, insoluble, qui est de l'arseniate de bismuth. Ce sel provient de ce que l'arsenic contenu dans le bismuth a été

l'évaporation de la liqueur. Ce sel cristallisé ou encore dissous, est décomposé, lorsqu'on le verse dans une grande quantité d'eau, en nitrate très-acide qui reste en dissolution et en sous-nitrate insoluble qui se précipite. C'est ce sous-nitrate, qui est blanc, argenté et très-éclatant, que l'on nommait autrefois *magistère de bismuth*; on le nommait aussi *blanc de fard*, à cause de l'usage que les femmes en faisaient pour se blanchir la peau ; mais son emploi était sujet à beaucoup d'inconvéniens, dont le moindre était de noircir très-promptement dans les lieux d'assemblée, en raison des miasmes animaux dont l'air de ces sortes de lieux est saturé.

Le sous-nitrate de bismuth est quelquefois employé en médecine ; on le reconnaît à la couleur noire parfaite qu'il acquiert par le contact de l'acide hydrosulfurique, et au bouton de bismuth qu'il produit lorsqu'on le chauffe dans un creuset avec du charbon.

Du Cuivre. Cuprum, pri. — Off.

59. *États naturels.* Le cuivre est très-répandu dans la terre et s'y trouve sous huit états principaux, qui sont : le cuivre *natif*, *oxidé*, *sulfuré*, *muriaté*, *carbonaté*, *arseniaté*, *phosphaté*, *sulfaté*.

1°. Le *cuivre natif :* existe surtout en Sibérie ; on en trouve aussi en Hongrie, dans la Transylvanie, en Suède, en Angleterre, rarement en France. Il est cristallisé en cubes, en octaëdres ou en cubo-octaëdres. Il est plus ou moins rouge et malléable, suivant son état de pureté, car il n'est jamais parfaitement pur : il contient ordinairement du fer, de l'or ou de l'argent.

2°. Le *cuivre oxidé.* Il y en a deux espèces, dont la première est de l'oxide de cuivre pur au *minimum* ou du

---

changé en acide arsenique par l'acide nitrique, et s'est alors emparé d'une certaine quantité d'oxide de bismuth. Un caractère que l'on doit rechercher dans le bismuth du commerce, est donc son entière solubilité dans l'acide nitrique.

protoxide. Ce protoxide accompagne presque toujours le cuivre natif ; il est tantôt en masses compactes peu volumineuses, tantôt en cristaux rouges, octaëdriques, cubiques ou cubo-octaëdriques ; tantôt en filets soyeux, capillaires et d'un rouge très-vif.

Kirwan l'avait rangé parmi les carbonates de cuivre, à cause de l'effervescence qu'il produit avec l'acide nitrique ; mais cette effervescence est due au gaz nitreux provenant de la décomposition de l'acide par le protoxide de cuivre, lequel passe alors à l'état de deutoxide.

L'autre espèce d'oxide de cuivre que M. Haüy a nommée *cuivre sulfuré hépatique* ou *cuivre pyriteux hépatique*, suivant qu'elle accompagne le cuivre sulfuré ou le cuivre pyriteux, doit évidemment son origine à l'une ou à l'autre de ces mines qui, par un moyen quelconque, est passée de l'état de sulfure à l'état d'oxide : on y trouve simultanément du cuivre, du fer, de l'oxigène et du soufre. Elle est verdâtre, bleue, violette, rougeâtre, ou quelquefois brune, suivant que la décomposition du sulfure et l'oxidation du métal sont plus ou moins avancées.

3°. Le *cuivre sulfuré*. C'est la mine de cuivre la plus répandue. On en distingue deux espèces, dont la première, anciennement nommée *mine de cuivre vitreuse* (*cuivre sulfuré*, Haüy), est un simple sulfure de cuivre. Elle est d'un gris noirâtre, se laisse couper au couteau, est susceptible de prendre du poli, s'étend un peu sous le marteau, enfin répand une odeur d'acide sulfureux au chalumeau. Cette mine se trouve surtout en Sibérie, en Suède, en Saxe, en Cornouailles : elle est quelquefois recouverte d'une efflorescence bleue et verte.

La seconde espèce, nommée par M. Haüy *cuivre pyriteux*, est d'un jaune métallique plus ou moins foncé et souvent marqué des couleurs de l'iris ; elle n'étincelle que difficilement sous le choc du briquet et se laisse même entamer par le couteau : ces différens caractères la font facilement distinguer du fer sulfuré qui a la même couleur, mais plus pâle et jamais irisée, qui est plus dur et étincelle bien sous le briquet. Cette espèce n'est pas un simple sulfure de cuivre, c'est une combinaison de sulfure de cuivre et de sulfure de fer, dans laquelle même celui-ci se trouve souvent en plus grande quantité que le premier.

C'est également au cuivre sulfuré que l'on peut rapporter la mine de cuivre nommée *cuivre gris*, ou *argent gris*, dont j'ai parlé à l'article de l'argent. Cette mine, comme on l'a vu, est d'une composition très-compliquée et variable, dans laquelle cependant le cuivre paraît être à l'état de sulfure.

4°. Le *cuivre muriaté* (1). Cette mine est d'un vert assez beau et brillant; elle colore en vert et en bleu la flamme d'une bougie, à travers laquelle on la projette, réduite en poudre; elle se dissout dans l'acide nitrique sans effervescence, et se réduit au chalumeau en un globule de cuivre, sans répandre d'odeur arsenicale; elle pèse 3.52.

On trouve le cuivre muriaté au Chili, en masses rayonnées dans leur intérieur; et au Pérou, sous la forme d'un sable vert mêlé de quartz; ce dernier a porté le nom de *sable vert du Pérou*.

5°. Le *cuivre carbonaté*. Il est soluble avec effervescence dans les acides, et affecte une couleur bleue ou verte, suivant les proportions différentes d'eau et d'acide carbonique qu'il contient.

Le cuivre carbonaté bleu, nommé aussi *azur de cuivre*, est d'une très-belle couleur bleue qu'il conserve dans l'huile; il est tantôt cristallisé distinctement, tantôt en petites concrétions striées du centre à la circonférence, sou-

---

(1) Je laisse à ce minéral le nom de *Cuivre muriaté*, car il sera difficile de se faire une plus juste idée de sa composition avant d'en avoir repris l'analyse; je présume cependant, d'après celles qui ont été faites, et en raison de la quantité d'eau que plusieurs chimistes y ont trouvée, que c'est un *sous-hydrochlorate de deutoxide de cuivre*, ou en supposant l'eau toute formée dans le minéral, un *hydrate d'oxichlorure de cuivre*.

vent sous une apparence terreuse, et mélangé de matières terreuses qui pâlissent sa couleur : sous ce dernier état, on le nomme *bleu de montagne*; sous celui de petites concrétions inégales, raboteuses, souvent cristallisées à l'intérieur, il forme ce qu'on nommait autrefois en pharmacie la *pierre d'Arménie*.

On connaît trois variétés de cuivre carbonaté vert : la première est le *cuivre carbonaté vert soyeux*; la seconde le *cuivre carbonaté vert concrétionné*, ou *malachite*; la troisième le *cuivre carbonaté vert pulvérulent*, ou *vert de montagne*. La malachite est sous forme de concrétions plus ou moins volumineuses, mamelonnées, composées, à l'intérieur, de couches concentriques de différentes nuances de vert, et susceptibles de recevoir un très-beau poli; on en fait des meubles, des tabatières et des bijoux.

6°. Le *cuivre sulfaté* : il n'existe guère que dissous dans les eaux qui avoisinent les mines de cuivre pyriteuses, ou qui coulent dans leur intérieur.

Je passe sous silence les autres espèces.

60. *Extraction*. L'extraction du cuivre des différentes mines où il est à l'état de sulfure, qui sont presque les seules exploitées, est une des opérations de ce genre les plus longues et les plus compliquées.

On commence par griller le minerai, ce qui s'exécute suivant plusieurs procédés, entre autres par le suivant : On dispose le minerai en pyramides tronquées, sur un lit de bois, et de telle manière, que les plus gros morceaux soient placés au centre, et les plus petits à la surface; ceux-ci sont battus, et quelquefois mêlés d'un peu de terre, pour ralentir la combustion et diriger les vapeurs vers le haut; au centre de la pyramide est un canal vertical dans lequel on jette quelques tisons enflammés. Le bois placé au bas prend feu, et le communique peu à peu au sulfure, qui, une fois échauffé, continue de brûler et de se griller par lui-même. Il se forme, pendant ce grillage, qui dure quelquefois plus d'un an, des oxides et des sulfates de cuivre et de fer, de l'acide sulfureux et du soufre qui se dégagent: une partie de ce dernier est recueilli dans des cavités que l'on pratique à cet effet dans la partie supérieure de la pyramide.

La mine grillée, et composée surtout des oxides et des sulfates de cuivre et de fer, est traitée, dans un fourneau à manche, avec du charbon de bois ou de la houille épurée : par la fusion, les sulfates de cuivre et de fer reviennent à l'état de sulfures ; les oxides, et surtout celui de cuivre, se réduisent : il en résulte un métal impur, noir et cassant, nommé *matte*, composé encore de cuivre, de fer et de soufre.

La matte est concassée et soumise à un assez grand nombre de grillages successifs qui oxident de nouveau les métaux, et reforment un peu de leurs sulfates ; ensuite elle est refondue dans un fourneau à manche, mais avec addition d'une certaine quantité de quartz, lequel s'oppose à la réduction de l'oxide de fer, par l'affinité qu'il a pour lui. Les résultats de cette opération sont, du *cuivre noir*, une nouvelle matte, et des scories composées principalement de silice et d'oxide de fer : on rejette ces scories ; la matte est grillée derechef ; quant au cuivre noir qui contient environ 0.90 de cuivre pur, on le porte au *fourneau d'affinage*.

Ce fourneau est à réverbère ; son sol, qui est concave et recouvert d'une basque de charbon et d'argile, sert pour la fusion du métal ; sur l'un des côtés se trouvent deux soufflets, de l'autre deux bassins de réception ; à une extrémité est le foyer, à l'autre la cheminée. On charge le sol du fourneau de cuivre noir, et l'on allume le feu : le cuivre fond, et forme à sa surface des scories que l'on enlève avec une espèce de râteau sans dents ; alors on dirige dessus le vent des soufflets, ce qui le fait rouler sur lui-même, et présenter successivement toutes ses parties au contact de l'air. A l'aide de ce mouvement, le fer et le soufre qui sont beaucoup plus combustibles, se brûlent d'abord, et le cuivre s'affine. Au bout de deux heures, ou lorsqu'on s'aperçoit de la pureté du métal à sa couleur et à l'absence des scories, on met le bassin de fusion en communication avec ceux de réception : le cuivre y coule et s'y refroidit; on hâte son refroidissement, surtout à la surface, en y jetant un peu d'eau avec un balai, et on enlève avec un ringard la croûte solide à mesure qu'elle se forme. Le cuivre, ainsi obtenu, se nomme *cuivre de rosette.*

Outre le cuivre que l'on extrait de ses sulfures, on en retire aussi une assez grande quantité des diverses variétés de cuivre gris.

J'ai rapporté, en parlant de l'argent, la manière dont cette mine était grillée et réduite, et celle dont le métal, d'abord allié au plomb, et mis sous la forme de pains de liquation, était ensuite privé de ce plomb et de l'argent, par une fusion ménagée; le cuivre ne se fondant pas au même degré de chaleur, et conservant la forme des pains. Ce cuivre, qui est très-poreux, retient toujours une certaine quantité de plomb dont il faut le priver : on y parvient en le tenant fondu pendant quelque temps dans un fourneau de réverbère, à peu près de la même manière que pour l'affinage dont il vient d'être parlé; car le plomb se convertit en litharge, et le cuivre s'approche de plus en plus de l'état de pureté. Cependant il paraît que ce métal, ainsi obtenu, ne se travaille pas aussi bien que le cuivre neuf; d'un autre côté, il résiste mieux, dit-on, à l'action de l'air et de l'eau, et est avantageux pour le doublage des vaisseaux.

61. *Propriétés.* Le cuivre pur est solide, très-éclatant et d'un rouge rosé; il a une saveur très-marquée et acquiert une odeur désagréable par le frottement. C'est le plus élastique et le plus sonore de tous les métaux, c'est aussi l'un des plus ductiles et des plus tenaces; sa dureté est moins grande que celle du fer; sa pesanteur spécifique est de 8.895 : il est un peu plus fusible que l'or et moins fusible que l'argent.

Le cuivre est peu altérable à l'air sec : à l'air humide il se ternit et se recouvre d'une couche de sous-carbonate vert, que l'on nomme vulgairement *vert-de-gris*, mais qui n'est pas celui que nous employons.

Il n'y a presque pas d'acides, même parmi ceux que l'on retire des végétaux, qui n'attaquent le cuivre lorsque ce métal est en même temps exposé au contact de l'air; les acides sulfurique et hydrochlorique surtout l'attaquent dans cette circonstance; l'acide sulfurique concentré et bouillant le dissout, comme il le fait pour presque tous les métaux.

L'acide nitrique attaque très-vivement le cuivre et le dissout même à froid; il se dégage beaucoup de deutoxide d'azote, et il en résulte une dissolution bleue qui, comme toutes les dissolutions de cuivre au *maximum* d'oxidation, jouit des propriétés suivantes :

Elle forme avec la potasse un précipité bleu pâle qui est un *hydrate de deutoxide de cuivre :* l'ammoniaque y occasione un précipité pareil; mais pour peu qu'on en ajoute un excès, le précipité disparaît, et la liqueur acquiert une couleur bleu-céleste de toute beauté.

Elle forme avec l'hydrogène sulfuré et les hydrosulfures (*acide hydrosulfurique* et *hydrosulfates*), un précipité brun-noir; avec le prussiate de potasse ferrugineux (*ferro-cyanate*, ou mieux *cyanoferrate de potasse*), un précipité rouge-brun; enfin, lorsqu'on y plonge une lame de fer décapée, cette lame se recouvre d'une couche de cuivre métallique. De ces différens réactifs, la lame de fer, le prussiate de potasse ferrugineux et l'ammoniaque, sont ceux qui indiquent les plus petites quantités de cuivre dans une liqueur.

Usages. Outre les différens composés cuivreux que nous préparons en pharmacie, le commerce nous en fournit trois dont nous parlerons dans la division des sels; ce sont : le sulfate de cuivre ou *vitriol bleu*, l'acétate de cuivre brut ou *vert-de-gris*, et l'acétate cristallisé ou *verdet.*

Mais les usages du cuivre et de ses composés en pharmacie sont les moins importans de ce métal ; le cuivre lui-même, par sa dureté moyenne et la facilité qu'il offre au travail, sera toujours employé à faire des chaudières, des cucurbites et autres vases analogues, toutes les fois qu'on n'aura pas à craindre l'action dissolvante des corps qu'on doit y traiter, et le développement des propriétés vénéneuses qui en est la suite ; il est également précieux pour la gravure à l'eau forte et au burin ; combiné avec 0,10 d'étain il forme le *métal des canons ;* avec 0,25 de ce dernier l'alliage est plus aigre et cassant, quoique résistant encore à des chocs assez forts : c'est le *métal des cloches.*

Le *similor* et le *laiton* ou *cuivre jaune* sont des alliages de cuivre et de zinc également très-employés. Le cuivre sert encore à former, par sa calcination directe au feu, un oxide brun très-employé dans la fabrication des émaux qu'il colore en un fort beau rouge ; l'oxide au *maximum* retiré du sulfate de cuivre les colore en vert.

De l'Étain. Stannum, ni. — Off.

62. *États naturels et extraction.* L'étain existe à l'état de sulfure et sous celui d'oxide ; le sulfure est très-rare et n'a encore été trouvé que dans le comté de Cornouailles en Angleterre ; l'oxide, plus commun, se trouve dans le même pays qui en possède la mine la plus riche de l'Europe, dans la Galice en Espagne, en Saxe, en Bohème, et par-dessus tout dans les Indes orientales où sont les mines d'étain les plus considérables et celles qui fournissent ce métal le plus pur.

L'oxide d'étain est souvent cristallisé et toujours assez dur pour étinceler sous le choc du briquet ; il pèse 6.9, est rarement bleu, et sa couleur, qui est ordinairement jaune, rouge ou brune, paraît due à des quantités variables d'oxide de fer.

Le procédé employé pour retirer l'étain de cette mine varie suivant la nature des substances qui l'accompagnent.

Lorsque l'oxide d'étain n'est mêlé qu'avec une gangue pierreuse, on se contente, avant de procéder à la fusion, de le bocarder et de le séparer de cette gangue par le lavage; mais lorsqu'il est accompagné d'arsenic et des sulfures de fer et de cuivre, on est obligé, après le bocardage et le lavage, de le griller dans un four à réverbère, et ensuite de jeter la matière toute chaude dans l'eau, pour dissoudre les sulfates de fer et de cuivre formés et en séparer l'oxide d'étain. On mêle alors cet oxide avec un dixième de charbon, et on le projette par pelletées dans un fourneau à manche très-bas et rempli de charbon dont la combustion est activée par deux soufflets : l'étain se réduit et gagne la partie inférieure du fourneau, d'où il s'écoule dans un *bassin d'avant-foyer*, et de là dans un autre dit *bassin de réception :* le laitier, provenant des terres échappées au lavage, combinées à de l'oxide de fer qui n'a pas été réduit et à une certaine quantité d'oxide d'étain, reste dans le premier bassin.

L'étain qui résulte de cette opération contient encore de l'arsenic, du fer et du cuivre. On peut, jusqu'à un certain point, le priver de ces deux derniers par une seule fusion à une très-douce chaleur; l'étain pur se fond d'abord et peut être décanté presque jusqu'à la fin : alors ce qui reste au fond, contenant beaucoup de cuivre et de fer, se solidifie et est mis à part pour quelques usages particuliers.

On trouve dans le commerce plusieurs sortes d'étain : l'*étain de Malaca*, qui est le plus pur et sous la forme de pyramides quadrangulaires tronquées, dont la base aplatie donne au lingot la forme d'un chapeau; l'*étain d'Angleterre*, qui est en saumons plus ou moins considérables, et qui contient du cuivre et une très-petite quantité d'arsenic; l'*étain d'Allemagne* qui est encore plus impur.

63. *Propriétés.* L'étain pur est d'un blanc d'argent; il pèse 7.296, est un peu moins mou que le plomb, un peu

plus élastique, plus sonore et plus fusible ; il fait entendre lorsqu'on le ploie un craquement particulier nommé *cri de l'étain* ; lorsqu'on le plie plusieurs fois de suite au même endroit et brusquement, il s'échauffe considérablement et finit par se rompre : le frottement lui communique une odeur fétide.

L'étain fondu avec le contact de l'air s'oxide et se recouvre d'une pellicule irisée, qui se renouvelle à chaque fois qu'on l'enlève : par ce moyen, le métal peut être entièrement transformé en une matière grise, qui est un mélange d'étain et de son oxide au *minimum*. Si l'on expose cette matière au feu de réverbère, et qu'on l'agite avec une tige de fer, elle absorbera une nouvelle quantité d'oxigène, blanchira beaucoup, et finira par passer entièrement au *maximum* d'oxidation. Cet oxide préparé en grand pour les arts se nomme *potée d'étain* ; c'est lui qui forme la base des émaux et de la couverte des poteries ; il sert également à polir l'acier (1).

L'acide sulfurique concentré et froid a peu d'action sur l'étain ; concentré et bouillant, il se décompose en partie, oxide le métal au *minimum*, et forme un sulfate presque insoluble, même dans un excès de son acide.

L'acide nitrique concentré exerce une action des plus violentes sur l'étain, même à froid ; il se dégage beaucoup de vapeurs nitreuses, et il se forme un oxide d'étain au *maximum* qui ne se dissout pas dans l'acide.

L'acide hydrochlorique dissout très-facilement l'étain, surtout à l'aide de la chaleur ; il se forme un chlorure ou un hydrochlorate d'étain au *minimum* de chlore ou d'oxigène, et il se dégage de l'hydrogène, qui, dans la supposition d'un chlorure, provient de l'acide hydrochlorique lui-même, et, dans celle d'un hydrochlorate, provient

---

(1) La potée d'étain préparée pour les arts contient ordinairement de l'oxide de plomb dont le métal a été préalablement ajouté à l'étain parce qu'il en favorise beaucoup l'oxidation et qu'il est à meilleur compte.

de l'eau dont alors l'oxigène a oxidé le métal. Le sel qui en résulte, sert dans la teinture et pour préparer le *Pourpre de Cassius*.

L'étain peut se combiner avec une plus grande proportion de chlore, et former un deutochlorure dont les propriétés sont très-remarquables. Ce composé, qu'on obtient en distillant de l'étain avec du sublimé corrosif, est incolore et tout-à-fait liquide, quoiqu'il ne contienne pas d'eau; il est très-volatil, forme une fumée très-épaisse à l'air, et se nommait autrefois *liqueur fumante de Libavius*; mis en contact avec l'eau, il la décompose avec bruit et chaleur, et se change en hydrochlorate. Cet hydrochlorate est employé dans la teinture, où il sert surtout à préparer la *couleur écarlate* avec la cochenille, et le *rouge d'Andrinople* avec la garance; mais, pour cet usage, on l'obtient plus directement que je ne viens de le dire, en dissolvant de l'étain dans de l'acide chloronitreux (*eau régale*).

L'étain dissous dans les acides jouit des propriétés suivantes :

Au *minimum* comme au *maximum* d'oxidation il forme, avec les alcalis, un précipité blanc, que la potasse et la soude ajoutées en excès peuvent redissoudre; il n'est pas précipité par l'acide hydrosulfurique; il forme, avec les hydrosulfates, un précipité dont la couleur varie suivant son degré d'oxidation : s'il est au *minimum*, le précipité sera brun-marron; tandis qu'au *maximum* il sera orangé. Ces deux précipités, qui sont deux sulfures, ne paraissent différer entre eux que par la quantité de soufre qu'ils contiennent, de même que l'état de l'étain dissous varioit par la proportion d'oxigène.

Usages. L'étain est employé pour faire un grand nombre de vases et d'ustensiles qui sont à la portée de tout le monde par leur bas prix. On peut le nommer l'*argent des pauvres*. On l'emploie aussi allié aux autres métaux; par exemple, au cuivre, dans le métal des canons et des cloches; au mercure, dans le *tain* des glaces; au plomb, dans la soudure des plombiers; il sert enfin à étamer les vases de cuivre dont on se sert dans l'économie domestique, et à préserver les alimens des dangers qu'entraîne l'emploi de ce dernier métal.

Les pharmaciens n'emploient l'étain que pour le réduire en poudre, et pour en préparer un sulfure artificiel; ce sont les seuls états sous lesquels on l'administre quelquefois.

Du Fer. Ferrum, ri. — Off.

64. *États naturels.* Le fer est un des métaux le plus anciennement connus; c'est le plus répandu dans la terre et le plus utile à l'homme.

Le fer se trouve sous douze états principaux dans la nature, savoir: *natif*, *oxidé*, *sulfuré*, *carburé*, *arsenié*, *sulfaté*, *phosphaté*, *carbonaté*, *arseniaté*, *molybdaté*, *chromaté*, *tungstaté*.

65. *Fer natif.* On doute encore de l'existence du fer natif, disposé en filons dans la terre comme les autres mines métalliques; mais il y a une autre espèce de fer natif qui se trouve en blocs isolés à la surface du sol, dont on ne peut révoquer en doute l'existence, et dont la masse, souvent très-considérable et éloignée de toute mine de fer, ne permet pas d'en attribuer la formation à la main des hommes. C'est ainsi qu'on a trouvé, dans l'Amérique méridionale et au milieu d'une plaine immense, une masse de fer malléable du poids de 1500 myriagrammes. Ce qu'il y a de remarquable, c'est que ce fer, de même que tous les autres analogues, contient du nickel; et comme toutes les pierres tombées de l'atmosphère offrent également ces deux métaux à l'analyse, on est porté à croire qu'elles ont une origine semblable, c'est-à-dire, que le fer natif de l'Amérique, de la Sibérie et des autres lieux, est tombé de l'atmosphère, quelle que soit d'ailleurs sa première origine et son point de départ.

66. *Fer oxidé.* M. Haüy en forme trois espèces sous les noms de *fer oxidulé*, *fer oligiste*, *fer oxidé.*

A. Le *fer oxidulé* paraît répondre au deutoxide ou à l'oxide noir des chimistes. Il a souvent la couleur et l'apparence du fer métallique; mais il est plus noir que lui et très-friable; il pèse de 4.24 à 4.94, donne une poudre qui est tout-à-fait noire, exerce une forte action sur le barreau aimanté : sa forme primitive est l'octaëdre régulier.

On trouve le fer oxidulé cristallisé en octaëdres ou en dodécaëdres, souvent très-réguliers et d'un gros volume; d'autres fois il est en masses compactes à cassure grenue ou même écailleuse, plus rarement fibreuse; on le trouve aussi sous forme sablonneuse. L'aimant naturel n'est autre chose qu'une variété de fer oxidulé compacte, jouissant, à un plus haut degré que les autres, de la propriété magnétique.

Le fer oxidulé existe surtout en Corse, et en Suède dans la province d'Upland, qui possède une mine de fer très-riche et dont le fer est très-estimé.

B. Le *fer oligiste*, c'est-à-dire, *pauvre*. Ce nom ne veut pas dire que cette mine soit pauvre en fer; il signifie qu'elle contient peu de fer à l'état métallique, ou qu'il s'y trouve presque tout oxidé.

Le fer oligiste paraît répondre au tritoxide de fer, ou oxide rouge de chimistes; il est très-faiblement attirable à l'aimant; lorsqu'il est cristallisé, il a la couleur et l'éclat métallique de l'acier, mais sa poudre est toujours d'un rouge brun, ce qui le distingue du précédent; la forme primitive de ses cristaux est un rhomboïde aigu : une chose assez remarquable, c'est que, contenant plus d'oxigène et moins de fer que l'espèce précédente, il ait une pesanteur spécifique plus considérable; il pèse de 5 à 5.2.

Les mines de fer de l'île d'Elbe, qui sont les plus renommées de l'Europe, appartiennent à cette espèce; elles sont si anciennement connues, que Virgile appelle cette île une *île féconde en veines inépuisables d'acier*. La *pierre hématite* des officines, et le *crayon rouge* des dessinateurs s'y rapportent également : ce dernier est mêlé d'argile, à laquelle il doit son peu de dureté et sa douceur sur le papier.

C. Le *fer oxidé*. Cette espèce n'est pas magnétique naturellement, mais elle le devient un peu par la chaleur. Sa couleur est ordinairement brune, mais sa poudre est toujours jaunâtre. Elle contient de l'eau en combinaison; elle perd cette eau par la calcination, et alors sa poudre devient rouge : quelques minéralogistes la désignent sous le nom de *fer hydraté* (1).

La *mine de fer en stalactite*, l'*hématite brune*, l'*œtite* ou la *pierre d'aigle*, le *fer limoneux*, appartiennent à cette espèce; on y rapporte également l'*ocre brune*, dite *terre d'ombre* et l'*ocre jaune*. Ces deux dernières contiennent de l'argile, et dans l'ocre jaune l'oxide de fer est entièrement à l'état d'hydrate.

67. *Fer sulfuré*, anciennement nommé *pyrite martiale*. On en distingue deux espèces qui diffèrent, par la proportion de soufre qu'elles contiennent.

A. Le *fer per-sulfuré* contient, suivant M. Berzélius, 100 parties de fer et 117 parties de soufre (2); il est d'un jaune de bronze ou d'un gris d'acier, jouit du brillant métallique, n'est pas attirable à l'aimant, étincelle par le choc du briquet, mais ne produit pas assez de chaleur pour allumer l'amadou; ses étincelles sont accompagnées d'une odeur sulfureuse; il pèse de 4.10 à 4.74; chauffé fortement dans une cornue, il laisse dégager 22 parties de soufre, et se fond.

Le fer per-sulfuré est un des minéraux les plus communs;

---

(1) S'il devenait prouvé que le fer oxidé brun contient toujours de l'eau, il conviendrait peut-être de désigner les trois espèces d'oxides dont je viens de parler, sous les noms suivans : *fer oxidulé*, *fer oxidé*, *fer hydraté*; alors le fer oxidé répondrait au fer oligiste de M. Haüy.

(2) Et suivant d'autres chimistes, seulement de 112.7 à 115.5 de soufre.

il se trouve dans tous les terrains, quoique, cependant, plusieurs de ses variétés aient des gisemens particuliers; il est cristallisé en cubes, en dodécaëdres, ou en formes moins déterminées; ses formes secondaires paraissent dériver au moins de deux formes primitives, de sorte que les minéralogistes séparent encore le fer persulfuré en deux sous-espèces : souvent aussi on le trouve en rognons isolés, et en masses sphériques ou en cylindres striés du centre à la circonférence (*fer sulfuré radié*); d'autres fois il est compact et à grain d'acier.

B. Le *fer proto-sulfuré*, nommé aussi *fer sulfuré magnétique* ou *pyrite magnétique*, se distingue du précédent par sa couleur jaune plus foncée et tirant quelquefois sur celle du cuivre, par sa propriété d'être sensible à l'aimant, et parce qu'il ne laisse pas dégager de soufre en se fondant à une haute température : il est bien moins commun que le per-sulfure, puisqu'on peut citer les différens endroits où on l'a trouvé; il est composé de 100 parties de fer et d'environ 58 parties de soufre.

Ces deux sulfures, surtout le premier, sont susceptibles d'éprouver plusieurs genres d'altération par le contact de l'eau et de l'air : lorsqu'ils sont exposés à l'air humide, ils passent presque toujours à l'état de sulfate de fer, par la combustion simultanée du soufre et du fer; mais, lorsqu'ils sont encore dans le sein de la terre, ou cachés sous les eaux, ils subissent une autre métamorphose, dont les causes sont encore inconnues : le soufre disparaît peu à peu, en allant de la circonférence au centre des masses ou des cristaux, et il se trouve remplacé par de l'oxigène et une certaine quantité d'eau, sans que souvent la forme du minéral en ait été altérée. On trouve souvent de ces morceaux, surtout de la variété radiée, qui, changés en oxide brun dans une partie de leur masse, sont encore au centre, à l'état de sulfure jaune et brillant. Souvent aussi le minéral est entièrement converti en oxide, et alors il ne diffère plus de la troisième espèce de fer oxidé dont j'ai parlé (*fer oxidé brun-jaunâtre*, ou *fer hydraté*); ce qui porte à croire que les différentes variétés de cette espèce sont également dues, originairement, à la décomposition d'un sulfure de fer.

68. *Fer carburé*, autrefois *plombagine* et *mine de plomb :* il est noir, doux au toucher, difficilement combustible, et inattaquable par les acides; on ne peut le décomposer qu'en le traitant à une haute température par le nitrate de potasse; alors le fer s'oxide, et le carbone se change en acide carbonique qui se dégage. Le fer carburé est tendre, tache le papier en noir, et sert à faire des crayons. Les minéralogistes l'ont retiré du nombre des mines de fer pour le ranger, sous le nom de *graphite*, parmi les corps combustibles composés non métalliques; peut-être ont-ils eu tort, en raison de ce que le fer s'y trouve encore en assez grande proportion, et à cause de son incombustibilité qui l'éloigne tout-à-fait des corps bitumineux compris dans la même classe; d'ailleurs son origine paraît être aussi toute différente.

69. *Fer arsenié*, ou *arsenical*, *mispickel :* il a l'éclat et la couleur de l'étain; il étincelle sous le briquet, en exhalant une odeur arsenicale; il pèse 6.52.

6°. *Fer sulfaté*, *Vitriol natif.* Ce sel formé par la combinaison naturelle du sulfure de fer avec l'oxigène de l'air, ne se trouve qu'en petite quantité, et sous la forme d'une efflorescence fine, aiguillée, blanche, verdâtre ou jaunâtre, à la surface des pyrites martiales et des substances argilleuses, schisteuses, ou autres, qui en sont imprégnées. On le fabrique artificiellement, et en très-grande quantité, par un procédé imité de celui de la nature; nous en parlerons en particulier dans la division des sels.

70. *Fer phosphaté.* Il n'y a presque pas de mine de fer, surtout parmi celles dites *limoneuses*, qui ne contienne du phosphate de fer. On le trouve aussi isolé, pulvérulent, informe et cristallisé; il est d'un très-beau bleu, et sa poudre conserve la même couleur; mais elle devient noire

dans l'huile, ce qui empêche qu'elle ne puisse servir en peinture, et la distingue, d'ailleurs, du carbonate de cuivre natif, ou azur de cuivre.

71. *Fer carbonaté*, nommé aussi *fer spathique*, *mine de fer blanche*. Il affecte toujours des formes appartenant au carbonate de chaux, dont il contient ordinairement une quantité plus ou moins grande; ce qui avait d'abord conduit M. Haüy à penser que ce n'était peut-être qu'une espèce de carbonate de chaux contenant du fer; mais l'analyse a démontré que le carbonate de fer cristallisé étoit assez souvent exempt du premier.

Il y a deux autres corps que l'on trouve ordinairement unis au fer carbonaté : l'un est l'oxide de manganèse qui lui donne la propriété de brunir à l'air et au feu; l'autre est la magnésie, qui lui communique une grande infusibilité, qualité nuisible dans l'extraction du fer, et à laquelle on ne remédie qu'en laissant le minerai, grillé ou non grillé, très-long-temps exposé à l'air libre, parce qu'alors l'eau dissout peu à peu le carbonate de magnésie ou le sulfate de la même base formé, pendant le grillage, à l'aide du soufre des pyrites.

Je ne m'arrêterai pas aux autres mines de fer.

72. *Extraction*. De toutes les mines de fer on n'exploite, dans la vue d'en retirer le métal, que les oxides et le carbonate, parce qu'elles sont les plus aisées à traiter et qu'elles suffisent à la consommation; de plus les oxides, qui se trouvent presque partout, fournissent plus de fer que le carbonate qui est beaucoup plus rare.

En général, pour extraire le fer, on bocarde la mine, et on la lave pour en séparer l'excès des matières terreuses ou de la *gangue*, surtout lorsqu'on opère sur les mines de fer limoneuses; mais il faut laisser une partie de cette gangue qui facilite beaucoup la fusion de l'oxide de fer, et même, comme il est nécessaire pour que cette fusion s'opère, bien que le fondant soit composé de certaines proportions de craie et d'argile, d'après un premier essai, on ajoute à la mine bocardée et lavée celle de ces deux substances qui paraît ne pas y être en proportion suffisante. Quelquefois la mine de fer oxidé contient du soufre et de l'arsenic ; alors on la grille avant d'y ajouter le fondant : lorsque la mine est convenablement préparée, on procède à la fonte.

Le fourneau qui sert à cette opération a de 30 à 40 pieds de hauteur, et se nomme à cause de cela *haut-fourneau.* Il a dans son intérieur la forme de deux cônes tronqués appuyés base à base, et de telle manière que sa plus grande largeur se trouve être au tiers de sa hauteur environ ; il est ouvert par le haut, et l'ouverture que l'on nomme *geulard* sert à le charger ; il est terminé inférieurement par un creuset en briques dans lequel doit se rassembler la fonte. On remplit ce fourneau, jusqu'au tiers, de charbon de bois ou de houille épurée dont on active la combustion au moyen d'énormes soufflets ; bientôt après on y ajoute par pelletées et alternativement de la mine préparée et du charbon ; on en remplit le fourneau et on l'entretient dans cet état en y versant de nouvelles matières, à mesure que celles qui s'y trouvent descendent, par suite de la combustion et de la fusion qui s'opèrent dans la partie soumise à l'action des soufflets.

Voici ce qui se passe dans cette opération : l'acide carbonique de la craie se dégage, même bien avant que la matière ne soit parvenue au bas du fourneau ; la chaux se combine à la silice et à l'alumine qui composent l'argile, les fond et détermine aussi la fusion de l'oxide de fer ; alors celui-ci se trouve en contact immédiat avec le charbon et se réduit ; le fer et le verre qui provient de la fusion des terres coulent vers le creuset et le remplissent ; mais ce verre que l'on nomme *laitier*, étant plus léger que le fer, reste à sa surface et s'écoule par une ouverture pratiquée au haut du creuset. Lorsqu'on juge que celui-ci est plein de fer, on débouche un second trou percé au fond et bouché momentanément avec de l'argile, et l'on reçoit le métal dans une rainure creusée dans le sable. Pendant le temps que le fer coule, on cesse de souffler et de charger le fourneau ; mais cela dure à peine un quart d'heure, et l'on recommence de suite l'opération.

Le métal obtenu par cette opération se nomme *fonte* ; ce n'est pas du fer proprement dit, c'est un mélange de fer carburé, d'oxide de fer, de laitier et de charbon non combiné : quelquefois même on y trouve du phosphore, du chrôme et du cuivre.

La fonte varie en couleur, en dureté et en bonté, suivant la nature de la mine et le soin qu'on a apporté à l'opération. En général, la fonte la plus pâle qu'on nomme fonte *blanche* est la moins estimée ; elle contient plus d'oxigène et moins de carbone que les autres. On distingue aussi la fonte grise qui est la plus estimée, et la fonte noire qu'un excès de carbone rend peu propre à plusieurs usages.

73. Pour affiner la fonte on se sert d'un autre fourneau, qui n'est, à vrai dire, qu'un grand creuset que l'on remplit de charbon et vers la surface duquel on dirige le vent de deux soufflets. On place au milieu de ce charbon embrasé l'extrémité d'un de ces gros lingots de fonte nommés *gueuses*, et on l'y pousse à mesure qu'elle fond : la matière fondue se rassemble au fond du creuset, et bientôt le remplit en partie.

Mais le vent des soufflets étant dirigé vers la surface du métal, le charbon qui s'y trouvait mêlé ou combiné brûle, et avec lui une certaine quantité de fer ; et comme l'oxide de fer qui se forme est plus fusible que le métal lui-même, il en résulte une matière presque fluide tenant, comme suspendu, un corps beaucoup plus dur qui est le fer ; alors un ouvrier remue la matière avec une barre de fer qu'il plonge partout, pour rassembler autour et y fixer le fer métallique ; et lorsqu'il en a ramassé une masse de trente à trente-cinq kilogrammes, il la soulève et la fait glisser sur un plan incliné, jusque vers une grosse enclume où un lourd marteau, dit *martinet*, la bat, en rapproche les molécules et en expulse la fonte interposée. Lorsque la masse est déjà bien formée et consistante, l'ouvrier la reporte au feu, la fait rougir de nouveau, et la remet sur l'enclume où alors elle se trouve frappée si vivement (le martinet qui pèse environ 450 kilogrammes tombe deux fois en une seconde), qu'il a le temps d'en former une partie en une barre plate et rectangulaire, qu'il achève enfin après avoir encore reporté au feu l'extrémité non forgée.

74. *Propriétés.* Voici les propriétés du fer tel qu'on peut l'obtenir, car il n'est jamais exactement pur, par la raison qu'on ne peut faire autrement que d'employer le charbon pour le fondre et le travailler, et qu'il absorbe toujours une certaine quantité de ce corps combustible.

Le fer est d'un blanc-gris très-éclatant lorsqu'il est poli; c'est le plus dur, le plus élastique, le plus tenace et peut-être le plus ductile de tous les métaux ductiles; cependant il se lamine difficilement; il pèse 7.78; un fil de fer d'un dixième de pouce de diamètre supporte un poids de 500 livres avant que de se rompre.

Le fer a une saveur très-marquée; il a aussi une odeur particulière qui se développe par le frottement des mains; il est attirable à l'aimant qui n'est, comme je l'ai dit, qu'une mine de fer oxidulé, et il est susceptible de devenir aimant lui-même, soit par le frottement d'un autre aimant, soit spontanément, lorsqu'il se trouve placé dans quelques circonstances particulières. Comme on le sait aujourd'hui, le fer n'est pas le seul métal qui jouisse de ces propriétés : le nickel et le cobalt les possèdent également, quoique dans un moindre degré.

Le fer est un des métaux les plus infusibles, car sa fusion n'a lieu qu'au-dessus du 150e degré du pyromètre de Wegdwood.

Le fer se combine à tous les corps simples non métalliques, excepté à l'hydrogène et à l'azote; les plus importans de ses composés avec ces corps sont ceux qu'il forme avec l'oxigène et le carbone : les premiers portent le nom d'*oxides*, et les seconds celui de *carbures*.

75. Le fer forme trois oxides, dont le premier, qui existe dans les sels au *minimum* d'oxidation, ne peut être obtenu isolé, en raison de la grande avidité avec laquelle il s'empare de l'oxigène ; il est blanc à l'état d'*hydrate*, ou tel qu'on le précipite de ses dissolutions et combiné avec de l'eau. Le second oxide est d'un vert foncé lorsqu'il est à l'état d'hydrate, et noir lorsqu'il est sec ; on le nommait autrefois *éthiops martial*. Le troisième oxide est orangé à l'état d'hydrate, et rouge lorsqu'il est privé d'eau. Comme on le prépare en grand dans les fabriques et qu'il est très-répandu dans le commerce, j'en parlerai en particulier dans la section des oxides.

76. Le fer paraît former deux carbures ; l'un contenant beaucoup de carbone et peu de fer, c'est la *plombagine* dont j'ai parlé plus haut et qui se trouve dans la nature ; l'autre ne contenant qu'environ 0.01 de carbone sur 0.99 de fer ; on le nomme *acier*.

L'acier est solide, plus dur que le fer, très-ductile, très-malléable, sans saveur ni odeur, moins pesant que le fer, et susceptible d'un poli parfait. Il se distingue surtout du fer par la propriété suivante. Que l'on fasse rougir une barre de fer et une d'acier et qu'on les laisse refroidir lentement, elles conserveront leurs propriétés primitives ; mais qu'on les fasse rougir et qu'on les plonge dans l'eau froide, le fer conservera sensiblement les mêmes propriétés, tandis que l'acier en acquerra de nouvelles : il deviendra plus dur, moins dense, plus élastique, moins ductile et d'un grain plus fin qu'auparavant. On le nomme alors *acier trempé*, et il sert, comme on le sait, à fabriquer toutes sortes d'instrumens tranchans et autres.

Le fer se dissout dans tous les acides et forme des sels qui sont plus ou moins employés dans les arts ; le plus important de tous est le sulfate dont nous parlerons dans la division des sels.

77. Le fer en dissolution est facile à reconnaître, quoique la couleur des précipités qu'y forment les réactifs varie selon le degré d'oxidation du métal. Lorsqu'il est au *minimum* d'oxidation, il forme, avec les alcalis, un précipité blanc qui passe de suite au vert par le contact de l'air, ensuite au vert noirâtre, enfin au rouge ; il forme avec le prussiate de potasse ferrugineux un précipité blanc passant au bleu par le contact de l'air ; il ne précipite pas par la noix de galle, mais la liqueur se colore à l'air en bleu violet.

Le fer au *medium* d'oxidation précipite en vert noirâtre par les alcalis, en bleu céleste par le prussiate de potasse ferrugineux, en bleu foncé par la noix de galle.

Le fer au *maximum* précipite en rouge ou en orangé par les alcalis, en bleu foncé par le prussiate de potasse ferrugineux, en noir par la noix de galle.

Usages. Les usages du fer dans les arts sont trop connus pour qu'il soit nécessaire de les rappeler ici ; en pharmacie on en prépare une poudre par porphyrisation, des oxides, un sous-carbonate, des muriates, plusieurs tartrates qui, amenés sous différentes formes, portent les noms de *teinture de mars*, *extrait de mars*, *tartre chalibé*, *tartre martial soluble*, *boules de mars*, etc. Sa poudre porphyrisée entre dans un grand nombre d'autres préparations officinales et magistrales.

Du Mercure. Hydrargyrum, ri. — Off.

78. *États naturels.* Le mercure se trouve sous quatre états dans la terre : *natif*, *amalgamé à l'argent*, *combiné au soufre*, à l'état de *muriate* ou de *chlorure* ; peut-être existe-t-il aussi quelquefois à l'état d'*oxide*.

Le *mercure natif* est en globules brillans disséminés dans l'intérieur de différentes substances, telles que les schistes argilleux, la marne, le quartz, etc. Il accompagne très-souvent le mercure sulfuré, et quelquefois les pyrites, le plomb sulfuré, l'argent antimonié-sulfuré : il y a des endroits où il coule à travers les fentes des rochers, et s'arrête dans les cavités où l'on va le puiser. Les pays qui en fournissent le plus, sont les mêmes où abondent le mercure sulfuré, et particulièrement Almaden en Espagne, Idria dans le Frioul, et Guenca-Velica au Pérou.

Le *mercure argental* est cassant : il laisse sur le cuivre un enduit métallique blanc, dégage du mercure au chalumeau, et donne un bouton d'argent. On le trouve dans la Haute-Hongrie, dans le Palatinat et dans le duché des Deux-Ponts.

Le *mercure sulfuré* est facile à gratter au couteau, lorsqu'il est pur; il est d'un rouge plus ou moins foncé en masse, et d'un rouge vif en poudre; il laisse une trace rouge sur le papier; l'action du chalumeau le volatilise entièrement. Cette mine est la plus répandue des quatre, et la seule exploitée en grand : on la trouve surtout dans les pays déjà nommés.

Le *mercure chloruré* est d'un gris sombre, fragile, facile à gratter avec le couteau; il se volatilise entièrement au chalumeau; sa poudre jaunit dans l'eau de chaux. Il est très-rare, et ne se trouve que dans quelques mines de mercure.

79. *Extraction.* Le procédé employé pour extraire le mercure de son sulfure varie suivant les pays. Dans le duché des Deux-Ponts on mêle la mine broyée avec de la chaux éteinte, et on la chauffe dans de grandes cornues de fonte, disposées sur une *galère*. La chaux s'empare du soufre, et le mercure volatilisé par le calorique vient se condenser dans un pot de terre, en partie rempli d'eau, adapté à chaque cornue.

A Almaden, on chauffe la mine triée, et quelquefois, en outre, bocardée et lavée, dans des fourneaux carrés, disposés de manière que le sulfure, placé sur un sol à jour, est traversé par la flamme du foyer qui se trouve au-dessous. A la partie supérieure de l'une des faces du fourneau sont pratiquées des ouvertures, à chacune desquelles est adaptée une suite de conduits dits *aludels*, qui passent au-dessus d'une terrasse, et vont se rendre dans une grande chambre ou réservoir commun. Au moyen de cette disposition et du courant d'air établi par le feu dans tout l'intérieur de l'appareil, le soufre de la mine se brûle et se dégage à l'état d'acide sulfureux; le mercure revenu à l'état métallique se volatilise et se condense dans les aludels, d'où il coule dans le réservoir commun. La terrasse, au-dessus de laquelle passent les aludels, est inclinée des deux côtés vers son milieu, où elle forme une rigole destinée à recevoir et verser dans la chambre le mercure que les jointures des conduits laisseraient échapper.

80. *Propriétés.* Le mercure est liquide à la température habituelle de l'air; il est très-éclatant et d'un blanc légèrement bleuâtre; il pèse 13,568.

Le mercure, exposé à un froid artificiel de 39 à 40d., se solidifie et devient malléable. Soumis au contraire à l'action du calorique, il bout et se volatilise à la température de 350 degrés.

Le mercure conservé tranquille à l'air ne s'y altère pas d'une manière sensible, mais il s'y oxide visiblement par une agitation long-temps continuée; il se convertit alors en une poudre d'un gris noirâtre, que l'on nommait autrefois *Éthiops per se*, et qui est plutôt un mélange de deutoxide de mercure et de mercure, qu'un véritable protoxide.

L'oxidation du mercure est plus marquée à une température voisine du point de son ébullition; il forme alors un oxide rouge, nommé autrefois *Précipité per se*. Le même oxide, préparé par la décomposition d'un nitrate mercuriel au feu, était nommé *Précipité rouge*. Nous en parlerons dans la division des composés métalliques que nous retirons du commerce, de même que du sulfure de mercure artificiel et du sublimé corrosif.

Le mercure n'est attaqué ni par l'acide hydrochlorique, ni par l'acide sulfurique froid; mais ce dernier l'oxide lorsqu'il est concentré et bouillant: alors il se dégage de l'acide sulfureux, et il se forme un sulfate de mercure qui est au *minimum* ou au *maximum* d'oxidation, suivant la quantité d'acide employée et la durée de l'opération. Lorsque l'acide égale une fois et demie le poids du mercure, et qu'on chauffe le mélange jusqu'à siccité, il en résulte un deuto-sulfate blanc qui, mis en contact avec l'eau, se décompose en deux autres sulfates : l'un très-acide, qui reste dissous dans l'eau; l'autre avec excès d'oxide, jaune et insoluble ; on le nommait autrefois *Turbith minéral.*

L'acide nitrique attaque et dissout le mercure à toutes les températures ; il peut en résulter une grande variété de nitrates, suivant la quantité d'acide, son état de concentration et la température que prend le mélange, ou qu'on lui fait éprouver.

81. Le mercure se reconnaît facilement à l'état de sel sec ou de dissolution. L'épreuve la plus certaine, lorsque la quantité de matière est très-petite, consiste à humecter le sel, et à le frotter sur une lame de cuivre bien décapée, ou à plonger cette lame dans la dissolution : dans les deux cas, il s'y forme une tache blanche, ou qui devient telle par le frottement, et qui disparaît par la chaleur, ce qui la distingue de la tache formée par l'argent qui résiste au feu.

De plus, les sels mercuriels au *minimum* d'oxigène précipitent en noir par tous les alcalis, et ceux au *maximum* précipitent en orangé par les mêmes réactifs, excepté par l'ammoniaque qui les précipite en blanc. Enfin tous sont précipités en noir par un excès d'acide hydrosulfurique, ou d'un hydrosulfate alcalin.

Usages. Le mercure est employé dans l'exploitation des mines d'or et d'argent, et pour construire les baromètres et les thermomètres. On l'amalgame avec l'or pour faire la dorure dite d'*or moulu*, et avec l'étain pour l'étamage des glaces ; il fournit à la pharmacie son oxide, ses sulfures, ses chlorures et un grand nombre de sels ; il fait la base des pommades citrine et mercurielles, de l'emplâtre de Vigo, etc. Ses composés sont en général vénéneux, ou au moins dangereux; cependant, lorsqu'ils sont employés avec prudence, ils tiennent le premier rang parmi les anti-syphilitiques connus.

De l'or. Aurum, ri. — Off.

82. *État naturel, exploitation.* L'or n'existe qu'à l'état métallique dans la terre, non exactement pur, mais toujours allié d'une certaine quantité d'argent ou de cuivre; on le trouve sous la forme de rameaux, de filamens, de paillettes ou de grains disséminés dans des gangues siliceuses blanches ou jaunâtres; souvent aussi il accompagne les mines de sulfures de fer, de zinc, de plomb, de cuivre et d'argent.

Les mines d'or les plus abondantes sont celles du Mexique et du Pérou; en Europe, la Hongrie et la Transylvanie en possèdent d'assez considérables: on en a découvert une en France dans le Dauphiné, mais elle produit peu.

Indépendamment des lieux où l'or se trouve en place dans le sein de la terre, il est disséminé en paillettes dans le sable de plusieurs rivières, comme sont, en France, le Rhône, l'Arriège et la Cèze; il y a des hommes nommés *orpailleurs*, dont l'unique occupation est de ramasser cet or.

Le travail, pour l'exploitation des mines d'or, se réduit à peu de chose. Lorsque c'est du sable des rivières qu'on veut le retirer, on lave ce sable dans des sébiles de bois d'une forme particulière, ou sur des tables inclinées recouvertes d'une étoffe de laine; l'or, en raison de sa grande pesanteur, tombe au fond des sébiles ou s'arrête sur le drap; lorsqu'il n'est plus mêlé que d'une certaine quantité de sable, on l'amalgame avec du mercure, on exprime l'amalgame pour en séparer l'excès de ce métal, dont enfin on retire le reste par la distillation.

L'exploitation des mines d'or en roches ne consiste de même, qu'à les pulvériser et à les laver dans des sébiles ou sur des tables inclinées ; lorsque l'or est séparé de sa gangue, on le fond et on l'affine comme les autres espèces d'or.

Quant aux sulfures aurifères, on les grille pour en séparer le soufre et l'arsenic, et pour brûler une partie des autres métaux oxidables ; on les fond ensuite pour rassembler l'or dans une masse métallique moins considérable ; on grille de nouveau, et l'on fond le métal grillé avec du plomb, qui s'empare de l'or, de l'argent qui s'y trouve habituellement, d'un peu de cuivre, de fer, et quelquefois d'étain ; on coupelle cet alliage de la même manière que lorsqu'on veut obtenir l'argent : la seule différence est que la matte d'argent, au lieu d'être pure, contient de l'or (1). D'autres fois, au lieu de fondre la mine grillée avec du plomb, on la traite par le mercure, ce qui se fait de même que pour l'argent ; on retire le mercure de l'amalgame par la distillation.

L'or provenant de l'affinage par le plomb, peut encore contenir de l'argent, du cuivre, du fer et de l'étain ; celui obtenu par l'amalgamation ne contient que de l'argent. On sépare le cuivre, le fer et l'étain du premier, en le fondant avec du nitre qui oxide ces trois métaux ; on ne peut en séparer l'argent qu'au moyen du *départ*, opération fondée sur la propriété que possède l'acide nitrique, de dissoudre l'argent, sans toucher à l'or.

Mais pour que le départ s'opère exactement, la quantité d'argent contenu dans l'alliage doit être assez grande, pour que le métal attaqué devienne très-poreux, et soit entièrement pénétré par l'acide ; car autrement, l'or retiendrait une partie de l'argent. Cette quantité d'argent nécessaire, est de trois parties contre une d'or ; lorsqu'on

---

(1) A vrai dire, l'argent retiré des mines de plomb, etc., contient toujours de l'or, ce dont on pourrait s'assurer en le soumettant aux deux opérations de l'*inquartation* et du *départ* ; mais on n'y fait passer que celui qui contient assez d'or pour couvrir les frais du travail ; l'autre est regardé comme argent pur.

s'est assuré, par un essai préliminaire, que l'alliage ne la contient pas, il faut la compléter, en y ajoutant de l'argent par la fusion dans un creuset, et couler l'alliage en grenaille. Ajouter ainsi à l'or la quantité d'argent nécessaire, pour que celui-ci forme les trois quarts de la masse, est ce qu'on nomme en faire l'*inquartation.*

On divise la grenaille dans des pots de grès disposés sur un bain de sable, et on la traite à chaud, par une égale quantité d'acide nitrique, à 25 degrés; on décante la liqueur, et on la remplace par de l'acide à 30 ou 32 degrés, que l'on fait bouillir comme le premier; ensuite, après avoir décanté l'acide et lavé l'or, on le traite par de l'acide sulfurique concentré et bouillant, qui dissout les portions d'argent échappées au premier acide : on lave l'or de nouveau, et on le fond dans un creuset pour le mettre en lingot.

L'argent qui a été dissous par les acides nitrique et sulfurique, est précipité à l'état métallique, en plongeant dans ces liqueurs des lames de cuivre; on le lave et on le fond dans un creuset. Mais cet argent contient toujours du cuivre; il faut le purifier par la coupellation, ou tenir compte du cuivre, lorsqu'on a dessein de l'amener à un des titres voulus par la loi.

83. *Propriétés.* L'or pur est jaune, mou, très-ductile et très-malléable; il pèse 19.257; se fond au 32e. degré du pyromètre de Wegdwood; ne s'oxide pas au feu; est tout-à-fait inaltérable à l'air.

Parmi les corps simples non-métalliques, l'or peut s'unir directement ou indirectement, à l'oxigène, au chlore, à l'iode, au soufre et au phosphore. Le chlorure est jaune, soluble dans l'eau, et même déliquescent; c'est lui que l'on nommait, il y a quelques années, *muriate d'or.*

L'or est inattaquable par tous les acides, même par l'acide nitrique : cependant, on le dissout facilement en employant un mélange d'acide nitrique et d'acide hydrochlorique (*eau régale* des anciens, *acide nitro-muriatique*, *acide chloro-nitreux*); mais c'est qu'alors, les deux acides se décomposent en partie, et forment de l'eau, de l'acide nitreux et du chlore, et que ce dernier se combine à l'or, comme lorsqu'il est seul ou dissous dans l'eau.

Les principaux caractères de la dissolution d'or sont : d'être jaune, de tacher la peau en pourpre, d'être entièrement décomposée, et de laisser précipiter l'or à l'état métallique, par une dissolution de proto-sulfate de fer, de former un précipité pourpre par celle du proto-chlorure d'étain, et en général, d'éprouver une décomposition et une précipitation plus ou moins analogues avec toutes les dissolutions métalliques susceptibles de passer à un *maximum* d'oxigène ou de chlore.

Usages. Les usages de l'or sont connus : c'est le principal signe représentatif du commerce de toutes les nations; l'orfévrerie, la joaillerie, la broderie, la dorure sur métaux et sur bois, en emploient des quantités considérables. C'est en précipitant la dissolution d'or par une dissolution de proto-chlorure (ou proto-hydrochlorate) d'étain, que l'on prépare le *poupre de Cassius*, couleur précieuse pour la peinture sur porcelaine. En médecine, on emploie quelquefois le chlorure d'or et son oxide.

Du Platine. Platinum, ni. — Off.

84. *Histoire*, *états naturels*. Le platine paraît avoir été découvert en 1741, par M. Wood, essayeur à la Jamaïque. Il n'a encore été trouvé qu'en Amérique dans la Nouvelle-Grenade, au Brésil, à Saint-Domingue, et dans une mine d'argent de Guadalcanal en Espagne; ce sont surtout les deux provinces de Choco et de Barbacoas, dans la Nouvelle-Grenade, qui fournissent la mine de platine du commerce.

Cette mine est sous la forme de grains aplatis d'un très-petit volume; car ceux qui surpassent la grosseur d'une lentille, passent déjà pour très-beaux, et le plus gros grain connu, qui a été rapporté d'Amérique par M. de Humboldt, ne pèse pas tout-à-fait 58 grammes. Tous ces grains même ne contiennent pas de platine, et ceux qui en contiennent, ne l'offrent qu'allié à beaucoup d'autres corps.

C'est ainsi que la mine de platine du commerce est composée : 1°. de grains arrondis et aplatis d'un blanc grisâtre, formés de platine, de soufre, de fer, de plomb, de cuivre, et de deux métaux particuliers à cette mine, qui sont le *rhodium* et le *palladium*; 2°. de grains noirs qui sont composés des oxides de fer, de chrôme et de titane réunis; 3°. d'autres grains assez semblables à ceux du platine, mais beaucoup plus durs et nullement malléables, composés seulement d'*iridium* et d'*osmium*; 4°. de quelques paillettes d'un alliage d'or et d'argent; 5°. de quelques globules de mercure; 6°. de grains de palladium natif; mais ces derniers ne se rencontrent que dans la mine du Brésil.

85. *Extraction.* On peut juger par l'exposé qui précède s'il est difficile d'isoler ces différens métaux, et surtout d'obtenir le platine à l'état de pureté. L'extraction de ce dernier est bien simplifiée, cependant, depuis les travaux de M. Vauquelin sur cet objet, et c'est son procédé, qui est aussi celui de M. Delisle de Versailles, que l'on suit maintenant.

D'après ce procédé on traite la mine telle qu'elle est, ou seulement privée de mercure au moyen de la calcination, par un acide composé de trois parties d'acide hydrochlorique et d'une partie d'acide nitrique, et l'on répète ce traitement trois ou quatre fois de suite, ou jusqu'à ce que l'acide paraisse ne plus agir sur le résidu. Il en résulte une dissolution qui contient beaucoup de fer, beaucoup de platine, du cuivre, du plomb, du palladium, du rhodium, de l'iridium et de l'acide sulfurique.

On fait évaporer cette dissolution en consistance sirupeuse pour en séparer l'excès d'acide, on l'étend de dix fois son poids d'eau, et on y verse un excès de dissolution d'hydrochlorate d'ammoniaque saturée à froid, laquelle forme avec l'hydrochlorate de platine un sel double très-peu soluble et qui se précipite à l'instant. On lave ce sel, non avec de l'eau qui le dissoudroit, mais avec une dissolution saturée de sel ammoniac ; on le fait sécher et on le calcine dans un creuset, à une chaleur que l'on augmente peu à peu jusqu'à la plus forte possible. Par l'action du calorique l'hydrochlorate d'ammoniaque se volatilise, celui de platine se décompose, et le platine réduit reste seul en une masse spongieuse qu'on a soin de comprimer avec force à mesure qu'elle se forme, afin de lui donner du liant et de pouvoir ensuite la forger sans addition.

Lorsqu'on ne réussit pas à forger le platine par ce moyen, on est obligé de le fondre avec de l'arsenic, de couler l'alliage en plaques peu épaisses, et de l'exposer à une chaleur graduée jusqu'au rouge blanc pour en volatiliser l'arsenic ; alors le platine reste sous la forme d'une masse poreuse susceptible d'être forgée et façonnée ; mais il faut, autant que possible, employer de préférence le premier procédé.

86. *Propriétés.* Le platine pur est presque aussi blanc que l'argent, très-éclatant, assez mou, très-ductile et très-malléable. Il pèse 20.98 non forgé ; c'est le plus pesant de tous les corps connus.

Il résiste au plus violent feu de forge et n'entre en fusion qu'au moyen d'un feu alimenté par le gaz oxigène. Il ne s'oxide à aucune température, est inattaquable par tous les acides ; l'acide chloro-nitreux l'attaque même très-difficilement lorsqu'il est pur et forgé. C'est cette grande inaltérabilité qui rend le platine si précieux pour faire des creusets, des capsules, des cornues et d'autres ustensiles de chimie. Il faut éviter cependant de mettre ces vases en contact, à une haute température, avec des métaux fusibles ou des corps propres à en fournir, et avec des alcalis caustiques : dans le premier cas on fondrait le platine, et dans le second on en oxiderait une partie.

Le platine n'est pas autrement employé en pharmacie.

Du Plomb. Plumbum, bi. — Off.

87. *États naturels.* Le plomb nommé *saturne* par les alchimistes est un des métaux le plus abondamment répandus dans la terre : il y existe sous dix états différens.

1°. A l'état *natif.* On a long-temps balancé à admettre cette mine comme espèce naturelle, parce qu'en effet les divers fragmens qui en avaient été cités par différens minéralogistes paraissaient être des produits de l'art ; mais plus récemment, M. Ratké, savant Danois, en a trouvé dans les laves de l'île de Madère, ce qui a levé tous les doutes à cet égard.

2°. A l'état d'*oxide rouge.* On a long-temps regardé cette mine, de même que la précédente, comme un produit d'anciennes fonderies de plomb ; mais aujourd'hui on s'accorde à dire qu'il en existe naturellement dans quelques mines de plomb sulfuré. On cite surtout celle de Zméof en Sibérie.

3°. A l'état de *sulfure*, autrefois nommé *galène.* Cette mine de plomb est la plus répandue et la seule exploitée en grand. On en trouve dans tous les pays.

Le sulfure de plomb est ordinairement lamelleux et divisible en cubes, (le cube est sa forme primitive). On en distingue trois variétés : à *grandes facettes*, à *petites facettes* et à *grain d'acier.* La première ne contient que très-peu d'argent ; la seconde en contient davantage, et la troisième encore plus : celle-ci est toujours exploitée comme mine d'argent.

4°. A l'état de *carbonate*, autrefois *céruse native.* Ce sel est blanc ou d'un jaune enfumé ; il est en cristaux aiguillés, en paillettes brillantes ou en petites masses ; il fait effervescence avec l'acide nitrique ; noircit par l'action des hydrosulfates alcalins ; décrépite au chalumeau s'il est en masse, ou s'y fond lorsqu'il est en poudre, bouillonne et laisse un bouton de plomb métallique. Il est assez rare.

5°. A l'état de *muriate.* Cette espèce fort rare n'est pas généralement reconnue.

6°. A l'état de *sulfate*. Trouvé en Andalousie, en Écosse et dans l'île d'Anglesey; il est en cristaux prismatiques assez prononcés; insolubles dans l'acide nitrique, fusibles et réductibles au chalumeau en dégageant de l'acide sulfureux.

7°. A l'état de *phosphate*. Ce sel encore assez rare se trouve dans les mines de sulfure de plomb; il affecte différentes couleurs dues à la présence de quelque autre substance métallique; il est le plus ordinairement d'un vert pré très-agréable; il se dissout sans effervescence dans l'acide nitrique, se fond au chalumeau sans se réduire à l'état métallique, et cristallise en se refroidissant.

8°. A l'état d'*arsenite* et d'*arseniate*. Ces deux espèces ne sont pas encore bien établies : la dernière se trouve souvent unie au phosphate.

9°. A l'état de *molybdate*, *plomb jaune de Carinthie*. Sa gangue est de la chaux carbonatée compacte; il se dissout dans l'acide sulfurique bouillant et produit une liqueur bleue; il se dissout également dans l'acide nitrique, et sa dissolution devient bleue par l'immersion d'une lame de zinc : dans ces deux cas l'acide molybdique se trouve ramené à l'état d'oxide bleu.

10°. A l'état de *chromate*, dit *plomb rouge de Sibérie*. Cette espèce se distingue des précédentes par la belle couleur rouge de ses cristaux et la couleur orangée de sa poudre; elle prend une couleur verte au chalumeau et finit par s'y réduire; elle colore le borax en vert d'émeraude. C'est en analysant le plomb rouge de Sibérie que M. Vauquelin a trouvé pour la première fois l'acide chromique et le chrôme.

Ce minéral est aussi rare que les précédens.

88. *Extraction*. L'extraction du plomb de son sulfure se trouve déjà rapportée (54), à l'occasion de l'extraction de l'argent; je la répète ici en peu de mots : le minerai bocardé, lavé et grillé, est mêlé avec de la poudre de charbon, de la mine de fer oxidée, de la fonte granulée ou de la menue ferraille, et projeté par partie dans un fourneau à manche rempli de charbon.

Le fer, en raison d'une affinité supérieure, s'empare du soufre du sulfure, et met le plomb en liberté; ce métal fondu se rassemble au bas du fourneau, et coule de là dans un bassin destiné à le recevoir; mais ce bassin reçoit également le sulfure de fer qui, moins pesant, reste à la surface du plomb, et celui-ci s'écoule seul dans un second bassin, par une ouverture pratiquée au fond du premier.

Le plomb ainsi obtenu se nomme *plomb d'œuvre :* on le soumet à la coupellation lorsqu'il contient assez d'argent pour couvrir les frais de l'opération; mais alors il se trouve converti en un oxide fondu et comme cristallisé par le refroidissement, nommé *litharge :* comme cet oxide est très-employé dans les arts, on en conserve une grande partie à cet état; l'excédant est de nouveau réduit à l'état de plomb, en le fondant dans un fourneau rempli de charbon.

89. *Propriétés.* Le plomb est d'un blanc bleuâtre et assez éclatant; il se laisse rayer par l'ongle et couper au couteau; il est sans élasticité et sans sonorité; est très-malléable, mais peu susceptible d'être tiré en fil et très-peu tenace; il communique aux mains une odeur sensible; sa pesanteur spécifique est de 11.352.

Le plomb se fond au 260e. degré centigrade; il n'y a par conséquent que le mercure, le potassium, le sodium, l'étain et le bismuth qui soient plus fusibles que lui; néanmoins il ne se volatilise qu'à une très-haute température.

Le plomb se ternit à l'air et se recouvre d'une légère couche d'oxide qui, lui-même, absorbe l'acide carbonique et passe à l'état de sous-carbonate; son oxidation est beaucoup plus prompte à l'aide de la chaleur, car, en le tenant fondu à l'air libre, il se couvre d'une pellicule irisée qui se reforme à mesure qu'on l'enlève; de sorte qu'en peu de temps, tout le plomb peut se trouver changé en une matière grise pulvérulente qui est un mélange de protoxide de plomb et de plomb métallique. Cette matière calcinée encore pendant quelque temps dans un fourneau à réverbère devient jaune et prend le nom de *massicot ;* c'est le protoxide pur. Calcinée plus long-temps, elle passe à un second degré d'oxidation, devient rouge et se nomme alors *minium ;* c'est le plus haut degré d'oxidation du plomb que l'on puisse obtenir directement : ce métal forme bien un troisième oxide plus oxigéné et d'une couleur puce, mais on ne l'obtient qu'à l'aide d'affinités complexes.

Le plomb est insoluble à froid dans la plupart des acides, et notamment dans l'acide sulfurique concentré ; mais cet acide l'attaque à chaud et le change en un sulfate de plomb blanc insoluble dans l'eau et dans les acides.

90. L'acide nitrique dissout le plomb, même à froid, mais la dissolution s'opère mieux à l'aide de la chaleur ; la liqueur, de même que toutes les dissolutions de plomb, forme un précipité blanc par les alcalis, un précipité noir par l'acide hydrosulfurique et les hydrosulfates ; un précipité blanc insoluble dans l'acide nitrique, par l'acide sulfurique et les sulfates solubles.

Outre le massicot, le minium et la litharge que l'on prépare en grand pour le besoin des arts, on trouve encore dans le commerce le sous-carbonate de plomb, qui porte les noms de *céruse* et de *blanc de plomb*, et l'acétate, qui porte celui de *sel de saturne*. Nous parlerons de chacun en son lieu.

Usages. Le plomb est très-employé sous la forme de lames, pour faire toutes sortes de conduits d'eau, des toits, des réservoirs, des tuyaux, des pompes, des chaudières et des chambres à acide sulfurique ; allié avec un quart d'antimoine, il forme la matière des caractères d'imprimerie.

Du Zinc. Zincum, ci. — Off.

91. Le zinc se trouve sous quatre états dans la nature : *oxidé*, *sulfuré*, *carbonaté* et *sulfaté*.

Le sulfate de zinc est assez rare ; le sulfure est plus commun, et portait autrefois le nom de *blende ;* le carbonate et l'oxide ont souvent été confondus ensemble sous le nom de *pierre calaminaire* ou de *calamine*; mais l'oxide est bien plus abondant que le carbonate.

Cet oxide n'est jamais pur, et la pierre calaminaire est, à proprement parler, un composé d'oxide de zinc, de silice et d'eau, non compris l'oxide de fer, l'alumine et le carbonate de chaux qui peuvent s'y trouver accidentellement mêlés. Elle est en masses irrégulières, pesantes, blanchâtres, grisâtres ou rougeâtres; elle est en partie soluble dans l'acide sulfurique étendu; la liqueur évaporée donne des cristaux de sulfate de zinc.

C'est surtout de la calamine qu'on extrait le zinc. A cet effet, on la pulvérise, on la mêle avec du charbon, et l'on chauffe fortement le mélange dans des tuyaux de terre placés transversalement dans un fourneau, un peu inclinés, et communiquant, par leur extrémité supérieure, avec d'autres tuyaux inclinés en sens contraire, et situés hors du fourneau. Le zinc se réduit, se volatilise, et vient se condenser en grenaille dans les tuyaux extérieurs; pour le livrer au commerce, on le fond dans un creuset, et on le coule en tablettes.

92. Le zinc est d'un blanc bleuâtre; il pèse 7.9; est à peu près aussi ductile que l'étain lorsqu'il est pur; se fond au rouge obscur, et se volatilise sans altération, à une chaleur plus forte, dans des vaisseaux fermés.

Si, lorsque le zinc est fondu dans un creuset et fortement rouge, on le met en contact avec l'air, il brûle avec une flamme blanche verdâtre éblouissante; en même temps, une partie se volatilise dans l'air, et forme un oxide blanc, floconneux, très-léger, que l'on nommait autrefois *nihil album*, *laine philosophique* et *pompholix*. Le zinc se dissout facilement à froid dans l'acide sulfurique étendu d'eau, dans les acides hydrochlorique et nitrique, et en général dans tous les acides; toutes ses dissolutions sont incolores, et forment, avec les alcalis, un précipité blanc d'oxide de zinc, qui peut être redissous par un très-grand excès de potasse ou de soude caustiques, et plus facilement par l'ammoniaque concentrée : ces mêmes dissolutions forment un précipité blanc par l'acide hydrosulfurique ; blanc grisâtre par les hydrosulfates ; blanc demi-transparent par les prussiates, et ne précipitent pas par la noix de galle.

Le plus important des sels de zinc est son sulfate. Nous en parlerons séparément (164).

Le zinc n'est usité en pharmacie que pour préparer l'oxide de zinc ; mais employé comme un des élémens de la pile voltaïque, il donne lieu à l'un des plus puissans moyens d'analyse que possède la chimie. On commence à l'utiliser pour faire des conduits d'eau, des gouttières et des couvertures de toits ; on a aussi essayé d'en faire des casseroles et d'autres ustensiles de cuisine ; mais la facilité avec laquelle les acides les plus faibles déterminent son oxidation et sa dissolution doit détourner de l'employer à cet usage.

DIVISION III. — *Composés métalliques non acides ni salins.*

93. Je comprends dans cette division les composés usités en pharmacie que les métaux forment avec l'oxigène, le soufre, le chlore et le cyanogène, et je les sépare en cinq sections, sous les titres d'*oxides*, de *sulfures*, d'*oxisulfures*, de *chlorures*, et d'*oxicyanures*.

SECTION I. — *Des Oxides.*

Les oxides sont des corps formés par la combinaison de l'oxigène avec un autre corps simple métallique ou non métallique, et ne jouissant pas comme les acides d'une saveur aigre et de la propriété de rougir les teintures de tournesol et de violettes : au contraire, le plus grand nombre des oxides (au moins parmi ceux que forment les métaux) peuvent, ou ramener au bleu la couleur du tournesol rougie par un acide, ou, lorsqu'ils sont solubles dans l'eau, verdir la teinture de violettes; enfin ces mêmes oxides peuvent, pour la plupart, se combiner aux acides et en neutraliser les propriétés.

Suivant le titre de la division il ne sera question ici que des oxides métalliques, réservant l'eau ou l'*oxide d'hydrogène* pour une des divisions suivantes.

De l'Oxide d'Arsenic. Oxydum arsenici. — Off.

94. L'oxide d'arsenic se trouve dans la nature à la surface ou dans le voisinage de certaines mines arsenicales, et notamment de celles de cobalt. Il est quelquefois sous la forme d'aiguilles déliées divergentes, et le plus ordinairement sous celle d'une poussière blanche; mais les quantités qu'on en trouve ainsi sont très-petites, et celui du commerce est formé artificiellement, et comme produit secondaire, dans l'exploitation des mines de cobalt arsenical.

On grille cette mine dans un fourneau à réverbère terminé par une longue cheminée horizontale. L'arsenic se volatilise, se brûle, et se condense à l'état d'oxide dans la cheminée. Mais comme il n'est pas pur, on le sublime une seconde fois dans des cucurbites de fonte surmontées d'un chapiteau de même matière.

L'oxide d'arsenic est en masses jaunâtres, vitreuses et transparentes à l'intérieur, mais blanches et opaques à leur surface; il se volatilise entièrement sur les charbons en répandant une fumée blanche et une forte odeur d'ail; il est un peu soluble dans l'eau et lui donne la propriété de rougir faiblement le tournesol et de se colorer en jaune par l'acide hydrosulfurique.

L'oxide d'arsenic se nomme vulgairement *arsenic* ou *arsenic blanc*. Plusieurs chimistes le regardent comme un acide et le nomment *acide arsenieux*, pour le distinguer d'un autre acide plus oxigéné que forme également l'arsenic, et qui est appelé pour cette raison *acide arsenique*.

L'oxide d'arsenic se fabrique surtout en Saxe, en Bohême

et en Silésie. C'est un des poisons les plus violens du règne minéral. On en fait des trochisques escarrotiques et une pâte pour détruire les rats ; on en prépare les arseniates de potasse et de soude en le calcinant avec les nitrates de ces deux bases ; il est aussi employé dans quelques arts.

De l'Oxide de Calcium ou Chaux. Calx, cis. — Off.

95. La chaux est un des corps qui ont porté pendant un certain temps le nom de *terres alcalines* ou d'*alcalis*, lorsqu'on n'était pas encore parvenu à les décomposer; aujourd'hui il n'y a aucun doute qu'elle ne soit un oxide dont le métal rarement obtenu, cependant, à l'état de pureté, a reçu le nom de *calcium*.

États naturels. La chaux est très-répandue dans la nature, mais toujours combinée aux acides et jamais pure; on la trouve sous les différents états d'*arseniate*, de *carbonate*, de *fluate*, de *nitrate*, de *phosphate* et de *sulfate*.

1°. La *chaux arseniatée* ou arseniate de chaux, nommée aussi *pharmacolithe* (pierre empoisonnée), n'a encore été trouvée que dans quelques parties de l'Allemagne. C'est Klaproth qui le premier en a fait l'analyse. Elle est ordinairement sous la forme de petits mamelons soyeux colorés en rose par de l'arseniate de cobalt ; sa gangue est un granit ou une brèche argilleuse grise.

2°. La *chaux carbonatée* ou carbonate de chaux est peut-être la substance la plus répandue à la surface du globe ; aucun terrain n'en est exempt et on la trouve souvent pure ou presque pure en masses énormes : ce sont ses différentes variétés qui constituent le *spath calcaire*, le *marbre*, la *craie*, la *pierre à chaux*, la *pierre à bâtir*, etc. : nous en traiterons plus spécialement à l'article *carbonate de chaux* (135).

3°. La *chaux fluatée* ou fluate de chaux était nommée autrefois *spath-fluor*, parce qu'on l'assimilait au spath calcaire, et qu'elle en différait cependant par la propriété de se fondre au feu et de faciliter la fusion des minerais métalliques avec lesquels on la trouve souvent mêlée.

Le fluate de chaux existe en assez grande quantité en Angleterre, en Allemagne et en France; le sol de Paris en contient. Il est souvent cristallisé en cube et en octaèdre; sa forme primitive est l'octaèdre régulier. Il est ordinairement coloré en rouge, en violet, en bleu, en vert ou en jaune, et imite alors le rubis, l'améthiste, le saphir, l'émeraude et la topase, d'où il avait reçu les noms de *prime d'émeraude* ou *fausse émeraude*, *prime d'améthiste* ou *fausse améthiste*, et ainsi des autres.

Le fluate de chaux pèse 3.1, raie la chaux carbonatée, ne fait éprouver à la lumière que la réfraction simple, jouit de la propriété de briller lorsqu'on en frotte deux morceaux l'un contre l'autre dans l'obscurité, dégage une lueur bleuâtre ou verdâtre lorsqu'on le jette en poudre sur un charbon ardent.

Il fond au chalumeau, ne fait pas effervescence avec l'acide nitrique, dégage par l'action de l'acide sulfurique des vapeurs acides qui corrodent le verre. C'est à cause de cette dernière propriété, qui appartient à l'acide fluorique, que le fluate de chaux est quelquefois employé avec avantage dans la gravure sur verre: il n'est employé en chimie que pour l'extraction de l'acide fluorique.

4°. La *chaux nitratée* ou nitrate de chaux se forme journellement sur les parois des murs, dans les caves et dans les étables : c'est lui qui domine dans la lessive que les salpêtriers de Paris font des plâtras provenant des démolitions; ils le transforment ensuite en nitrate de potasse comme nous le verrons à l'histoire de ce dernier sel; c'est là son seul usage.

5°. La *chaux phosphatée* ou phosphate de chaux est assez répandue dans la terre; elle constitue des collines entières dans l'Estramadure, où on l'emploie comme pierre à bâtir; on la trouve aussi cristallisée sous différentes formes, et entre autres sous celle d'un prisme hexaèdre régulier qui est aussi sa forme primitive, et sous celle d'un prisme hexaèdre terminé par deux pyramides à six faces : la première variété avait été nommée *apatite* et la seconde *chrysolithe*, avant que Klaproth et M. Vauquelin eussent prouvé qu'elles n'étaient que du phosphate de chaux.

Le phosphate de chaux est infusible au feu; il n'y devient pas alcalin comme le carbonate; il se dissout lentement et sans effervescence dans l'acide nitrique, d'où il est précipité par l'ammoniaque.

Le phosphate de chaux sert en chimie pour extraire l'acide phosphorique, le phosphore, et pour fabriquer les autres phosphates; mais ce n'est pas celui qui se trouve dans la terre que l'on emploie à cet usage; car ce même sel qui est également répandu dans les règnes végétal et animal, existe surtout dans les os des animaux, uni à une matière animale facile à détruire par le feu : on emploie de préférence celui qui résulte de la calcination complète de ces os.

6°. Nous traiterons séparément de la *chaux sulfatée* ou sulfate de chaux (152).

96. *Extraction.* La chaux s'extrait du carbonate de chaux par le moyen du feu; les variétés de cette substance que l'on emploie à cet usage varient dans chaque pays suivant qu'on les y trouve plus ou moins abondamment, et suivant telle ou telle qualité que l'on recherche dans la chaux : dans les environs de Paris on se sert d'un carbonate de chaux commun, ordinairement impur, et nommé à cause de cet usage *pierre à chaux*; il répond à la variété nommée par M. Haüy *chaux carbonatée compacte*; il contient plus ou moins de silice qui donne à la chaux une qualité supérieure pour la préparation des mortiers.

Plusieurs procédés sont mis en usage pour décomposer le carbonate de chaux : dans l'un, qui est peu économique, on remplit un grand fourneau ellipsoïde de pierre à chaux réduite en morceaux de diverses grosseurs, et disposée de manière qu'elle ne puisse pas s'affaisser, et que les morceaux, cependant, laissent du jour entre eux pour livrer passage à la flamme; on jette le combustible, par une ouverture latérale, dans le foyer qui se trouve immédiatement sous la pierre à chaux, et on augmente le feu peu à peu jusqu'à chauffer toute la chaux jusqu'au blanc. Cette cuisson dure de 12 à 15 heures; on laisse refroidir le fourneau pour en retirer la chaux.

Un procédé plus économique consiste à cuire la pierre à chaux dans un fourneau fait en cône renversé, et muni d'un cendrier séparé du fourneau par une grille de fer mobile ou dont les barreaux se retirent à volonté: on commence par mettre sur la grille un lit de fagots qu'on recouvre de houille, et l'on met par-dessus des lits alternatifs de pierre à chaux et de houille.

Lorsqu'on a fait 10 à 12 lits de cette manière, on allume le feu par la partie inférieure et l'on continue de remplir le fourneau. Le feu se propage peu à peu de bas en haut et la pierre à chaux perd son acide carbonique.

Lorsqu'on juge que les couches inférieures sont suffisamment calcinées, on les retire en ôtant les barreaux de la grille, et les faisant tomber dans le cendrier, jusqu'à ce qu'on s'aperçoive que la chaux qui tombe n'est plus assez calcinée; alors on rétablit la grille, on recharge le fourneau et l'opération continue, sans que le fourneau se soit refroidi, ce qui épargne beaucoup de combustible.

97. *Propriétés.* La chaux, telle qu'un pharmacien doit la choisir, est blanche, d'une dureté moyenne, assez grande pour qu'elle résiste à l'air, assez faible pour qu'elle se délite facilement et complétement dans l'eau, en occasionant une chaleur, une vaporisation d'eau et un sifflement considérables: ces phénomènes sont dus, comme on le sait, à la combinaison et à la solidification d'une partie de l'eau, qui alors fournit à une autre partie du même liquide assez de calorique pour se volatiliser, écarter avec bruit les molécules de la chaux, et la réduire en poussière.

Les autres propriétés de la chaux sont d'avoir une saveur âcre et urineuse, d'être très-peu soluble dans l'eau et de lui donner cependant des propriétés marquées, comme celles de verdir le sirop de violettes et de former une pellicule insoluble à l'air dont elle absorbe l'acide carbonique. Enfin la chaux forme avec l'acide sulfurique un sel neutre très-peu soluble dans l'eau, dont néanmoins la dissolution traitée par l'acide oxalique laisse déposer une poudre blanche d'oxalate de chaux.

La chaux est employée en pharmacie pour faire l'eau de chaux, pour décomposer l'hydrochlorate d'ammoniaque et en dégager la base, pour décomposer les sous-carbonates de soude et de potasse et amener ces alcalis à l'état de causticité propre à la préparation des savons et de la pierre à cautère.

Le plus grand usage de la chaux est pour la bâtisse et la confection des mortiers.

De l'Oxide de Fer hématite.
Oxydum ferri hæmatites, tis. — Off.

(*Fer oligiste concrétionné*, Haüy. Vulgairement *Hématite rouge* ou *Pierre Hématite.*)

98. L'oxide de fer hématite se trouve dans différentes mines de fer, sous la forme de concrétions plus ou moins volumineuses, dures, compactes, pesantes, offrant dans leur cassure une texture fibreuse et un éclat métallique brun; il se divise par la percussion en fragmens semblables à des éclats de bois; sa poudre est d'un rouge vif; il est fixe au feu, ce qui le distingue du mercure sulfuré ou *cinabre* avec lequel il a quelque ressemblance extérieure; il n'est pas sensiblement magnétique, et ne le devient qu'au chalumeau; il produit avec l'acide hydrochlorique une dissolution d'un jaune foncé qui a toutes les propriétés des dissolutions de fer au *maximum* d'oxigène (77).

L'oxide de fer hématite réduit en poudre et porphyrisé

à l'eau a quelquefois été employé comme astringent : il peut servir dans la peinture et est usité dans les arts pour brunir les métaux. Son nom d'*hématite* lui vient de la couleur de sa poudre qui approche de celle du sang.

De l'Oxide de Fer rouge artificiel.

Oxydum ferri rubrum artificiale, Colcotar. — Off.

(*Colcotar, rouge de Prusse.*)

99. Indépendamment des oxides de fer rouges naturels qui peuvent être employés dans la peinture de décors lorsqu'ils ont été convenablement broyés et préparés, cet art consomme une quantité prodigieuse d'oxide rouge provenant des fabriques de sulfate de fer, et de celles où l'on retire encore l'acide sulfurique de ce sel par l'intermède du feu.

Dans les premières on obtient le sulfate de fer en lessivant des pyrites effleuries à l'air, mettant les liqueurs en contact avec du fer pour les ramener au *minimum* d'oxidation, les faisant évaporer et cristalliser. Ces différentes opérations fournissent une quantité considérable de dépôts qui sont, tantôt de l'hydrate d'oxide rouge de fer, tantôt un sous-sulfate de ce même oxide. Tous ces produits desséchés et chauffés dans un four à réverbère perdent leur eau et leur acide sulfurique, et se convertissent en un oxide rouge pur que l'on nomme ordinairement *rouge de Prusse* (1).

Dans les secondes fabriques où l'on extrait l'acide sulfurique du sulfate de fer, en chauffant ce sel dans des cornues au fourneau de réverbère, l'oxide qui est au *minimum* d'oxigène dans le sel, passe au *maximum* par la décomposition d'une partie de l'acide sulfurique, et reste dans la cornue sous la forme d'une masse rouge, friable.

(1) Suivant ce qu'on lit dans le Traité de chimie de M. Thénard, (tome II, page 80.) le rouge de Prusse est aussi produit par la calcination des argiles ferrugineuses, et contient alors, outre l'oxide rouge de fer, l'alumine et la silice qui constituent l'argile.

C'est cet oxide rouge que l'on nomme plus spécialement *colcotar*; il contient encore ordinairement une certaine quantité de sulfate de fer, à moins qu'il n'ait subi une seconde calcination dans un four à réverbère, ou qu'il n'ait été broyé, lavé à l'eau et séché, état sous lequel alors il ne diffère plus du premier oxide dont j'ai parlé.

Cet oxide de fer est encore employé quelquefois comme astringent. Il est d'un rouge vif, tache les doigts et le papier, est fixe au feu, insoluble dans l'acide nitrique faible, soluble dans l'acide sulfurique concentré et dans l'acide hydrochlorique, auxquels il donne toutes les propriétés d'une dissolution de fer au maximum (77).

De l'Oxide de Manganèse. Oxydum Manganesii. — Off.

(Autrefois nommé *Magnésie noire.*)

100. L'oxide de manganèse se trouve dans la nature, tantôt cristallisé et jouissant d'un brillant métallique gris (*manganèse oxidé métalloïde gris*, Haüy.), tantôt en masse, terne, et d'une couleur qui varie du noir au brun et même au brun violet; ce dernier est plus ou moins impur et contient ordinairement en combinaison de la baryte et de l'oxide de fer; d'autrefois aussi au lieu d'être un vrai per-oxide, ce n'est qu'une combinaison d'eau et de tritoxide brun.

La première variété étant beaucoup plus pure doit être préférée; elle est entièrement à l'état de per-oxide, et se présente sous la forme de rognons ou de masses concrétionnées très-pesantes, cristallisées dans leur intérieur en petits prismes à 8 pans assez bien prononcés, ayant un éclat métallique gris, tachant les doigts en noir, et donnant une poudre noire; par la fusion au chalumeau, cet oxide colore le borax et le verre en violet; il dégage du chlore, lorsqu'on le traite par l'acide hydrochlorique, ou par un mélange d'acide sulfurique et de sel marin (chlorure de sodium).

Ces dernières propriétés servent à distinguer l'oxide noir de manganèse, du sulfure d'antimoine; celui-ci dégage de l'acide sulfureux au chalumeau, et donne naissance à du gaz hydrosulfurique lorsqu'on le traite par l'acide hydrochlorique.

La variété d'oxide de manganèse que je viens de décrire se trouve dans beaucoup d'endroits, et notamment en France, à Chambourg près de Tholey département de la Moselle, en Saxe, en Piémont et en Bohème. Ses usages sont : 1°. de servir en chimie à l'extraction du manganèse, en le mettant en pâte avec du noir de fumée et de l'huile, et le chauffant à un feu très-violent dans un creuset rempli de charbon; car le manganèse est un des métaux les plus infusibles et les plus difficiles à réduire. 2°. Il est quelquefois employé dans les verreries pour blanchir le verre, et c'est pour cela qu'on le nommait autrefois *savon des verriers*. Il paraît agir en se désoxigénant et brûlant les matières carbonisées qui coloraient la matière; mais il faut l'employer avec précaution et toujours en petite quantité, car un léger excès colorerait le verre en violet. 3°. L'oxide de manganèse est employé dans les arts pour extraire le chlore de l'acide hydrochlorique ou du sel marin. C'est également pour se procurer le même corps, qui a, comme on le sait, l'importante propriété de sanifier l'air empreint de miasmes délétères, qu'on emploie l'oxide de manganèse dans les hôpitaux, dans les prisons, et dans tous les lieux dont l'état sanitaire est suspect.

De l'Oxide rouge de Mercure.
Oxydum Hydrargyri rubrum. — Off.

(*Précipité rouge.*)

101. L'oxide rouge de mercure paraît exister en petite quantité à Idria dans le Frioul, mélangé avec une matière bitumineuse; mais tout celui que l'on emploie est artificiel,

et préparé en grand, à Idria, en Hollande, à Paris, et dans d'autres villes manufacturières.

Cet oxide est sous la forme de pains qui représentent encore le fond des matras de verre dans lesquels on a opéré la décomposition du nitrate mercuriel; il est composé de paillettes brillantes, micacées et d'un rouge orangé; il a une forte saveur mercurielle et est un peu soluble dans l'eau, à laquelle il communique la propriété de verdir la teinture de violettes; il noircit de suite par le contact de l'acide hydrosulfurique; il se dissout entièrement dans les acides nitrique et hydrochlorique; ses dissolutions, qui sont incolores, ont toutes les propriétés des dissolutions mercurielles (81); il disparaît complétement lorsqu'on le chauffe à la chaleur rouge dans un creuset ou dans une fiole de verre.

Non-seulement ces propriétés font reconnaître l'oxide rouge de mercure, mais elles indiquent encore sa pureté; car les substances avec lesquelles on pourrait l'altérer, ou seraient fixes au feu, ou ne se dissoudraient pas complétement dans les deux acides que j'ai nommés (tel serait, par exemple, l'oxide rouge de plomb).

Il serait possible, cependant, que le précipité rouge n'eût pas été assez chauffé, lors de sa préparation, et qu'il contînt encore une certaine quantité de nitrate de mercure, corps qui ne doit pas s'y trouver et qui ne l'empêcherait, ni de se volatiliser entièrement au feu, ni de se dissoudre complétement dans les acides nitrique et hydrochlorique: il y a deux moyens de reconnaître cette mauvaise qualité du précipité rouge; le premier consiste à le décomposer par le feu dans une petite cornue de verre à col long et étroit; dès la première impression du feu et avant même que l'oxide ne se décompose en mercure et en oxigène, comme il le fait à la chaleur rouge, on voit apparaître dans le col de la cornue une vapeur rouge d'acide nitreux, due à la décomposition de l'acide nitrique du nitrate de mercure.

Le second moyen s'exécute en faisant bouillir, dans une fiole, l'oxide pulvérisé, avec une légère dissolution de potasse caustique, filtrant la liqueur, et la réduisant par l'évaporation à un très-petit volume; par le refroidissement il s'y formera des cristaux de nitrate de potasse, faciles à reconnaître à leur propriété de faire fuser les charbons allumés.

L'oxide rouge de mercure est un poison très-actif à l'intérieur; on l'emploie à l'extérieur comme excitant et escarrotique.

De l'Oxide de Plomb fondu.

Oxydum plumbi fusum seu Lithargyrium. — Off.

(*Litharge.*)

102. Cet oxide provient toujours de la coupellation du plomb argentifère; cette opération se fait dans un fourneau à réverbère (52), de telle manière que le plomb s'oxide et forme au-dessus du bain d'argent une couche liquide, qui s'écoule par une échancrure pratiquée à la partie supérieure de la coupelle, et qui est reçue dans un bassin particulier, où elle acquiert de l'opacité en se refroidissant et se divise en lames micacées.

La litharge est donc sous la forme de petites lames opaques, cédant à la pression et se divisant en lames plus petites qui ont la couleur et l'éclat métallique de l'or: cependant la litharge vue en masse a plutôt une couleur de cuivre pâle et moins d'éclat, surtout si elle est ancienne. Le premier de ces effets doit être attribué à la présence d'une certaine quantité d'oxide rouge de plomb (minium) formé pendant l'écoulement et le refroidissement de la litharge par le contact de l'air; le second, dû aussi en partie à la même cause, tient surtout à ce que la litharge absorbe à la longue l'acide carbonique et l'eau de l'air atmosphérique, et se recouvre d'une couche de sous-carbonate et d'hydrate de plomb.

Outre ces propriétés, la litharge est très-pesante, réductible au chalumeau en un bouton de plomb métallique, et soluble dans l'acide nitrique, auquel elle communique toutes les propriétés d'une dissolution de plomb (90).

On distingue dans le commerce deux sortes de litharge; la litharge anglaise et celle d'Allemagne; chacune peut avoir différentes qualités, mais en général la litharge anglaise est plus pure et plus estimée que la seconde. On la reconnaît à ce qu'elle a plus d'éclat et de couleur, et surtout à la pureté de sa dissolution dans l'acide nitrique: si l'on commence par précipiter le plomb de cette dissolution au moyen du sulfate de soude, en y versant ensuite de l'ammoniaque, cet alcali n'y occasionera qu'un très-léger précipité coloré par un atome d'oxide de fer, et la liqueur surnageante n'aura aucune teinte bleue, ce qui indique l'absence totale du cuivre. Lorsqu'on traite de même la litharge d'Allemagne, on obtient le même précipité coloré par de l'oxide de fer, et de plus la liqueur conserve une couleur bleue très-marquée.

C'est probablement à la présence du cuivre que cette dernière litharge doit l'inconvénient qu'elle offre de former avec l'huile d'olives un emplâtre coloré, tandis que la première le donne très-blanc. Aussi les pharmaciens ont-ils le soin de n'employer que de la litharge anglaise, ou du moins de la litharge pure.

La litharge est employée dans les arts pour préparer l'acétate de plomb cristallisé ou *sel de Saturne;* en pharmacie, elle entre dans la composition des emplâtres et du sous-acétate de plomb liquide ou *extrait de Saturne.*

De l'Oxide rouge de Plomb ou Minium.

Oxydum plumbi rubrum. — Off.

103. Le minium est toujours un produit de l'art. On le fabrique en calcinant le plomb dans des fours à réverbère dont l'aire est concave, afin de pouvoir contenir le métal;

on agite le plomb avec des ringards et on le chauffe jusqu'à ce qu'il soit converti en oxide jaune ou *massicot.* Mais comme cet oxide contient toujours du plomb métallique, on le pulvérise et on le délaie dans des tonneaux pleins d'eau. Le plomb étant plus pesant se précipite au fond, et l'eau décantée trouble laisse ensuite précipiter l'oxide.

Cet oxide desséché est soumis à une nouvelle calcination dans des fourneaux à réverbère chauffés avec du bois blanc très-sec et très-divisé, afin d'éviter la fumée qui réduirait l'oxide. On chauffe graduellement et l'on agite continuellement l'oxide pendant cinq ou six heures; alors, la chaleur étant au rouge brun, on l'entretient en cet état pendant trois ou quatre heures, ou jusqu'à ce qu'en retirant un peu de minium sur une pelle il paraisse d'un rouge vif. A cette époque on diminue graduellement le feu en fermant peu à peu, et dans l'espace de six à huit heures, toutes les ouvertures du fourneau : il ne faut retirer le minium que lorsqu'il est entièrement refroidi, et comme il y a ordinairement plusieurs fourneaux adossés les uns aux autres, le refroidissement dure environ deux jours.

Le minium, tel qu'il sort des fours, est en masses poreuses peu cohérentes; il est pulvérisé et tamisé avant d'être livré au commerce. Quoiqu'on perde une certaine quantité de plomb dans les diverses opérations que je viens d'indiquer, néanmoins, en raison de l'oxigène absorbé, 100 livres de plomb produisent encore de 106 à 107 livres de minium.

Le minium est sous la forme d'une poudre d'un rouge orangé très-éclatant; il est très-pesant, et insoluble dans l'eau; chauffé dans un creuset, il perd de l'oxigène, se fond et se change en litharge; chauffé au chalumeau, il se réduit entièrement, et laisse un bouton métallique; il est insoluble dans les acides, ou, au moins, ne peut s'y dissoudre qu'en perdant de l'oxigène et revenant à l'état de protoxide : c'est ainsi qu'il dégage de l'oxigène lorsqu'on le traite par l'acide sulfurique, et forme un sulfate de plomb blanc insoluble ; qu'il dégage du chlore par l'acide hydrochlorique, et forme un chlorure ou un hydrochlorate de plomb peu soluble : par l'acide nitrique, il ne se dégage pas d'oxigène, mais l'oxide se partage en deux parties, dont l'une, ramenée à l'état de protoxide, se dissout dans l'acide, et dont l'autre, passée à l'état de tritoxide, reste au fond du vase sous la forme d'une poudre de couleur puce (1).

En pharmacie, le minium entre dans la composition de quelques emplâtres et dans celle des trochisques escarrotiques rouges ; mais son plus grand usage est dans la peinture, et dans la fabrication du cristal, auquel il donne une plus grande fusibilité, plus de pesanteur, une transparence plus parfaite, une puissance réfractive plus considérable, enfin, la propriété de pouvoir se tailler plus facilement que le verre.

Pour ces différens usages, et surtout pour le dernier, il est essentiel que le minium soit exempt d'oxide de cuivre, qui communiquerait au cristal une teinte verdâtre : c'est à cause de sa grande pureté que le minium d'Angleterre a obtenu, sur celui des autres pays, une préférence qu'il conserve encore.

De l'Oxide de Zinc naturel ou Pierre calaminaire. Oxydum Zinci calaminare. — Off.

Voyez l'article *zinc* (91).

De la Tuthie. Tuthia. — Off.

104. Tous les auteurs s'accordent à dire que la tuthie est une matière sublimée après des barres de fer ou des

(1) A l'aide du calorique l'acide acétique se conduit avec le minium comme l'acide nitrique ; d'où il suit que, si l'on voulait purifier le minium par le moyen de cet acide comme l'indique M. Thénard dans son Traité de chimie (tome II, page 554.), il serait nécessaire d'opérer à froid.

rouleaux de terre, placés dans la partie supérieure des fourneaux, où l'on fond le cuivre avec la calamine pour le changer en laiton. D'après cela, il ne faut pas douter que la véritable tuthie ne soit composée d'oxide de zinc, pour la plus grande partie. Les mêmes auteurs la décrivent comme une substance formée en écailles voûtées, ou en morceaux d'écorces d'arbre, dure, sonore, d'un gris cendré, ou jaunâtre, ou bleuâtre, très-raboteuse à l'extérieur, etc.

La substance que l'on trouve dans le commerce sous le nom de tuthie, a tous les caractères physiques indiqués; mais il suffit d'un léger examen chimique pour s'assurer qu'elle diffère totalement de la vraie tuthie, et qu'elle est un produit de la fraude.

Cette substance a une saveur manifestement salée; lorsqu'on la réduit en poudre, il reste au fond du mortier, sur la fin de la pulvérisation, des parties élastiques demi-transparentes, qui brûlent sur le feu à la manière de l'amidon; il est probable que ce sont des parties non mêlées de la colle qui avait servi à lier la pâte de la tuthie artificielle.

La fausse tuthie, bouillie dans l'eau, donne une liqueur salée qui contient du sel marin et du sulfate de chaux. Le résidu fait une vive effervescence avec l'acide acétique, et donne une liqueur dans laquelle on trouve beaucoup de chaux, du sulfate de chaux, de la silice, du manganèse, du fer, de la magnésie ou de l'oxide de zinc.

Le résidu insoluble dans l'acide acétique, traité à chaud par l'acide nitrique, se sépare en deux portions : l'une grisâtre, grossière, qui reste au fond du vase, et qui n'est évidemment que de la terre cuite pulvérisée; l'autre brune, plus divisée, qui est entraînée par l'acide lorsqu'on le décante, et qui se trouve formée d'oxide de manganèse, de silice et d'oxide de fer.

L'acide, séparé de cette matière brune, tient lui-même en dissolution du manganèse, du fer, du sulfate de chaux, des traces d'alumine, de la magnésie ou de l'oxide de zinc.

Au total, on voit que cette fausse tuthie est un mélange de terre cuite pulvérisée, j'ose presque dire de cassons de creusets, de carbonate et de sulfate de chaux, d'oxides de manganèse et de fer, le tout lié avec de la colle d'amidon. Il faut avouer que s'il n'en existe pas d'autre dans le commerce, les médecins peuvent se dispenser de l'employer dans les maladies de l'œil, où elle ne peut être que nuisible par la dureté des parties terreuses qu'elle contient; peut-être alors pourront-ils la remplacer par l'oxide blanc de zinc.

SECTION II. — *Des Sulfures.*

105. Les sulfures sont des corps résultant de la combinaison du soufre avec un autre corps combustible métallique ou non métallique; ils sont très-nombreux, puisque le soufre peut s'unir à presque tous ces corps; mais je ne traiterai ici que du sulfure d'antimoine, des sulfures d'arsenic jaune et rouge, et du sulfure rouge de mercure.

Du Sulfure d'Antimoine.
Sulphuretum antimonii. — Off.

(Autrefois *Antimoine cru.*)

106. Le sulfure d'antimoine existe abondamment dans la nature; on le trouve en France dans les environs d'Uzès, département du Gard; près de Massiac et de Lubillac, département du Puy-de-Dôme; près de Saint-Yrieïx, département de la Haute-Vienne; en Hongrie, en Bohême, en Saxe, en Angleterre, en Suède, en Daourie. Ses gangues les plus ordinaires sont le quartz et la baryte sulfatée.

On prive le sulfure d'antimoine de sa gangue avant de le verser dans le commerce, ou de l'employer à l'extraction de l'antimoine. On y parvient à l'aide de plusieurs procédés, dont le plus ancien, qui est encore assez généralement suivi, est celui-ci :

On enfonce en terre un grand creuset jusqu'à son bord,

et on y fait entrer à moitié un second creuset plus grand, percé de trous à son fond. On remplit ce dernier de la mine, et on le chauffe en l'entourant de feu : le sulfure étant bien plus fusible que sa gangue, se fond seul et coule dans le creuset inférieur, où il cristallise en refroidissant : il est alors tel qu'on le voit dans le commerce.

Le sulfure d'antimoine est en masses considérables, ayant encore la forme des vases où il s'est solidifié; il est formé dans son intérieur d'aiguilles parallèles très-longues, très-brillantes, et d'un gris bleuâtre : il pèse environ 4.5, donne une poudre noire qui salit fortement les doigts, se fond au-dessus de la flamme d'une bougie, se fond également et dégage beaucoup de gaz sulfureux lorsqu'on le projette sur un charbon allumé. Il se dissout dans l'acide hydrochlorique, en donnant lieu à un très-fort dégagement de gaz hydrosulfurique.

Le sulfure d'antimoine entre dans la composition des tablettes antimoniales de Kunckel ; il peut servir comme l'antimoine à faire l'antimoine diaphorétique et les autres préparations analogues. Son principal usage est pour faire le *kermès minéral*, et le *soufre doré d'antimoine*.

Du Sulfure d'Arsenic jaune.

Sulphuretum arsenici luteum. — Off.

(*Orpin ou Orpiment.*)

107. Le sulfure jaune d'arsenic existe dans la nature et se prépare aussi artificiellement. Celui qui est naturel se trouve surtout en Hongrie, en Transilvanie, dans la Natolie et dans une grande partie de l'Orient. Il est d'un jaune citron souvent très-vif et très-éclatant, ordinairement d'une texture lamelleuse, tendre, flexible et légèrement translucide ; il acquiert l'électricité résineuse par le frottement ; se volatilise entièrement au chalumeau, en répandant une odeur mixte d'ail et d'acide sulfureux ; pèse 3.45. Suivant M. Laugier, il contient 0.38 de soufre, et le reste en arsenic.

Le sulfure d'arsenic jaune artificiel se fait en Allemagne en chauffant dans des vases sublimatoires, semblables à ceux qui servent à la purification de l'arsenic blanc, une partie de soufre et deux parties d'oxide d'arsenic non purifié : à l'aide de la chaleur, une certaine quantité de soufre est convertie en acide sulfureux par l'oxigène de l'oxide, et le reste se sublime combiné au métal. Ce sulfure artificiel est en masses d'un jaune citron, pesantes, à cassure conchoïde, demi-transparentes dans leurs lames minces. Il paraît contenir plus de soufre que le sulfure jaune naturel, car la proportion de ce principe s'y élève à 0.41 ou 0.42; du reste il jouit des mêmes propriétés.

Le sulfure jaune d'arsenic, surtout celui qui est naturel, est employé en peinture, à cause de sa belle couleur d'or. Les teinturiers s'en servent comme d'un auxiliaire desoxigénant pour dissoudre l'indigo; on l'emploie aussi comme escarrotique et dépilatoire; il est poison à l'intérieur, mais dans un bien moindre degré que l'oxide blanc d'arsenic.

Du Sulfure d'Arsenic rouge.
Sulphuretum arsenici rubrum. — Off.

(*Réalgal*, *Réalgar*, *Arsenic rouge.*)

108. Ce sulfure existe dans la nature comme le précédent, et notamment en Saxe, en Bohème, en Hongrie, dans la Transilvanie, en Chine, au Japon et aux environs de beaucoup de volcans. Il est très-rarement pur et cristallisé, mais il est fréquent à l'état amorphe et terreux. On en fait aussi d'artificiel par un procédé qui n'a pas été décrit. Alors il est en masses translucides dans leurs lames minces, d'un rouge tirant sur l'orangé, donnant une poudre d'une belle couleur orangée. Il pèse 3.33 ; acquiert par le frottement une électricité résineuse très-prononcée; est entièrement volatil en dégageant l'odeur de l'oxide d'arsenic et de l'acide sulfureux; il ne contient que 0.31 de soufre.

Le réalgar est employé en peinture comme l'orpiment : les Grecs, qui s'en servaient pour le même usage, le nommaient Σανδαράκη, ce qui répond à *sandaraque*. Il paraît que les Chinois et d'autres peuples orientaux l'emploient comme médicament à l'intérieur ; il n'est pas usité en France comme tel.

Du Sulfure de Mercure rouge.
Sulphuretum hydrargyri rubrum.

(*Cinnabre.*)

109. Ce sulfure est assez abondant dans la terre et surtout dans l'ancien duché de Deux-Ponts, à Almaden en Espagne, à Idria dans le Frioul, à Guenca-Velica au Pérou (78). Il est quelquefois cristallisé en prismes hexaèdres réguliers ; d'autrefois fibreux et pulvérulent ; plus fréquemment amorphe, et en masses d'un rouge sombre plus ou moins impures. A Idria, il est généralement mêlé avec une argile bitumineuse qui lui donne une couleur noirâtre, une apparence schisteuse, et la propriété de dégager une odeur de bitume par l'action du calorique.

Le sulfure de mercure naturel étant très-rarement pur, il n'est employé que pour l'extraction de son métal, et on le reforme ensuite artificiellement, pour le besoin des arts, avec le mercure qui provient de sa décomposition. Ce travail s'exécute à Idria et en Hollande, d'où nous vient le plus beau cinnabre : voici le procédé qu'on y suit.

D'abord on fait fondre du soufre, par exemple 25 kilogrammes, dans une bassine de fonte, et on y ajoute 180 kil. de mercure (1) que l'on force à passer à travers une peau de chamois, afin de le présenter tout divisé au soufre et que la combinaison s'en fasse mieux. On agite le mé-

(1) Ces proportions sont celles qui ont été données par M. Tuckert d'Amsterdam, dans le 4e. volume des Annales de chimie, d'où le procédé que je décris est en partie tiré ; mais elles doivent offrir une perte de mercure, ce métal s'y trouvant en excès : il est probable qu'on en emploie moins, et qu'on met au contraire un léger excès de soufre.

lange avec soin en prenant garde qu'il ne s'enflamme. Lorsqu'il est refroidi, on le broie et on le divise dans de petits flacons de terre de la contenance de 24 onces d'eau environ. On prépare plusieurs doses de mélange égales à celle que j'indique, et l'on procède à la seconde opération qui est la sublimation.

Cette opération se fait dans de grands pots de terre enduits de lut à l'extérieur, et disposés chacun sur un fourneau, de manière que la flamme circule librement autour, et les embrasse jusqu'aux deux tiers de leur hauteur. On chauffe ces pots jusqu'au rouge; on y verse un premier flacon de sulfure, et on les recouvre d'une plaque de fer qui s'y applique très-exactement : après quelque temps on ajoute un deuxième flacon, puis un troisième, et l'on continue ainsi jusqu'à ce qu'on ait introduit dans chaque pot, et en trente ou trente-quatre heures, la dose de sulfure indiquée plus haut (205 kil.).

Voici ce qui résulte de ces deux opérations : la première donne un sulfure de mercure encore imparfait et d'un noir violet, nommé autrefois *ethiops minéral*; par la seconde, l'excès de l'un ou de l'autre des deux élémens se dégage, la combinaison du reste s'opère intimement, et le sulfure formé étant volatil se porte vers la partie supérieure des pots, où il se condense en une masse qui pèse quelquefois 200 kilogr.

Ce sulfure ainsi préparé, et tel qu'on le trouve dans le commerce, est en masses plus ou moins considérables, composées d'aiguilles rayonnantes d'un éclat métallique gris-violet, lequel passe au rouge vif par le frottement et la pulvérisation. Il pèse 10.218; se volatilise entièrement sur les charbons ardens en dégageant de l'acide sulfureux et de la vapeur mercurielle qui, reçue sur un corps froid, s'y condense en globules brillans. Il est composé de 100 parties de mercure, et de 16 parties de soufre.

Le cinnabre est employé en médecine sous forme de fumigations; il entre dans la poudre tempérante de Stahl; il est connu et employé en peinture sous le nom de *vermillon* : c'est une couleur très-belle et très-solide.

SECTION III. — *Des Oxisulfures.*

110. Je donne ce nom à des composés doubles d'un oxide métallique avec le sulfure du même métal ; il n'y en a que deux usités en pharmacie, et puisés dans le commerce ; ce sont les oxisulfures d'antimoine opaque et vitreux.

De l'Oxisulfure d'Antimoine opaque.

Oxisulphuretum antimonii opacum. — Off.

(*Oxide d'Antimoine sulfuré demi-vitreux.*)

111. Ce composé, qui porte dans le commerce le nom de *crocus*, n'est pas le *crocus metallorum* ou *safran des métaux* des anciennes pharmacies. On préparait celui-ci en fondant dans un creuset parties égales de nitrate de potasse et de sulfure d'antimoine, et lessivant le produit jaune sale ou *foie d'antimoine* qui en résultait : l'eau dissolvait le sulfate et le sulfure de potasse formés pendant l'opération, plus un peu d'oxisulfure d'antimoine, et la plus grande partie de ce dernier restait en poudre insoluble d'un jaune rougeâtre.

Aujourd'hui on obtient cet oxisulfure en fondant dans un creuset le mélange gris d'oxide et de sulfure d'antimoine qui résulte du grillage du sulfure d'antimoine (voyez article *antimoine* (48) : par la fusion, ces deux composés se combinent et forment un corps qui, en se refroidissant, devient cassant et opaque.

L'oxisulfure d'antimoine opaque est d'un gris foncé, et jouit d'un grand éclat métallique ; sa cassure est conchoïde ; sa poudre, qui est brune, se fond sur les charbons en répandant l'odeur du soufre qui brûle ; traitée par l'acide hydrochlorique concentré, elle donne lieu à un dégagement d'hydrogène sulfuré, et à une dissolution d'antimoine qui forme un précipité blanc lorsqu'on l'étend d'eau.

L'oxisulfure d'antimoine opaque est très-usité dans la médecine vétérinaire comme purgatif; on l'emploie quelquefois en pharmacie pour préparer le *vin émétique trouble*, médicament peu sûr et inconstant dans ses effets, qui devrait être banni de la pratique médicale.

De l'Oxisulfure d'Antimoine vitreux.

Oxisulphuretum antimonii vitrosum. — Off.

(*Oxide d'Antimoine sulfuré vitreux, verre d'Antimoine*).

112. L'oxisulfure d'antimoine vitreux s'obtient comme le précédent, en faisant fondre dans un creuset le mélange gris d'oxide et de sulfure d'antimoine, provenant du grillage du sulfure d'antimoine; seulement on le tient fondu beaucoup plus long-temps et à une plus haute température: par ce moyen, une nouvelle quantité de sulfure est décomposée et changée en acide sulfureux qui se dégage, et en oxide d'antimoine qui reste dans le creuset; mais, de plus, la température étant très-élevée, cet oxide attaque le creuset; en dissout de l'alumine, de l'oxide de fer, et surtout de la silice qui paraît lui donner la propriété de rester transparent lorsqu'il se refroidit (1). Lorsqu'on s'aperçoit qu'il a acquis cette propriété, on le coule sur une plaque de pierre ou de fonte. En définitif, le verre d'antimoine est un composé de beaucoup d'oxide d'antimoine, d'un peu de sulfure du même métal, d'une certaine quantité de silice, d'alumine et d'oxide de fer.

Le verre d'antimoine est en plaques larges, d'une ligne d'épaisseur environ, transparentes, d'une couleur rouge

(1) L'oxide d'antimoine pur, fondu et refroidi, est opaque. Tout l'oxide de fer du verre d'antimoine ne provient pas du creuset; car le sulfure d'antimoine contenait primitivement une certaine quantité de sulfure de fer. Je suppose que c'est à ce dernier sulfure que celui d'antimoine doit la propriété de présenter souvent à sa surface les couleurs de l'iris, et je conseille de le choisir exempt de ces couleurs et ne les prenant pas à l'air.

hyacinthe plus ou moins foncée ; sa poudre est d'un jaune fauve ; elle s'agglutine légèrement sur les charbons ardens en dégageant une fumée blanche et une odeur sulfureuse peu marquée ; elle se dissout dans l'acide hydrochlorique avec un faible dégagement de gaz hydrosulfurique : la dissolution étendue d'eau forme un précipité blanc très-considérable. Le verre d'antimoine est employé pour faire l'émétique.

SECTION IV. — *Des Chlorures.*

113. En chimie, on donne le nom de chlorures à des corps qui résultent de la combinaison du chlore avec un corps combustible, et qui ne sont pas reconnus comme acides; car ceux de ces corps qui sont acides portent des noms différens, et dont la formation ne paraît pas assujettie, jusqu'à présent, à des lois bien convenables. Les seuls chlorures que j'aie à examiner, sont le chlorure de sodium et le deuto-chlorure de mercure.

Du Deuto-chlorure de Mercure.

Deuto-chloruretum hydrargyri. — Off.

(*Muriate de Mercure très-oxidé, Muriate de Mercure corrosif, Sublimé corrosif.*)

114. Le deuto-chlorure de mercure n'existe qu'en très-petite quantité dans quelques mines de mercure (78). Celui du commerce est donc artificiel ; on le fabrique à Idria, en Hollande, à Paris et dans les principales villes manufacturières ; mais, comme le procédé que l'on suit est le même que celui des pharmacopées, il n'entre pas dans mon plan de m'y arrêter, et je passe aux propriétés caractéristiques du sublimé corrosif.

Le sublimé corrosif est en pains ronds, figurant, lorsqu'ils sont entiers, la partie supérieure d'un matras ou d'une fiole ; blancs, et donnant une poudre blanche ; plus ou moins transparens, assez pesans, d'une saveur âpre métallique des plus insupportables. Il se fond et se volatilise de suite en une fumée blanche, lorsqu'on le jette sur un charbon ardent. Il est soluble dans 19 parties d'eau froide, est beaucoup plus soluble dans l'eau bouillante, et cristallise par le refroidissement en belles aiguilles prismatiques. Il prend la même forme par une sublimation ménagée dans une fiole. Il est beaucoup plus soluble dans l'alcool et dans l'éther sulfurique que dans l'eau. Sa dissolution aqueuse rougit le tournesol; forme avec le nitrate d'argent un précipité blanc, caséeux, insoluble dans l'acide nitrique; forme un précipité blanc par l'ammoniaque, un précipité orangé par la potasse caustique mise en excès, un précipité brun noir par l'hydrosulfate de potasse. Cette même dissolution étendue forme, sur le cuivre, une tache noire qui devient blanche et brillante par le frottement, et qui disparaît par l'action ménagée du calorique.

Le deuto-chlorure de mercure est composé de mercure 100 parties, chlore 35.192 parties. Quelquefois celui du commerce contient du chlorure de fer, qui lui donne la propriété de l'humecter à l'air et d'y prendre une couleur de rouille. Il faut le choisir bien pur et bien blanc.

Le sublimé corrosif est très-employé comme antisyphilitique; mais c'est un poison violent, et il demande à être administré avec beaucoup de prudence.

115. On fait également un très-grand usage en médecine du *proto-chlorure de mercure*, dit aussi *mercure doux*, *calomélas*, *précipité blanc*; mais ce composé se prépare presque toujours dans les pharmacies. Il est facile à distinguer du sublimé corrosif sous les différentes formes qu'il affecte. Lorsqu'il est sublimé et en masse, il est d'un blanc grisâtre qui brunit par l'exposition à la lumière, et qui devient d'un jaune serin par le frottement ou la pulvérisation. Il est beaucoup plus pesant que le sublimé corrosif. Lorsqu'il est cristallisé, ses aiguilles, qui sont ordinairement entre-croisées et comme hérissées d'au-

tres aiguilles plus petites, ont d'ailleurs un reflet métallique qui les fait reconnaître à la première vue.

Quand il est en poudre blanche, et tel qu'on l'obtient par précipitation, il tache les doigts et le papier bien autrement que le sublimé corrosif; enfin, sous quelque forme qu'il se présente, il est tout-à-fait insoluble dans l'eau, noircit par le contact de tous les alcalis y compris l'ammoniaque, noircit également par l'acide hydrosulfurique et par les hydrosulfates; il se dissout quelquefois à froid, toujours à chaud dans l'acide nitrique concentré, et sa dissolution présente alors toutes les propriétés de celle du deuto-chlorure. Le proto-chlorure de mercure est formé de mercure 100 parties, chlore 17.596.

Chlorure de Sodium.
Chloruretum sodii. — Off.

(*Soude muriatée*, *Muriate de soude*).

116. Le muriate de soude est le plus anciennement connu de tous les sels, et a été considéré jusqu'à ces derniers temps comme formé d'acide muriatique et de soude. C'est par cette double considération que, lors de la révolution opérée en chimie à la fin du dernier siècle, on a restreint le nom de *sels* aux corps résultant comme lui de la combinaison d'un acide avec une base alcaline, terreuse ou métallique; tandis qu'auparavant ce nom s'étendait aussi aux acides et aux alcalis non combinés. Aujourd'hui, cependant, le muriate de soude devra sortir de la classe des sels, à moins qu'on ne change la définition du mot; car on ne le regarde plus comme un composé d'acide et d'alcali, mais bien comme formé par la combinaison de deux corps simples, le *chlore* et le *sodium*: de là son nouveau nom de *chlorure de sodium* (1).

---

(1) Il faut observer, néanmoins, que le sel marin peut encore, lorsqu'il est dissous dans l'eau, être considéré comme un véritable sel,

Le muriate de soude a encore reçu d'autres noms : son abondance dans la nature, son extraction de l'eau de la mer, et son emploi général pour l'assaisonnement des alimens, lui ont fait donner ceux de *sel commun*, *sel marin*, *sel de cuisine*; de plus, son gissement dans le sein de la terre, en masses transparentes comme le cristal, lui a fait appliquer celui de *sel gemme*.

117. Le chlorure de sodium est donc très-abondant dans la nature, soit à l'état de sel gemme, soit sous celui de dissolution dans l'eau de la mer. Les mines les plus considérables parmi nous, sont celles de Pologne; mais l'Amérique et l'Afrique en possèdent qui ne leur cèdent en rien. L'Autriche, la Bavière, la Sicile, l'Espagne et l'Angleterre en ont également : la France passait pour en être dépourvue, mais on vient tout récemment d'en découvrir une qui paraît considérable, à Vic, département de la Meurthe. Jusque-là, tout le sel que nous consommions nous était fourni par des salines établies sur une partie de nos côtes maritimes, et par les sources salées des départemens de la Meurthe, du Doubs et du Jura.

L'extraction du sel gemme se fait de deux manières. Lorsqu'il est incolore, on l'arrache seulement du sein de la terre, et on le verse dans le commerce. C'est ce qui a lieu dans la mine de Vieliczka, en Pologne, que l'on exploite depuis un temps considérable, et qui fournit annuellement 120.000 quintaux de sel. La masse du sel commence à 65 mètres ou 200 pieds au-dessous du sol; en 1780, on était parvenu à 293 mètres ou 900 pieds de profondeur, ce qui faisait déjà 700 pieds pour l'épaisseur du banc de sel, et ce banc, suivant ce qu'on rapporte, a trois lieues d'étendue en tous sens. Lorsque le sel est impur et coloré par de l'oxide de fer ou de manganèse, comme cela a lieu dans le

---

parce qu'on peut supposer que l'eau s'est décomposée à l'instant de sa dissolution, que son hydrogène s'est uni au chlore et son oxigène au sodium; d'où il est résulté de l'acide hydrochlorique et de la soude, et par suite de l'*hydrochlorate de soude*.

Tyrol et dans le Saltzbourg, on pratique dans la masse même du sel des galeries dans lesquelles on fait parvenir de l'eau. Lorsque cette eau, par son séjour sur le sel, en est saturée, on la conduit, à l'aide de canaux, jusque dans les usines, où on l'évapore sur le feu.

118. Pour retirer le sel de l'eau de mer, le procédé, qui est usité en France sur les côtes de la Méditerranée et de l'Océan, consiste à creuser sur le rivage des bassins, dits *marais salans*, peu profonds, mais d'une vaste étendue. Ces bassins sont tapissés d'argile, et communiquent les uns avec les autres; mais de telle manière, que l'eau est obligée de faire de très-grands circuits pour les parcourir tous. Dans la haute marée, on reçoit l'eau de la mer dans le premier bassin qui sert de réservoir, et delà on le distribue par une pente douce dans les autres, où elle se vaporise promptement en raison de la grande surface qu'elle présente à l'air. On en ajoute de nouvelle à mesure que la première s'évapore : bientôt tout le sel qu'elle contient ne pouvant plus y être tenu en dissolution, il cristallise et se précipite; on le retire de temps en temps, et on le met égoutter par tas sur le bord des bassins; on continue ainsi tant que la pureté de l'air et la chaleur de la saison le permettent, c'est-à-dire, depuis le mois d'avril jusqu'au mois de septembre; alors on fait écouler l'eau mère qui reste dans les bassins.

Le sel, ainsi obtenu, est ordinairement gris ou rougeâtre en raison d'une portion d'argile qui le salit; et il est déliquescent par la présence d'une certaine quantité d'hydrochlorate de magnésie; il est cependant d'autant moins impur, qu'il est resté plus long-temps exposé aux intempéries de l'air sur le bord des bassins, ce qui est facile à concevoir, l'eau emportant de préférence l'hydrochlorate de magnésie, et l'argile qui recouvre les cristaux.

119. Il me reste à parler de l'extraction du sel des sources salées de l'est de la France; mais je dois auparavant donner une idée de la composition des eaux qu'elles

fournissent, et de l'altération que ces eaux éprouvent lorsqu'on les concentre en les évaporant. Ces eaux contiennent, outre le chlorure de sodium ou hydrochlorate de soude, du sulfate de soude et des hydrochlorates de chaux et de magnésie. Dans l'état naturel, ces différens sels peuvent y exister simultanément, en raison de ce que la quantité d'eau est plus que suffisante pour tenir en dissolution le plus insoluble des sels qu'ils pourraient former par leur décomposition réciproque; mais lorsqu'on vient à concentrer le liquide, il arrive un point auquel le sulfate de soude et l'hydrochlorate de chaux se décomposent mutuellement, et forment de l'hydrochlorate de soude qui reste en dissolution, et du sulfate de chaux qui, étant très-peu soluble, se précipite : alors, aussi, il arrive une chose bien remarquable, c'est que ce sel, en se précipitant, entraîne avec lui le sulfate de soude, malgré la grande solubilité de ce dernier, et cela en raison de l'affinité qui existe entre eux. Ce composé, ou ce sel à double base, existe dans la nature, comme nous le verrons à l'article *sulfate de soude :* dans les salines, on le nomme *schelot.*

Maintenant, voici en peu de mots comment on procède à l'extraction du sel. A Moyenvic, Château-Salins et Dieuze, département de la Meurthe, les eaux ont de 13 à 16 degrés de salure. On les fait évaporer immédiatement sur le feu dans des chaudières de tôle qui ont de 20 à 22 pieds en largeur et en longueur, et seulement 20 pouces de profondeur. D'abord la liqueur se recouvre d'une écume noirâtre que l'on rejette; ensuite elle se trouble et laisse précipiter le schelot que l'on rassemble dans des *augelots* placés sur les côtés des chaudières : enfin, lorsque la cristallisation paraît, on enlève les augelots, et l'on continue l'évaporation jusqu'à siccité; on retire le sel des chaudières, on le fait égoutter, et on le met sécher dans une étuve.

On suit le même procédé à Salins, département du Jura, où la salure moyenne des eaux n'est que de 12 degrés; mais à Montmorot, du même département, et à Arc, du département du Doubs, où l'on exploite les plus faibles eaux de Salins qui y sont amenées de quatre lieues de distance sur des conduits de bois, on se sert, pour commencer la concentration des eaux, de ce qu'on nomme les *bâtimens de graduation*.

Ces bâtimens sont de grands hangars ouverts à tous vents, sous lesquels on construit avec des fagots d'épine, plusieurs parallélipipèdes rectangles qui remplissent presque entièrement chaque hangar. On élève l'eau salée par des pompes jusqu'au-dessus de ces fagots, et on la laisse tomber dessus par un grand nombre d'ouvertures qui la divisent également partout; de cette manière, elle présente une très-grande surface à l'air et s'y vaporise en partie. On la reprend au bas du hangar, et on l'élève de nouveau pour la faire encore retomber sur les épines : on continue ainsi jusqu'à ce qu'elle ait acquis 14 ou 15 degrés. Alors on en achève l'évaporation comme dans les autres salines.

Le sel, obtenu par les différens moyens que je viens de décrire, n'est jamais entièrement pur. Lorsqu'on veut l'obtenir à cet état, on le met dans une bassine étamée avec trois parties d'eau, et l'on chauffe pour en accélérer la dissolution. On y ajoute une petite quantité de sous-carbonate de soude qui en précipite la magnésie; on clarifie la liqueur avec le blanc d'œuf ou tout autre intermède, et on la fait évaporer presqu'à siccité, en enlevant à mesure, avec une écumoire, le sel qui se forme à la surface. On fait égoutter ce sel sur des toiles, et on en achève la dessiccation dans une étuve. Alors voici ses propriétés.

120. Il est blanc, d'une saveur franche et agréable, soluble dans un peu moins de trois parties d'eau froide, et à peine plus soluble dans l'eau bouillante; on ne peut l'obtenir cristallisé régulièrement que par une évaporation lente : la forme ordinaire de ses cristaux est le cube, qui est également sa forme primitive.

Il décrépite au feu, se fond à la chaleur rouge, et se volatilise entièrement à cette température s'il a le contact de l'air ; mais sa composition n'en est nullement altérée. Il est également indécomposable au feu par tous les corps combustibles et par les acides privés d'eau. Enfin, il n'est presque jamais décomposé sans l'intermède de l'eau, dont l'hydrogène change son chlore en acide hydrochlorique, et l'oxigène fait passer le sodium à l'état de soude ; encore faut-il dans ce cas présenter, soit à l'acide hydrochlorique, soit à la soude, un corps qui puisse s'y combiner.

Le sel marin dissous dans l'eau, se reconnaît par sa saveur ; par le précipité blanc, caséeux et insoluble dans l'acide nitrique, qu'il forme avec le nitrate d'argent ; par l'absence de tout précipité avec les sous-carbonates de potasse et de soude ; parce qu'il n'est précipité, ni par l'acide tartarique, ni par le muriate de platine. L'essai par le nitrate d'argent indique la présence de l'acide hydrochlorique ; celui par les sous-carbonates alcalins montre l'absence de toutes les bases autres que la potasse, la soude et l'ammoniaque ; les deux derniers prouvent que le sel n'est pas à base de potasse : d'un autre coté, les sous-carbonates alcalins n'ayant pas dégagé d'ammoniaque, mettent en évidence que la base du sel examiné ne peut être que de la soude.

Les usages du chlorure de sodium sont très-nombreux : il sert d'assaisonnement à nos mets, et en préserve un grand nombre de la putréfaction, à l'aide du procédé nommé *salaison* ; il est employé dans les arts pour fabriquer le chlore ou *acide muriatique oxigéné*, l'acide hydrochlorique ou *muriatique*, le sulfate de soude et la soude ; les fabriques de sel ammoniac, de sublimé corrosif et de jaune de Naples, en consomment aussi une grande quantité : il entre dans la composition de la couverte de quelques poteries ; il est quelquefois employé comme engrais.

SECTION V. — *Oxicyanure.*

De l'Oxicyanure de fer hydraté ou cyanoferrate de fer hydraté.
Cyanoferras ferri. — Off.

(*Bleu de Prusse.*)

121. La découverte du bleu de Prusse est due au hazard. En 1704, un préparateur de couleurs à Berlin, nommé Diesbach, ayant eu besoin d'alcali pour précipiter une laque de cochenille d'une dissolution de cochenille, d'alun et de fer, en demanda à Dippel, qui lui donna de la potasse sur laquelle il avait rectifié de l'huile animale. Le premier fut très-étonné d'obtenir un précipité bleu au lieu d'en avoir un rouge; il en fit part à Dippel, qui ne tarda pas à découvrir le moyen de reproduire cette couleur bleue à volonté. Elle fut annoncée comme une couleur dans les mélanges de Berlin pour 1710; mais le procédé pour l'obtenir resta caché jusqu'en 1724, que le docteur Woodward le publia dans les transactions philosophiques. Aujourd'hui, on en prépare de très-grandes quantités en France, comme ailleurs, pour le besoin des arts.

Pour obtenir le bleu de Prusse, on fait un mélange, à parties égales, de potasse du commerce et d'une matière animale, comme du sang desséché ou des rognures de corne. Après avoir calciné ce mélange dans un creuset jusqu'au rouge, on le projette dans l'eau, et l'on se sert de la liqueur filtrée pour précipiter une dissolution mixte d'alun et de sulfate de fer du commerce. Le précipité est d'abord d'un brun noirâtre, mais au moyen d'un grand nombre de lavages opérés à grande eau, et avec le contact de l'air, il passe peu à peu à un beau bleu foncé. Lorsqu'il est dans cet état, on le fait égoutter sur une toile, et on le fait sécher (1).

(1) La théorie de ces opérations n'est pas encore parfaitement connue: en voici une que l'on pourrait proposer. Par la calcination de la matière animale, il se forme un composé de carbone et d'azote (cyanogène), qui a

Le bleu de Prusse varie beaucoup dans sa couleur et sa qualité, suivant la quantité d'alun qu'on a employée dans sa préparation. Car on en emploie de deux à quatre fois autant que de sulfate de fer, et l'alumine qui en résulte, lors de la précipitation, se mêle au bleu de Prusse et en étend la couleur. C'est surtout pour les opérations de pharmacie qu'il convient de prendre le plus pur, et par suite le plus foncé en couleur.

Le beau bleu de Prusse est en petits pains carrés d'un bleu aussi vif et aussi agréable que l'indigo. Il a une cassure cuivrée comme lui, mais il s'en distingue de suite en ce que cette apparence métallique disparaît par le frottement de l'ongle, tandis que le même moyen l'avive au contraire dans l'indigo. Il est d'ailleurs plus pesant que l'indigo, donne lieu par sa décomposition dans une cornue à différens produits sur lesquels domine l'acide hydrocyanique, et laisse 0.59 de son poids d'un résidu noir pyrophorique qui, par sa combustion complète avec le con-

---

la propriété de rester combiné à la potasse à une très-haute température. Ce dernier composé (cyanure de potasse) mis en contact avec l'eau, la décompose, et de leur réaction réciproque résultent de l'acide carbonique, de l'ammoniaque, et de l'acide hydrocyanique (composé d'hydrogène, carbone et azote). C'est ce dernier corps qui, à l'état d'hydrocyanate de potasse, agit sur le sulfate de fer et en précipite un cyanure de fer, de même qu'un hydrosulfate mêlé à une dissolution métallique en précipite presque toujours un sulfure, par la réunion de l'oxigène de l'oxide métallique avec l'hydrogène de l'acide hydrosulfurique. Mais comme l'hydrocyanate de potasse contient toujours un excès d'alcali, celui-ci décompose une autre portion de sulfate de fer, dont l'oxide se combine au cyanure, et de là résulte un *oxicyanure de fer* qui est blanc à l'état d'hydrate et dans lequel l'oxide est *au minimum* (dans la fabrication en grand du bleu de Prusse, cet oxicyanure est brun-noirâtre, étant coloré par un peu d'hydrosulfate ou de sulfure de fer). Par les lavages cet oxide passe *au maximum*, et c'est alors seulement que l'oxicyanure acquiert sa couleur bleue.

Je considère donc le bleu de Prusse, supposé pur et isolé de toute autre substance, comme un composé de cyanure et d'oxide rouge de fer. On pourrait d'après cela le nommer *oxicyanure de fer;* mais comme le cyanure de fer jouit de toutes les propriétés d'un acide, dans lequel le cyanogène est le principe acidifiant et le fer la base, je préfère le nommer *cyano-*

tact de l'air, se réduit à l'état d'oxide rouge de fer contenant de l'alumine.

L'eau et l'alcohol sont sans action sur le bleu de Prusse. L'acide sulfurique concentré lui enlève l'eau qui le constitue hydrate, et lui fait perdre sa couleur bleue qui reparaît dès qu'on étend l'acide d'eau. L'acide hydrochlorique concentré le décompose, lui enlève l'oxide de fer et laisse le cyanure ou acide cyanoferrique. L'acide hydrosulfurique lui fait perdre sa couleur bleue, en ramenant l'oxide de fer au minimum d'oxidation. Les alcalis lui enlèvent l'acide cyanoferrique, laissent l'oxide de fer et se changent en *cyanoferrates*; l'oxide rouge de mercure ne lui prend que le cyanogène, oxide le fer métallique, et devient un simple cyanure.

DIVISION IV. — *Des Acides.*

122. On entend par *acide*, en général, un corps qui a la propriété de rougir certaines couleurs bleues végétales, et de se combiner à un grand nombre d'oxides métalliques, dont il fait plus ou moins disparaître les propriétés en perdant les siennes propres; ce qu'on exprime en disant qu'ils se *neutralisent* réciproquement. On admet ensuite comme propriétés moins essentielles et non générales à tous les acides, une certaine solubilité dans l'eau, et une saveur qui, quand elle est sensible, est toujours plus ou

---

ferrate de fer. Cet acide *cyanoferrique* est évidemment celui des prussiates triples.

Dans la réalité le bleu de Prusse n'est pas un cyanoferrate de fer pur: d'abord il retient, malgré sa dessiccation, de l'eau combinée essentielle à sa constitution et à sa couleur bleue, comme on peut le conclure des expériences de M. Robiquet (Annales physiques et chimiques XII, 277). C'est donc un hydrate ou un *cyanoferrate de fer hydraté*. Ensuite il contient l'alumine de l'alun qui a été précipitée par les sous-carbonates de potasse et d'ammoniaque contenus dans la lessive prussique. Il contient enfin presque toujours un peu d'oxide de fer en excès et du sulfure de fer, qui sont des produits accidentels de sa fabrication.

moins aigre (1). Il ne sera question ici que des acides *borique*, *hydrochlorique*, *nitrique* et *sulfurique*.

---

(1) Lavoisier, que l'on peut à juste titre regarder comme le fondateur de la nouvelle chimie en France, a cru que tous les acides contenaient de l'oxigène, parce qu'en effet tous ceux connus jusqu'à lui en offraient par l'analyse, ou n'étaient pas encore décomposés : de là il a pensé que l'oxigène était la cause ou le principe de toute acidité. M. Berthollet a le premier élevé des doutes à cet égard, en faisant voir que l'hydrogène sulfuré jouissait de toutes les propriétés d'un acide, quoiqu'il ne fût composé que d'hydrogène et de soufre. Enfin, dans ces dernières années, l'établissement de la théorie du gaz muriatique oxigéné considéré comme corps simple, la nature mieux connue de l'acide muriatique, et les recherches de M. Gay-Lussac sur l'iode et l'acide prussique, nous ont amenés à reconnaître comme acides un assez grand nombre de corps qui, cependant, ne contiennent pas d'oxigène.

Mais je l'avouerai, après avoir lu avidement le mémoire de M. Gay-Lussac sur l'iode, après m'être convaincu avec lui des nombreux rapports qui existent entre l'oxigène, le chlore, l'iode, le soufre, etc., et avoir compris que si l'on continue de regarder l'oxigène comme le principe acidifiant des acides sulfurique, phosphorique et carbonique, c'est le chlore qui doit être le principe acidifiant de l'acide hydrochlorique, le soufre de l'acide hydrosulfurique, etc., j'ai vu avec quelque peine le célèbre auteur du mémoire proposer pour ces derniers le nom générique d'*hydracides*. J'ai prévu que ce nom, qui semble si heureusement trouvé, ne tarderait pas à être généralement adopté, et qu'il ferait prendre le change à tous ceux qui suivent de loin les progrès de la chimie; car il m'était évident que ces noms d'acides *hydrochlorique*, *hydrosulfurique*, *hydriodique*, rappelant comme principe commun l'hydrogène et comme principes particuliers le chlore, le soufre et l'iode, seraient assimilés aux noms *acide sulfurique*, *acide phosphorique*, *etc.*, dans lesquels le premier mot *acide* indique tacitement l'oxigène comme principe commun, et dont le second détermine le corps combustible ou la *base* de l'acide : d'autant plus que quelques chimistes avaient déjà désigné ces acides sous les noms d'*oxisulfurique*, *etc.*

Aussi n'ai je pas été étonné de voir dans les premiers temps de ce changement, tous les élèves, des professeurs même, regarder l'hydrogène comme un corps qui partageait avec l'oxigène la propriété d'en acidifier d'autres. Je les ai vus confirmés dans cette opinion, par la manière trop superficielle dont cette question se trouve discutée dans les ouvrages de chimie postérieurs à cette époque. Ce n'est que depuis quelque temps que des idées plus saines sur ce sujet se sont généralement répandues.

De l'Acide Borique.
Acidum Boricum. — Off.

123. Cet acide a été découvert en 1702, par Homberg, en distillant un mélange de borax et de sulfate de fer. Il reçut alors le nom de *sel sédatif*, d'après l'idée qu'on se faisait de ses propriétés médicales. Ensuite Lemery le jeune trouva le procédé, qui est encore employé, de l'obtenir en décomposant une dissolution de borax chaude et concentrée par l'acide sulfurique. Les chimistes modernes lui ont donné le nom *d'acide boracique*, et n'ont fait que soupçonner sa composition jusqu'en 1808, époque à laquelle MM. Thénard et Gay-Lussac ont prouvé qu'il était formé d'oxigène et d'un corps combustible qu'ils ont nommé *bore*; d'où ensuite ils ont changé le nom d'acide boracique en celui *d'acide borique*.

L'acide borique est solide, d'une saveur peu sensible, d'une action faible sur le tournesol; il est peu soluble dans l'eau froide, beaucoup plus soluble dans l'eau bouillante, et cristallise par le refroidissement en paillettes argentées; il est fusible au feu en un verre transparent et fixe. Cependant Homberg l'obtenait par sublimation, mais alors il n'était qu'entraîné par les dernières portions d'eau contenues dans le mélange salin d'où on le retirait, et il cessait de se sublimer lorsque l'eau était volatilisée.

L'acide borique existe dans les eaux de quelques lacs de Toscane, où il a été reconnu pour la première fois, en 1776, par M. Hoefer. M. Mascagni l'a observé depuis à l'état concret, et sous la forme de petites lames dans les fissures qui existent sur les bords des mêmes lacs.

Il paraît, d'après ce qu'a publié M. Robiquet à ce sujet, que cet acide borique pourrait être exploité avec avantage pour l'usage des manufactures, des arts chimiques et de la pharmacie; c'est ce qui m'a conduit à en parler ici. (*Journal de Pharmacie* VI. 261).

De l'Acide hydrochlorique.

Acidum hydrochloricum. — Off.

124. Cet acide, qui est naturellement gazeux, n'a été connu des anciens qu'à l'état de dissolution dans l'eau, et a reçu d'eux le nom d'*esprit de sel*. Priestley l'obtint le premier sous forme de gaz : Lavoisier et ses collaborateurs le nommèrent *acide muriatique*, et, par analogie avec les acides connus jusqu'alors, le crurent composé d'oxigène et d'une base combustible ; mais sa vraie nature resta inconnue jusqu'à ces dernières années, que MM. Gay Lussac, Thénard et Davy démontrèrent qu'il était formé d'hydrogène et de gaz muriatique oxigéné. En même temps, les mêmes chimistes émirent l'opinion que le gaz muriatique oxigéné pouvait être un corps simple. Mais M. Davy, surtout, s'attacha à cette idée, la fortifia, et la défendit de manière à se la rendre propre : enfin elle a prévalu, et maintenant on regarde l'acide muriatique comme formé d'hydrogène et de chlore (nouveau nom du gaz muriatique oxigéné) : par suite de cette composition, M. Gay Lussac l'a nommé *acide hydrochlorique*.

L'acide hydrochlorique paraît exister à l'état de liberté dans les mines de sel gemme de Pologne, et dans quelques terrains volcaniques ; mais celui du commerce est toujours préparé artificiellement en décomposant le sel marin par l'acide sulfurique. On opère cette décomposition dans des chaudières de fonte fermées par un chapiteau de même matière, et communiquant avec des fontaines de grès qui contiennent de l'eau : l'acide sulfurique décompose le sel marin ou *chlorure de sodium* par l'intermède de l'eau dont il contient toujours 0.185, même dans son plus grand état de concentration (1) ; l'hydrogène de celle-ci change le

(1) Il est même avantageux de ne pas prendre l'acide sulfurique dans cet état de concentration et de l'étendre d'une certaine quantité d'eau, parce que cette eau dissout, à chaud, le sulfate de soude formé, et remet ainsi le sel marin en contact immédiat avec l'acide sulfurique, jusqu'à la fin de l'opération.

chlore en acide hydrochlorique, et l'oxigène oxide le sodium et le change en soude. Alors la soude se combine à l'acide sulfurique et forme du sulfate de soude qui reste dans la cucurbite, tandis que l'acide hydrochlorique se dégage à l'état gazeux, et va se dissoudre dans l'eau des fontaines.

L'acide hydrochlorique du commerce est jaune; propriété qu'il doit à un peu de muriate de fer et à une huile provenant des matières organiques qui sont toujours accidentellement mêlées au sel commun. Aussi, lorsqu'on veut obtenir l'acide hydrochlorique incolore dans les laboratoires, a-t-on soin de se servir de vases de verre et d'employer du sel marin décrépité et privé par une forte chaleur de ces matières organiques. C'est là véritablement, à ce que je crois, l'avantage qui résulte de la décrépitation du sel marin plutôt que la décomposition des nitrates que ce sel pourrait contenir. L'acide hydrochlorique du commerce contient aussi constamment de l'acide sulfurique.

125. Il faut donc préparer soi même l'acide hydrochlorique que l'on destine soit à l'usage médical, soit aux opérations chimiques. Si cependant on devait employer quelquefois celui du commerce, il faudrait le choisir le moins coloré et le plus fort possible, c'est-à-dire marquant au moins 22d. au pèse-acide, et formant à l'air une fumée très-épaisse d'une acidité fatigante pour les poumons. A ces caractères, qui font facilement reconnaître l'acide hydrochlorique, il faut joindre celui de former, dans la dissolution de nitrate d'argent, un précipité blanc, caséiforme, insoluble dans l'acide nitrique et soluble dans l'ammoniaque.

De l'Acide Nitrique.

Acidum nitricum. — Off.

126. L'acide nitrique, autrefois nommé *eau forte* et *esprit-de-nitre*, a été découvert par Raimond Lulle, en distillant un mélange de nitrate de potasse et d'argile. En 1784, Cavendish, célèbre physicien anglais, prouva qu'il

était composé d'azote et d'oxigène, et en forma directement en combinant ces deux gaz, à l'aide de l'étincelle électrique.

L'acide nitrique se forme dans la nature, et surtout dans les lieux bas, humides et habités, ou imprégnés de matières animales. Alors l'azote de ces matières, se rencontrant à l'état naissant (1), avec de l'oxigène, une base salifiable terreuse ou autre, et de l'eau, se combine à l'oxigène, et forme de l'acide nitrique, puis un nitrate qui s'unit à cette eau. Mais alors l'acide nitrique est toujours combiné; et c'est dans les fabriques qu'on le retire de sa combinaison avec la potasse, pour le besoin des arts et de la pharmacie.

Il n'y a pas beaucoup d'années que l'on retirait encore l'acide nitrique du nitrate de potasse, par l'intermède de l'argile. On introduisait un mélange de ces deux corps dans un certain nombre de cornues de grès, que l'on plaçait sur deux rangées dans un fourneau très-long nommé *galère*. On chauffait ces cornues, d'abord modérément, pour en retirer de l'eau peu acide que l'on rejetait: alors on adaptait à chacune un récipient de grès, et l'on augmentait le feu graduellement pendant 12 ou 14 heures, ou jusqu'à ce qu'il ne distillât plus rien. L'acide était mis dans de grandes bouteilles de verre, dites *dames Jeannes*, et livré au commerce. Quant au résidu contenu dans les cornues, et consistant en une combinaison imparfaite de potasse et d'argile, il servait à fabriquer de l'alun en le traitant par l'acide sulfurique.

Aujourd'hui on décompose le nitrate de potasse par l'acide sulfurique, et on opère cette décomposition dans des cylindres de fonte qui traversent horizontalement un fourneau. On les recouvre intérieurement de nitre dans toute leur longueur, et on les ferme, aux deux extrémités, avec deux plaques de fonte percées chacune d'un trou; par

(1) C'est-à-dire, prêt à prendre l'état gazeux.

l'un on verse l'acide sulfurique, et par l'autre, au moyen d'un conduit de grès, on recueille l'acide nitrique dans des récipiens. On chauffe bien graduellement jusqu'à cequ'il ne distille plus rien. On distille ordinairement de nouveau cet acide dans une cornue de verre, et alors il est aussi pur qu'on puisse le demander pour le commerce. Sa pesanteur spécifique varie de 1.286 à 1.384, ou du 32e. au 40e. degré du pèse-acide d'après Baumé; elle est ordinairement de 1.319 (35 degrés).

Cet acide, cependant, contient toujours un peu d'acide sulfurique et d'acide hydrochlorique provenant du sel marin contenu dans le nitre employé. Lorsqu'on veut l'obtenir tout-à-fait pur, on y ajoute une certaine quantité de nitrate de baryte, qui en précipite l'acide sulfurique, et on le distille doucement dans une cornue de verre munie d'un récipient. Il passe d'abord, et tout à la fois, de l'acide nitrique étendu d'eau, de l'acide hydrochlorique, de l'acide nitreux et du chlore, qui sont plus volatils que l'acide nitrique : on en retire ainsi environ le tiers, que l'on met à part; on change de récipient, et l'on continue la distillation presque à siccité. Ce sont ces deux derniers tiers qui sont de l'acide nitrique pur. On reconnaît qu'il est dans cet état, lorsque, en l'étendant d'eau, il ne précipite plus, ni par le nitrate de baryte, ni par le nitrate d'argent.

127. L'acide nitrique pur est incolore, d'une saveur très-acide et corrosive, rougissant très-fortement le tournesol; il est odorant, et forme dans l'air une vapeur blanche irritante; il colore en jaune les matières organiques, et les dissout presque toutes.

Il s'échauffe lorsqu'on le mêle avec l'eau, mais bien moins que ne le fait l'acide sulfurique; il dégage, lorsqu'on le verse sur du fer, de l'étain, du zinc, ou, sur tout autre métal facilement oxidable, une vapeur rouge très-intense, qui est de l'acide nitreux; soit que cet acide provienne directement d'une légère désoxigénation de l'acide nitrique; soit que, ce qui a lieu le plus souvent, il soit dû à la combinaison du deutoxide d'azote avec l'oxigène de l'air.

Enfin, on reconnaît l'acide nitrique en le combinant avec de la potasse liquide, desséchant le nitrate qui en résulte, et le projetant, par petites portions, sur un charbon allumé : le charbon brûle avec force, et scintillement, aux endroits touchés par le sel; ce qu'on exprime encore en disant, comme autrefois, que le sel *fuse* sur les charbons.

L'acide nitrique est employé pour préparer les nitrates d'argent, de bismuth, de mercure; l'acide chloronitreux (*eau régale*), l'acide nitrique alcoholisé (*esprit de nitre dulcifié*), l'éther nitrique et l'éther nitrique alcoholisé (*liqueur anodine nitreuse*), etc.

Il est également employé en nature à l'extérieur, comme caustique, et à l'intérieur, mais à petites doses, comme excitant et diurétique. C'est un des réactifs les plus utiles que possède la chimie.

De l'Acide Sulfurique.

Acidum sulphuricum. — Off.

128. L'acide sulfurique était autrefois connu sous les noms d'*huile de vitriol* et d'*acide vitriolique*, parce qu'il a une consistance huileuse, et qu'on le retirait du vitriol vert (*sulfate de fer*). On le nommait également *esprit-de-soufre,* lorsqu'on l'obtenait par la combustion du soufre, soit sous une cloche, soit dans un vase quelconque contenant de l'eau. Dans cet état il était ordinairement mêlé d'acide sulfureux.

L'acide sulfurique existe dans la nature combiné à la chaux, la baryte, l'alumine, la strontiane, la magnésie, la soude, et quelques autres oxides métalliques. Il est tellement avide de combinaison, qu'il est douteux qu'on le trouve jamais pur. Il paraît, cependant, exister à l'état de liberté, mêlé à du sulfate de chaux; car c'est à cet état que M. Pictet dit l'avoir trouvé, distillant de la voûte d'une grotte proche d'Aix, en Savoie; mais, puisqu'on cite ce fait, et quelques autres semblables, comme des cas remarquables, ce n'est pas dans la nature qu'il faut chercher la source de l'acide que nous employons.

Autrefois on obtenait généralement cet acide, en chauffant du sulfate de fer vert dans une cornue munie d'un récipient. Il distillait d'abord de l'eau que l'on séparait; ensuite une partie de l'acide se décomposait, pour faire passer le fer au maximum d'oxidation, et l'autre partie distillait, mêlée d'acide sulfureux, et colorée par une matière charbonneuse due aux substances organiques accidentellement mêlées au vitriol.

On prépare encore de l'acide sulfurique par ce procédé à *Nordhausen*, petite ville de Saxe; et comme cet acide très-concentré et imprégné d'acide sulfureux cristallise avec une grande facilité, on lui a donné le nom d'*acide sulfurique glacial de Nordhausen.*

Maintenant, tout l'acide sulfurique consommé en France s'y prépare à Rouen, à Paris, et dans les autres villes manufacturières, par la combustion du soufre. A cet effet, on fait construire une grande caisse ou *chambre* en lames de plomb, soutenues par une charpente en bois. Le sol de cette chambre est légèrement incliné, et se recouvre d'une couche d'eau; vers l'un des côtés, il est traversé par un fourneau recouvert d'une plaque de fonte, et dont le foyer ne communique pas avec la chambre. Au moyen d'une trappe pratiquée à la paroi latérale de la chambre, on porte sur la plaque un mélange de huit parties de soufre et d'une partie de nitrate de potasse, et l'on chauffe le fourneau. Bientôt le soufre s'enflamme et donne lieu, d'une part, à de l'acide sulfurique, qui reste combiné à la potasse sur la plaque de fonte; de l'autre, à de l'acide sulfureux, qui se mêle à l'air de la chambre et au gaz nitreux provenant de la décomposition de l'acide nitrique. Comme on l'enseigne en chimie, ce gaz nitreux devient acide nitreux en absorbant l'oxigène de l'air, se combine à de la vapeur d'eau et à l'acide sulfureux, et se précipite avec eux vers la partie inférieure de la chambre. Mais alors le composé se détruit par le contact de l'eau liquide ; l'acide sulfureux s'empare de l'oxigène de l'acide nitreux et se dissout dans l'eau ; l'acide nitreux, redevenu gaz nitreux, se dégage avec effervescence, et regagne la partie supérieure, où il donne lieu aux mêmes phénomènes qu'auparavant ; cela explique pourquoi une petite quantité de nitrate de potasse, ajoutée au soufre, peut déterminer le changement de tout l'acide sulfureux qui en provient, en acide sulfurique.

Lorsque le soufre est entièrement brûlé, ce dont il est facile de s'apercevoir par un petit carreau adapté à la trappe, on retire le sulfate de potasse de dessus la plaque ; on renouvelle l'air de la chambre au moyen d'une porte ouverte à une extrémité, et d'une soupape placée à l'autre ; on recharge la plaque d'un nouveau mélange de soufre et de nitre, et, après avoir refermé toutes les ouvertures, on chauffe le fourneau. On brûle ainsi de nouveaux mélanges dans la chambre, jusqu'à ce que l'acide ait acquis de 50 à 55 degrés. Alors on le retire par le moyen d'un siphon plongeant dans une petite cavité extérieure, qui communique avec la partie la plus basse de la chambre ; on introduit cet acide dans de grandes cornues de verre placées sur des bains de sable, et on le concentre jusqu'à ce qu'il marque 66 degrés au pèse-acide, ce qui répond à 1,842 de pesanteur spécifique : on le laisse refroidir, et on le renferme dans de grandes bouteilles de verre ou de grès pour le verser dans le commerce.

Il y a plusieurs autres procédés pour brûler le mélange de soufre et de nitre, mais celui que je viens de rapporter paraît être un des meilleurs.

129. L'acide sulfurique est un liquide épais, oléagineux, transparent, incolore, d'une saveur caustique, pesant 1.85 lorsqu'il est concentré ; mais même à cet état, il contient encore 0.185 d'eau, dont il est presque impossible de l'isoler. L'acide sulfurique se congèle à la tempéra-

ture de 4 degrés au-dessous de zéro, et cristallise en prismes hexaèdres terminés par des pyramides du même nombre de faces : il bout et se volatilise au 285e. degré du thermomètre centigrade.

L'acide sulfurique, mêlé avec de l'eau, lui fait éprouver une si grande condensation, que le mélange s'élève à près de 150 degrés de chaleur; exposé à l'air, il en attire l'humidité, devient plus fluide et augmente de poids absolu : en même temps aussi, il y prend une couleur brune due aux particules organiques qui y voltigent, et qui se carbonisent en se déposant à sa surface. Cette coloration et cette carbonisation ont lieu sur-le-champ, en plongeant dans l'acide sulfurique concentré du papier ou un éclat de bois.

L'acide sulfurique, chauffé sur du charbon ou du mercure, se décompose en partie, et exhale l'odeur vive, irritante et suffoquante de l'acide sulfureux : un dernier caractère est de former, dans les dissolutions de plomb et de baryte, des précipités insolubles dans l'acide nitrique.

Il faut choisir l'acide sulfurique du commerce incolore, inodore, d'une fluidité oléagineuse, et marquant, au pèse-acide, 66 degrés découverts. Lorsqu'il possède ces propriétés, il ne contient guère qu'une petite quantité de sulfate de plomb, formé par l'action de l'acide nitreux sur le plomb des chambres, et la combinaison subséquente de l'oxide de plomb avec l'acide sulfurique. Cet acide est bon pour la plupart des usages auxquels on peut l'employer dans les arts et même en pharmacie. Lorsqu'on veut l'obtenir entièrement pur pour l'usage de la chimie, il faut le distiller dans une cornue de verre au fourneau de réverbère : cette opération n'est pas sans difficulté.

Les usages de l'acide sulfurique sont très-nombreux : on s'en sert pour obténir presque tous les autres acides; pour décomposer le sel marin, et former du sulfate de soude dont ensuite on peut extraire la soude; pour faire de l'alun, du sulfate de fer, du sublimé corrosif, etc.; pour préparer l'acide sulfurique alcoholisé, et l'éther sulfurique;

pour décomposer les os calcinés, et en extraire le phosphore; pour dissoudre l'indigo.

Il est quelquefois employé à l'intérieur à très-petites doses, comme astringent, tonique, rafraîchissant et diurétique.

DIVISION V. — *Des Sels.*

130. Les sels sont des corps résultant de la combinaison d'un acide avec un oxide métallique.

Ces deux genres de corps perdent, en se combinant, plus ou moins de leurs propriétés respectives. Lorsqu'ils les perdent entièrement, on dit qu'ils se neutralisent, et le sel formé prend le nom de *sel neutre*; dans le cas contraire, le sel prend le nom de *sur-sel*, ou de *sous-sel*, selon que les propriétés de l'acide ou de l'oxide y dominent.

On reconnaît un sel neutre à ce qu'il n'altère ni la teinture du tournesol ni celle de violette. On reconnaît un sur-sel à ce qu'il rougit la teinture de tournesol, et un sous-sel à ce qu'il verdit la teinture de violette, ou ramène au bleu celle de tournesol préalablement rougie par un acide. Quoique ces caractères ne soient pas regardés comme rigoureusement exacts en chimie, cependant ils suffisent pour la pratique ordinaire, et l'on s'y arrête assez volontiers.

On a encore distingué les sels en sels *simples* et en sels *doubles*. La définition des premiers rentre dans celle que j'ai donnée des sels en général; les seconds peuvent toujours être considérés comme formés par la combinaison de deux sels simples de même acide et de base différente.

Enfin on divise les sels en genres et en espèces. Tous les sels formés par un même acide composent un genre, et la base constitue l'espèce. Quant à leur nomenclature, on a adopté pour chaque genre un nom dérivé du nom de l'acide, et terminé différemment suivant que l'acide est au *maximum* ou au *minimum* du principe acidifiant : le nom spécifique se forme en ajoutant au nom générique le nom de la base, sans aucune altération; mais il y a quelques exceptions consacrées par l'habitude, que je ne puis expliquer ici, et qu'il convient d'étudier dans les *Traités de chimie*.

Le nombre des sels employés en pharmacie est très-considérable; ceux que nous tirons du commerce se réduisent à une vingtaine.

SECTION I. — *Acétates.*

De l'Acétate de Cuivre brut.

Acetas cupri crudus. — Off.

131. L'acétate de cuivre brut se nomme aussi *vert-de-gris*, ou *verdet gris*. On le fabrique dans le midi de la France, en disposant par tas, et couche par couche, des lames de cuivre et des rafles de raisin récemment exprimées. Comme il reste encore du vin dans ces rafles, elles fermentent, s'échauffent, et forment de l'acide acétique qui se combine au cuivre oxidé en même temps par le contact de l'air. Lorsque la fermentation a cessé, ce qu'on reconnaît au refroidissement de la masse, on en retire les lames, et on les met en tas avec de nouvelles rafles : alors la couche d'acétate de cuivre devenant assez épaisse, on met ces lames dans des vases de grès, et on les arrose d'un peu de vinaigre, afin de gonfler la croûte de sel, et de pouvoir la séparer plus facilement du cuivre métallique. On pétrit le sel avec un peu de vin, et on l'enferme dans des peaux de mouton pour le livrer au commerce. Ce sel est composé d'acétate de cuivre soluble, de sous-acétate insoluble, de parcelles de cuivre, et de débris atténués de marc de raisin. Il est en masses d'un vert bleuâtre, d'une légère odeur de vinaigre et d'une forte saveur cuivreuse. On l'emploie comme escarotique dans quelques onguens : il est usité en peinture.

De l'Acétate de Cuivre cristallisé.
Acetas cupri crystallinus. — Off.

132. Cet acétate, nommé autrefois *verdet cristallisé*, ou *cristaux de Vénus*, en raison de ce que les alchimistes nommaient aussi le cuivre *Vénus*, se fabrique également dans le midi de la France, en faisant bouillir le vert-de-gris, récemment détaché de dessus les lames de cuivre, dans du vinaigre distillé; par ce moyen on amène le sous-acétate de cuivre à l'état d'acétate neutre soluble, et on le dissout avec celui qui existait déjà dans le vert-de-gris. On laisse reposer la liqueur, on la décante, on la fait évaporer convenablement, et, enfin, on la met à cristalliser.

Cette cristallisation s'opère d'une manière particulière: on met la liqueur dans des baquets, et on y suspend des bâtons fendus en quatre par un bout, et dont on tient les quatre branches écartées au moyen de petites fiches de bois. Le sel cristallise sur ces bâtons, et présente en masse la forme de pyramides quadrangulaires tronquées. Lorsqu'on s'aperçoit que les groupes ne grossissent plus, on les retire, on fait concentrer la liqueur, et on les y plonge de nouveau : par ce procédé on obtient, à la surface des groupes, des cristaux assez prononcés d'acétate de cuivre.

Ces cristaux sont rhomboïdaux, et d'un vert très-foncé; ils s'effleurissent légèrement à l'air, et deviennent d'un vert bleuâtre pâle; ils doivent être entièrement solubles dans l'eau : leur solution jouit des propriétés communes à toutes les dissolutions de cuivre (61).

L'acétate de cuivre cristallisé sert, en pharmacie, à l'extraction de l'acide acétique concentré, dit *vinaigre radical*. On l'emploie aussi en peinture.

De l'Acétate de Plomb cristallisé.
Acetas plumbi crystallinus. — Off.

(*Sel de Saturne.*)

133. Ce sel se prépare avec le plomb ou la litharge, et

du vinaigre distillé ou de l'acide acétique retiré du bois.

Pour le faire avec le plomb, on réduit ce métal en lames, que l'on expose au contact de l'air dans des baquets évasés, où on les baigne de vinaigre. Le plomb s'oxide et se combine à l'acide : au bout de quelque temps on le replace dans d'autre vinaigre, et l'on continue ainsi jusqu'à ce que les lames soient presque complétement dissoutes. On rassemble toutes les liqueurs, on les fait évaporer et cristalliser.

Pour faire ce sel avec la litharge, on suspend de la litharge dans un panier, au milieu d'une chaudière remplie de vinaigre, et l'on chauffe : la litharge se dissout et neutralise l'acide ; mais il faut avoir l'attention de la retirer avant que la liqueur cesse de rougir le tournesol ; car si on laissait celle-ci se saturer entièrement d'oxide, elle ne pourrait plus cristalliser. Lors donc qu'elle est au point convenable, on retire la litharge, on décante la liqueur dans une autre chaudière, on la fait concentrer et cristalliser.

Il faut choisir l'acétate de plomb tout-à-fait blanc, et bien cristallisé en aiguilles brillantes, qui sont des prismes quadrilatères de formes variées ; sa saveur est d'abord sucrée, et ensuite astringente ; il rougit faiblement le tournesol ; est très-soluble dans l'eau distillée, et beaucoup plus à chaud qu'à froid ; sa dissolution, comme toutes celles de plomb, forme un précipité blanc par les alcalis et leurs carbonates ; un précipité noir par l'acide hydrosulfurique et les hydrosulfates ; un précipité blanc insoluble dans l'acide nitrique, par l'acide sulfurique et les sulfates. C'est à cause de la présence habituelle d'un sulfate dans l'eau de rivière, et surtout dans l'eau de puits, que ces eaux se troublent fortement, et blanchissent lorsqu'on y fait dissoudre de l'acétate de plomb. Un dernier caractère de l'acétate de plomb, qui lui est commun avec tous les acétates, est de dégager de l'acide acétique lorsqu'on le traite par l'acide sulfurique.

L'acétate de plomb cristallisé est vénéneux à l'intérieur.

On l'emploie quelquefois à l'extérieur, comme astringent et siccatif : son plus grand usage, en pharmacie, est pour préparer le sous-acétate de plomb liquide, ou *extrait de saturne*; il est très-employé dans les manufactures de toiles peintes pour fabriquer, par double décomposition, l'acétate d'alumine qu'on y consomme comme *mordant*. Il sert également, en France, à préparer le sous-carbonate de plomb, ou *céruse*.

SECTION II. — *Borates*.

Du Sous-Borate de Soude.

Sub-boras sodæ. — Off.

134. Ce sel, formé par la combinaison de l'acide boracique ou borique avec la soude, se nommait autrefois *borax*, nom tiré de l'Arabe; *tinckal*, qui paraît être son nom indien; *chrysocolle,* de deux mots grecs qui indiquent l'usage qu'on en fait pour souder l'or. Le borax se trouve dans un assez grand nombre de lieux, mais surtout au Thibet, en Chine, et dans deux mines du Potosi au Pérou; c'est du Thibet que vient la plus grande partie de celui du commerce.

Le borax existe dissous, ou se forme dans les eaux de plusieurs lacs de cette dernière contrée; il paraît qu'il se cristallise dans la vase de ces lacs, et surtout vers leurs bords, par le desséchement partiel qui s'y opère pendant le temps des plus fortes chaleurs; on l'en retire et on le livre au commerce tel qu'il est, c'est-à-dire, sali par de l'argile, et par une matière grasse particulière saponifiée à l'aide de l'excès d'alcali du borax (1). On le raffine, en

(1) On distingue dans le commerce trois sortes de borax brut: le borax de l'Inde qui est en petits cristaux plus ou moins impurs; le borax du Bengale ou de Chandernagor, en gros cristaux arrondis; et le borax de la Chine qui est demi-raffiné et en masses ou croûtes de 4 à 5 centimètres d'épaisseur, assez semblables, quant à l'extérieur au sucre de lait.

Europe, en le fondant au feu pour détruire la matière grasse qui le colore, le concassant, le dissolvant dans l'eau, et faisant cristalliser la liqueur, après l'avoir dépurée par le repos et concentrée sur le feu. M. Robiquet a dernièrement indiqué un autre procédé pour purifier le borax. Ce procédé consiste à laver le sel à froid dans de l'eau, à laquelle on ajoute une petite quantité de chaux. Cet alcali décompose le savon de soude que l'eau avait dissous, et le change en un savon calcaire insoluble; on brasse le tout, et on le jette sur un tamis pour faire égoutter le borax, que l'on fait ensuite dissoudre entièrement. On y ajoute un centième de muriate de chaux, qui décompose les dernières portions de savon de soude; on filtre, on fait évaporer et cristalliser (*Journ. pharm.*, 1818, p. 97).

Le borax purifié est sous la forme de cristaux irréguliers, blancs, d'une transparence imparfaite et d'une saveur urineuse. Il s'effleurit superficiellement à l'air, est soluble dans 2 parties d'eau bouillante, et dans 8 à 10 d'eau froide. Il verdit fortement le sirop de violettes, et laisse précipiter de l'acide borique sous la forme de lames brillantes, lorsqu'on décompose sa dissolution par un des acides sulfurique, nitrique ou hydrochlorique.

Le borax, exposé au feu, se fond dans son eau de cristallisation, se boursoufle considérablement, se dessèche, et enfin se fond à la chaleur rouge, en un verre transparent et incolore. Ce verre jouit de la propriété de dissoudre la plupart des oxides métalliques, et de prendre une couleur particulière pour chacun d'eux, de manière qu'on l'emploie dans les essais docimastiques pour reconnaître ces oxides.

Le sous-borate de soude est à peine employé en médecine; cependant les pharmaciens en consomment une certaine quantité pour préparer l'acide borique, et, par suite, la crème de tartre rendue plus soluble par cet acide.

SECTION III. — *Carbonates.*

Du Sous-Carbonate de Chaux.
Sub-carbonas calcis. — Off.

135. Le sous-carbonate de chaux est le plus abondant de tous les corps qui existent à la surface du globe ; il appartient à tous les sols ; la nature l'a travaillé dans tous les temps, et l'a modifié d'une infinité de manières.

Le carbonate de chaux a reçu différens noms, suivant les principales formes sous lesquelles on le rencontre : ainsi on le nomme *spath*, lorsqu'il est cristallisé en cristaux isolés ; *marbre*, cristallisé confusément en masses susceptibles de poli ; *pierre à bâtir* et *pierre à chaux*, quand il est en masses dures, à cassure terne, terreuse, non polissable ; *craie*, en masses plus pures, tout-à-fait blanches, plus tendres et plus friables ; *albâtre*, quand il est sous la forme de *stalactites* ou de concrétions, qui se sont accrues dans des cavités souterraines, par l'infiltration des eaux qui en sont chargées.

Le carbonate de chaux cristallisé se trouve sous un grand nombre de formes, qui peuvent toutes être ramenées au rhomboïde obtus par la division mécanique ; on le trouve aussi naturellement sous cette forme, qui est sa forme primitive ; alors on le nomme *sphath rhomboïdal*, ou *spath d'Islande* ; mais la plupart des cristaux de cette variété que l'on trouve chez les curieux, ne sont que des cristaux artificiels extraits d'un cristal différent, ou même d'une masse terminée d'une manière irrégulière : les plus beaux sont remarquables par leur transparence parfaite, et par la facilité avec laquelle on peut observer la double réfraction qu'ils font éprouver à la lumière.

Quant au nom de *marbre*, il a été appliqué à beaucoup de substances différentes du carbonate de chaux proprement dit. Il semble qu'on l'ait étendu à tout corps d'une dureté moyenne, susceptible de poli, et existant en masses assez considérables pour qu'on pût en former des meubles ou des objets d'ornemens d'un certain volume. Dans son *Traité de Minéralogie*, M. Haüy a rejeté ces corps dans un des appendices destinés aux agrégats; tels sont, par exemple, ceux que l'on nomme *marbre bleu turquin*, *vert antique*, *lumaquelle* et *brèche* d'*Alep*. Il n'a conservé, avec le carbonate de chaux, que ceux dans lesquels ce carbonate est presque pur, cristallisé en grains serrés, mais distincts et brillans, et susceptible d'être poli; tel est le *marbre statuaire de Carrare*, que M. Haüy nomme *chaux carbonatée saccharoïde*.

136. Sous quelque forme que se présente le sous-carbonate de chaux, il est facile à reconnaître. Il est insoluble dans l'eau, soluble avec effervescence dans l'acide nitrique; et, lorsqu'au moyen d'un appareil convenable on fait passer le gaz qui s'en dégage à travers l'eau de chaux, il la trouble. D'un autre côté, le carbonate de chaux se décompose au feu, et donne, pour produit fixe, de la chaux caustique, reconnaissable à son action sur l'eau, et à son peu de solubilité dans ce liquide, qui, cependant, en acquiert des propriétés alcalines très-marquées. Enfin, le carbonate de chaux décomposé par l'acide sulfurique non en excès, forme un sel très-peu soluble dans l'eau, et dont la dissolution, néanmoins, est précipitée par l'acide oxalique.

Le sous-carbonate de chaux a des usages fort nombreux, dont le plus important est sans contredit celui de servir à construire nos édifices. On le calcine en grand, dans des fours spécialement destinés à cet usage, et on le transforme en *chaux*, dont les usages sont aussi très-importans et très-connus.

La craie et le *blanc de Meudon*, qui n'est que de la craie privée de ses parties sablonneuses par la lotion, sont employés dans la peinture en bâtimens, et dans un grand nombre d'arts chimiques : par exemple, on s'en sert dans les fabriques de soude pour décomposer le sulfate de soude, et nous l'employons pour décomposer la crème de tartre, ou sur-tartrate de potasse, et en former du tartrate de chaux, dont ensuite nous retirons l'acide tartarique par l'intermède de l'acide sulfurique.

Le marbre est également très-connu par l'emploi qu'on en fait en architecture et en sculpture. L'albâtre, moins abondant, est réservé pour des objets d'ornement remarquables par leur demi-transparence, et par l'ondulation agréable de leurs couleurs; car le véritable albâtre oriental, qui est l'albâtre calcaire, est rarement blanc. L'albâtre blanc n'est le plus souvent qu'une variété de sulfate de chaux.

137. *De l'Aragonite.* On trouve cette substance en Aragon (d'où lui vient son nom), en Auvergne et dans le Saltzbourg. Elle est ordinairement cristallisée en prismes à 6 pans, et d'une couleur violacée. Pendant long-temps elle a paru, à l'analyse, n'être que du carbonate de chaux, composé des mêmes proportions d'acide et de chaux que le spath calcaire: et cependant M. Haüy en a fait une espèce à part, se fondant sur ce que sa forme primitive, qui est un octaèdre, n'a aucun rapport avec le rhomboïde du spath calcaire. En 1813, M. Stromeyer, chimiste allemand, crut avoir trouvé la cause de cette anomalie, en découvrant du carbonate de strontiane dans l'aragonite; car alors l'aragonite n'étant plus identique dans sa composition avec le spath calcaire, il n'était pas étonnant qu'elle eût une autre forme primitive. Mais, depuis cette époque, d'autres chimistes, et entre autres M. Vauquelin, ont reconnu que le carbonate de strontiane se trouvait en quantités assez différentes, et cependant assez petites dans diverses aragonites, pour qu'on pût l'y croire accidentel. En dernier lieu, M. Laugier a analysé des aragonites entièrement exemptes de strontiane; de sorte que l'on est encore à découvrir la cause de la différence que l'on observe entre l'aragonite et le spath calcaire; entre les résultats de la cristallographie, et ceux de l'analyse chimique.

Du Sous-Carbonate de magnésie.
Sub-carbonas magnesiæ. — Off.

138. Le sous-carbonate de magnésie est très-rare dans la nature, surtout à l'état de pureté : il paraît même qu'on ne l'a trouvé en cet état que dans la Styrie supérieure ; celui que l'on rencontre en Moravie et dans le Piémont, est mêlé de silice.

On forme donc ce sel artificiellement, en décomposant une solution de sulfate de magnésie par une de sous-carbonate de potasse. On emploie, à cet effet, ou la solution naturelle de sulfate de magnésie qui coule des fontaines d'Epsom, en Angleterre, d'Égra ou de Sedlitz, en Bohême, ou bien on en prépare une artificielle. Il résulte, de la double décomposition des deux sels, du sulfate de potasse qui reste dissous, et du sous-carbonate de magnésie qui se précipite. On laisse reposer, on lave le précipité, on le fait égoutter, et, lorsqu'il est assez solide, on en forme des sortes de briques carrées qu'on laisse sécher à l'air.

Le sous-carbonate de magnésie est donc sous la forme de masses cubiques ou parallélipipèdes ; il est d'un blanc parfait, très-léger, insipide et insoluble dans l'eau ; néanmoins il verdit le sirop de violettes. Il fait une très-vive effervescence avec l'acide sulfurique faible, et s'y dissout en totalité, ce qui le distingue du carbonate de chaux, qui ne s'y dissout que très-peu.

Le sous-carbonate de magnésie nous vient d'Angleterre, d'Allemagne, et aussi d'Italie, où l'on fabrique une assez grande quantité de sulfate de la même base. Celui d'Angleterre est le plus estimé, à cause d'une plus grande légèreté et de sa grande pureté.

Le sous-carbonate de magnésie est souvent désigné dans la pratique, mais à tort, sous le seul nom de *magnésie*, ou de *magnésie blanche*. On l'emploie à l'intérieur, pour absorber les aigreurs de l'estomac, et dans les cas d'empoisonnement par les acides ; mais la magnésie pure est préférable, parce qu'elle ne produit pas d'acide carbonique, qui distend l'estomac et le fatigue : aussi le sous-carbonate de magnésie est-il employé, surtout, pour préparer la magnésie pure ou *calcinée*.

Du Sous-Carbonate de Plomb.

Sub-carbonas plumbi. — Off.

139. Ce sel existe en petite quantité dans quelques mines de plomb (87); mais celui que l'on emploie dans les arts est toujours artificiel.

Il y a deux procédés pour le préparer : le plus anciennement connu, celui qui est encore usité en Hollande, et à Krems, en Autriche, consiste à suspendre le plomb réduit en lames dans la partie supérieure de grands pots de terre, au fond desquels on a mis 5 ou 6 litres de vinaigre. Ces pots ne sont pas entièrement fermés par un couvercle de plomb, auquel sont attachées les lames, et ils sont enfoncés jusqu'au couvercle dans du fumier neuf, ou mieux dans de la *tannée* (1). Ces substances fermentent et produisent une température uniforme de 40 à 50 degrés, à l'aide de laquelle le vinaigre se volatilise lentement, et détermine l'oxidation du plomb aux dépens de l'oxigène de l'air. Il se forme, en conséquence, du sous-acétate de plomb, qui se décompose à mesure par l'acide carbonique ambiant; et il en résulte, enfin, du sous-carbonate de plomb qui forme une couche blanche, dure et assez épaisse à la surface des lames de plomb. On fait sécher cette couche à l'air, et on la détache du plomb non attaqué par la percussion. C'est cette espèce de sous-carbonate de plomb qui porte plus spécialement le nom de *blanc de plomb*. Souvent on le pul-

(1) On nomme ainsi l'écorce de chêne ou le tan, qui a servi aux opérations du tannage, et qui est épuisée de son principe astringent. La tannée est préférable au fumier dans l'opération qui nous occupe, parce que ce dernier, à une certaine époque de sa putréfaction, dégage du gaz hydrosulfurique qui noircit le sous-carbonate de plomb.

vérise dans la fabrique même, on le broie à l'eau, et on le met en pains coniques que l'on fait sécher à l'air : alors il prend le nom de *cérusé ;* mais il est sujet à être falsifié avec de la craie.

Le second procédé, pour obtenir le sous-carbonate de plomb, est celui qui est employé à la fabrique de Clichy, auprès de Paris. Il est toujours fondé sur la propriété que possède le sous-acétate de plomb, d'être décomposé par l'acide carbonique. On sature une solution d'acétate neutre de plomb, ou sel de saturne du commerce, avec de la litharge, et on y fait passer un courant de gaz acide carbonique jusqu'à ce qu'il ne s'y forme plus de précipité. Ce précipité est le sous-carbonate de plomb ; on le lave et on le fait sécher. La liqueur, qui a été ramenée par l'acide carbonique à l'état d'acétate neutre, est de nouveau saturée de litharge et précipitée par l'acide carbonique. Le sous-carbonate obtenu par ce procédé porte dans le commerce le nom de *céruse de Clichy ;* il est comparable aux plus beaux blancs de Krems.

140. Le sous-carbonate de plomb en écailles est dur, très-pesant, d'un blanc légèrement grisâtre ; celui de Clichy est en pains très-blancs, également très-pesans, pulvérulens, et salissant fortement les doigts et le papier. Le papier qui en est sali, allumé à une bougie, brûle en laissant tomber des globules de plomb réduit, que l'on peut recueillir sur une autre feuille de papier blanc ; et cette expérience, qui est presque un jeu d'écolier, offre un des bons caractères du sous-carbonate de plomb : de plus ce sel est soluble dans l'acide nitrique avec effervescence, et sa dissolution jouit de toutes les propriétés communes aux dissolutions de plomb (90). Lorsqu'on veut reconnaître si la céruse contenait du sous-carbonate de chaux, il faut précipiter cette dissolution par l'ammoniaque qui laisse la chaux dans la liqueur ; on filtre et l'on verse dans la liqueur du sous-carbonate de potasse, qui y produira un nouveau précipité blanc, dans le cas de la présence de la chaux.

Les pharmaciens doivent rejeter avec soin la céruse ainsi altérée.

Le sous-carbonate de plomb entre dans la composition de plusieurs emplâtres et onguens siccatifs, et dans celle des trochisques blancs de *Rhasis*. Son plus grand usage est pour la peinture à l'huile, où il n'est pas sans de grands inconvéniens, tant pour l'ouvrier qui le broie que pour celui qui l'emploie. Il est même malsain d'habiter un appartement dont les boiseries sont nouvellement peintes avec cette couleur. Son action se porte principalement sur l'appareil digestif, et occasione la maladie connue sous le nom de *colique des peintres*, laquelle, souvent renouvelée, finit par altérer profondément la santé de ceux qui y sont exposés.

Du Sous-Carbonate de Potasse.

(Voyez aux produits végétaux.)

Du Sous-Carbonate de Soude.

Sub-carbonas sodæ. — Off.

141. Ce sel existe en assez grande quantité dans la nature, et se prépare artificiellement. Celui qui est naturel, a été connu et employé chez les anciens sous le nom de *nitrum* ou de *natrum*. On ne l'extrayait alors que de quelques lacs de l'Égypte, qui, en se desséchant totalement pendant l'été, le laissaient sous la forme d'une couche saline que l'on brisait avec des barres de fer. Ces lacs en fournissent toujours; mais le sel qu'ils produisent ne vient plus guère en Europe, et il est d'ailleurs mêlé de beaucoup de muriate de soude, qui lui donne une qualité inférieure. La Hongrie possède aussi quelques lacs pareils, dont on retire une certaine quantité du même sel.

Mais le sous-carbonate de soude, que l'on pourrait tirer de ces deux pays, serait bien loin de suffire à la grande consommation qui s'en fait actuellement dans les arts. Une partie de celui qu'on emploie provient, comme je l'exposerai en traitant des produits végétaux, de l'incinération de quelques plantes marines cultivées en Espagne, et sur plusieurs points maritimes de la France; le reste est produit par la transformation du sel marin en sulfate de soude, et la décomposition du sulfate de soude, soit au feu, par l'intermède du charbon et de la craie, soit en dissolution dans l'eau, par l'acétate de chaux : dans ce dernier cas on forme du sulfate de chaux presque insoluble, et de l'acétate de soude, qui, desséché, calciné et redissous dans l'eau, fournit du sous-carbonate de soude presque pur.

142. Le sous-carbonate de soude est blanc, et d'une saveur fortement alcaline; il est très-soluble dans l'eau, beaucoup plus à chaud qu'à froid, et cristallise très-facilement par le refroidissement; les cristaux en sont le plus souvent irréguliers, transparens, et contiennent 63 pour 100 d'eau de cristallisation; ils s'effleurissent et tombent en poussière à l'air; au feu, ils éprouvent d'abord la fusion aqueuse, ensuite le sel se dessèche, et ne se fond plus qu'au-dessus de la chaleur rouge.

Le sous-carbonate de soude fait une vive effervescence avec les acides; il forme, avec les dissolutions de plomb et de baryte, des précipités qui sont entièrement solubles dans l'acide nitrique. Ordinairement, cependant, ces précipités ne se redissolvent pas en entier, à cause d'une quantité plus ou moins grande de sulfate de plomb ou de baryte insoluble, dû à ce que le sous-carbonate de soude du commerce est rarement exempt de sulfate de soude : il faut choisir celui qui en contient le moins; ou, ce qui est la même chose, celui qui, après avoir été précipité par le plomb ou la baryte, laisse le moins de sulfate insoluble dans l'acide nitrique.

Le sous-carbonate de soude est employé, en pharmacie, pour former un grand nombre de sels à base de soude, et surtout pour obtenir la soude caustique liquide, dite *lessive des savonniers;* lui-même est quelquefois usité en médecine, comme excitant, fondant et dissolvant de certains calculs urinaires : mais son plus grand usage est pour les verreries, les blanchisseries, les savonneries et les ateliers de teinture.

SECTION IV. — *Hydrochlorates.*

De l'Hydrochlorate d'Ammoniaque.

Hydrochloras ammoniæ. — Off.

143. L'hydrochlorate d'ammoniaque se nommait, il n'y a pas encore long-temps, *muriate d'ammoniaque*, et, plus anciennement, *sel armoniac* ou *ammoniac*, parce que, suivant Pline, on le trouvait en grande quantité aux environs du temple de Jupiter Ammon (1), en Afrique. Quoiqu'il en puisse être de cette assertion, elle indique toujours que la découverte et l'emploi de ce sel remontent à une très-haute antiquité.

L'hydrochlorate d'ammoniaque existe en Italie, et, en général, aux environs des volcans; on le trouve dans l'urine humaine, dans la fiente de quelques animaux, et surtout dans celle des chameaux; mais la plus grande partie de celui que nous employons, est un produit de l'art.

Il n'y a pas plus de trente ans que tout le sel ammoniac, consommé en Europe, était tiré d'Égypte, où on l'extrait encore de la fiente des chameaux, de la manière suivante : cette fiente desséchée, est brûlée comme combustible par les pauvres du pays; le sel qu'elle contient se volatilise et se condense avec la suie dans les cheminées. Les fabricans de sel ammoniac achètent cette suie, en remplissent aux deux tiers de grands ballons de verre, et la chauffent au bain de sable pendant trois jours. Le sel se sublime dans la partie supérieure des ballons, et forme des pains solides, demi-transparens, souvent salis par une matière fuligineuse.

---

(1) Plus probablement, parce qu'il était retiré de la fiente de chameaux employés par les caravanes qui parcourent cette contrée.

Baumé est le premier qui ait tenté d'enlever cette branche d'industrie à l'Égypte. Il a fabriqué du sel ammoniac de toutes pièces ; mais son procédé était trop dispendieux pour que son sel pût soutenir la concurrence avec celui d'Égypte, et il a fallu l'abandonner. Aujourd'hui on en suit un plus économique, que voici :

On transporte, dans des fabriques situées hors des grandes villes, mais à leur portée, toutes les matières animales qui proviennent de leurs immondices, comme des os, de la corne, etc. : on introduit ces matières dans des cylindres de fonte disposés horizontalement, au nombre de trois ou de quatre, dans un fourneau à réverbère, et on les y chauffe fortement. L'une des extrémités des cylindres est entièrement fermée par un couvercle de fonte : on adapte à l'autre de larges tubes qui conduisent les vapeurs dans des tonneaux contenant de l'eau, et disposés entre eux comme les flacons d'un appareil de Woulf. Ces vapeurs sont composées d'eau, d'huile empyreumatique, d'acétate, de prussiate, et, surtout, d'une grande quantité de sous-carbonate d'ammoniaque qui se dissout dans l'eau avec les précédens et une portion d'huile. On met la liqueur, qui est très-brune, en contact avec une dissolution trouble de sulfate de chaux, et même on la filtre à travers une couche de ce sel. Le sous-carbonate d'ammoniaque et le sulfate de chaux se décomposent réciproquement : il en résulte du sous-carbonate de chaux insoluble, et du sulfate d'ammoniaque qui reste dans la liqueur. Alors on ajoute dans cette liqueur un excès de sel marin, ou *chlorure de sodium*, qui, en s'y dissolvant, devient hydrochlorate de soude ; on la fait évaporer et cristalliser. Il y a encore double décomposition et formation de sulfate de soude et d'hydrochlorate d'ammoniaque, qui cristallisent à deux époques différentes : on les sépare donc, et l'on purifie l'hydrochlorate, par la sublimation, dans de grands matras de verre.

144. Le sel ammoniac du commerce est en pains

ronds aplatis, d'une apparence de glace, et comme légèrement flexibles sous le marteau lorsqu'on veut les casser. Il est blanc, ou coloré par une matière fuligineuse, qui paraît ne pas être inutile lorsqu'on le fait servir dans l'étamage de cuivre; mais, pour la pharmacie, c'est le sel ammoniac blanc qu'il faut préférer, et il convient encore de le purifier par solution et cristallisation.

L'hydrochlorate d'ammoniaque a une saveur très-piquante; il est soluble dans environ 3 parties d'eau froide, et dans une bien moindre quantité d'eau bouillante; il cristallise en aiguilles, qui se groupent comme des barbes de plume, et qui forment, en se séchant, des masses fort légères; il est entièrement volatil et indécomposable au feu; il exhale une forte odeur d'ammoniaque lorsqu'on le mêle, même à l'état solide, avec un alcali fixe, ou avec les sous-carbonates de potasse et de soude; sa dissolution précipite celle de nitrate d'argent, de même que toutes les autres dissolutions d'hydrochlorates ou de chlorures.

Le sel ammoniac est employé à l'intérieur et à l'extérieur.

Il sert à faire l'ammoniaque et le sous-carbonate d'ammoniaque; on l'emploie pour décaper le cuivre que l'on veut étamer; il sert quelquefois dans la teinture.

SECTION V. — *Nitrates.*

Du Nitrate de Potasse.

Nitras potassæ. — Off.

145. Ce sel, qui porte aussi les noms de *nitre* et de *salpêtre*, se trouve en assez grande quantité dans la nature, mais non en masses considérables. Il est disséminé dans le sol, et vient se montrer à sa surface sous la forme d'une efflorescence blanche, qu'on enlève lorsqu'elle a acquis une certaine épaisseur, et qui ne tarde pas à se reproduire. C'est ainsi qu'on se procure le nitre dans les Indes, dans l'Amérique méridionale et dans quelques contrées de l'Espagne;

mais, la plus remarquable de ces nitrières, est sans contredit celle du Pulo de la Molfetta, découverte en 1783 dans le royaume de Naples, par M. Fortis. Ce Pulo est un enfoncement circulaire d'environ 400 mètres de circonférence et de 33 mètres de profondeur; il paraît avoir été creusé par affaissement dans une pierre calcaire coquillère, et est percé, sur les côtés, de trous servans d'ouvertures à des grottes qui se prolongent sous le terrain. C'est contre toute la paroi de ces grottes que l'on trouve une grande quantité de nitre presque pur, et qui s'y régénère dans l'espace d'un mois à six semaines, sans qu'on puisse attribuer sa régénération à la fréquentation des animaux; car on a remarqué que les grottes les plus riches sont celles que la petitesse de leur ouverture met à l'abri de leur atteinte.

Mais, comme les mines de salpêtre naturel sont loin de pouvoir suffire à la grande consommation que l'on fait de ce sel, on a établi des nitrières artificielles en France, et surtout en Allemagne, en exposant, sous des hangars humides, des terres calcaires mêlées de substances végétales et animales : l'azote de ces matières se combine, à l'état naissant, à l'oxigène de l'air, et forme de l'acide nitrique qui se fixe sur la chaux et sur la potasse provenant des matières végétales. Lorsqu'on juge l'efflorescence des sels suffisamment avancée, on lessive les terres, et l'on traite les liqueurs à peu près de la même manière que je vais dire pour la fabrication du salpêtre de Paris.

146. A Paris, la formation du salpêtre est due aux mêmes causes; car cette grande ville présentant un grand nombre d'endroits bas, peu aérés, saturés d'exhalaisons animales, et entourés de murs calcaires, peut être considérée comme une immense nitrière artificielle. On a donc soin d'inspecter tous les platras qui proviennent de la démolition des vieux murs; et, lorsqu'on reconnaît qu'ils contiennent une quantité de nitre exploitable, on les transporte dans les ateliers des salpêtriers, où ils sont pulvérisés et lessivés. L'eau en dissout sept sels, dont les pro-

portions, sur 100 parties, sont d'environ 70 de nitrate de chaux et de magnésie, 15 de sel marin, 10 de nitrate de potasse, et 5 de sulfate de chaux et d'hydrochlorate de chaux et de magnésie. On fait évaporer cette eau depuis 5 jusqu'à 25 degrés, dans une chaudière de cuivre, où elle se trouble et précipite une matière boueuse, que l'on reçoit dans un chaudron placé au fond de la liqueur et suspendu à une poulie, afin qu'on puisse le retirer de temps en temps. On ajoute, dans la liqueur à 25 degrés, une dissolution de potasse du commerce, laquelle y forme un précipité dû à la décomposition des nitrates de chaux et de magnésie, et produit, d'un autre côté, du nitrate de potasse, qui se joint à celui que la liqueur contenait déjà. Mais il faut arrêter à temps l'addition de la potasse, et ne pas en verser jusqu'à ce qu'il ne se forme plus de précipité; car alors on décomposerait également les hydrochlorates de chaux et de magnésie, et il se formerait de l'hydrochlorate de potasse qu'il serait difficile de séparer du nitrate.

La précipitation opérée, on porte la liqueur dans un réservoir placé à proximité de la chaudière; et, lorsqu'elle est reposée et éclaircie, on la remet dans la chaudière pour la faire évaporer de nouveau.

Cette liqueur contient alors une grande quantité de nitrate de potasse, tout le sel marin de l'eau de lessivage, les hydrochlorates de chaux et de magnésie, un peu d'hydrochlorate de potasse et un peu de sulfate de chaux. Lorsqu'elle approche de 42 degrés, le sel marin s'en sépare : on l'enlève avec des écumoires, et on le met égoutter dans un panier placé au-dessus de la chaudière. Quand la liqueur est parvenue à 45 degrés, on la laisse reposer, et on la porte dans des vases de cuivre où elle cristallise : on décante l'eau-mère, on fait égoutter le sel, on le lave une fois dans de l'eau de lessivage à 5 degrés; et, après l'avoir fait sécher, on le livre à l'administration centrale sous le nom de *salpêtre brut* : il contient alors 0,75 de nitrate de potasse, beaucoup de sel marin, un peu de chlorure de potassium, et des sels déliquescens.

On procède au raffinage de ce salpêtre en le mettant dans une chaudière avec le cinquième de son poids d'eau, chauffant jusqu'à l'ébullition, et entretenant toujours la même quantité d'eau dans la chaudière; par ce moyen on ne dissout presque que les sels déliquescens et le nitrate de potasse, dont la solubilité augmente avec la température de l'eau, dans un rapport beaucoup plus grand que celles des chlorures de sodium et de potassium et du sulfate de chaux : ces sels se précipitent donc au fond de la liqueur, et sont enlevés avec soin; lorsqu'il ne s'en sépare plus, on clarifie la liqueur avec de la colle, on l'étend d'eau, de manière à en compléter le tiers du poids du salpêtre employé, et on la fait cristalliser. On trouble la cristallisation pour avoir le sel dans un certain état de division; on le lave avec de l'eau saturée de nitre, pour le priver des sels déliquescens qui s'y trouvent encore; enfin on le fait égoutter et sécher.

Ce sel, ainsi obtenu, sert à la fabrication de la poudre à canon; mais celui que l'administration livre au commerce, ou n'a pas été troublé pendant sa cristallisation, ou a été redissous et mis à cristalliser de nouveau; car il est en masses considérables, formées de cristaux prismatiques longs et cannelés.

147. Le nitrate de potasse est blanc, d'une saveur fraîche et piquante, soluble dans quatre à cinq parties d'eau froide, et dans le quart de son poids d'eau bouillante. Il se fond à une douce chaleur, et se prend, par le refroidissement, en une masse blanche opaque, nommée *cristal minéral;* à la chaleur rouge il dégage du gaz oxigène, et passe à l'état de nitrite; une chaleur plus forte décompose même l'acide nitreux, et la potasse reste à nu, mais jamais pure, cependant.

Le nitrate de potasse enflamme tous les corps combustibles à la chaleur rouge; il *fuse* sur les charbons ardens:

mêlé dans la proportion de 0.750, avec 0.125 de charbon, et autant de soufre, il constitue la *poudre à canon.*

Il sert à l'extraction de l'acide nitrique et à la fabrication de l'acide sulfurique. Son utilité, en médecine, est d'être diurétique, étant pris à petites doses; car il ne faudrait pas le prescrire en trop grande quantité à la fois, il pourrait alors agir comme poison.

SECTION VI. — *Sulfates.*

Du Sur-Sulfate d'Alumine et de Potasse.

Alumen, inis. — Off.

(*Alun.*)

148. L'alun est un sel très-anciennement connu, quoiqu'il soit difficile de dire à quelle époque il a commencé à l'être. On l'a tiré pendant long temps de l'Orient d'où il avait pris le nom d'*alun du Levant* : dans le 15e. siècle on en établit des fabriques en Italie, qui firent bientôt oublier le premier; en suite on en fabriqua en Angleterre, en Allemagne et en France.

Les seules sortes d'alun que l'on trouve aujourd'hui dans le commerce de Paris, sont l'alun de Rome, celui de Liège et celui de Paris; ces trois aluns se font chacun d'une manière différente.

L'alun de Rome est fabriqué avec une sorte de roche ou de mine pierreuse et compacte, composée d'alumine, d'acide sulfurique et de potasse, dans des proportions telles que l'acide est entièrement saturé de ces deux bases, et contenant en outre 0.25 de silice et un peu d'oxide de fer. Cette mine se trouve dans plusieurs endroits de l'Italie et surtout à la Tolfa. Elle est insoluble dans l'eau, et ne se convertit en alun qu'après avoir été calcinée au feu, exposée à l'air, et arrosée de temps en temps pendant un mois et demi environ. Il paraît que par la calcination une partie de l'alumine s'unit plus intimement avec la silice, ce qui permet à l'acide sulfurique de porter toute son action sur le reste de l'alumine et de la potasse, et de former avec elles un sulfate acidule, soluble dans l'eau. Lorsque la matière est bien divisée par l'eau, on la lessive, et on fait évaporer les liqueurs jusqu'à cristallisation.

Dans le pays de Liège, qui formait il y a quelques années le département de l'Ourthe, on fabrique l'alun avec des schistes argileux mêlés de sulfure de fer. On laisse ces schistes exposés à l'air pendant un an et même davantage. Le fer s'oxide, et le soufre devenu acide sulfurique se partage entre l'alumine et l'oxide de fer; mais comme le sulfate d'alumine ne constitue pas de l'alun à lui seul, et qu'il faut d'ailleurs en séparer l'oxide de fer, on grille le minerai effleuri, en le disposant par couches alternatives avec des fagots, et en formant des tas considérables auxquels on met le feu. Par ce moyen le fer passe au *maximum* d'oxidation et devient peu susceptible de rester combiné à l'acide sulfurique; d'un autre côté, la cendre des fagots ajoute au sulfate d'alumine la potasse nécessaire pour le convertir en alun. On lessive le tout, on fait évaporer la liqueur, et on la fait cristalliser. L'eau mère contient encore de l'alun; mais comme elle contient aussi du sulfate acide d'alumine non cristallisable, par défaut de potasse, la cendre du bois n'en ayant pas fourni assez, on y ajoute toujours une certaine quantité de cet alcali avant de procéder à une seconde cristallisation. On purifie tout cet alun en le faisant dissoudre et cristalliser de nouveau.

A Paris on fait de l'alun de toutes pièces : pour cela on prend de l'argile qui soit peu chargée de carbonate de chaux et d'oxide de fer; on la calcine pour oxider le fer au *maximum*, on la pulvérise, et on la traite par l'acide sulfurique un peu étendu dans des auges de plomb. Lorsque le sulfate d'alumine est formé, on le dissout dans l'eau, on y ajoute, soit du sulfate de potasse, soit du sulfate d'ammoniaque qui possède comme le premier la propriété de changer le sulfate d'alumine en alun, et l'on fait cristalliser.

Quelquefois encore, comme je l'ai dit au sujet de

l'acide nitrique, on fait de l'alun en traitant par l'acide sulfurique le résidu de la décomposition du nitrate de potasse par l'argile; comme ce résidu contient de l'alumine et de la potasse, il forme de l'alun avec l'acide sulfurique, sans qu'il soit nécessaire d'y rien ajouter d'autre.

149. L'alun a une saveur astringente et sa dissolution rougit le tournesol; il est soluble dans 14 à 15 parties d'eau froide et dans moins que son poids d'eau bouillante; il cristallise ordinairement en octaèdres, contient 0.45 d'eau de cristallisation, est légèrement efflorescent à l'air, éprouve la fusion aqueuse sur le feu, se boursoufle, augmente considérablement de volume, se dessèche, et forme alors ce qu'on nomme l'alun calciné. A la chaleur rouge, il se décompose et laisse pour résidu de l'alumine et du sulfate de potasse.

La dissolution d'alun précipite par le nitrate de baryte, comme tous les sulfates, et de plus forme avec l'ammoniaque un précipité qui est entièrement soluble dans la potasse caustique.

L'alun est employé en médecine comme astringent, et l'alun calciné l'est comme escarotique. Mais la plus grande consommation de ce sel se fait dans la teinture où il sert de *mordant*, c'est-à-dire, d'intermède pour fixer les couleurs sur les tissus. L'alun de Rome est le plus recherché pour cet objet, en raison de la quantité extrêmement petite de sulfate de fer qu'il contient, ce sel nuisant beaucoup à l'éclat de certaines couleurs. On peut cependant, en faisant redissoudre et cristalliser l'alun de Paris, l'obtenir encore plus pur que celui de Rome, et c'est aussi ce que l'on fait. L'alun de Rome est reconnaissable à une poussière rose insoluble qui le recouvre, et qui est formée d'oxide de fer et de sous-sulfate d'alumine et de potasse.

Du Sulfate de Baryte.

Sulphas barytæ. — Off.

150. Quoique ce sel, autrefois nommé *spath pesant*

existe en assez grande quantité dans la nature, jamais cependant il ne constitue de montagne, et on le rencontre rarement en couches. On le trouve tantôt sous la forme de table ou d'un prisme très-comprimé, tantôt sous celle de rognons, de boules à surface tuberculeuse, ou en masses compactes. Il accompagne ordinairement les mines d'antimoine, de mercure, de zinc, de sulfure de cuivre : on le trouve en Angleterre, en Auvergne, au Hartz, en Hongrie, au mont Paterno près de Bologne.

Le sulfate de baryte pèse de 4.2 à 4.8. Il est blanc lorsqu'il est pur, insoluble dans l'eau et dans les acides un peu étendus ; il n'y a même que l'acide sulfurique concentré qui le dissolve sensiblement. Il raie le marbre et se laisse rayer par le fluate de chaux ; il fait éprouver une double réfraction à la lumière ; il est fusible au chalumeau en un émail blanc solide qui tombe en poudre à l'air ; lorsqu'après l'avoir calciné fortement au milieu des charbons et ensuite exposé à la lumière, on le porte dans un endroit obscur, il y répand une lueur rougeâtre. Cette propriété a été observée d'abord sur la variété radiée de Bologne dite *pierre de Bologne*, et l'on a nommé *phosphore de Bologne* le même sulfate calciné et mis en gâteaux à l'aide d'un mucilage de gomme et de farine.

Le sulfate de baryte sert en chimie à l'extraction de la baryte et à former tous les sels barytiques.

151. Il y a un corps presque semblable au sulfate de baryte, et qu'il faut cependant en distinguer soigneusement, puisqu'il contient une base différente, et qu'il ne produit pas les mêmes sels lorsqu'on le décompose par les moyens usités en chimie. Ce corps est le *sulfate de strontiane* que l'on trouve surtout en Sicile, sous la forme de beaux prismes transparens ; dans le département de la Meurthe, en Espagne et en Pensilvanie. On le trouve également près de Paris, dans les carrières de Montmartre et de Ménilmontant : il y est mêlé de 0.08 de sous-carbonate de chaux,

d'un peu d'oxide de fer, et est en masses informes, très-pesantes, d'un aspect terreux.

Le sulfate de strontiane pèse de 3.58 à 3.96, ce qui est un peu moins que le sulfate de baryte; il colore légèrement en rouge la flamme du chalumeau; ses autres propriétés sont presque semblables.

Du Sulfate de Chaux.

Sulphas calcis. — Off.

152. Le sulfate de chaux existe en assez grande quantité dans la nature : on l'y trouve en cristaux volumineux, ou en masses, tantôt cristallisées confusément, tantôt impures et semblables à la pierre à bâtir.

Le sulfate de chaux en cristaux distincts, était autrefois nommé *sélénite*. Il est souvent, sous la forme de prismes transparens, à 6 ou 8 pans, terminés par 2 ou 4 facettes; d'autres fois ce sont des lames rhomboïdales également transparentes, plus ou moins altérées sur leurs bords. Tous ces cristaux ont une grande tendance à s'arrondir et à se grouper, et de là résultent plusieurs formes imitatives encore plus irrégulières que les précédentes.

Le sulfate de chaux en masse, pur et cristallisé confusément, se nomme *gypse*, nom qui désignait chez les anciens le même corps calciné et blanchi au feu. Lorsqu'il est en masses translucides, blanches, et d'un grain serré, on le nomme *albâtre gypseux*, et on l'emploie à sculpter des vases d'ornement, que l'on trouverait sans doute admirables par leur blancheur éclatante et leur demi-transparence, si la matière en était moins commune parmi nous, car cette sorte d'albâtre abonde à Lagny, près de Paris.

Le sulfate de chaux en masses impures, est celui que l'on nomme vulgairement *pierre à plâtre*, parce que c'est en le calcinant au feu qu'on forme le plâtre. Il est ordinairement mêlé d'argile, de carbonate de chaux et de débris organiques.

Toutes ces variétés de sulfate de chaux abondent aux environs de Paris. Les montagnes de Montmartre et de Ménilmontant contiennent surtout des bans considérables de pierre à plâtre, que l'on exploite depuis un temps immémorial. Toutes les eaux qui filtrent à travers le sol de Paris, sont saturées de sulfate de chaux, et lui doivent leur crudité, ainsi que les propriétés de décomposer le savon et de durcir les légumes par la cuisson.

Le sulfate de chaux pur est blanc, très-peu soluble dans l'eau, plus soluble dans l'eau aiguisée d'un acide minéral. Sa dissolution forme, avec le nitrate de baryte, un précipité insoluble dans l'acide nitrique, et, avec l'oxalate d'ammoniaque, un précipité insoluble dans l'acide acétique. Lorsqu'il est cristallisé et qu'on l'expose au feu, il perd sa transparence, se gonfle, s'exfolie et tombe en poussière.

Le sulfate de chaux n'est guère employé en pharmacie que comme principe constituant de quelques eaux minérales : ses usages, dans l'économie civile et dans les arts, sont trop connus pour qu'il soit nécessaire de les rappeler.

Outre les variétés de sulfate de chaux que j'ai indiquées plus haut, on en trouve une autre plus rare, que les minéralogistes regardent comme une espèce distincte, sous le nom de *chaux sulfatée anhydre*, et qui, comme l'indique ce nom, ne contient pas du tout d'eau, malgré qu'elle soit souvent cristallisée. Cette espèce a des propriétés bien distinctes, comme une forme primitive différente, une plus profonde pesanteur et plus de dureté : elle ne décrépite, ni ne s'exfolie, ni ne blanchit au feu.

Du Sulfate de Cuivre.
Sulphas cupri. — Off.

153. Le sulfate de cuivre, nommé aussi *vitriol bleu*, *vitriol de Chypre*, *couperose bleue*, existe, à l'état de dissolution, dans les eaux de quelques sources qui traversent les mines de cuivre, et peut en être retiré par l'évaporation : mais la plus grande partie de celui du commerce est

fait artificiellement par l'un ou l'autre des procédés suivans.

Dans les pays abondans en sulfures de cuivre, on grille ces sulfures lentement, afin d'en brûler le soufre et le cuivre, et de les transformer en sulfate de cuivre. Après le grillage, on laisse la mine exposée à l'air pendant un certain temps, et on l'arrose quelquefois. Enfin on la lessive, on fait évaporer les liqueurs, et on les laisse cristalliser.

En France, où le sulfure de cuivre naturel n'est pas très-abondant, et où le sulfate conserve un prix assez élevé, il y a de l'avantage à faire du sulfure du cuivre artificiel, en combinant le soufre et le cuivre à l'aide de la chaleur. Ensuite on calcine ce sulfure pour le *sulfatiser*, et on le plonge tout rouge dans l'eau. Le sulfate de cuivre se dissout dans le liquide, et en est retiré par la cristallisation.

Le sulfate de cuivre cristallisé est transparent, d'une belle couleur bleue, d'une saveur très-styptique : il s'effleurit légèrement à l'air, et devient opaque à sa surface; il est soluble dans deux parties d'eau bouillante, et seulement dans cinq parties d'eau froide; sa dissolution forme, avec le nitrate de baryte, un précipité insoluble dans l'acide nitrique, et jouit des propriétés communes aux autres dissolutions de cuivre (61).

Le sulfate de cuivre est employé, à l'extérieur, comme escarotique. Dans les arts il sert à faire des couleurs très-usitées en peintures : l'une, que l'on nomme *cendres bleues*, s'obtient en précipitant le sulfate de cuivre dissous par un lait de chaux; elle est d'un bleu tendre très-agréable, et résulte de la combinaison de la chaux avec l'oxide de cuivre hydraté, indépendamment du sulfate de chaux qu'elle contient aussi; l'autre, nommée *vert de schèele*, ou arsenite de cuivre, s'obtient en précipitant le sulfate de cuivre par une dissolution mixte d'acide arsenieux et de potasse.

Du Sulfate de Fer.
Sulphas ferri. — Off.

154. Le sulfate de fer se nommait autrefois *vitriol vert*, ou *couperose verte*. Il existe en petite quantité dans la nature, où il se forme par l'action de l'air sur le sulfure de fer. On le prépare en grand dans les fabriques, en imitant le procédé de la nature, c'est-à-dire, en exposant à l'air, sous des hangars, le sulfure de fer ou les schistes argileux qui en contiennent, et en ayant le soin de l'humecter, et de le remuer quelquefois pour renouveler les surfaces. Par ce moyen le soufre et le fer se combinent à l'oxigène de l'air, l'acide sulfurique et l'oxide de fer s'unissent, et il en résulte du sulfate de fer, dont on reconnaît facilement la présence par la forte saveur styptique que la matière effleurie présente au goût. Lorsqu'on la juge assez effleurie, on la lessive, et l'on fait évaporer les liqueurs.

Mais il y a alors une chose à observer : le fer est susceptible de trois degrés d'oxidation ; et son protoxide est tellement avide d'oxigène, qu'il ne peut se conserver à l'air, et qu'il y passe promptement à l'état de deutoxide ou *oxide noir*, et de tritoxide ou *oxide rouge*. Il s'ensuit donc que le sulfate formé à l'air contient peu de protoxide, et beaucoup d'oxide noir et d'oxide rouge. Or, le sulfate d'oxide rouge ne peut cristalliser, et nuit à la cristallisation des deux premiers ; il faut donc le détruire. On y parvient très-facilement en plongeant de la ferraille dans la liqueur en évaporation : le fer s'y dissout en décomposant l'eau, dont il dégage l'hydrogène, et en formant du protoxide qui se combine à l'acide sulfurique de préférence à l'oxide rouge ; celui-ci se précipite. On laisse reposer la liqueur, on la décante, on continue de la faire évaporer jusqu'à pellicule, et on la met à cristalliser. Un autre effet du fer, est de précipiter le cuivre de la liqueur ; car le sulfure de fer, ou la pyrite martiale, étant presque toujours mêlé de sulfure de cuivre, il s'est également formé du sulfate de cuivre par son exposition à l'air ; et ce sel nuit beaucoup dans les différens usages auxquels on destine le sulfate de fer.

On distingue dans le commerce trois sortes de sulfate de fer ou de couperose verte : la couperose d'*Angleterre*, celle *Beauvais* et celle d'*Allemagne*.

155. La couperose d'Angleterre a été de tout temps la plus estimée, et avec raison, parce qu'elle ne contient pas de cuivre. Mais il n'en entre plus en France (1).

156. La couperose de Beauvais est extraite d'une terre tourbeuse et pyriteuse très-abondante dans toute la Picardie, et facile à effleurir. Elle contient une assez grande quantité de cuivre, dont une portion cependant a été précipitée par l'immersion des lames de fer dans les eaux de lessivage. Elle contient aussi des cristaux d'alun blancs et isolés, dus à un vice dans le mode de préparation (2). C'est

---

(1) J'observerai à cet égard, qu'il y a en France, entre Boulogne et Calais, une fabrique de sulfate de fer où l'on exploite des pyrites que l'on trouve sur le bord de la mer, et qui paraissent appartenir au même banc que celles que l'on exploite sur la côte d'Angleterre en regard, car elles sont comme elles exemptes de cuivre. Cette fabrique bien conduite serait donc d'une très-grande importance pour les manufactures françaises; mais jusqu'à présent elle a été mal dirigée ; et ses produits sont encore ignorés du commerce.

(2) Voici probablement en quoi consiste ce vice de préparation. La terre tourbeuse, les schistes et les autres matériaux pyriteux que l'on fait effleurir, forment du sulfate d'alumine en même-temps que du sulfate de fer, et ce sulfate d'alumine étant incristallisable par lui-même reste dans les dernières eaux mères de sulfate de fer. On peut alors en tirer parti, en ajoutant à ces eaux mères un peu de potasse qui décompose en partie le sulfate de fer restant, et forme de l'alun facile à obtenir par cristallisation.

Si au lieu d'opérer ainsi, on ajoute la potasse dans la liqueur du lessivage, on y formera de suite de l'alun qui est plus facilement cristallisable que le sulfate de fer, et cette liqueur concentrée à 22 ou 23 deg. ne laissera cristalliser que de l'alun. Mais on conçoit sans peine qu'elle en doit retenir une partie qui cristallisera avec le sulfate de fer lorsqu'elle sera de nouveau concentrée jusqu'à 36 degrés, terme auquel ce dernier sel est à pellicule. C'est-là, je crois, en quoi consiste le vice de préparation de la couperose de Beauvais ; il est évident que le premier procédé vaut mieux.

probablement pour déguiser ce défaut, que la couperose de Beauvais est colorée artificiellement avec de la noix de Galle, qui lui donne une teinte noirâtre : ses cristaux, privés de cette couleur par le lavage, n'ont plus qu'une couleur vert-pâle très-agréable, et on y distingue parfaitement les petits cristaux d'alun qui y sont comme implantés.

157. La couperose d'Allemagne est cristallisée en prismes rhomboïdaux assez volumineux et bien formés ; elle est d'un bleu assez foncé, ce qui seul indique qu'elle contient une grande quantité de sulfate de cuivre : aussi est-elle très-peu estimée et tout-à-fait rejetée par les pharmaciens.

158. Enfin, on fabrique à Rouen, et peut-être dans d'autres villes manufacturières, une certaine quantité de couperose, en faisant dissoudre directement du fer dans de l'acide sulfurique affaibli, faisant évaporer la liqueur, et la laissant cristalliser. Cette couperose, qui est très-pure et d'un vert bleuâtre pâle, s'emploie sur les lieux mêmes, et n'est pas commune dans le commerce; de sorte qu'on est presque réduit à celle de Beauvais : il faut au moins la purifier avant de l'employer, c'est-à-dire, la dissoudre dans l'eau, mettre la liqueur en contact avec du fer pour en précipiter le cuivre, la faire évaporer et cristalliser.

159. Le sulfate de fer, dissous dans l'eau, jouit, comme sulfate, de la propriété de précipiter les dissolutions de baryte, et, comme dissolution de fer au *minimum* ou au *medium* d'oxidation, des propriétés indiquées précédemment (77).

On reconnaît qu'il ne contient pas de cuivre lorsqu'il ne rougit pas la surface d'une lame de fer décapée qu'on y plonge.

Le sulfate de fer entre dans la composition de l'encre à écrire et de toutes les teintures en noir ; on l'emploie dans les fabriques de bleu de Prusse : en pharmacie on s'en sert quelquefois pour préparer l'oxide noir et le sous-carbonate de fer. On le prescrit aussi en nature comme astringent.

Du Sulfate de Magnésie.
Sulphas magnesiæ. — Off.

160. Ce sel porte aussi les noms de *sel d'Epsom*, de *Sedlitz*, de *Seidchutz* et de *sel cathartique amer*.

Les principes qui concourent à le former, paraissent exister en grande quantité dans le sol désert de la haute Asie et de la Sibérie ; de sorte que tous les ans, dans les temps des chaleurs, le sulfate de magnésie vient s'effleurir à la surface la terre, d'où il est ensuite dissous par les pluies, et entraîné dans les rivières et dans les lacs. On le trouve également en efflorescence blanche sur les rocs schisteux ou gypseux de l'arrondissement de Moustier, département des Basses-Alpes : on en a aussi découvert à l'état pulvérulent dans une carrière à plâtre de Montmartre.

Mais ce n'est pas de ces différentes sources que nous tirons le sulfate de magnésie. Ce sel existe en grande quantité dans les eaux de la fontaine d'Epsom, en Angleterre, et dans celles de Sedlitz et d'Égra, en Bohème : on fait évaporer ces eaux jusqu'à pellicule, on les laisse refroidir, et on en trouble la cristallisation pour avoir le sel sous la forme qu'on lui connaît dans le commerce.

En Italie, où il existe des schistes magnésiens mêlés de sulfure de fer, on en fabrique du sulfate de magnésie par le procédé suivant :

On expose ces schistes à l'air pendant un temps plus ou moins long, et on les arrose quelquefois : peu à peu le soufre et le fer se brûlent, et forment de l'acide sulfurique et de l'oxide de fer ; mais l'acide se combine de préférence à la magnésie, et il ne se forme que très-peu de sulfate de fer. Lorsqu'on juge que la matière contient assez de sulfate de magnésie, on la lessive, on ajoute à la liqueur un peu d'eau de chaux qui en précipite l'oxide de fer, on décante, on fait évaporer et cristalliser. Le sel redissous et soumis à une nouvelle cristallisation, est aussi blanc et aussi pur que celui d'Angleterre.

161. Le sulfate de magnésie se trouve dans le commerce sous la forme de petits cristaux blancs et transparens, qui sont des prismes à 4 pans, terminés irrégulièrement : il a une saveur très-amère ; il est très-soluble dans l'eau froide, encore plus dans l'eau bouillante, et cristallise en très-gros prismes par le refroidissement. Sa dissolution précipite par le nitrate de baryte, comme celle de tous les sulfates, et de plus, en raison de sa base insoluble, forme un précipité blanc par la potasse, la soude, l'ammoniaque, et leurs sous-carbonates. On doit préférer le sulfate de magnésie qui donne, par ces derniers réactifs, le précipité le plus blanc, ce qui indique l'absence du fer, et en même temps le plus abondant, ce qui donne à présumer que le sel n'est pas mélangé de sulfate de soude, lequel est moins coûteux, et ne précipite pas par les mêmes réactifs. Mais pour être certain que le sulfate de magnésie ne contient pas de sulfate de soude, il faut en faire dissoudre une certaine quantité, verser dans la liqueur filtrée un excès de sous-carbonate d'ammoniaque, qui en précipite toute la magnésie et forme du sulfate d'ammoniaque soluble ; filtrer de nouveau, faire évaporer dans un creuset d'argent ou de platine, et chauffer au rouge : si la liqueur ne contenait que du sulfate d'ammoniaque, le sel se volatilisera en entier à cette température ; si elle contenait du sulfate de soude qui n'a pu être décomposé par le sous-carbonate d'ammoniaque, ce sel restera au fond du creuset, et il sera facile d'en constater les propriétés.

Le sulfate de magnésie est très-usité en médecine comme purgatif. Il est employé dans les lieux-mêmes où on l'obtient par l'évaporation des eaux des fontaines, ou par l'efflorescence des schistes magnésiens, à la préparation du sous-carbonate de magnésie.

Du Sulfate de Soude.

Sulphas sodæ.—Off.

162. Ce sel était autrefois connu sous le nom de *sel admirable de Glauber*, à cause de sa belle cristallisation, et parce que Glauber le découvrit le premier, en examinant le résidu de la décomposition du sel marin par l'acide sulfurique.

Il n'est pas très-abondant dans la nature, et surtout à l'état solide, ce qui est dû sans doute à sa grande solubilité dans l'eau. On le trouve cependant en beaux cristaux dans les excavations abandonnées des salines de la haute Autriche; il s'y effleurit, tombe en poussière, et ne tarde pas à se renouveler lorsqu'on l'enlève. On le trouve aussi dans la nouvelle Castille en Espagne, disséminé dans les masses de sel gemme et combiné à du sulfate de chaux: c'est ce sel à double base que les minéralogistes nomment *Glaubérite*.

Le sulfate de soude est moins rare à l'état liquide, car les eaux de la mer et toutes les sources d'eaux salées en contiennent; on sait même que les sources de la Lorraine et de la Franche-Comté en fournissent une assez grande quantité au commerce.

J'ai exposé précédemment (119) la composition de ces eaux dans leur état naturel, et la cause pour laquelle elles déposent, à une certaine époque de leur concentration, une matière blanche, insoluble, nommée *schelot*, que l'on rassemble avec soin dans des *augelots* placés le long des vases évaporatoires, et qui est composée, comme la glaubérite dont je viens de parler, de sulfate de soude et de sulfate de chaux combinés.

On laisse égoutter ce schelot, on le lave avec un peu d'eau froide pour enlever le sel marin qui le mouille, et on le traite par l'eau bouillante qui le décompose, dissout le sulfate de soude et précipite le sulfate de chaux. La liqueur évaporée convenablement est mise dans un vase où elle cristallise tranquillement : on sépare l'eau mère, on fait redissoudre les cristaux dans une petite quantité d'eau bouillante, et l'on agite le mélange jusqu'à ce qu'il soit refroidi. Par ce moyen on trouble la cristallisation du sel et on l'obtient sous une forme qui approche beaucoup de celle du *sel d'Epsom anglais :* aussi le nomme-t-on assez bizarrement dans le commerce *sel d'Epsom de Lorraine*. Il est facile à distinguer du véritable sel d'Epsom par sa saveur qui est moins amère, et parce que sa dissolution dans l'eau ne précipite pas par la potasse, la soude, ni l'ammoniaque.

Outre le sulfate de soude provenant de nos salines de l'est, on verse encore dans le commerce une très-grande quantité de ce sel résultant de la décomposition du sel marin par l'acide sulfurique. On lui donne la même forme qu'au sel de Lorraine, et cependant des yeux exercés les distinguent encore facilement.

163. Le sulfate de soude est sans couleur et d'une saveur fraîche et amère ; il est soluble dans trois parties d'eau froide et dans moins que son poids d'eau bouillante; il cristallise facilement et forme de très-beaux prismes transparens, qui contiennent 0.58 d'eau de cristallisation, et qui tombent en poussière en perdant cette eau par leur exposition à l'air. Lorsqu'on l'expose au feu, il se fond d'abord dans cette eau de cristallisation, ensuite se dessèche, et ne se refond plus qu'au-dessus de la chaleur rouge.

Il est très-employé en médecine comme purgatif ; il sert dans les arts à l'extraction de la soude artificielle.

Du Sulfate de Zinc.

Sulphas zinci. — Off.

164. Le sulfate de zinc, nommé autrefois *vitriol blanc*, n'existe qu'en petite quantité dans la nature. On le prépare artificiellement en calcinant le sulfure de zinc naturel ou la *blende* avec le contact de l'air, et la plongeant

dans l'eau qui dissout le sulfate de zinc formé. On répète cette opération jusqu'à ce que la blende soit presque toute changée en sulfate ; mais comme elle contient ordinairement du sulfure de fer, il se forme aussi du sulfate de fer qu'on en sépare en partie par la cristallisation, le sulfate de zinc cristallisant le premier. On le fait redissoudre ; on laisse sa dissolution exposée à l'air afin d'oxider le fer au *maximum* et de le précipiter ; enfin on le concentre sur le feu jusqu'à ce qu'il puisse se prendre en masse par le refroidissement, et on le coule dans des moules disposés à cet effet.

Le sulfate de zinc du commerce est en masses prismatiques blanches, cristallisées confusément à la manière du sucre. Il contient encore du sulfate de fer qui lui fait prendre une couleur de rouille par le contact de l'air, et dont il est très-difficile de le priver entièrement. Il est très-soluble dans l'eau, a une saveur âpre et styptique, et jouit, à l'état de dissolution, des propriétés indiquées à l'article *zinc* (92), sauf les modifications apportées par le fer : ainsi le sulfate de zinc du commerce forme un précipité jaunâtre par les alcalis, noirâtre par les hydrosulfates, bleuâtre par les prussiates, et il noircit par la noix de galle.

Le sulfate de zinc est employé à l'extérieur comme siccatif, astringent et escarotique ; introduit dans l'estomac, il est vomitif à petite dose, et poison lorsqu'on le prend en trop grande quantité.

DIVISION VI. — *Mélanges ou Composés terreux.*

De l'Argile.

Argilla, æ. — Off.

165. L'Argile est une des substances les plus répandues dans la terre : elle s'y trouve à des profondeurs variables, et en couches épaisses qui, n'ayant pas la propriété de se laisser traverser par l'eau, retiennent celle dont les pluies

ont abreuvé la terre, et la forcent à remonter vers sa surface, où elle se montre sous la forme de sources et de fontaines.

L'argile est principalement composée de silice et d'alumine, dans des proportions variables, mais telles que le rapport de la silice à l'alumine se rapproche plus ou moins de celui de 4 à 1.

L'argile pure ne contient guère que ces deux corps : elle est blanche, douce au toucher, prend du *liant* lorsqu'on la met en pâte avec de l'eau, se dessèche au feu, y est infusible, ne s'y colore pas, y prend du retrait et acquiert une dureté considérable ; telle est l'argile qui sert à fabriquer la porcelaine, et celle de Montereau-sur-Yonne dont on fait les poteries dites de terre à pipe ou de terre anglaise.

Mais le plus souvent l'argile s'éloigne de cet état de pureté par son mélange avec de l'oxide de fer, du carbonate de chaux et quelquefois de la magnésie. L'oxide de fer s'y trouve en toutes proportions depuis l'état d'argile presque pure jusqu'à celui d'oxide rouge, de sorte qu'il est assez difficile de dire à quel point s'arrête la mine de fer oxidée et à quel point commence l'argile. Lorsque celle-ci ne s'y trouve qu'en petite quantité on nomme le mélange *mine de fer limoneuse* ou *argilifère* ; ensuite viennent le *crayon rouge* des dessinateurs, les *ocres*, les *bols* et enfin l'*argile*. Tous ces mélanges sont plus ou moins rouges, ou prennent cette couleur au feu lorsqu'ils ne l'ont pas naturellement : tel est entre autres l'*ocre jaune*, qui n'est jaune que parce que l'oxide de fer y est à l'état d'hydrate, et qui devient rouge en perdant son eau de combinaison par l'action du feu.

Pareillement le carbonate de chaux se mêle en toutes proportions à l'argile, et les différens mélanges qui en résultent passent insensiblement de l'une à l'autre espèce : lorsque leurs quantités respectives sont telles qu'on ne puisse plus les ranger ni avec l'une ni avec l'autre, on en fait une sous-espèce intermédiaire sous le nom de *marne*. La marne est surtout employée dans la culture des terres, comme engrais. Les différentes argiles sont employées à la fabrication des briques, des tuiles, des poteries, des faïences et des porcelaines : l'argile-glaise, l'une des plus communes, est usitée dans les laboratoires pour préparer le lut gras, étant desséchée, pulvérisée et incorporée avec de l'huile de lin lithargirisée.

De l'Argile ochreuse rouge ou Bol d'Arménie.

Argilla ferruginea rubra. — Off.

166. Cette argile était autrefois tirée de l'Orient, comme l'indique son nom de bol d'Arménie, ou de bol *oriental*; mais il y a déjà très-long-temps qu'on ne la tire plus que de divers lieux de la France, comme de Blois et de Saumur. Elle est en masses compactes, pesantes, douces au toucher, d'un rouge vif, difficiles à délayer dans l'eau par la seule immersion, et contenant ordinairement du gravier, qui se précipite lorsqu'elle est délayée. Il faut choisir celle qui en contient le moins. Quelquefois on lave le bol à la carrière même, et on le met en petits pains ronds, qu'on empreint d'un cachet, comme la terre sigillée : on peut employer indifféremment l'un ou l'autre, mais il est toujours nécessaire de le purifier soi-même une fois. Le bol d'Arménie n'est plus guère usité que pour faire le diascordium.

De l'Argile ochreuse pâle ou Terre sigillée.

Argilla ferruginea pallidior. — Off.

167. Cette argile venait autrefois du Levant et de l'île de Lemnos, d'où elle a aussi porté le nom de *terre de Lemnos*; mais depuis long-temps on en fabrique en tous pays. Telle qu'on la trouve dans le commerce, elle a toujours subi une préparation qui a consisté à la délayer dans l'eau, à la mettre en petits pains orbiculaires, ou cylindriques et plats, et à la marquer d'un cachet ; ce qui lui a valu le

nom de terre *sigillée*. Elle est d'un blanc rosé, et contient par conséquent bien moins d'oxide de fer que le bol d'Arménie. On la fait encore entrer dans un assez grand nombre de préparations, notamment dans l'électuaire nommé communément *confection d'hyacinthes*.

De la Pierre-Ponce.

Pumex, micis. — Off.

168. La pierre-ponce est une substance légère, surnageant souvent sur l'eau, criblée de pores, et comme formée de fibres vitreuses entrelacées. Elle est rude au toucher, facile à briser, et assez dure pour rayer l'acier. Elle est ordinairement d'un blanc grisâtre ou d'un gris perlé; mais elle peut avoir une autre couleur. Elle se fond assez facilement au chalumeau en un émail blanc. Elle est composée, d'après Klaproth, de 77.5 de silice, 17.5 d'alumine, 2 d'oxide de fer, et 3 de potasse et de soude.

La pierre-ponce paraît avoir été formée, par l'action du feu des volcans, sur plusieurs espèces de pierres qui se trouvent à portée de leur foyer. Elle est rejetée, pendant les éruptions, en fragmens plus ou moins considérables, qui tombent comme une pluie sur le terrain environnant; mais tous les terrains volcaniques n'en offrent pas. C'est ainsi qu'on n'en trouve ni dans l'Etna, ni dans le Vivarais, ni dans le Velay, et qu'on en rencontre très-peu aux environs du Vésuve : mais on en trouve en Islande, à Andernach sur les bords du Rhin, en Auvergne, aux îles Lipari et Vulcano, et à Capo-Bianco, sur la côte septentrionale de Sicile. C'est même de ce dernier endroit que vient presque toute la pierre-ponce répandue dans le commerce.

La pierre-ponce sert, dans les arts, à polir un grand nombre de corps. Elle est aussi très-utile étant pulvérisée et mêlée à de la chaux, pour former un excellent mortier qui durcit considérablement sous l'eau. En médecine on ne l'emploie guère que comme dentifrice, étant réduite en poudre impalpable; mais son usage est toujours plus nuisible qu'utile, en raison de sa grande dureté à laquelle l'émail des dents ne résiste pas.

DIVISION VII. — *De l'Eau.*

Aqua, æ. — Off.

169. L'EAU, ou l'oxide d'hydrogène, a long-temps été regardée comme un élément. Newton, le premier, a pensé qu'elle pouvait contenir un corps combustible, parce qu'elle réfracte la lumière dans une raison plus forte que ne l'indique sa densité; mais c'est à Lavoisier, surtout, qu'on doit la découverte de ses principes constituans et de leurs proportions. L'eau est formée d'environ 88 parties d'oxigène et de 12 parties d'hydrogène en poids, ou de 1 partie du premier et de 2 parties du second en volume.

L'eau se trouve, dans la nature, sous trois états physiques : à l'état solide ou de glace, à l'état liquide ou d'eau, à l'état gazeux ou de nuages, de brouillards et de vapeurs. Dans nos climats, nous voyons le plus habituellement l'eau à l'état liquide, mais elle n'est presque jamais pure. On la purifie facilement en la distillant dans un alambic ou dans une cornue; car, des substances qui altèrent sa pureté, les unes sont fixes comme les sels, et les autres gazeuses comme l'air et l'acide carbonique : les premières restent dans la cornue, les secondes passent dans l'air, et l'eau distillée pure dans le récipient.

L'eau pure est un corps liquide à la température moyenne de nos climats, diaphane, insipide, inodore, élastique puisqu'elle transmet le son, et cependant difficilement compressible.

L'eau se solidifie par le froid, en prenant un accroissement de volume dû à la cristallisation de la glace. Cet accroissement commence même un instant avant la congélation; de sorte que la plus grande densité de l'eau est à 4 degrés environ au-dessus du zéro thermométrique, qui est le degré de la glace fondante.

L'eau soumise à l'action du calorique, se dilate, s'échauffe, et finit par bouillir et se volatiliser. Alors sa température se fixe et répond au 100e. degré du thermomètre centigrade, sous la pression habituelle de l'air; mais cette température baisse avec la pression, ou augmente avec elle. Les sels dissous dans l'eau retardent aussi son point d'ébullition.

On reconnaît que l'eau est entièrement pure, lorsqu'elle ne précipite, ni par les dissolutions barytiques qui indiquent la présence de l'acide sulfurique ou des sulfates; ni par le nitrate d'argent qui y découvre l'acide hydrochlorique, les hydrochlorates ou les chlorures, en y formant un précipité blanc, ou y montre la présence de l'acide hydrosulfurique et des hydrosulfates, en y formant un précipité noir; ni par l'acide hydrosulfurique et les hydrosulfates qui y indiquent la présence des substances métalliques.

170. L'eau, considérée sous les rapports d'économie domestique, de propriétés chimiques ou de propriétés médicamenteuses, a été distinguée en plusieurs sortes, dont les principales sont:

1°. L'*eau de pluie* (Aqua pluvialis.—Off.). Elle est presque pure, surtout après quelque temps de pluie. Elle est saturée d'air. On doit la recevoir immédiatement de l'atmosphère, dans des vases de grès, de faïence ou de verre; car celle qui a coulé sur les toits, et qu'on reçoit dans des citernes, est déjà plus impure.

2°. L'*eau de fontaine* ou *de source* (Aqua fontana.—Off.). Elle peut contenir diverses substances, selon la nature des terrains qu'elle a déjà parcourus. Celles qui s'y trouvent le plus communément, sont le carbonate et le sulfate de chaux. Elle paraît ordinairement fraîche et vive au goût, en raison de ce qu'ayant un cours assez rapide et un petit volume, elle se refroidit beaucoup par l'évaporation qu'elle éprouve, et se sature d'air. En général, plus une eau est saturée d'air, plus, toutes choses égales d'ailleurs, elle paraît agréable, et est propre à la digestion des alimens.

3°. L'*eau de puits* (Aqua putealis.—Off.). Comme l'eau de source, elle contient différentes substances, suivant le terrain à travers lequel elle filtre. Celle des puits de Paris traversant un sol presque tout formé de sulfate de chaux, est saturée de ce sel qui la rend impropre à la plupart des usages domestiques : ainsi elle a une saveur crue; elle précipite l'eau de savon, et ne peut servir au blanchissage: elle durcit les légumes en les cuisant, à cause du sel insoluble qu'elle précipite, et qui pénètre dans la substance même de ces sortes d'alimens.

4°. L'*eau de rivière* (Aqua fluviatilis.—Off.). Elle varie dans sa composition comme les autres. Celle de la Seine, prise au-dessus de Paris, est une des plus pures que l'on connaisse : cependant elle contient toujours du sulfate de chaux, un hydrochlorate, et des traces de matière organique.

5°. L'*eau de mer* (Aqua marina.—Off.). Elle est salée, âcre et désagréable. Elle tient en dissolution des hydrochlorates de soude, de magnésie et de chaux, et du sulfate de soude. On en retire le premier de ces sels, par l'évaporation spontanée, comme je l'ai dit en parlant du sel marin.

6°. L'*eau minérale* (Aqua mineralis.—Off.). On nomme ainsi l'eau qui contient assez de substances médicamenteuses en dissolution pour produire un effet marqué dans l'économie animale. A ce compte, l'eau de mer est une eau minérale, mais on l'en sépare ordinairement.

171. On divise les eaux minérales en quatre sections principales, qui renferment, les eaux *acidules gazeuses*, les eaux *salines*, les eaux *ferrugineuses* et les eaux *sulfureuses*. On distingue de plus, dans chaque section, les eaux dont la température ne diffère pas sensiblement de celle de l'atmosphère, que l'on nomme eaux *froides*, et celles dont la température est évidemment plus élevée; on les nomme eaux *thermales*.

Comme on doit bien le penser, cette division des eaux minérales en quatre sections n'est pas absolue, et n'est que relative à la prédominance de tel ou tel principe sur les autres.

172. Ainsi on nomme eau *acidule gazeuse*, celle qui contient une grande quantité d'acide carbonique libre, indépendamment des sels qui peuvent s'y trouver, et en supposant que ces sels ne soient pas ferrugineux. Ces eaux ont surtout la propriété de former, avec l'eau de chaux, un précipité blanc soluble avec effervescence dans les acides. Telles sont les eaux de Seltz et d'Alfter.

173. On nomme eau *saline*, une eau qui contient beaucoup de sels non ferrugineux et non sulfureux, et abstraction faite de l'acide carbonique. Telles sont les eaux de Sedlitz, d'Epsom et de Plombières; mais la distinction de ces deux premiers genres d'eaux minérales est presque arbitraire.

174. On nomme eau *ferrugineuse*, une eau qui contient une quantité de fer sensible au goût et appréciable à l'analyse. Le fer s'y trouve, ou à l'état de sulfate, comme dans l'eau de Passy sous Paris, ou à l'état de carbonate, et dissous dans un excès d'acide carbonique, comme dans l'eau minérale de Provins. Ces eaux ont pour propriétés particulières, de former un précipité bleu par le prussiate de potasse, de noircir par la teinture de noix de galle, et d'offrir une saveur plus ou moins ferrugineuse.

175. Enfin on nomme eaux *sulfureuses*, celles qui contiennent de l'acide hydrosulfurique libre ou combiné; telles sont les eaux d'Enghien, d'Aix-la-Chapelle et de Barèges. Ces eaux ont pour caractères de noircir les dissolutions de plomb, et de présenter une odeur et une saveur d'œufs gâtés.

Voici l'indication de la nature des eaux minérales les plus connues, et des contrées où on les trouve.

Eaux gazeuses froides.

176. *Eaux d'Alfter.* Se trouvent dans la commune de Rœsdorf, dans l'ancien département de la Roër, à quatre lieues de Cologne. Elles ont un goût agréable, salin et acidule ; elles contiennent, d'après l'analyse de M. Vauquelin, un volume d'acide carbonique égal au leur, du carbonate, de l'hydrochlorate et du sulfate de soude ; des carbonates de chaux et de magnésie ; une très-petite quantité de carbonate de fer.

177. *Eaux de Chateldon*, petite ville du département du Puy-de-Dôme, à trois lieues de Vichy et à huit de Clermont. Ces eaux ont une saveur piquante, qui devient ensuite légèrement alcaline et astringente ; elles contiennent beaucoup d'acide carbonique.

178. *Eaux de Pougues*, bourg à deux lieues de Nevers, département de la Nièvre. Leur analyse est incertaine.

179. *Eaux de Seltz* (Aquæ Saletiæ. — Off.). Seltz est un village situé sur les frontières du pays de Trèves et de la principauté de Hesse-Cassel, à cinq lieues de Francfort. Ses eaux, qui sont très-usitées, contiennent une quantité considérable d'acide carbonique, des carbonates de soude, de chaux et de magnésie, de l'hydrochlorate de soude : elles ont une saveur d'abord acidule, puis salée et alcaline.

Eaux gazeuses thermales.

180. *Eaux de Dax* (Aquæ Tarbellicæ.— Off.). Dax est le chef-lieu du département des Landes : ses eaux sont aigrelettes, et d'une température qui varie de 25 à 60 degrés centigrades.

181. *Eaux de Mont-d'or*, petit village situé à huit lieues de Clermont, département du Puy-de-Dôme. Il y a quatre sources d'eau, dont une est tout-à-fait froide, et dont les autres ont une température de 42 à 45 degrés. L'eau froide paraît contenir peu de principes actifs ; mais les eaux ther-

males contiennent des sels de soude, de chaux, de magnésie, et de plus, un peu de carbonate de fer.

182. *Eaux de Néris.* Néris est un bourg sur les bords du Cher, département de l'Allier. Ses eaux ont une température de 40 à 52 degrés, une saveur acidule, un toucher onctueux. Elles contiennent, d'après M. Vauquelin, une proportion assez forte d'acide carbonique, de l'oxigène, de l'azote, une quantité incalculable d'acide hydrosulfurique, de la silice, du carbonate, du sulfate et de l'hydrochlorate de soude, du carbonate de chaux et une matière animale dans la proportion de 30 grains par litre.

Eaux salines froides.

183. *Eaux d'Epsom*, village dans le comté de Surry en Angleterre, à sept lieues de Londres. Elles contiennent 0.03 de sulfate de magnésie qui leur donne une saveur amère et une propriété laxative. C'est de ces eaux que l'on retire le véritable sel d'Epsom anglais.

184. *Eaux de Sedlitz et de Seidschutz*, deux bourgs de Bohème, peu distans l'un de l'autre. Ces eaux sont très-amères et très-chargées de sulfate de magnésie; elles contiennent en outre de l'acide carbonique, de l'hydrochlorate et du carbonate de magnésie, du sulfate et du carbonate de chaux. L'eau de Sedlitz contient plus d'acide carbonique et moins de sulfate que celle de Seidschutz: celle-ci contient de plus, suivant Bergmann, du carbonate de soude.

Eaux salines thermales.

Eaux d'Aix en Provence (Aquæ Sextiæ.— Off.). Ces eaux, connues et recherchées de toute antiquité, ne présentent rien de remarquable à l'analyse, si ce n'est une matière organique qui leur donne de l'onctuosité. Elles ont peu de saveur; leur température varie de 32 à 34 degrés.

Eaux de Bagnères, sur l'Adour, à quatre lieues de Barèges, département des Hautes-Pyrénées. Ces eaux ont une saveur piquante et saline ; leur température varie de 35 à 58 degrés.

Eaux de Balaruc, bourg du département de l'Hérault, à quatre lieues de Montpellier. Leur saveur est manifestement salée, piquante, mêlée d'un peu d'amertume ; leur température est de 50 degrés. Elles contiennent, suivant l'analyse de Figuier (*Ann. Chim.* LXX. 5.), de l'acide carbonique, des hydrochlorates de soude, de magnésie et de chaux, des carbonates de chaux et de magnésie, du sulfate de chaux, et une quantité inappréciable de carbonate de fer. Ces eaux doivent être très-actives.

Eaux de Bourbonne-les-Bains (Aquæ Borboniæ.—Off.), département de la Haute-Marne. Ces eaux sont très-anciennement connues ; leur température varie de 46 à 69 degrés : elles contiennent différens sels de soude et de chaux, et une matière organique.

Eaux de Lamotte, dans le département de l'Isère, à six lieues de Grenoble. On dit que leur température est de 84 degrés.

Eaux de Plombières (Aquæ Plumbariæ.—Off.), dans le département des Vosges. Ces eaux ont une saveur très-faible, qui finit cependant par devenir un peu lixivielle ; elles ont une odeur légèrement fétide, une pesanteur spécique qui ne diffère pas sensiblement de celle de l'eau distillée. M. Vauquelin les a analysées et les a trouvées composées de sous-carbonate, de sulfate et d'hydrochlorate de soude, de silice, de carbonate de chaux, et d'une matière animale analogue à la gélatine, unie dans une sorte d'état savonneux avec la soude, et communiquant à ces eaux des qualités particulières (*Ann. Chim.* XXXIX. 160.).

Eaux ferrugineuses froides.

Eaux de Bussang. Bussang est un village situé dans les Vosges, à dix lieues de Plombières, et près des sources de la Moselle. Ses eaux contiennent de l'acide carbonique, du carbonate de fer et du carbonate de soude.

Eaux de Contrexeville, du département des Vosges, à six lieues de Bourbonne. Ces eaux contiennent des hydrochlorates de soude, de chaux et de magnésie, du sulfate de soude, et des carbonates de chaux et de fer dissous dans un petit excès d'acide carbonique.

Eaux de Forges (Aquæ Forgiarum. — Off.), bourg à quatre lieues de Rouen, dans le département de la Seine-Inférieure. On y trouve trois sources qui portent différens noms, et dont les eaux diffèrent beaucoup par la quantité de fer que l'analyse y démontre. Ce métal y est tenu en dissolution par l'acide carbonique.

Eaux de Passy (Aquæ Paciacæ. — Off.), près Paris. Les eaux de Passy sont claires, limpides, assez fortement ferrugineuses, et douées d'une action très-marquée sur l'économie animale. Le fer y est à l'état de sulfate.

Eaux de Provins (Aquæ Provinæ. — Off.), petite ville du département de Seine-et-Marne, à dix-neuf lieues de Paris. Ces eaux sont limpides, légères en raison de l'acide carbonique qui s'y trouve dissous, et contiennent le fer à l'état de carbonate. MM. Vauquelin et Thénard, qui les ont analysées, y ont trouvé, de plus, du carbonate de chaux, un peu de magnésie, de silice, d'oxide de manganèse, du sel marin et une matière grasse (*Ann. Chim.* LXXXVI. 1.).

Eaux de Pyrmont (Aquæ Petrimontis. — Off.), près du Veser dans le Hanovre. Elles sont très-chargées d'acide carbonique, et contiennent différens sels de soude et de magnésie, et du fer qui paraît y être à l'état de sulfate.

Eaux de Spa (Aquæ Spadanæ. — Off.), dans le pays de Liége, ancien département de l'Ourthe. Ces eaux, qui sont au nombre des plus renommées en Europe, contiennent une très-grande quantité d'acide carbonique, des carbonates de chaux, de magnésie, de soude, de fer, et de l'hydrochlorate de soude.

185. *Eaux de Vals* (Aquæ Valli. — Off.). Dans le département de l'Ardèche. Ces eaux, de même que la plu-

part des autres, varient dans la proportion et le nombre de leurs principes constituans, selon les sources qui les fournissent. Le fer paraît y être à l'état de sulfate.

Eaux ferrugineuses thermales.

186. *Eaux de Vichy* (Aquæ Vici calidi seu Vicienses. — Off.). Dans le département de l'Allier. Ces eaux, faiblement ferrugineuses, contiennent beaucoup de carbonate de soude, de l'hydrochlorate et du sulfate de soude, un peu de chaux, de magnésie, et une assez grande proportion d'acide carbonique. Elles ont une odeur qui semble indiquer en outre la présence d'une matière bitumineuse. Leur température varie de 22 à 46 degrés du thermomètre centigrade.

Eaux sulfureuses froides.

187. *Eau d'Enghien* (Aqua Engyensis. — Off.). Enghien ou Montmorency est une petite ville du département de Seine-et-Oise à 4 lieues de Paris. L'eau n'est fournie que par une source que l'on nomme le *ruisseau puant*; elle a les propriétés communes à ce genre d'eau minérale; elle contient de l'acide hydrosulfurique, de l'acide carbonique, des hydrochlorates de chaux, de magnésie et de soude, du sulfate de soude, des carbonates de chaux et de magnésie. Fourcroy a fait un modèle d'analyse, en recherchant les principes constituans de l'eau d'Enghien. (*Ann. Chim.* VI. 160.).

Eaux sulfureuses thermales.

188. *Eaux d'Aix-la-Chapelle* (Aquæ Grani. — Off.). Aix-la-Chapelle est une ville considérable, du département de la Roër, célèbre comme ayant été la principale résidence de Charlemagne, qui fit restaurer et embellir ses bains.

La température des eaux d'Aix-la-Chapelle est de 36 à 75 degrés; elles se troublent en se refroidissant. Plusieurs chimistes, qui en ont fait l'analyse, ne s'accordent pas sur ses principes constituans.

189. *Eaux de Saint-Amand* (Aquæ Sancti-Amandi.— Off.). Dans le département du Nord, à 3 lieues de Valenciennes. Leur température varie de 18 à 27 degrés.

190. *Eaux d'Ax*; elles se trouvent dans le département de l'Ariège, à 4 lieues de Tarascon.

191. *Eaux de Badé* en Suisse (Aquæ Helveticæ.— Off.); et de *Bade* en Souabe. Elles ne présentent rien de particulier.

192. *Eaux de Bagnères de Luchon* (Aquæ Convenarum. — Off.). A deux lieues des frontières d'Espagne dans le département de la Haute-Garonne. Elles sont transparentes, verdissent le sirop de violettes, et noircissent l'argent. Leur température varie de 30 à 62 degrés.

193. *Eaux de Bagnolles*; dans le département de l'Orne à 50 lieues de Paris.

194. *Eaux de Bagnols* (Aquæ Balneoli. — Off.). Dans le département de la Lozère à 2 lieues de Mende. Ces eaux sont limpides et ont une température constante de 43 degrés: elles contiennent beaucoup d'acide hydrosulfurique, différens sels, et une matière organique qui s'y trouve combinée avec le sous-carbonate de soude.

195. *Eaux de Barèges* (Aquæ Baredginæ. — Off.). Dans le département des Hautes-Pyrénées à 4 lieues de Bagnères. Elles sont claires, limpides, d'une saveur nauséabonde, d'une odeur très-marquée; leur température varie de 30 à 45 degrés; il se forme à leur surface une pellicule qui leur donne un aspect onctueux; elles contiennent beaucoup d'acide hydrosulfurique, des hydrosulfate, carbonate, hydrochlorate de soude, une substance grasse qui s'y trouve dans un état savonneux. Elles sont très-actives.

196. *Eaux de Bonnes*, dans la vallée d'Ossan, à 7 lieues de Pau, département des Basses-Pyrénées.

197. *Eaux de Cauterets*, dans la vallée de Lavedan,

au pied des Pyrénées, et dans le département des Basses-Pyrénées. On y trouve un grand nombre de sources d'une température très-variable.

198. *Eaux de Saint-Sauveur*, bourg situé dans la vallée de Luz près de Barèges, dans le département des Hautes Pyrénées.

Toutes ces eaux doivent leur formation, à un même système de phénomènes naturels; leurs principes constituans sont sensiblement les mêmes, et ne varient guère que par leurs proportions; elles jouissent donc des mêmes propriétés, mais dans des degrés qu'il n'appartient qu'aux médecins d'apprécier.

LIVRE SECOND.

DES VÉGÉTAUX.

199. Les végétaux sont des êtres organisés, vivans, dépourvus de sensibilité, et incapables d'aucun mouvement volontaire. Ce peu de mots les définit; car le défaut de sensibilité et de locomobilité les distingue des animaux; et l'épithète de *vivans* indique qu'ils jouissent des autres facultés de la vie, qui sont, la nourriture par intus-susception, la croissance, le développement, et la reproduction de l'espèce au moyen d'organes sexuels.

200 (*Parties qui les composent*). Les végétaux sont formés de deux sortes de parties : les unes *élémentaires*, très-petites, souvent invisibles à l'œil nu, semblables à elles-mêmes dans toutes les parties des divers végétaux; les autres *composées*, nommées communément *organes*, formées par la combinaison de plusieurs parties élémentaires.

201. Au nombre des parties élémentaires on distingue : 1°. le *tissu cellulaire*, qui est formé de membranes toutes continues, lesquelles, en se dédoublant, laissent entre elles des vides ou *cellules* ordinairement hexagonales, quelquefois allongées, et fermées de toutes parts, ce qui les distingue des vaisseaux.

Le tissu cellulaire, considéré dans les parties extrêmes du végétal, où il se présente gorgé de suc et sous l'état mou, prend souvent le nom de *parenchyme*. C'est encore lui qui, en s'épaississant, se soudant et se desséchant par le contact de l'air, forme cette membrane mince, ordinairement transparente, nommée *épiderme*, qui recouvre toute la superficie des végétaux.

2°. Le *tissu vasculaire*, qui est formé de vides, ou de *vaisseaux* ouverts à leurs extrémités, servant à charrier les sucs et l'air dont le végétal se nourrit.

Ces vaisseaux, de même que les cellules du tissu précédent, ont leurs parois simples ou glanduleuses, ou rayées. Quelquefois aussi ces parois sont formées d'une lame tournée en spirale, et on a distingué les tubes qu'elles circonscrivent, sous le nom particulier de *trachées*, parce qu'on a supposé qu'ils étaient plus spécialement destinés à conduire ou élaborer l'air.

C'est le tissu vasculaire qui, en se soudant dans quelques-unes de ses parties, et en composant ainsi d'autres parties allongées, plus grosses, plus consistantes et faciles à isoler du tissu environnant, forme ce qu'on appelle la *fibre* du végétal.

3°. Indépendamment de ces deux sortes de vides ou de cavités, les végétaux en présentent ordinairement deux autres, qui sont les *lacunes* et les *réservoirs de suc propre*. Les premières sont des cavités pleines d'air qui se forment dans l'intérieur des plantes par la rupture du tissu cellulaire : elles occupent souvent une grande partie de la tige des herbacées, de manière que tous les vaisseaux en sont rejetés à la circonférence; *par exemple*, les tiges creuses des graminées et des ombellifères. Les secondes sont des cavités ménagées çà et là dans le tissu cellulaire, fermées de toutes parts, et remplies de sucs élaborés, diversement colorés et propres à chaque végétal; tels sont les réservoirs des feuilles de myrte, d'oranger, de l'écorce jaune de l'orange, des parties résineuses des pins et des sapins.

202. Les organes ou les parties composées sont de trois sortes : *nutritifs*, *reproductifs* ou *accessoires*.

Les organes nutritifs sont ceux qui servent essentiellement à la nutrition ou à la végétation; en d'autres termes à la vie de l'individu : comme la *racine*, la *tige*, les *feuilles*.

Les organes reproductifs, nommés aussi organes de la fructification, sont ceux qui sont destinés à l'accomplissement de cette importante fonction, et par suite à la conservation de l'espèce; tels sont la *fleur* et le *fruit*.

Les organes accessoires sont ceux qui ne se trouvent

que dans certains végétaux, qui sont placés indifféremment sur les organes nutritifs ou reproductifs, sans appartenir essentiellement à l'une ni à l'autre classe, et que l'on peut retrancher sans troubler les fonctions végétales : ce sont les poils, les piquans, les vrilles, etc.; il ne sera question ici que des deux premières sortes d'organes.

De la racine.

203. La racine est cette partie du végétal qui s'enfonce dans la terre, et l'y tient attaché. Quelquefois elle s'étend dans l'eau : d'autrefois aussi elle s'implante sur d'autres végétaux; et, dans ce cas, on nomme *parasite* la plante qui la produit.

204. *Parties principales.* On distingue deux parties dans la plupart des racines : le *corps*, qui en est la partie la plus apparente, et qui peut être simple ou divisé; les *radicules*, qui sont les divisions extrêmes du premier, et qui servent de suçoirs pour transmettre les sucs de la terre au reste de la plante. Quelques auteurs admettent une troisième partie dans la racine, c'est le *collet*; mais la plupart du temps ce collet n'est qu'une tige, ou extrêmement raccourcie, comme dans beaucoup de plantes herbacées; ou modifiée dans son aspect et quelques-unes de ses fonctions par son séjour dans la terre, comme dans les fougères. Dans les végétaux ligneux qui ont une racine et une tige bien distinctes, le collet n'est qu'un plan imaginaire entre l'un et l'autre organe.

205. *Durée.* Les racines, eu égard à leur durée, sont dites : *annuelles*, lorsqu'elles naissent et meurent dans la même année; *bisannuelles*, lorsqu'elles meurent à la fin de la seconde année; *vivaces*, quand elles vivent plus de deux ans.

206. *Direction.* Les racines sont perpendiculaires (pivotantes), obliques ou horizontales : ces mots ne demandent pas d'explication.

207. *Division.* Les racines sont *simples*, *rameuses*, *fasciculées* ou *chevelues*. Dans le premier cas le corps de la racine est unique ou non divisé; *exemple*, la carotte. Dans le second il se divise en rameaux distincts peu nombreux, et d'un diamètre encore considérable; *exemple*, la rhubarbe. Dans les suivans, la petitesse et le nombre des divisions augmentent de manière à représenter, ou des fibres encore distincts et nombreux comme dans l'angélique, ou une sorte de chevelure, comme dans le fraisier.

208. *Forme.* Les formes de racines sont tellement variées, qu'il est difficile de donner une grande exactitude aux termes qu'on emploie pour les décrire. On distingue cependant les racines :

Fusiformes, qui vont en s'amincissant du collet à la partie inférieure; *exemple*, la betterave.

Palmées, dont les rameaux charnus sont disposés comme les doigts de la main : *exemples*, quelques orchis.

Tubéreuses, qui sont volumineuses et d'une forme arrondie. Elles sont presque entièrement composées de fécule amylacée, et poussent des radicules et des tiges de tous les points de leur surface; *exemple*, la pomme de terre.

Tuberculeuses et grenues, formées de tubérosités ou de grains arrondis, séparés par les parties fibreuses; *exemples*, le souchet rond, la filipendule.

Articulées, ayant de distance en distance des nœuds, ou articulations; *exemple*, le sceau de Salomon.

Tortueuses, *contournées*, *bistortes*; diversement contournées sur elles-mêmes; *exemples*, le polygala, la bistorte.

209. *Organisation.* L'organisation des racines ressemble beaucoup à celle des tiges, dont je parlerai bientôt : il y a cependant cette différence remarquable que les vraies racines n'ont jamais de canal médullaire; par compensation, leurs couches corticales sont ordinairement très-épaisses. Une autre différence non moins grande entre ces

deux genres d'organes, et qui paraît être une suite de la première, c'est que les racines tendent toujours vers le centre de la terre, tandis que les tiges cherchent à s'en éloigner. Les racines des plantes parasites qui s'étendent en tous sens sous l'écorce du végétal qui les supporte, ne forment qu'une exception apparente à cette règle; le centre vers lequel elles tendent est le centre de l'arbre, et c'est la résistance que leur oppose le bois qui les force à s'étendre sous l'écorce.

De la Tige.

210. La tige est la partie du végétal qui naît de la racine, s'élève dans l'air, et supporte les rameaux, les feuilles et les organes de la fructification.

Espèces. On a distingué plusieurs espèces de tiges par les noms particuliers de :

Collet ou *plateau*; tige extrêmement courte de beaucoup de plantes herbacées et des plantes bulbifères.

Souche; tige souterraine ou superficielle qui émet des radicules de différens points de sa surface; comme dans la fougère.

Stipe; tige cylindrique des palmiers, qui se trouve composée des débris de leurs pétioles.

Chaume; tige creuse, et entrecoupée de nœuds, des plantes graminées.

Tronc; tige ligneuse des arbres en général.

En outre, presque tous les auteurs ont mis au nombre des tiges *la hampe*, ou le support florifère et privé de feuilles de quelques plantes herbacées; mais cette hampe n'est qu'un péduncule, et la vraie tige de ces plantes est le collet qui se trouve à la partie supérieure de la racine.

Nature et durée. Les tiges sont herbacées, ligneuses, arborescentes, frutescentes, ou suffrutescentes (1).

---

(1) Les ouvrages élémentaires qui traitent de la signification des termes organographiques des plantes, se trouvant entre les mains de

Consistance. Succulentes, charnues, spongieuses, creuses ou fistuleuses, raides, faibles, fragiles, flexibles.

Forme. Cylindriques, comprimées, trigones, trétragones, anguleuses, cannelées, noueuses, articulées, effilées.

Composition. Simples, dichotomes, trichotomes, rameuses, branchues.

Direction. Rampantes, couchées, obliques, redressées, verticales, penchées, arquées, flexueuses, volubiles, sarmenteuses.

211. *Organisation.* Les tiges présentent de grandes différences à cet égard : je ne décrirai ici que celles des plantes dicotylédones ligneuses qui sont les plus complétement organisées.

Ces tiges sont composées de trois parties principales: l'*écorce*, le *bois* et la *moelle*.

L'écorce est elle même formée de l'*épiderme*, du *tissu cellulaire* et *du liber*. L'épiderme est la partie la plus extérieure; c'est, comme je l'ai déja dit, une membrane mince, comparable à du vélin, qui recouvre toutes les parties de la plante. Le tissu cellulaire est la matière tendre, verte et succulente, qui se trouve immédiatement sous l'épiderme et remplit les mailles du liber. Le liber est la partie fibreuse de l'écorce; ses fibres sont parallèles à l'axe du tronc; mais, en se jetant à droite et à gauche et en se réunissant aux sinuosités, elles composent des mailles dont la forme varie suivant les végétaux.

212. Le bois est la partie la plus solide du végétal. On y distingue encore l'*aubier* et le *cœur*: celui-ci, qui occupe le centre, est parvenu à son dernier degré de dureté et de développement; le premier, plus extérieur, est encore imparfait et ne doit devenir vrai bois que par les progrès de la végétation.

---

tous les élèves, je me dispenserai d'expliquer tous les mots que je vais citer. Je renvoie également d'avance aux mêmes ouvrages, pour l'explication des termes presque infinis employés dans la description des feuilles et pour tous les autres détails que je ne puis comprendre dans celui-ci.

213. La moelle est une substance spongieuse, renfermée dans un canal intérieur nommé *canal médullaire*, qui s'étend depuis la racine exclusivement, jusqu'aux extrémités du végétal. Elle paraît être de même nature que le tissu cellulaire de l'écorce, avec lequel elle communique au moyen d'irradiations ou de conduits qui traversent le bois.

Des Bourgeons.

214. En général on désigne sous ce nom toutes les parties des plantes qui servent à envelopper les jeunes pousses, pour les mettre à l'abri de l'hiver, et qui sont ordinairement formées de feuilles ou de stipules avortés. On distingue parmi les bourgeons :

215. 1°. La *bulbe*, qui est le bourgeon permanent des plantes liliacées. On l'a mis pendant long-temps au rang des racines ; mais la vraie racine de ces plantes se compose du faiseau de fibres qui se trouve à l'extrémité inférieure : au-dessus se trouve le collet, et enfin la bulbe.

On distingue trois sortes de bulbes : dans l'une que l'on nomme bulbe *à écailles*, les écailles, ou feuilles avortées dont elle se compose, sont peu serrées, peu étendues et ne forment qu'une petite partie de la circonférence : *ex.*, le lys.

Dans la seconde que l'on nomme bulbe *à tuniques*, les enveloppes plus serrées et beaucoup plus étendues se recouvrent presqu'entièrement, quelquefois même font plus que la circonférence de la bulbe, mais ne sont pas soudées : *ex.*, la scille et la jacinthe.

Dans la troisième que l'on pourrait nommer bulbe *robée*, les tuniques forment toute la circonférence de l'ognon, sont entièrement soudées, et ressemblent alors à des sphéroïdes qui se recouvrent entièrement les uns les autres : *ex.*, l'ognon ordinaire que l'on désigne communément comme bulbe à tuniques, et la tulipe que l'on qualifie de bulbe solide ; il n'y a aucune différence entre eux (1).

---

(1) Quelques plantes voisines des liliacées paraissent aussi avoir une

2°. Le *turion:* c'est le bourgeon des plantes vivaces, situé à leur collet et se confondant quelquefois avec lui.

3°. Le *bouton*, ou *bourgeon* proprement dit; c'est celui qui naît sur la tige et sur ses ramifications.

Des Feuilles.

216. Il est impossible de donner une définition exacte et en même temps générale des feuilles. Je me restreindrai donc à dire qu'elles sont ordinairement des parties larges, peu épaisses, vertes, mobiles, qui ornent la tige des plantes herbacées comme celle des arbres, et qui leur servent d'organes inspiratoires et expiratoires.

Les feuilles sont portées sur une queue, ou pétiole, plus ou moins longue, quelquefois très-courte ou même sensiblement nulle; alors la feuille adhère immédiatement à la tige et prend l'épithète de *sessile:* dans le premier cas on la nomme feuille *pétiolée*.

On distingue encore les feuilles en *simples* et en *composées*. Elles sont simples lorsque le *limbe*, ou la partie large de la feuille, est continu dans toutes ses parties, comme dans le tilleul; composées, quand il se divise en plusieurs parties distinctes et séparées jusqu'au pétiole, quelquefois même portées chacune sur un pétiole partiel, comme dans le rosier: chaque petite feuille se nomme alors *foliole*.

---

bulbe, et c'est à cet organe simulé que plusieurs auteurs on donné le nom de *bulbe solide :* tels sont le safran et le colchique. Ces deux plantes ont à la naissance de la tige une tubérosité compacte, amylacée, tout-à-fait analogue aux racines tubéreuses, et recouverte de quelques écailles foliacées qui lui donnent l'apparence d'une bulbe (*bulbo-tuber*. Gawl.): mais ce qui distingue ces tubérosités des vraies bulbes, c'est que celles-ci, étant formées de feuilles avortées, ne peuvent donner naissance à la tige, qui part toujours immédiatement du collet, soit qu'elle traverse la bulbe, ou qu'elle croisse à l'extérieur. La fausse bulbe, au contraire, étant de sa nature, analogue aux racines, peut donner naissance à la tige; c'est ce qu'on verra mieux lorsque je décrirai la racine de colchique (261).

Le contour des feuilles est anguleux, ou en cône arrondi, ou ovale ; entier, ou découpé. Leur surface est lisse ou velue ; leur épaisseur est souvent celle d'une feuille de papier, mais elle peut-être plus considérable. Elle est quelquefois telle, comme dans certains *cactus*, que la feuille ressemble à un large gâteau charnu.

La couleur des feuilles est ordinairement verte ; lorsqu'elle est toute autre, même blanche, les feuilles sont dites *colorées*. Quand les feuilles ne sont colorées qu'accidentellement, on dit qu'elles sont *panachées*.

Structure. Le limbe de la feuille est l'épanouissement du pétiole, et celui-ci est composé des mêmes parties que la tige. On retrouve donc dans la feuille, de l'épiderme, du tissu cellulaire ou du parenchyme, et du tissu vasculaire ou des fibres. Ces derniers se divisent de plus en plus à partir du pétiole : ils sont d'abord en faisceaux distincts et proéminens, que l'on nomme *nervures* ; ensuite ils forment de simples *veines* ; enfin ils disparaissent et se mêlent au parenchyme.

Usage. Les feuilles sont les organes inspiratoires et expiratoires des végétaux : elles leur servent à absorber dans l'air les fluides nécessaires à leur accroissement, et à rejeter ceux qui leur sont inutiles ; elles font aussi fonction d'organes excrétoires, car elles laissent passer le superflu des humeurs qui nuirait à la vie du végétal. Les feuilles transpirent principalement par leur surface supérieure qui est lisse, serrée et comme vernissée : elles absorbent surtout par leur surface inférieure qui est ordinairement recouverte d'un tendre duvet.

De la Fleur.

217. La fleur est la partie du végétal qui renferme les organes de la fructification. Elle est ordinairement formée de quatre parties, qui sont : le *calice*, la *corolle*, l'*étamine* et le *pistil*. Elle est *complète*, lorsqu'elle comprend

ces quatre parties, et *incomplète*, lorsqu'une ou plusieurs lui manquent.

Le calice est l'enveloppe la plus extérieure de la fleur. Il sert comme de rempart aux autres parties; aussi est-il d'une texture plus solide et plus durable. Il est ordinairement vert, et manque quelquefois.

La corolle est une enveloppe moins extérieure que le calice, et qui entoure immédiatement les organes reproducteurs. C'est la partie de la fleur qui est susceptible de prendre le plus d'éclat en raison des brillantes couleurs dont il plaît souvent à la nature de l'orner. C'est aussi celle qui a communément le plus d'odeur. Elle manque plus souvent que le calice.

La corolle peut être d'une ou plusieurs pièces, dont chacune porte le nom de *pétale*. Une corolle d'une seule pièce est dite *monopétale*, et celle de plusieurs, *polypétale*. Lorsqu'une fleur manque de corolle, on la nomme *apétale*.

L'étamine est l'organe mâle de la fleur. Elle est le plus souvent formée d'un *filet* plus ou moins long, qui porte à son extrémité une petite boîte ou *anthère*, contenant la poussière fécondante ou le *pollen*. Quelquefois le filet manque, et alors l'anthère, qui n'en constitue pas moins une étamine, prend l'épithète de *sessile*. Le pollen fournit au stigmate, par contact ou sans contact, la substance qui doit féconder l'ovaire.

Le pistil est l'organe femelle de la fleur. Il est tout-à-fait au centre et comme défendu par les autres parties. On y distingue l'*ovaire*, le *style* et le *stigmate*. L'ovaire est la partie la plus inférieure; il est presque toujours renflé, et contient le germe du fruit. Le style est un prolongement de l'ovaire, ou un filet placé entre l'ovaire et le stigmate. Le stigmate est l'extrémité entière ou divisée du style. Quelquefois le style manque, et alors le stigmate est sessile.

Du Fruit.

218. Le fruit est l'ovaire développé par suite de la fé-

condation des fleurs. On y distingue deux parties, le *péricarpe* et la *graine*.

219. Le péricarpe est l'enveloppe extérieure du fruit. Il varie presque à l'infini dans ses formes. Les botanistes en ont distingué les principales, auxquelles ils ont affecté des noms particuliers; mais comme le nombre en est encore très-considérable, je n'expliquerai ici que ceux de ces noms les plus usités. Ainsi je distinguerai d'abord les péricarpes en péricarpes *secs* et en péricarpes *mous*; parmi les premiers je nommerai la *capsule*, la *follicule*, la *gousse*, la *silique*, le *cône* et la *noix*; parmi les mous, je citerai seulement le *drupe*, le *pomme* et la *baie*.

La capsule est une enveloppe charnue et succulente avant sa maturité, qui se dessèche en mûrissant, et qui s'ouvre d'une manière déterminée : *ex.*, le pavot, le lys, la jusquiame.

La follicule est un péricarpe univalve (1), qui s'ouvre longitudinalement sur un seul côté : *ex.*, la pivoine.

La gousse, ou *légume*, est un péricarpe bivalve, à sutures longitudinales, et dont une seule suture porte les graines : *ex.*, le pois, le haricot, et en général tous les fruits des plantes de la même famille, qui en a reçu le nom de famille des *légumineuses*.

La silique est un péricarpe bivalve, partagé en deux loges par une cloison membraneuse, et portant les graines alternativement sur l'une et sur l'autre sutures. Lorsque la silique est courte et arrondie, on la nomme *silicule*; *ex.*, le cochléaria. Quand elle est beaucoup plus longue que large, elle conserve le nom de silique; *ex.*, le chou.

Le cône est un péricarpe composé d'écailles imbriquées et disposées en cône arrondi le long d'un axe. Chaque

(1) On nomme *valve* chaque pièce distincte d'un péricarpe sec parvenu à sa maturité. Un péricarpe univalve est donc celui dont les parties en s'ouvrant, restent unies en une seule pièce dans une étendue assez considérable, et ne peuvent être séparées artificiellement sans déchirure.

écaille porte une ou deux graines à sa base; *ex.*, le pin, le sapin, et en général toute la famille des conifères qui tire son nom de la forme du fruit.

La noix est un péricarpe osseux à une seule loge, qui ne s'ouvre pas à maturité, et qui est incomplétement recouverte d'une sorte d'involucre; *ex.*, le fruit du noisetier, et non celui du noyer qui est un drupe.

Le drupe est un péricarpe charnu qui enveloppe un noyau unique, osseux et renfermant une amande; *ex.*, la pêche, l'amande officinale et la noix du grand noyer.

La pomme est un péricarpe charnu, renfermant une capsule membraneuse où sont logés des pepins; *ex.*, la pomme ordinaire, la poire et le coing.

La baie est un péricarpe renfermant une pulpe succulente, dans laquelle les semences sont nichées sans ordre apparent; *ex.*, le raisin, le sureau.

De la Graine.

220. La graine est véritablement ce qui constitue le fruit, de même que les étamines et le pistil constituent la fleur. Le péricarpe, le calice et la corolle sont des parties accessoires dont, à la vérité, nous tirons souvent un grand parti, mais qui ne servent que d'enveloppes aux parties essentielles.

La graine renferme les rudimens d'une nouvelle plante; c'est un œuf fécondé qui doit, après avoir passé quelque temps dans le sein de la terre, reproduire un être semblable à celui dont il est sorti.

La graine est recouverte d'une pellicule plus ou moins épaisse, que l'on nomme *robe* ou *arille*. Sur un point quelconque de sa surface, se trouve une cicatrice à laquelle aboutissent un grand nombre de vaisseaux qui peuvent être comparés au cordon ombilical des animaux, comme la cicatrice à l'ombilic.

La graine est composée, intérieurement, de trois sortes de parties: le *périsperme*, les *cotylédons* et l'*embryon*.

Le périsperme est une substance analogue à l'albumen de l'œuf, qui sert à nourrir l'embryon, jusqu'à ce que les parties dont il se compose lui-même aient acquis assez de force pour tirer leur nourriture de la terre et de l'air. Il est très-apparent dans le fruit des graminées, et sa nature est farineuse : observons que dans ces graines il est bien distinct du cotylédon, que l'on trouve à côté, sous la forme d'une très-petite feuille.

Le périsperme semble manquer quelquefois; par exemple, dans le haricot, dont la graine paraît n'être entièrement formée que de deux cotylédons. Mais si, alors, on fait la remarque que ces deux cotylédons sont très-gros, charnus et farineux, au lieu d'être fibreux comme le seraient deux feuilles, on concevra sans peine qu'ils ne doivent leurs propriétés physiques qu'à la substance même du périsperme qu'ils ont absorbée.

Les cotylédons peuvent être définis *une ou plusieurs feuilles présentes dans la graine*. En effet, ce sont de véritables feuilles; et, s'il arrive si souvent qu'ils en diffèrent en apparence, cela tient à ce que leur développement a été arrêté par l'accroissement des autres parties de la graine, ou altéré par l'absorption du périsperme, comme je viens de dire que cela avait lieu dans le haricot.

Il y a des graines qui ont deux cotylédons, et il y en a d'autres qui n'en ont qu'un (1); et cette différence, qui semble si peu de chose à la première vue, mais qui tient à l'organisation intime des plantes, sert à les diviser toutes en deux grandes classes très-naturelles, ou en *dicotylédones* et *monocotylédones*. Si un certain nombre de plantes paraît encore se refuser à cette division par l'absence des cotylédons dans la graine, on doit l'attribuer à la petitesse des organes, qui en rend l'observation extrêmement difficile; puisque depuis l'époque où les célèbres Jussieu ont fondé

(1) Ou mieux il y a des graines dont les cotylédons sont opposés et d'autres qui les ont alternes.

leur méthode sur la division dont je viens de parler, la plupart des plantes qu'ils avaient rangées dans la classe de celles qui n'ont pas de cotylédons visibles dans la graine, ont été reconnues pour en avoir un.

L'usage des cotylédons, dans la graine, est d'élaborer la substance nutritive du périsperme, lorsqu'elle a été gonflée par l'humidité de la terre, et de la transmettre à l'embryon. Lorsque les parties, dont se compose celui-ci, ont acquis assez de force pour se passer de leur secours, les cotylédons deviennent inutiles, et périssent.

L'embryon, la dernière partie de la graine, est l'abrégé de la plante. Il est composé de la *plumule*, qui doit devenir la tige, et de la *radicule*, qui n'est autre chose que la racine.

Des Méthodes.

221. Les botanistes des différens siècles ont imaginé un grand nombre de méthodes pour faciliter l'étude des plantes. Les premières, comme on peut le penser, étaient très-imparfaites. Elles reposaient, ou sur l'usage auquel on destinait les végétaux connus, en raison de leurs propriétés médicinales ou alimentaires, ou sur l'habitude de ces mêmes végétaux, dont les uns vivent sur les eaux, et les autres dans les bois, au milieu des plaines ou sur les montagnes. D'autres botanistes encore classaient les plantes d'après la saison de l'épanouissement de leurs fleurs.

On comprend facilement combien des descriptions fondées sur des bases aussi sujettes à varier, devaient être, sinon peu fidèles, au moins peu intelligibles pour tout autre que celui qui les faisait. Aussi a-t-on peine à reconnaître maintenant les plantes dont les anciens auteurs ont voulu parler.

Parmi les méthodes modernes, on en distingue surtout trois, qui sont, la méthode de Tournefort, le système sexuel de Linné et la méthode de Jussieu.

Dans la méthode de Tournefort, qui parut en 1694, les

végétaux sont d'abord divisés en herbes et sous-arbrisseaux, et en arbrisseaux et arbres; ensuite les vingt-deux classes dont elle se compose, sont fondées sur l'absence, la présence et la forme de la corolle. Cette méthode, recommandable par sa simplicité, ne serait plus suffisante aujourd'hui.

Le système de Linné, plus ingénieux et bien plus étendu que la méthode de Tournefort, parut en 1736. Il est fondé sur le nombre, la position, la proportion et la connexion des étamines. On peut lui reprocher de disperser, dans différentes classes, des végétaux qui ont entre eux un très-grand nombre de rapports naturels; mais, ce qui lui assure une prééminence soutenue sur les autres méthodes, c'est que, par cela même que le cadre en est tout artificiel, son immortel auteur a pu le rendre propre à comprendre tous les végétaux connus et à connaître : c'est une colonne élevée au milieu d'édifices scientifiques renversés, et que le temps ne pourra détruire. Une méthode naturelle, au contraire, varie avec l'état de la science dont elle suit les progrès, et ne commande pas cette vénération que nous avons pour tout ce qui est ancien. Néanmoins, pour un esprit juste et non prévenu, une bonne méthode naturelle est préférable à la meilleure artificielle; c'est le propre sentiment de Linné : à ce titre, la méthode de Bernard de Jussieu, publiée par M. A. Laurent de Jussieu, en 1789, peut occuper le premier rang.

Système de Linné.

222. Ce système est fondé sur le nombre, la position, la proportion et la connexion des étamines. Joignons-y les différens cas où les étamines et les pistils se trouvent sur des fleurs séparées, et celui où ces organes se dérobent à l'observation, et nous complèterons les bases dont Linné s'est servi pour diviser tous les végétaux connus en 24 classes.

Les onze premières classes sont uniquement fondées sur

le nombre des étamines, depuis 1 jusqu'à 12, mais considérées seulement sur des fleurs qui réunissent les deux sexes, et que, pour cette raison, on a nommées *hermaphrodites*. Ainsi, tous les végétaux à fleurs hermaphrodites qui n'ont qu'une seule étamine, sont rangés dans la 1re. classe. Linné a nommé cette classe *monandrie*, du grec *monos*, un, et *aner*, *andros*, mari : l'étamine étant l'organe mâle de la fleur. *Exemple*, le gingembre.

La 2e. cl. se nomme *Diandrie*, c'est-à-dire 2 maris ou deux étamines; ex. la véronique.

La 3e.	*Triandrie*. . . .	3 étamines; *ex*.	le blé.
La 4e.	*Tetrandrie*. . . .	4 ét.......... ;	le plantain.
La 5e.	*Pentandrie*. . . .	5 ét.......... ;	la bourrache.
La 6e.	*Hexandrie*. . . .	6 ét.......... ;	le lis.
La 7e.	*Heptandrie*. . . .	7 ét.......... ;	le marronier d'Inde.
La 8e.	*Octandrie*. . . .	8 ét.......... ;	le garou.
La 9e.	*Ennéandrie*. . .	9 ét.......... ;	le laurier.
La 10e.	*Décandrie*. . .	10 ét.......... ;	l'œillet.
La 11e.	*Dodécandrie*. . .	12 ét.......... ;	la joubarbe.

Remarquons qu'il n'y a pas de classe pour le nombre 11 étamines; car on ne connaît jusqu'à présent qu'une plante (le *brownea*) qui en ait naturellement ce nombre, et elle se trouve comprise dans une des classes suivantes, toutes ses étamines étant réunies en un seul faisceau.

La 12e. et la 13e. classes sont fondées sur le nombre et la position des étamines. La 12e. renferme les plantes hermaphrodites qui ont environ 20 étamines insérées sur le calice; *exemple*, le rosier. Cette classe se nomme *icosandrie*.

La 13e. classe comprend les plantes hermaphrodites qui ont 20 étamines, ou plus, adhérentes au réceptacle de la fleur; *exemple*, la renoncule. On nomme cette classe *polyandrie*.

La 14e. et la 15e. classes sont fondées sur la grandeur respective des étamines. Ainsi dans la 14e., nommée *didynamie*, se trouvent encore des plantes à quatre étamines, mais dont deux plus courtes et deux plus grandes.

Didynamie veut dire 2 *puissances*; c'est-à-dire, que deux étamines paraissent avoir une sorte de supériorité sur les autres; *exemple*, la menthe.

La 15ᵉ. classe renferme des plantes à 6 étamines, qui en ont 2 petites et 4 grandes; *exemple*, le chou. On nomme cette classe *tétradynamie*, ce qui veut dire 4 *puissances*.

Les 16ᵉ., 17ᵉ., 18ᵉ., 19ᵉ. et 20ᵉ. classes sont fondées sur l'adhérence des étamines, soit entre elles, soit avec le pistil.

La 16ᵉ. classe se nomme *monadelphie*, c'est-à-dire, *un frère*. Elle a lieu lorsque toutes les étamines sont réunies en un seul faisceau par leurs filets, les anthères restant libres; *exemple*, la mauve.

La 17ᵉ. classe, ou la *diadelphie*, renferme les plantes dont les étamines, réunies par les filets, forment deux faisceaux; *exemple*, le haricot.

La 18ᵉ. classe, qui est la *polyadelphie*, a lieu lorsque les étamines, réunies par leurs filets, forment plus de deux faisceaux; *exemple*, l'oranger.

Dans la 19ᵉ. classe, les étamines, au lieu d'être réunies par leurs filets, le sont par les anthères, et forment ainsi comme une petite voûte traversée par le style; *exemple*, la chicorée. On nomme cette classe *syngénésie*, ce qui signifie *engendrant ensemble*.

Dans la 20ᵉ. classe les étamines sont adhérentes au pistil, ou sont immédiatement posées dessus; *exemple*, l'aristoloche. On nomme cette classe *gynandrie*, de *gunè*, femme, et *aner*, mari; voulant ainsi exprimer, par un seul mot, la réunion des sexes de la fleur.

Les 21ᵉ., 22ᵉ. et 23ᵉ. classes renferment des plantes dont les sexes sont séparés sur des fleurs différentes; ce que Linné a exprimé, en les nommant *diclines*, c'est-à-dire, *deux lits*. Dans la 21ᵉ. classe, les fleurs mâles et les fleurs femelles sont portées sur un même individu; *exemple*, le ricin. Cette classe se nomme *monoécie*, de *monos oïka*, *une seule maison*.

Dans la 22e. classe les fleurs mâles et les fleurs femelles sont portées sur des pieds différens; *exemple*, le genévrier. Cette classe se nomme *diœcie, deux maisons*.

La 23e. classe, nommée *polygamie*, comprend des végétaux, dont la même espèce présente sur le même pied, ou sur des pieds différens, des fleurs hermaphrodites, et des fleurs mâles ou femelles; *exemple*, le figuier.

La 24e. et dernière classe renferme tous les végétaux dont la fructification n'est pas visible à l'œil nu. Linné l'a nommée *cryptogamie*, ce qui veut dire *mariage caché*.

223. Linné a sous-divisé ses classes en ordres, ses ordres en genres, et ceux-ci en espèces. Voici sur quelles considérations il a fondé les ordres.

Dans les 13 premières classes dont le caractère classique est tiré du nombre des étamines, le caractère ordinal est pris du nombre des pistils ou des styles. Ainsi nous avons pour nom d'ordres :

La *Monogynie*.	1 style ou 1 femme.
Digynie.	2
Trigynie.	3
Tetragynie.	4
Pentagynie.	5
Hexagynie.	6
Heptagynie.	7
Octogynie.	8
Ennéagynie.	9
Décagynie.	10
Dodécagynie.	de 11 à 19
Polygynie.	20 ou plus

Mais chaque classe ne renferme pas un si grand nombre d'ordres. Par exemple la monandrie n'en a que deux, qui sont, la monogynie et la digynie. La diandrie et la triandrie n'en ont que trois, et ainsi des autres.

Dans la 14e. classe, qui est la didynamie, Linné a formé deux ordres fondés sur la forme du fruit : tantôt ce fruit semble être composé de quatre graines nues au fond du calice; *exemple*, la bétoine; tantôt il est enveloppé dans un seul péricarpe ; *exemple*, la digitale. Le premier cas se nomme *gymnospermie*, c'est-à-dire, *semence nue*, et le second *angiospermie*, c'est-à-dire, *semence recouverte*.

La 15ᵉ. classe, qui est la tétradynamie, se divise pareillement en deux ordres. Dans le premier le fruit est court, ou n'est pas quatre fois aussi long que large ; on le nomme *silicule*, et l'ordre, tétradynamie *siliculeuse* ; *exemple*, la moutarde. Dans le second ordre, le fruit, qui est au moins quatre fois aussi long que large, se nomme *silique*, et l'ordre est appelé tétradynamie *siliqueuse* ; *exemple*, le chou.

Dans la monadelphie, la diadelphie, la polyadelphie, la gynandrie, la monoécie et la dioecie, qui sont fondées sur l'adhérence des étamines par leurs filets, soit entre elles, soit avec l'ovaire, ou sur leur position dans des fleurs différentes, les ordres sont déduits du nombre des étamines, et portent les noms des premières classes. Ainsi l'on dit : *monadelphie triandrie*, *monadelphie pentandrie*, etc. Il est évident que la *monadelphie monandrie* est un cas absurde.

Dans la syngénésie les ordres sont très-compliqués, et fondés sur les rapports qui existent dans la disposition des deux sexes, et sur celle des fleurs elles-mêmes. La classe est d'abord divisée en deux ordres, savoir, la syngénésie *polygamie*, où les fleurs sont réunies plusieurs ensemble dans un calice commun (alors on les nomme *fleurons*, c'est-à-dire, petites fleurs), et la syngénésie *monogamie*, où les fleurs sont séparées. Ce dernier ordre ne se sous-divise pas, mais le premier se partage en cinq autres, savoir :

1°. La syngénésie polygamie *égale*, dont tous les fleurons sont hermaphrodites ;

2°. La syngénésie polygamie *superflue*, dont les fleurs centrales sont hermaphrodites fertiles, et celles de la circonférence femelles également fertiles, de sorte qu'elles semblent superflues ;

3°. La syngénésie polygamie *frustranée*, où les fleurs centrales sont hermaphrodites fertiles, et les fleurs marginales femelles stériles; de sorte que, dans le style figuré de Linné, on ne voit pas trop pourquoi on les a fait venir là;

4°. La syngénésie polygamie *nécessaire*, où les fleurs du centre sont hermaphrodites stériles, et celles de la circonférence femelles fécondes, de manière qu'elles sont nécessaires à la propagation de l'espèce;

5°. La syngénésie polygamie *séparée*, où les fleurs, quoique renfermées dans un calice commun, ont encore chacune un calice propre.

La 23e. classe, ou la polygamie, se divise en trois ordres: Dans le premier, nommé polygamie *monoécie*, un même individu porte des fleurs hermaphrodites et des fleurs mâles ou femelles. Dans le second, nommé polygamie *diœcie*, on trouve dans la même espèce des individus qui ont toutes leurs fleurs hermaphrodites, et d'autres qui ont des fleurs seulement mâles ou femelles. Dans le troisième ordre, nommé polygamie *triœcie*, la même espèce offre des individus hermaphrodites, d'autres mâles, et des troisièmes femelles.

Enfin la cryptogamie se divise en quatre ordres, déduits simplement du port des plantes. Ce sont les *fougères*, les *mousses*, les *algues* et les *champignons*.

Pour mieux faciliter l'intelligence de ce système aux commençans, il n'est pas inutile d'en joindre ici le tableau.

SYSTÈME SEXUEL DE LINNÉ.	CLASSES.	ORDRES.
PLANTES A ORGANES SEXUELS.		
VISIBLES.		
TOUJOURS RÉUNIS DANS LA MÊME FLEUR.		
NON ADHÉRENS ENTRE EUX.		
Étamines égales entre elles, ou sans proportion déterminée.		
Moins de vingt étamines.		
Une étamine.	I. Monandrie.	Monogynie, digynie.
Deux étamines.	II. Diandrie.	1—2—3 gynie.
Trois.	III. Triandrie.	1—2—3 gynie.
Quatre.	IV. Tétrandrie.	1—2—4 gynie.
Cinq.	V. Pentandrie.	1—2—3—4—5— Polygynie.
Six.	VI. Hexandrie.	1—2—3—4— Polygynie.
Sept.	VII. Heptandrie.	1—2—4—7 gynie.
Huit.	VIII. Octandrie.	1—2—3—4 gynie.
Neuf.	IX. Ennéandrie.	1—3—6 gynie.
Dix.	X. Décandrie.	1—2—3—5—10 gynie.
De onze à dix-neuf.	XI. Dodécandrie.	1—2—3—5—12 gynie.
Vingt étamines ou plus. Adhérentes au calice.	XII. Icosandrie.	1—2—3—5— Polygynie.
Vingt étamines ou plus. Adhérentes au réceptacle.	XIII. Polyandrie.	1—2—3—4—5—6— Polygynie.
Deux étamines plus courtes que les autres. Quatre étamines dont deux plus longues.	XIV. Didynamie.	Gymnospermie, angiospermie.
Deux étamines plus courtes que les autres. Six étamines dont quatre plus longues.	XV. Tétradynamie.	Siliculeuse, siliqueuse.
ADHÉRENS ENTRE EUX.		
Étamines non adhérentes au pistil, mais adhérentes entre elles. Par les filets. Toutes en un faisceau.	XVI. Monadelphie.	3—5—8—9—10—12— Polyandrie.
Étamines non adhérentes au pistil, mais adhérentes entre elles. Par les filets. En deux faisceaux.	XVII. Diadelphie.	5—6—8—10 andrie.
Étamines non adhérentes au pistil, mais adhérentes entre elles. Par les filets. En plusieurs faisceaux.	XVIII. Polyadelphie.	5—20—Polyandrie.
Étamines non adhérentes au pistil, mais adhérentes entre elles. Par les anthères.	XIX. Syngénésie.	Polygamie égale, superflue, frustranée, nécessaire, séparée; monogamie.
Étamines adhérentes au pistil, ou posées sur lui.	XX. Gynandrie.	2—3—4—5—6—8—10—12— Polyandrie.
NON RÉUNIS DANS LA MÊME FLEUR.		
Fleurs mâles et femelles sur le même individu.	XXI. Monoécie.	1—2—3—4—5—6—7— Polyandrie, Monadelphie, syngénésie, gynandrie.
Fleurs mâles et femelles sur deux individus différens.	XXII. Diœcie.	1—2—3—4—5—6—8—9—10—12—Polyandrie, Monadelphie, syngénésie, gynandrie.
Fleurs tantôt mâles, femelles, ou hermaphrodites, sur un, deux, ou trois individus.	XXIII. Polygamie.	Monoécie, diœcie, triœcie.
INVISIBLES A L'ŒIL NUD.	XXIX. Cryptogamie.	Fougères, mousses, algues, champignons.

Méthode de Jussieu.

224. Cette méthode est établie sur la forme de l'embryon, sur la position des étamines par rapport au pistil, et sur l'absence, la présence et la forme de la corolle.

L'embryon n'a pas de cotylédons, ou en a un, ou en a deux. De là trois grandes divisions : les *acotylédones*, les *monocotylédones* et les *dicotylédones*.

Les étamines sont portées sur le pistil, ou sont placées dessous, ou enfin prennent naissance sur le calice qui l'environne ; de là trois divisions secondaires : l'*épigynie*, l'*hypogynie* et la *périgynie*.

Cette insertion des étamines peut avoir lieu, soit immédiatement, soit par l'intermède de la corolle ; et elle est *médiate*, ou *simplement immédiate*, ou *immédiate nécessaire*.

Elle est médiate toutes fois que la fleur ayant une corolle, cette corolle est monopétale, c'est-à-dire que, dans ce cas, les étamines sont toujours portées sur la corolle, qui est elle-même insérée sur l'ovaire, ou dessous l'ovaire ou sur le calice.

Elle est simplement immédiate, lorsque la fleur ayant une corolle, mais cette corolle étant polypétale, les étamines n'y sont pas attachées, et s'implantent immédiatement, soit sur l'ovaire, soit dessous, soit sur le calice. On peut remarquer cependant que, même dans ce cas, l'insertion de la corolle suit celle des étamines, et réciproquement.

Enfin l'insertion des étamines est nécessairement immédiate, toutes les fois que la fleur n'a pas de corolle, parce qu'alors il faut nécessairement qu'elles soient insérées sur l'ovaire, ou à sa base, ou sur le calice.

225. Les plantes de la première grande division, qui comprend les acotylédones, n'ayant pas d'organes sexuels apparens, la loi des insertions est nulle pour elles. Aussi

ne forment-elles qu'une seule classe que l'auteur a partagée en six ordres, ou familles. Ces ordres sont : les *champignons*, les *algues*, les *hépatiques*, les *mousses*, les *fougères* et les *nayades* (1).

226. Les monocotylédones, ou les plantes de la seconde division, n'ont qu'une seule enveloppe florale, que M. Jussieu a regardée comme un calice. Il s'ensuit qu'il ne leur reconnaît qu'un seul mode d'insertion, qui est l'immédiate nécessaire ; mais, comme cette insertion peut être hypogyne, périgyne ou épigyne, il en résulte trois nouvelles classes, qui sont également divisées en un certain nombre d'ordres ou de familles.

Les monocotylédones à étamines hypogynes qui composent la seconde classe de la méthode, sont partagées en quatre ordres, qui sont : les *aroïdes*, les *typhacées*, les les *cypéracées* et les *graminées*.

La troisième classe, celle des monocotylédones à étamines périgynes, comprend neuf ordres : les *palmiers*, les *asparaginées*, les *joncées*, les *commelinées*, les *alismacées*, les *colchicées*, les *liliacées*, les *narcissées*, les *iridées*.

La quatrième classe, ou celle des monocotylédones à étamines épigynes, est divisée en quatre ordres : les *musacées*, les *amomées*, les *orchidées*, les *hydrocharidées*.

227. Les dicotylédones beaucoup plus nombreuses que les acotylédones et les monocotylédones ensemble, ont exigé un plus grand nombre de classes qui ont été fournies par l'absence ou la présence et la forme de la corolle ;

(1) Il faut observer qu'on est parvenu depuis long-temps à faire germer les mousses, les fougères et les nayades, et qu'elles ont levé avec une feuille séminale ; de sorte qu'elles appartiennent réellement à la division des monocotylédones. D'un autre côté, comme en les y faisant passer, il sera toujours nécessaire de les isoler des autres monocotylédones dont la fructification plus visible et moins irrégulière peut être soumise aux règles de l'insertion, il s'ensuit que cette division fournira quatre classes à la méthode au lieu de trois, et que le nombre total des classes sera de 16 au lieu de 15.

caractère très-secondaire en lui-même, mais qui devient essentiel par sa combinaison avec un caractère principal.

Les dicotylédones sont *apétales*, *monopétales*, ou *polypétales*. Quand la fleur est apétale, c'est-à-dire, lorsqu'elle n'a qu'une enveloppe florale, que M. Jussieu a considérée comme un calice, l'insertion des étamines est immédiatement nécessaire comme dans les monocotylédones, et elle est épigyne, périgyne ou hypogyne; ce qui forme encore trois classes.

La 1re., qui est la 5e. de la méthode, renferme donc les dicotylédones apétales à étamines épigynes. Elles sont peu nombreuses, et toutes comprises dans un seul ordre : les *aristolochiées*.

La 6e. classe comprend les dicotylédones apétales à étamines périgynes, et se divise en six ordres : les *elæagnées*, les *thymélées*, les *protéacées*, les *laurinées*, les *polygonées*, les *chénopodées*.

La 7e. classe, celle des dicotylédones apétales à étamines hypogynes, renferme 4 ordres : les *amaranthacées*, les *plantaginées*, les *nictaginées* et les *plumbaginées*.

228. Viennent ensuite les dicotylédones monopétales, chez lesquelles, suivant ce que j'ai dit plus haut, l'insertion des étamines est toujours médiate. De plus cette insertion est, de même que dans les divisions précédentes, hypogyne, perigyne ou épigyne; néanmoins, comme on va le voir, les dicotylédones monopétales forment quatre classes au lieu de trois.

La 1re. de ces 4 classes, qui est la 8e. de la méthode, comprend les dicotylédones monopétales à étamines hypogynes. Comme on peut s'en apercevoir, on place toujours en tête de chaque division la classe dans laquelle l'insertion des étamines est la même que celle de la classe qui a fini la division précédente, afin de conserver le plus de rapports possibles entre les classes voisines.

Cette 8e. classe est divisée en 15 ordres qui sont : les *primulacées*, les *pédiculaires*, les *acanthacées*, les *jas-*

minées, les *gattiliers*, les *labiées*, les *personnées*, les *solanées*, les *borraginées*, les *convolvulacées*, les *polémoniacées*, les *bignoniacées*, les *gentianées*, les *apocinées*, les *sapotées*

La 9e. classe comprend les dicotylédones monopétales à étamines périgynes, qui sont divisées en 4 ordres : les *ébénacées*, les *rhodoracées*, les *éricinées*, les *campanulacées*.

Les dicotylédones monopétales à étamines épigynes ont été partagées en deux classes qui se distinguent en ce que dans l'une les étamines sont réunies par leurs anthères, et que dans l'autre elles sont libres.

La 10e. classe de la méthode comprend donc les dicotylédones monopétales à étamines épigynes réunies par leurs anthères. Elle répond à la syngénésie de Linné, et aux flosculeuses, demi-flosculeuses et radiées de Tournefort. M. Jussieu l'a divisée en trois ordres; les *chicoracées*, les *cinarocéphales* et les *corymbifères*.

La 11e. classe renferme les dicotylédones monopétales à étamines épigynes distinctes : ce sont les *dipsacées*, les *valérianées*, les *rubiacées* et les *caprifoliées*.

229. Nous arrivons aux dicotylédones polypétales. Elles ont l'insertion des étamines simplement immédiate, et elles forment trois classes qui sont les 12e., 13e. et 14e. de la méthode.

La 12e. classe renferme les dicotylédones polypétales à étamines épigynes. Elle n'a que deux ordres, les *araliacées* et les *ombellifères*.

La 13e. classe qui est celle des dicotylédones polypétales à étamines hypogynes, est divisée en 22 ordres : les *renonculacées*, les *papavéracées*, les *crucifères*, les *capparidées*, les *sapindacées*, les *acérinées*, les *hypericées*, les *guttifères*, les *aurantiées*, les *méliacées*, les *sarmentacées*, les *géraniées*, les *malvacées*, les *magnoliacées*, les *annonées*, les *menispermées*, les *berbéridées*, les *tiliacées*, les *cistinées*, les *rutacées* et les *caryophyllées*.

La 14e. classe, celle des dicotylédones polypétales à étamines périgynes, comprend les 13 ordres suivans : les *crassulées*, les *saxifragées*, les *nopalées*, les *portulacées*, les *ficoïdes*, les *onagraires*, les *myrtinées*, les *mélastomées*, les *salicaires*, les *rosacées*, les *légumineuses*, les *térébinthacées*, les *frangulacées*.

230. Voici dix classes de dicotylédones dont un des caractères essentiels a été pris de la diverse situation des étamines par rapport au pistil; mais il y a des plantes de la même division, qui ont les organes sexuels séparés sur différentes fleurs, et qui n'ont pu être comprises dans ces classes, puisque les règles de l'insertion sont nulles pour elles.

Il a donc fallu les réunir dans une dernière classe qui est la 15e. de la méthode et qui répond aux 21e., 22e., et 23e. de Linné. Cette classe comprend 6 ordres : les *euphorbiacées*, les *cucurbitacées*, les *passiflorées*, les *urticées*, les *amentacées*, et les *conifères*.

TOUTES LES PLANTES SONT

					Classe.
ACOTYLÉDONES.	Pas de cotylédon visible ; fructification peu connue.				I.
MONOCOTYLÉDONES.	Un seul cotylédon ; nervures longitudinales. Une seule enveloppe florale, *calice* J. Insertion des étamines nécessairement immédiate, et.		Hypogyne.		II.
			Périgyne.		III.
			Épigyne.		IV.
DICOTYLÉDONES. Deux cotylédons : ont les fleurs	Hermaphrodites ; ou unisexuelles, non par l'absence, mais par l'avortement des étamines ou du pistil. Leurs fleurs sont.	Apétales. Une seule enveloppe florale dite *calice*, J. Insertion des étamines nécessairement immédiate, et.	Épigyne.		V.
			Périgyne.		VI.
			Hypogyne.		VII.
		Monopétales. Deux enveloppes florales ; corolle d'une seule pièce ; insertion des étamines médiate ; corolle.	Hypogyne.		VIII.
			Périgyne.		IX.
			Épigyne.	Étamines réunies par les anthères.	X.
				Étamines distinctes.	XI.
		Polypétales. Deux enveloppes florales ; rarement une seule qui est alors presque toujours une *corolle*. Corolle de plusieurs pièces. Insertion des étamines simplement immédiate, et.	Épigyne.		XII.
			Hypogyne.		XIII.
			Périgyne.		XIV.
	Unisexuelles vraies, dites diclines irrégulières.				XV.

DIVISION I. — *Des Racines.*

De la racine d'Ache.
Radix apii. — Off.

231. *Apium graveolens* L. Pentandrie digynie; dicotylédones polypétales épigynes, famille des ombellifères. *Ache des marais* Vulg.

Car. gen. : Fruit ové, strié; involucre, monophylle; pétales égaux. — *Car. spéc.* : Feuilles de la tige cunéiformes. On distingue deux variétés d'ache : l'une, qui a été nommée par Bauhin et Tournefort *apium palustre et apium officinarum*, croît dans les marais, est seule usitée en médecine; l'autre, appelée *apium dulce*, *celeri Italorum*, est cultivée dans les jardins, et se mange en salade sous le nom de *céleri.*

La racine de la première est blanche, longue, grosse et ramifiée; sa tige est haute de deux pieds, grosse, cannelée, verte, creuse; ses feuilles sont semblables à celles du persil, mais beaucoup plus grandes, vertes, lisses et luisantes; son fruit est composé de deux petites semences accolées, convexes d'un côté, striées, grises, âcres et aromatiques.

Toute la plante jouit d'une odeur forte : la racine sèche en conserve une très-suave. C'est une des cinq racines apéritives, et elle entre dans la composition du sirop de ce nom; mais elle est très-souvent remplacée par la racine de livèche, qui est plus commune.

De la racine d'Acore vrai.
Radix acori veri. — Off.

232. *Acorus Calamus* L. Hexandrie monogynie; monocotylédones à étamines épigynes et famille des aroïdes de Jussieu.

Car. génér. Spadice cylindrique, couvert de fleurons; corolle à six pétales nus (calice J.); stile o.; capsule triloculaire.

L'acore vrai est une plante vivace qui croît dans les lieux humides de la Tartarie, de la Lithuanie, de la Flandre, de l'Angleterre, et que l'on cultive aussi dans les jardins. Ses feuilles ressemblent à celles de l'iris, mais sont plus étroites, plus droites et à deux tranchans. Sa racine est grosse comme le doigt, articulée et couchée obliquement à la superficie de la terre. Telle que le commerce nous la donne, elle est spongieuse, et d'une sécheresse variable suivant l'état hygrométrique de l'air; d'un fauve clair à l'extérieur, d'un blanc rosé à l'intérieur, d'une odeur très-suave. Elle offre deux surfaces bien distinctes : l'une garnie de points noirs d'où partaient les radicules; l'autre marquée de vestiges transversales d'où s'élevaient les feuilles.

M. Trommsdorff a soumis cette racine fraîche à l'analyse, et en a retiré, sur 64 onces, 15 grains d'une huile volatile plus légère que l'eau, 1 once d'inuline, 9 gros de matière extractive, 3 onces $\frac{1}{2}$ de gomme, 1 once $\frac{1}{2}$ de résine visqueuse, 13 onces 6 gros de matière ligneuse, 42 onces d'eau. (*Ann. de Chim.* LXXXI. 332.)

La racine d'acore vrai est ordinairement demandée et livrée dans les officines sous le nom de *calamus aromaticus*. C'est une erreur : le véritable *calamus aromaticus* des anciens est la tige odorante et amère d'une sorte de canne des Indes, qui a été pendant un temps apportée en Europe réunie en petites bottes, mais qui n'y vient plus du tout. Il faut même distinguer ce *calamus aromaticus* d'une variété de l'*acorus calamus* qui croît dans les Indes, et qui ne paraît différer du nôtre que par sa racine plus petite, mais plus aromatique. Cette racine ne vient pas non plus en Europe. Enfin il convient de toujours désigner la racine qui fait le sujet de cet article sous le nom d'*acore vrai*, pour la distinguer de la racine d'une espèce d'iris qui, par la ressemblance de ses feuilles avec l'acore, a été nommée par Linné *Iris pseudo-Acorus*, c'est-à-dire, iris faux-acore.

De la racine d'Angélique cultivée.
Radix angelicæ sativæ. — Off.

233. *Angelica Archangelica* L. Pentandrie digynie ; dicotylédones polypétales épigynes, famille des ombellifères.

Car. génér. : Ombelle grande, hémisphérique ; involucre et involucelles ; fruit presque rond (composé de deux semences accolées), anguleux, solide ; styles réfléchis ; corolles égales ; pétales recourbés en dedans. — *Car. spéc.* : Feuilles lobées impairement.

L'angélique croît surtout en Laponie, en Norwège, en Bohème, en Suisse, dans les Pyrénées, dans les montagnes de l'Auvergne. On la cultive aussi dans les jardins ; et alors, de bisannuelle qu'elle est naturellement, elle peut devenir vivace. Sa racine est grosse, charnue, et se divise en un grand nombre de rameaux qui s'enfoncent perpendiculairement dans la terre (1). Sa tige s'élève à la hauteur de 3 ou 4 pieds ; elle est grosse, creuse, cannelée, très-odorante ; ses feuilles, également odorantes, sont grandes, alternes et engaînantes à la base.

La racine d'angélique nous est apportée sèche de la Bohème, des Alpes et des Pyrénées. Elle se compose du corps de la racine et de grosses fibres rassemblées en faisceau. Elle est grise à l'extérieur et très-ridée ; blanchâtre à l'intérieur, d'une odeur forte très-agréable, d'une saveur amère, musquée, âcre et persistante. Il faut la choisir bien sèche, nouvelle, non vermoulue, et la conserver dans un endroit sec, avec l'attention de la cribler souvent ; car elle attire l'humidité, et se laisse très-facilement attaquer par les vers. Peut-être les pharmaciens devraient-ils, en raison de la vétusté ordinaire de la racine d'angélique du commerce, faire sécher eux-mêmes, au printemps, celle de la plante cultivée dans nos jardins ; car je

(1) Lorsqu'au printemps, on y fait une incision vers la partie supérieure, il en découle un suc gommo-résineux d'une forte odeur de musc.

m'en suis procuré de cette manière qui est fort supérieure pour la force et la suavité de son odeur à celle du commerce.

L'eau dans laquelle on fait infuser la racine d'angélique prend une couleur jaune, le goût et l'odeur de la racine, mais dans un degré plus faible. L'alcohol se charge de principes plus actifs, et l'éther en dissout aussi quelques-uns. Une livre de cette racine donne ordinairement 1 gros d'huile volatile, 3 à 4 onces d'extrait alcoholique, résineux et balsamique, et 5 à 6 onces d'extrait aqueux d'une odeur faible.

La racine d'angélique entre dans la composition des alcoholats thériacal et de mélisse composé, et dans celle du baume du commandeur. Les feuilles récentes entrent dans l'eau vulnéraire, simple et spiritueuse. Les confiseurs forment un condiment très-agréable et stomachique avec les tiges. Les semences, qui étaient aussi employées autrefois, ne le sont plus aujourd'hui.

234. Outre l'espèce d'angélique dont il vient d'être question, il y en a une autre sauvage, *A. silvestris* L., dont la racine a très-peu d'odeur et n'est pas employée. Cette racine se distingue encore de la première, en ce que le corps principal est plus gros et comme arrondi, et les radicules plus fines et moins nombreuses.

De la racine d'Anthore.

Radix anthoræ. — Off.

235. *Aconitum Anthora* L. Polyandrie trigynie; dicotylédones polypétales, hypogynes, famille des renonculacées.

Car. génér. (Voyez aux feuilles, art. *Aconit.*) — *Car. spéc.* : 5 capsules; lanières des feuilles linéaires.

Cette plante pousse une tige de la hauteur d'un pied à un pied et demi, anguleuse, ferme, un peu velue, garnie de beaucoup de feuilles alternes, rondes, découpées en lanières. La racine est composée de corps charnus de la grosseur d'une olive, bruns au dehors, blancs en dedans, d'une saveur âcre et amère. On nous envoyait autrefois cette racine sèche des Alpes et des Pyrénées, et on l'employait comme contre-poison des autres espèces d'aconit et de renoncules, dont l'une se nommait *Thora*, d'où sont venus les noms d'*Anthora* et d'*Aconit salutifère* que porte la plante. Mais ses seules bonnes qualités sont peut-être d'être moins pernicieuse que les autres renonculacées, et elle est tout-à-fait oubliée actuellement.

Des racines d'Aristoloches.

236. *Aristolochiæ* L. Gynandrie hexandrie; dicotylédones apétales épigynes, famille des Aristolochiées de Jussieu.

Car. génér. : Calice coloré, monophylle, en tube et renflé à sa base, dilaté au limbe, terminé en languette; 6 anthères sessiles sur le pistil; capsule à 6 loges.

On distingue dans les pharmacies quatre espèces indigènes d'aristoloche et une exotique. Celle-ci est connue sous le nom de *Serpentaire de Virginie*.

1°. *L'Aristoloche ronde.*
Radix aristolochiæ rotundæ. — Off.

237. *A. rotunda* L. *A. rotunda flore ex purpurâ nigro* T.

Car. spéc. : Feuilles en cœur, presque sessiles, obtuses; tige faible; fleurs solitaires.

Cette plante, dont la tige s'élève à environ dix-huit pouces de hauteur, croît dans les champs, surtout dans les pays chauds; et, en France, dans le Languedoc et la Provence, d'où on nous apporte sa racine sèche. Cette racine est tubéreuse, assez grosse, pesante, comme mamelonnée à sa surface, grise, unie ou quelquefois légèrement ridée, jaunâtre à l'intérieur, d'une saveur amère, d'une odeur désagréable.

2°. *L'Aristoloche longue.*
Radix aristolochiæ longæ. — Off.

238. *A. longa* L. *A. longa vera* T. — *Car. spéc.* : Feuilles en cœur pétiolées, très-entières, un peu obtuses; tige faible; fleurs solitaires.

Cette aristoloche croît dans les mêmes lieux que la première, et lui ressemble beaucoup; mais sa racine, au lieu d'être arrondie, est cylindrique, quelquefois longue d'un pied, et grosse à proportion; du reste elle a les mêmes couleur, odeur et saveur.

3°. *L'Aristoloche clématite.*
Radix aristolochiæ clematitis. — Off.

238 *bis*. *A. Clematitis* L. *A. Clematitis recta* T. — *Car. spéc.* : Feuilles en cœur; tiges droites, fleurs axillaires ramassées.

Cette plante se trouve à peu près, par toute la France, dans les bois, et encore plus dans le midi. Sa racine, fort différente des précédentes, est composée de quelques fibres brunes, fort longues, de la grosseur d'une plume d'oie, serpentant de tous côtés, et d'un petit nombre de radicules. Elle a une odeur plus forte que les précédentes, et une saveur âcre, amère et fort désagréable.

4°. *L'Aristoloche petite.*
Radix aristolochiæ tenuis. — Off.

239. *A. Pistolochia* L. *A. Pistolochia dicta* T. — *Car. spéc.* : Feuilles en cœur crénelées sur leurs bords, réticulées en dessous, pétiolées; fleurs solitaires.

Cette espèce est plus petite dans toutes ses parties que les précédentes, et s'élève rarement à plus de neuf pouces de terre. Sa racine est composée d'un petit tronc de la grosseur d'une plume, et d'un grand nombre de radicules très-déliées, d'un demi-pied de longueur. Elle a une couleur grise jaunâtre, une odeur aromatique qui n'est pas désagréable, et un goût âcre et amer (1). Elle vient de nos pays méridionaux.

Les différentes espèces de racine d'aristoloche sont détersives, emmenagogues et propres à favoriser l'expulsion des lochies, d'où leur est venu leur nom. Les trois premières ont été connues de Dioscorides et des anciens Grecs. La dernière ne l'a été que de Pline, qui l'a décrite sous les noms de *pistolochia* et de *polyrrhizos* : ce dernier nom signifie *nombreuses racines*.

5°. *L'Aristoloche serpentaire.*
Radix serpentariæ virginianæ. — Off.

(*Serpentaire de Virginie ou Vipérine de Virginie.*)

240. *Aristolochia Serpentaria* L. — *Car. spécif.* : Feuilles cordées-oblongues, planes ; tiges faibles, flexueuses, cylindriques ; fleurs solitaires ; (nœuds de la tige très-apparens ; fleurs vers la racine).

Cette plante paraît avoir été décrite, pour la première fois, par Thomas Johnson, en 1633. C'est, lorsqu'elle est récente, un spécifique presque certain contre la morsure de plusieurs serpens venimeux. Il paraît même qu'elle est nuisible aux serpens eux-mêmes, mais dans un moindre degré qu'une autre espèce du même genre, qui est l'*A. anguicida* L. Sa racine, telle qu'on l'apporte de l'Amérique septentrionale, est formée d'un petit corps long et menu, garni d'un chevelu touffu et très-fin. Elle a une couleur grise, quelquefois jaunâtre, une odeur forte et camphrée, une saveur amère également camphrée. Elle est presque toujours accompagnée de portions de sa tige flexueuse, et de quelques feuilles qui, humectées et développées sur une feuille de papier, ont la forme annoncée plus haut ; ce qui sert à la reconnaître et à la distinguer de

(1) L'échantillon que je possède a une saveur manifestement sucrée : il est possible que cela tienne à sa vétusté.

quelques autres racines que l'on pourrait donner en sa place. Il est bon, cependant, que les pharmaciens, avant de l'employer, en retranchent ces parties, qui n'ont pas les mêmes propriétés.

La serpentaire de Virginie est estimée sudorifique, fébrifuge et antihystérique; elle entre dans un grand nombre de préparations magistrales et dans l'alcoholat thériacal.

Il ne faut pas la confondre avec la racine d'une autre plante nommée également serpentaire, et qui est l'*Arum Dracunculus* L. (243).

Racine d'Arnica.

(Voyez aux fleurs, article *fleur d'arnica.*)

De la racine d'Arrête-Bœuf ou de Bugrane.
Radix ononis. = Off.

241. *Ononis spinosa* L., et son *O. Antiquorum.* Diadelphie décandrie; dicotylédones polypétales périgynes, famille des légumineuses J.

Caract. gén. : Corolle papillonacée; dix étamines monadelphes, ou sans aucune fissure; calice à cinq divisions profondes, linéaires; étendard strié; légume renflé sessile. — *Car. spéc.* de l'*O. spinosa* : Fleurs disposées en grappes et solitaires; feuilles ternées et solitaires, rameaux épineux.

Cette plante, qui croît dans les champs et le long des chemins, pousse des tiges hautes d'un pied et demi, touffues, pliantes, rougeâtres, velues et armées de longues épines. Ses feuilles sont d'un vert foncé, velues, gluantes et d'une odeur désagréable. Ses fleurs sont purpurines ou incarnates, rarement blanches. Ses racines sont longues d'environ deux pieds, grosses comme le doigt au moins, ligneuses, flexibles et difficiles à rompre. Elles arrêtent souvent la charrue du laboureur, ce qui a valu à la plante son nom. Cette racine sèche est d'un gris foncé à l'extérieur, blanche en dedans, et offrant une cassure rayonnée du centre à la circonférence : elle a une saveur douce qui a quelque analogie avec celle de la réglisse, mais qui est bien moins marquée; son odeur est faible et désagréable. On prétend qu'on a tenté quelquefois de la mêler à la salsepareille; il faut avoir bien compté sur le peu d'attention de l'acheteur, car rien n'est si facile à distinguer que ces deux racines.

La racine d'arrête-bœuf est regardée comme apéritive.

De la racine d'Arum.
Radix ari vulgaris. — Off.

(Nom vulgaire : *Gouet* ou *Pied de Veau.*)

242. *Arum vulgare*, Lamark. *A. Maculatum* L. Gynandrie polyandrie; monocotylédones à étamines épigynes, familles des aroïdes J.

Car. gén.: Spathe monophylle, en forme de capuchon; spadice nu à la partie supérieure, femelle à la partie inférieure, et staminifère au milieu.—*Car. spéc.:* Pas de tige; feuilles hastées très-entières; spadice en massue.

Cette plante croît en France dans les lieux ombragés; elle est facile à reconnaître à son port et aux caractères ci-dessus. On en connaît deux variétés : l'une ayant les feuilles entièrement vertes, et l'autre les ayant marquetées de taches blanches. On les emploie indifféremment. Leur racine est ovoïde, garnie par le bas de quelques fibres, brunâtre au dehors, blanche en dedans, contenant deux sucs différens : l'un laiteux et l'autre qui ne l'est pas (Murray. *Apparatus Med.*, vol. V, pag. 44); celui-ci est beaucoup plus âcre que le premier, et c'est à lui que la racine récente paraît devoir sa causticité. Cette propriété ne se perd qu'en partie par la dessiccation; et la racine, telle que le commerce la présente, lorsqu'elle n'est pas trop ancienne, jouit encore d'une âcreté brûlante. Elle est en outre assez généralement ovoïde comme dans l'état récent, ayant depuis la grosseur d'une aveline jusqu'à celle d'une petite noix, mondée de son écorce, blanche à l'intérieur, jaunâtre par places au dehors, d'une odeur presque nulle. Cependant le principe caustique de la racine d'arum, de même que celui du manihot, et d'autres végétaux à la fois amylacés et vénéneux, peut se détruire par la torréfaction et la fermentation; il ne faut donc pas s'étonner si Lemery annonce qu'on a essayé d'en faire du pain dans les temps de disette.

Suivant ce qu'on lit dans Murray, le suc obtenu par l'expression de la racine récente verdit le sirop de violettes, et est coagulé par les acides. Ces résultats, joints à d'autres non moins singuliers, publiés par Geoffroy dans sa matière médicale, font désirer que quelque chimiste s'occupe de nouveau de l'analyse de l'arum.

La racine d'arum entre dans la poudre d'arum composée, et dans l'opiat mésentérique. On en retire aussi la fécule, qui conserve quelques propriétés médicinales.

De la racine d'Arum-Serpentaire ou de serpentaire commune.

Radix dracunculi. — Off.

243. *Arum Dracunculus* L. — *Car. spéc.* : Feuilles pédalées; folioles lancéolées très-entières, égalant la spathe la plus longue du calice.

Cette espèce croît surtout dans le midi de la France, d'où on nous envoie sa racine mondée et séchée. Dans le commerce on la confond avec la racine d'arum ordinaire, dont elle a les propriétés. Elle en diffère cependant, parce qu'elle est beaucoup plus grosse, et que les morceaux les moins divisés ont la forme d'un pain orbiculaire, sur la face supérieure duquel on aperçoit des vestiges d'écailles foliacées concentriques. Elle est d'un blanc d'amidon à l'intérieur, d'une saveur âcre, moins forte que celle de l'espèce précédente.

Cette racine, assez employée autrefois, ne l'est plus guère que comme racine d'arum; encore est-ce à tort, car si l'on peut en juger par sa saveur moins forte, elle doit être moins active.

De la racine d'Asarum.

Radix asari. — Off.

(Noms vulgaires : *Cabaret*, *Oreille-d'Homme*, *Nard sauvage*.)

244. *Asarum europæum* L. Dodécandrie monogynie ; dicotylédones apétales épigynes, famille des aristolochiées J.

Car. gén. : Calice coloré, persistant, campaniforme, à trois divisions ouvertes ; douze étamines posées circulairement ; anthères attachées à la face externe des filets ; style hexagone, six stigmates, capsule tronquée polysperme, six lobes. — *Car. spéc.* : Feuilles réniformes, obtuses, réunies deux à deux.

L'asarum devenu assez rare dans les environs de Paris, croît surtout dans les lieux ombragés des Alpes et du midi de la France. C'est une petite plante basse, toujours verte, dont les feuilles fermes, vertes et lisses, sont portées sur de longs pétioles réunis deux à deux près de la racine. C'est de l'endroit de leur réunion que sort un pédoncule assez court, supportant une fleur brune. La racine est grise, fibreuse, rampante, garnie d'un chevelu blanchâtre. On nous l'apporte sèche de nos provinces méridionales ; mais récoltée sans soin et mêlée d'un grand nombre de racines étrangères : telles sont entre autres celles de fraisier, de tormentille ou d'autres analogues ; d'arnica, d'asclépiade, de polygala, et surtout de valériane sauvage, en assez grande quantité pour communiquer à toute la masse une forte odeur de valériane ; c'est ce qui a causé l'erreur de quelques auteurs de matière médicale, qui donnent cette odeur comme un caractère propre à la racine d'asarnm. Voici les caractères de cette racine lorsqu'elle est mondée de toutes celles qui lui sont étrangères : elle est grise, de la grosseur d'une plume de corbeau, quadrangulaire, ordinairement contournée et marquée de distance en distance de nodosités, d'où partent des radicules blanchâtres très-déliées. Elle est garnie ou dépourvue de ces radicules. Elle a une saveur de poivre, et une odeur forte, analogue également à celle du poivre, qui se développe surtout lorsqu'on écrase le chevelu entre les doigts. Elle fournit à la distillation une huile volatile camphrée.

La racine d'asarum est fortement purgative et émétique, et était employée comme telle avant l'importation de l'ipécacuanha. Les feuilles passent pour être encore plus actives que les racines; réduites en poudre, elles forment un fort sternutatoire qui a souvent réussi pour dissiper les maux de têtes invétérés.

Le nom d'asarum est grec et veut dire *je n'orne pas*, parce que, suivant Pline, cette plante n'était jamais employée dans les couronnes ou dans les guirlandes dont on se parait dans les fêtes. Le nom de cabaret vient, dit-on, de l'usage que les ivrognes ont fait de cette racine pour se débarrasser de l'excès de leur boisson : celui d'oreille-d'homme, de la forme des feuilles : celui de nard sauvage, des propriétés énergiques de la plante, ou de sa ressemblance accidentelle, quant à l'odeur, avec les valérianes dont deux espèces portaient le même nom chez les anciens. (Voyez ces dernières racines.)

245. J'ai quelquefois vu vendre dans le commerce, au lieu de racine d'asarum, celle d'une autre plante nommée *asarine*, à cause de la ressemblance de ses feuilles avec celles de l'asarum. Mais cette autre racine, bien différente, est formée d'un corps ligneux quelquefois gros et long comme le doigt, garni d'un grand nombre de radicules fort longues et menues comme celles de l'asclépiade, ce qui lui donnerait de la ressemblance avec cette dernière, si elle n'était pas d'une couleur grise foncée et d'un goût amer très-prononcé. La même racine d'asarine pourrait plutôt encore se confondre avec celle de valériane phu; mais celle-ci a l'odeur propre aux valérianes,

et la première a une faible odeur de racine d'arnica. L'asarine est l'*Antirrhinum Asarina* L., de la didynamie angiospermie, des dicotylédones monopétales hypogynes, et de la famille des antirrhinées de Jussieu.

De la racine d'Asclépiade ou de Dompte-Venin.

Radix vincetoxici. — Off.

246. *Asclepias Vincetoxicum* L. Pentandrie digynie; dicotylédones monopétales hypogynes, famille des apocinées J.

Car. gén.: Corolle monopétale régulière à 5 divisions; 5 nectaires charnus creusés en cornet; un cylindre tronqué au centre de la fleur renfermant deux ovaires, et portant à son sommet un stigmate pentagone marqué aux angles de 5 fossettes; chacune de ces fossettes contient un très-petit corps d'où pendent deux appendices que l'on croit être les anthères; ce qui fait dix anthères. De plus, le cylindre central est aussi marqué de cinq angles entre lesquels se trouvent cinq autres petits corps caverneux et biloculaires dont chaque loge reçoit une anthère de l'étamine voisine. De sorte que ce genre offre une des plus singulières conformation sexuelle que l'on puisse concevoir. Le fruit est composé de deux follicules allongées, renfermant des semences plates, aigrettées. — *Car. spéc.:* Feuilles ovées, barbues à la base; tige droite, ombelles prolifères.

L'asclépiade croît abondamment dans les bois; elle pousse plusieurs tiges à la hauteur de deux pieds, rondes, pliantes et flexibles. Ses feuilles sont opposées, accompagnées de stipules, vertes et lisses. Ses fleurs sont blanches et d'une odeur forte assez agréable. Le fruit est comme il est dit ci-dessus. La racine est composée d'un grand nombre de fibres longues, blanches et menues, qui sortent tantôt d'un seul corps ligneux irrégulier, tantôt de plusieurs points de la tige devenue souterraine. Elle jouit lorsqu'elle est récente d'une odeur forte et d'un goût âcre et désagréable; mais telle que le commerce la fournit, elle n'a plus qu'une odeur faible, toujours désagréable, et une saveur douce, à peine suivie d'un sentiment d'âcreté. Elle a conservé sa blancheur naturelle.

On attribuait autrefois à cette racine de grandes propriétés, et entre autres celle, que les anciens prodiguaient tant, de *résister au venin*. Elle paraît être légèrement sudorifique et diurétique ; c'est à ce titre qu'elle entre dans le vin diurétique amer de la Charité.

De la racine d'Asperge.

Radix asparagi. — Off.

247. *Asparagus officinalis* L. Hexandrie monogynie ; monocotylédones à étamines périgynes, famille des asparaginées.

Car. gén. : Calice coloré, relevé, à 6 divisions profondes, dont 3 internes réfléchies au sommet ; baie triloculaire bisperme. — *Car spéc.* : Tige herbacée, droite, cylindrique, feuilles sétacées, stipules égaux.

L'asperge est cultivée dans toute l'Europe, à cause de ses jeunes pousses ou bourgeons verts, allongés, cylindriques, qui fournissent un mets estimé, quoique rendant l'urine fétide. Lorsqu'on laisse croître ces jeunes pousses, elles s'élèvent jusqu'à la hauteur de trois pieds, en se partageant en un grand nombre de rameaux qui portent des feuilles aussi divisées que des cheveux. Ses fleurs ont la forme des liliacées. Son fruit est une baie sphérique, rougeâtre, de la grosseur d'un pois, renfermant des semences noires, dures et cornées. Sa racine est composée d'un paquet de radicules de la grosseur d'une plume, fort longues, adhérentes à une souche commune, garnie de quelques écailles. Ces radicules sont grises au dehors, blanches en dedans, glutineuses, d'une saveur douce. Elles sèchent difficilement. On n'a pas encore analysé la racine d'asperge, mais M. Robiquet a déterminé les principes constituans des jeunes pousses. Le suc exprimé trouble de ces pousses contient une matière verte résineuse, de la cire, de l'albumine, du phosphate de potasse, du phosphate de chaux tenu en dissolution par de l'acide acétique libre, de l'acétate de potasse ; enfin, deux principes cristallisables que M. Vauquelin a reconnus depuis pour être, l'un de la mannite, l'autre un principe immédiat particulier, qu'il a nommé *asparagine*.

Ce principe est insoluble dans l'alcohol, peu soluble dans l'eau froide, plus soluble dans l'eau bouillante et cristallisable à peu près en prismes droits rhomboïdaux. Sa dissolution n'affecte en aucune manière le tournesol, la noix de galle, l'acétate de plomb, l'oxalate d'ammoniaque, le muriate de baryte et l'hydrosulfate de potasse.

La racine d'asperge est apéritive et est au nombre de celles que l'on emploie collectivement sous le nom des *cinq racines apéritives*.

De la racine d'Aunée.
Radix helenii. — Off.

248. *Inula Helenium* L. Syngénésie polygamie superflue; dicotylédones monopétales épigynes à anthères réunies, famille des corymbifères de Jussieu.

Caract. génér. : Réceptacle nu, aigrette simple, anthères terminées inférieurement par deux soies. — *Car. spéc.* : Feuilles amplexicaules, ovales, rugueuses, cotonneuses en dessous ; écailles du calice ovées.

L'aunée croît dans les lieux ombragés et se cultive dans les jardins. Elle s'élève à quatre ou cinq pieds ; ses feuilles sont très-grandes : ses fleurs ressemblent à quelques espèces de soleil, mais s'en distinguent facilement par leur réceptacle dépourvu de paillettes ; ses semences sont oblongues, grêles, aigrettées.

Sa racine, qui est usitée, est longue, grosse, charnue, roussâtre au dehors, blanche en dedans, d'une odeur forte, d'une saveur aromatique, âcre et amère. Elle conserve ces dernières propriétés dans sa dessiccation. Elle contient une huile volatile concrète analogue au camphre, de l'albumine, et une fécule particulière qui diffère de l'amidon, en ce que sa dissolution aqueuse bouillante la laisse déposer sous forme pulvérulente par le refroidissement, au lieu de se prendre en gelée. On y trouve encore quelques autres principes qui ne sont pas bien déterminés. La fécule a été observée d'abord par Rose, et nommée par M. Thomson, *inuline*.

On retire de la racine d'année, ou on en prépare, une huile volatile, une eau distillée, un extrait, une conserve et un vin médicinal. Elle entre en outre dans un grand nombre de médicamens plus composés. Ses propriétés générales sont d'être tonique et diaphorétique.

De la racine de Bardane.

Radix lappæ. — Off.

(Vulgairement *Glouteron, herbe aux teigneux.*)

249. *Lappa major* T. Gœrt. Cand. *Arctium lappa* L. Syngénésie polygamie égale; dicotylédones monopétales épigynes à anthères réunies, famille des cinarocéphales J.

Caract. génér. : Calice globuleux, écailles recourbées au sommet en hameçon. — *Car. spéc.* : feuilles en cœur, pétiolées, sans aiguillons.

La bardane croît dans les lieux humides et incultes. Elle s'élève à la hauteur de trois ou quatre pieds; ses feuilles sont très-grandes, larges, brunâtres en dessus, blanchâtres et lanugineuses en dessous; ses fleurs sont rougeâtres et bien reconnaissables à leur calice globuleux, qui, en raison des crochets dont il est armé, s'attache aux habits lorsqu'on s'en approche; sa racine est longue, grosse, noire au dehors, blanche en dedans, d'une saveur douceâtre, austère, nauséeuse, et d'une odeur désagréable qui devient encore plus caractérisée par la dessiccation. Elle contient une très-grande quantité d'inuline, comme je m'en suis assuré à la pharmacie centrale, il y a sept à huit ans.

La racine de bardane est très-employée comme dépurative; sa feuille l'est aussi quelquefois, mais seulement à l'extérieur.

Des racines de Behen.
Radix behen. — Off.

250. Les Arabes et les Grecs du moyen âge ont employé, sous ce nom, deux racines différentes. L'une, qu'ils appelaient *behen blanc*, pouvait être longue et grosse comme le petit doigt, d'un gris cendré à l'extérieur, blanchâtre en dedans, d'un goût piquant et aromatique. On l'a attribuée au *Centaurea Behen* L., nommé depuis, par d'autres botanistes, *Rhaponticum Behen*, de la syngénésie polygamie frustranée, et de l'ordre des cinarocéphales. L'autre espèce de behen était le *behen rouge*, qu'on a décrit comme une racine sèche, compacte, d'un rouge noirâtre, coupée en morceaux comme le jalap, moins active que le behen blanc. On a pensé que cette racine était celle du *Statice Limonium* L., de la pentandrie pentagynie, et de l'ordre des plumbaginées. L'un et l'autre behen sont entièrement inusités.

De la racine de Benoite ou racine giroflée.
Radix gei. — Off.

251. *Geum urbanum* L. Icosandrie polygynie; dicotylédones polypétales périgynes, famille des rosacées J.

Car. gén. : Calice à 10 divisions, corolle à 5 pétales; semences terminées par une arête coudée. — *Car. spéc.* : Fleurs dressées, fruits globuleux velus, arêtes nues terminées en crochet, feuilles lyrées.

La benoite s'élève à un pied et demi de hauteur; ses tiges sont menues, rameuses, rudes au toucher; ses feuilles radicales sont ailées et celles de la tige ternées; elles sont également rudes et dentelées; ses fleurs sont jaunes, presque semblables à celles des potentilles (argentine, quintefeuille, etc.); son fruit est composé d'un grand nombre de graines rassemblées en tête, et pourvues chacune d'une arête crochue; sa racine est longue et de la grosseur d'une forte plume, ou tronquée près du collet et arrondie : elle est entourée d'un grand nombre de radicules d'une couleur obscure rougeâtre, d'une saveur astringente et d'une odeur de girofles : il faut la récolter au printemps. Elle contient un principe résinoïde analogue à celui du quinquina, et une huile volatile plus pesante que l'eau. Elle est tonique et astringente.

De la racine de Betterave.
Radix betæ. — Off.

252. *Beta vulgaris* L. Pentandrie digynie; dicotylédones apétales périgynes, famille des atriplicées.

Car. gén. : Calice à 5 divisions, corolle o, 5 étamines, 1 ovaire à 2 styles, semence reniforme logée dans la substance du calice persistant. — *Car. spéc.* : Fleurs ramassées, folioles du calice dentées à la base.

La betterave n'a été considérée, pendant long-temps, que comme plante potagère, ou comme propre à être employée avantageusement à la nourriture des bestiaux. En effet, sa racine rouge, jaune ou blanche, suivant les variétés; grosse, charnue et sucrée, était usitée sur les tables; et ses feuilles succulentes, et d'une végétation vigoureuse, offraient aux bestiaux une nourriture abondante, saine et agréable.

Mais cette plante, déjà si précieuse à l'agriculture, a acquis une importance encore plus grande, depuis qu'on a reconnu qu'on pouvait en retirer un sucre cristallisable entièrement semblable à celui de la canne. La première annonce de ce fait est due à Margraff; M. Achard, de Berlin, est le premier qui ait tenté de l'utiliser, en extrayant le sucre de la betterave pour le commerce; depuis, les procédés de son extraction ont été perfectionnés en France; et il a été démontré, par M. Chaptal, que ce sucre pouvait, même en temps de paix, soutenir la concurrence, pour le prix, avec le sucre des colonies. (Voyez son Mémoire, *Annales de Chimie* XCV. 233.)

De la racine de Bistorte.

Radix bistortæ. — Off.

253. *Polygonum Bistorta* L. Octandrie trigynie; dicotylédones apétales épigynes et polygonées de Jussieu.

Car. gén. : Calice coloré à 5 divisions, de 5 à 9 étamines, 2 ou 3 styles, stygmates en tête, une graine nue triangulaire. — *Car. spéc.* : Tige très-simple à un seul épi; feuilles ovées, décurrentes sur le pétiole.

La bistorte croît en France, dans les lieux humides: elle est vivace; ses feuilles ressemblent un peu à celles de la patience, mais sont d'un vert plus foncé et régulièrement veinées; ses tiges s'élèvent à la hauteur d'un pied et demi, et supportent chacune un seul épi d'une couleur incarnate ou purpurine; sa racine est grosse comme le pouce, comprimée, deux fois repliée sur elle-même, rugueuse et brune à sa surface, rougeâtre à l'intérieur, presque inodore, d'une saveur austère et fortement astringente. On nous l'apporte sèche de nos départemens méridionaux.

La décoction de bistorte est très-rouge, et précipite fortement le fer et la gélatine, ce qui indique qu'elle contient du tannin. Elle renferme aussi beaucoup d'amidon; aussi, en Sibérie, les pauvres s'en nourrissent-ils quelquefois, après en avoir fait une première décoction.

La bistorte entre dans le diascordium.

De la racine de Bryone.

Radix bryoniæ. — Off.

254. *Bryonia alba* L, et le *bryonia dioïca*, Jacq. Monoécie syngénésie; dicotylédones diclines, famille des cucurbitacées de Jussieu.

Car. gén. Fl. mal. : calice à 5 dents, corolle à 5 divisions, 3 filets d'étamines soudés inférieurement, et portant 5 anthères. Fl. fem. : calice et corolle semblables, style quadrifide, baie lisse, globuleuse, polysperme. — *Car. spéc.* : Feuilles palmées, calleuses et rudes des deux côtés.

La bryone est vivace, et croît près des haies : elle a le port des autres cucurbitacées, dont elle se distingue surtout par son fruit et par sa racine. Celle-ci est charnue, fusiforme, souvent bifurquée, et de la grosseur de la cuisse d'un enfant : elle est d'un blanc jaunâtre au dehors et d'un blanc grisâtre à l'intérieur; elle a une odeur vireuse et nauséeuse, surtout lorsquelle est fraîche; une saveur âcre et caustique. Son suc produit des érosions sur la peau, et purge violemment à l'intérieur. Ces propriétés ne disparaissent qu'en partie par la dessiccation. La bryone sèche est blanche, coupée en rouelles d'un grand diamètre, offrant des stries concentriques très-marquées, d'une saveur amère, âcre, même encore un peu caustique; d'une odeur désagréable. On peut cependant détruire le principe caustique de la bryone, en la râpant récente, et laissant fermenter la pulpe pendant quelque temps; alors on en retire une fécule abondante qui peut suppléer à celle des céréales et de la pomme de terre, dans quelques-uns de leurs usages.

La racine de bryone sèche a été employée avec succès dans l'hydropisie, l'hystérie, la paralysie, et dans quelques maladies chroniques. Sa pulpe récente est quelquefois usitée comme rubéfiant à l'extérieur.

De la racine de Calaguala.

Radix calagualæ. — Off.

255. *Polypodium adiantiforme* Forst., Jussieu. *Aspidium coriaceum* Swartz, Willd. Cryptogamie, fougères. Le calaguala est une espèce de fougère qui croît dans l'Amérique méridionale, à Saint-Domingue et dans la Nouvelle-Hollande. Sa racine, ou mieux sa souche, qui nous vient du Pérou, a été connue en Espagne, dès avant l'année 1745, et a été introduite en France pendant la révolution. D'abord vantée à l'excès comme tous les médicamens nouveaux, on ne lui a bientôt reconnu d'autres pro-

priétés que celles du polypode ordinaire. Aussi n'est-elle plus employée.

La souche de calaguala est rougeâtre, ridée à l'extérieur, d'une grosseur variable depuis celle d'une petite plume jusqu'à celle du doigt. Elle est aplatie, et offre, sur une de ses faces, des espèces de chicots, qui ne sont autre chose que les supports des feuilles tombées. On y voit en outre çà et là de petites écailles semblables à celles du polypode : son odeur est nulle ; et sa saveur, que quelques auteurs indiquent devoir être d'abord douce, et ensuite amère, est simplement douce dans l'échantillon que j'ai à ma disposition.

M. Vauquelin a soumis, à l'analyse chimique, la souche de calaguala, et en a retiré les principes suivans que j'énonce d'après l'ordre de leur plus grande quantité : matière ligneuse, matière gommeuse, résine rouge, âcre et amère ; matière sucrée, matière amylacée, matière colorante particulière, acide malique, muriate de potasse, chaux et silice.

De la racine de Canne ou de grand Roseau.

Radix donacis. — Off.

256. *Arundo Donax* L. Triandrie digynie ; monocotylédones à étamines hypogynes, famille des graminées.

Car. génér. : Calice extérieur, composé de deux balles ; fleurons ramassés, entourés de soies. — *Car. spéc.* : Calice à 5 fleurs ; panicule diffuse ; chaume arborescent.

Ce roseau s'élève jusqu'à la hauteur de douze à quinze pieds. Ses tiges noueuses et creuses servent à faire des instrumens à vent ; sa racine est longue, forte, charnue, d'une saveur légèrement sucrée. On nous l'apporte sèche du midi de la France, et surtout de la Provence ; ce qui est cause qu'on la prescrit ordinairement sous le nom de racine de *Canne de Provence*. Elle est coupée par tranches ou en tronçons de diverses grosseurs ; inodore, d'un blanc jaunâtre à l'intérieur, spongieuse et cependant assez dure. Elle est recouverte d'un épiderme jaune, luisant, coriace, ridé longitudinalement, et marqué transversalement d'un grand nombre d'anneaux. Elle n'a presque pas de saveur.

M. Chevallier, ayant analysé la racine de canne, en a retiré, entre autres produits, une matière résineuse qui a une saveur aromatique, analogue à celle de la vanille, et avec laquelle il a aromatisé des pastilles qui se sont trouvées très-agréables au goût (*Journ. de Pharmacie*, III. 244).

La racine de canne est encore employée quelquefois comme *antilaiteuse*.

De la racine de Chardon-Roland.
Radix eryngii. — Off.

(*Panicaut ou Chardon à cent têtes.*)

257. *Eryngium campestre* L. Pentandrie digynie; dicotylédones polypétales épigynes, famille des ombellifères.

Car. génér. : Fleurs en tête; réceptacle paléacé. —*Car. spéc.* : Feuilles radicales amplexicaules, pinnées-lancéolées.

Cette plante est remarquable en ce que, ayant tous les caractères des ombellifères, elle a néanmoins le port d'un chardon. Elle croît dans les champs et le long des chemins. Sa racine est grosse comme le doigt ou comme le pouce, blanche, succulente et fort longue. Lorsqu'elle est sèche, elle est grise à l'extérieur, et marquée, comme par anneaux, de fortes aspérités. Elle est blanche ou jaunâtre à l'intérieur, d'un tissu spongieux, d'une saveur douceâtre miellée, ayant quelque analogie avec celle de la carotte, d'une odeur assez marquée et qui n'est pas agréable.

Cette racine présente très-souvent, à sa partie supérieure, un amas de poils en forme de pinceau, qui est dû aux débris des feuilles de l'année qui a précédé sa récolte. On observe ces fibres surtout au printemps, avant que la plante ait poussé de nouvelles feuilles : ce sont elles qui lui ont valu le nom d'*eryngium*, qui en grec signifie *barbe-de-chèvre*. Quant au nom français de *chardon-roland*, il paraît résulter de la corruption de l'ancien nom *chardon-roulant*, parce que la plante ressemble à un chardon, et que, lorsqu'elle se dessèche sur terre vers l'automne, elle est emportée par les vents, et roule au loin au travers des champs, en raison de sa forme arrondie.

La racine de chardon-roland est diurétique.

De la racine de Chiendent.
Radix graminis. — Off.

On confond sous ce nom les racines de deux plantes différentes : l'une est le chiendent-pied-de-poule, *Cynodon Dactylon* Willd. (*Panicum Dactylon* L.) ; et l'autre est le chiendent commun, (*Triticum repens* L.) ; toutes deux de la triandrie digynie et de la famille des graminées.

258. *Car. génér.* du *Panicum Dactylon* L. Calice trivalve ; la troisième valve très-petite. — *Car. spéc.* : Épis digités ouverts, garnis de poils à la base intérieure ; fleurs solitaires ; jets traçans.

Cette plante s'élève à la hauteur d'un pied environ. Ce sont les jets traçans que l'on emploie sous le nom de sa racine. Ils sont très-longs, de la grosseur d'une plume de corbeau, ordinairement cylindriques, et entrecoupés d'un grand nombre de nœuds ; de chacun des nœuds naissent ordinairement trois écailles embrassantes, qui recouvrent l'intervalle de deux nœuds. Sous ces écailles se trouve un épiderme dur, jaune, vernissé ; et, à l'intérieur, une substance blanche d'une saveur farineuse et sucrée.

259. *Car. génér.* du *Triticum repens*. Calice bivalve, solitaire, contenant ordinairement 3 fleurs ; fleur ob-

tusiuscule, aiguë.— *Car. spéc.* : Calices quadriflores, subulés, armés d'une arête; feuilles planes.

Ce chiendent s'élève à la hauteur de deux ou trois pieds. Ses jets traçans, qui ressemblent beaucoup à ceux du précédent, sont cependant moins gros, plus droits, moins noueux, et plus rarement entourés d'écailles foliacées. Par la dessiccation ils deviennent anguleux et presque carrés. Ils sont moins farineux à l'intérieur, et ont, par suite de cela, une saveur sucrée, un peu plus prononcée. Ils sont aussi légèrement styptiques. Tels sont du moins les caractères comparatifs que je trouve à ces deux racines, sans répondre que différentes circonstances ne puissent quelquefois les faire varier.

Les racines de chiendent sont apéritives et rafraîchissantes, étant employées en tisanne.

260. On donne encore le nom de chiendent à une autre plante graminée, avec la racine de laquelle on fait des vergettes et des balais. Cette plante est l'*Andropogon Ischœmum* L.

De la racine de Colchique ou de Tue-Chien.
Radix colchici. — Off.

261. *Colchicum automnale* L. Hexandrie trigynie; monocotylédones à étamines périgynes, famille des colchicées. *Car. génér.* : Une spathe; corolle ou calice coloré, tubulé, à 5 divisions; 3 capsules réunies, renflées.— *Car. spéc.* : Feuilles planes, lancéolées, droites.

Cette racine, ou cette *fausse bulbe*, est composée d'un corps charnu, amylacé, qui est enveloppé d'une tunique brune, au-dessous de laquelle on trouve, comme dans les bulbes ordinaires, un collet et des radicules. La plante a trois tiges très-courtes, dont deux à fleur, qui sont enveloppées chacune d'une spathe, et enfermées presque jusqu'à la fleur dans le prolongement supérieur de la tunique brune. L'une de ces tiges, c'est la plus grosse, part immédiatement du collet inférieur, et monte extérieurement le long du corps charnu qui est creusé pour la recevoir. L'autre, plus petite, prend naissance au milieu du côté opposé qui est convexe. Quant à la tige à feuilles, elle part directement du sommet du corps charnu, et se confond d'un côté avec la tunique extérieure.

Le colchique est commun dans les prés et les pâturages d'une grande partie de l'Europe. Ses fleurs paraissent en septembre et octobre; elles sont d'une couleur rougeâtre ou d'un lilas pâle. Ce n'est qu'au printemps suivant que les feuilles se développent, et c'est alors seulement que le fruit paraît au milieu d'elles. Tous les ans la bulbe, qui a produit les fleurs et les fruits, se détruit et se trouve remplacée par une autre qui se forme à côté; et, comme ce renouvellement se fait toujours du même côté, il s'ensuit que la plante se déplace tous les ans de l'épaisseur de sa bulbe, qui est d'environ un pouce.

Le colchique récent contient un suc laiteux, âcre et caustique; il exhale une odeur pénétrante qui irrite le nez et la gorge. Mais le principe auquel il doit ces propriétés, et qui est un véritable poison pour l'homme et quelques animaux, est presque entièrement détruit par la dessiccation.

Le colchique, tel que le commerce le présente, est un corps ovoïde, de la grosseur d'un marron, convexe d'un côté, et présentant la cicatrice occasionée par la petite tige; creusé longitudinalement de l'autre; d'un gris jaunâtre à l'extérieur et marqué de sillons uniformes, causés par la dessiccation; blanc et farineux à l'intérieur; d'une odeur nulle; d'une saveur âcre et mordicante. Cette saveur indique que cette racine est loin d'être dépourvue de toute propriété médicinale, pourvu qu'elle ne soit pas trop ancienne. Cependant Storck et les autres médecins qui, d'après lui, ont conseillé l'usage du colchique, recommandent de l'employer récent. C'est également sous cet état que, d'après M. Want, chirurgien anglais, on doit s'en servir pour préparer la teinture antiarthritique, dite *eau médicinale d'Hudson*.

MM. Pelletier et Caventou viennent de publier l'analyse de la racine de colchique. Ils en ont retiré :

1°. Une matière grasse, composée d'élaïne, de stéarine et d'un acide volatil particulier;

2°. Un nouvel alcali végétal qui s'y trouve combiné à l'acide gallique : ce même alcali s'étant retrouvé dans la racine d'ellébore blanc (*Veratrum album* L.), et dans la cévadille (*Veratrum Sabadilla*), les auteurs lui ont donné le nom de *Vératrine*.

3°. Une matière colorante jaune;

4°. De la gomme;

5°. De l'amidon;

6°. De l'inuline en abondance;

7°. Du ligneux (*Annales de Phys. et Chim.* XIV. 82).

De la racine de Columbo.

Radix columbæ. — Off.

262. La plante qui fournit cette racine croît dans les Indes d'Asie, à Ceylan, et surtout, à ce qu'il paraît, dans les environs de la ville de *Columbo*, dont le nom a passé à la racine qui en est apportée. Il en vient aussi de la côte occidentale d'Afrique; et, comme Commerson a trouvé à Madagascar, sous le même nom de *columbo*, une plante grimpante du genre des menispermes, on est fondé à croire que c'est cette plante qui produit la racine dont il est question.

Quoiqu'il en puisse être de son origine, cette racine se trouve dans le commerce coupée en rouelles de un à trois pouces de diamètre, ou en tronçons de deux à trois pouces de long. Elle est recouverte d'une écorce rugueuse, épaisse, brune-verdâtre. L'intérieur est d'un jaune verdâtre, et marqué de cercles ou de sillons concentriques, comme la bryone desséchée; en outre le centre offre souvent une déchirure par le retrait des parties vers la circonférence. Elle a une saveur très-amère, mucilagineuse, et une odeur désagréable. Sa poudre est verdâtre, et attire l'humidité.

La racine de columbo a été fortement vantée dans les cas d'indigestions, de coliques, de dyssenteries et de vomissemens opiniâtres. Elle est encore assez usitée. Suivant l'analyse qui en a été faite par M. Planche, la racine de columbo contient : 1°. le tiers de son poids d'amidon ; 2°. une matière azotée très-abondante ; 3°. une matière jaune amère non précipitable par les sels métalliques ; 4°. des traces d'huile volatile ; 5°. du ligneux ; 6°. des sels de chaux et de potasse, de l'oxide de fer et de la silice (*Bulletin de pharmacie III*. 289).

De la racine de grande Consoude.
Radix symphyti. — Off.

263. *Symphytum officinale* L. Pentandrie monogynie : dicotylédones monopétales hypogynes, famille des boraginées.

Car. gén. : Limbe de la corolle tubulé-renflé ; gorge fermée par 5 rayons subulés. — *Car. spéc.* : Feuilles ovées-lancéolées, décurrentes.

Cette plante croît dans les lieux humides et s'élève à la hauteur de deux à trois pieds ; ses tiges et ses feuilles sont velues et rudes au toucher comme celles de toutes les plantes de la même famille ; sa racine est longue d'un pied environ, grosse comme le doigt, succulente, facile à rompre, noirâtre au dehors, blanche, pulpeuse et mucilagineuse en dedans, d'un goût visqueux, d'une odeur peu caractérisée.

La racine de grande consoude est adoucissante, et un peu astringente ; elle entre, ainsi que les feuilles de la plante, dans la composition du sirop qui porte son nom. On les employait également autrefois dans la préparation de plusieurs médicamens externes destinés à cicatriser et *consolider* les plaies, d'où lui est venu le nom de *consolida* ou de consoude; et on lui a donné le surnom de *grande*, pour la distinguer d'autres plantes auxquelles les mêmes propriétés vraies ou supposées, avaient fait donner le même nom. Ces dernières plantes étaient : le *consolida media* (*Ajuga reptans* L.) ou la bugle; le *consolida minor* (*Bellis perennis* L.) ou la paquerette; le *consolida regalis* (*Delphinium Consolida* L.) ou le pied d'alouette.

De la racine de Contrayerva.

Radix contrayervæ. — Off.

264. *Dorstenia contrayerva* L. Tétrandrie monogynie; dicotylédones diclines, famille des urticées.

Racine un peu aromatique, d'une couleur fauve rougeâtre à l'extérieur, blanche à l'intérieur, d'une saveur peu marquée d'abord, mais acquérant une âcreté bien marquée par une mastication un peu prolongée. Elle est composée d'un corps ovoïde, terminé inférieurement par une queue recourbée qui lui donne à-peu-près la figure d'un scorpion; elle est garnie en outre de quelques radicules. On nous l'apporte du Pérou et de la Nouvelle-Espagne. Elle est peu usitée maintenant. Son nom est espagnol et signifie *contre-venin*.

la racine de Costus arabique.

Radix costi arabici. — Off.

265. Les plus anciens auteurs grecs, latins et arabes, ont parlé du *costus*, et en ont distingué plusieurs espèces, entre autres l'*arabique* qu'ils décrivent blanc, léger, d'une odeur très-suave, d'un goût brûlant; l'*indien* qui devait être léger, plein et tirant sur le noir; le *syriaque* d'une couleur de buis et d'une odeur fatigante.

Aujourd'hui on ne connaît plus dans le commerce qu'une seule espèce de costus, et encore a-t-on de la peine à s'en procurer. On la nomme *costus arabique*, et on l'attribue au *Costus arabicus* L. de la monandrie monogynie, et de la famille des amomées. Voici les caractères que je lui trouve :

Racine dont la grosseur varie depuis celle du petit doigt jusqu'à un diamètre de dix-huit lignes ; cassée en tronçons de deux à trois pouces; grise à l'extérieur, grise ou blanche à l'intérieur, offrant dans sa cassure un grand nombre de cellules rayonnantes remplies d'une substance rouge transparente probablement résineuse. La substance qui sépare les cellules est elle-même criblée d'une infinité de pores ronds ou de tubes cylindriques visibles à la loupe, surtout après avoir dissous, par l'eau et par l'alcohol, la matière soluble qui les remplit. Malgré cette texture spongieuse, la racine de costus est encore assez pesante.

La racine de costus a une odeur d'iris très-marquée et une saveur assez fortement amère, légèrement âcre. J'en ai vu quelques morceaux dont le centre était manifestement plus amer que l'écorce, laquelle, même, était gorgée d'un suc gommeux, cristallin, légèrement sucré.

Le costus donne à l'éther, à l'alcohol et à l'eau une couleur jaune foncée. Le macéré aqueux est très-amer, l'alcoholique l'est beaucoup moins. Il paraît être incisif, tonique et excitant.

De la racine ou du Bois de Couleuvre.

Radix colubrina. — Off.

266. C'est la racine ligneuse d'un arbre des Indes orientales, le *Strychnos colubrina* L., de la pentandrie monogynie, et de l'ordre des apocynées de Jussieu. Elle peut avoir jusqu'à neuf ou dix pouces de diamètre; est recouverte d'une écorce brune, peu épaisse, dure et compacte, d'une très-grande amertume. Cette écorce présente à l'extérieur un grand nombre de lignes circulaires légèrement proéminentes et disposées assez régulièrement, qui lui donnent une sorte de ressemblance éloignée avec la peau d'un serpent. La racine, à l'intérieur, a la couleur du bois de

chêne, mais on la distingue facilement de toute autre production végétale analogue par sa cassure longitudinale ondulée, et par des fibres blanches d'un éclat soyeux qui son agréablement mêlées aux fibres ligneuses.

MM. Pelletier et Caventou, après avoir trouvé dans la noix vomique et la fève de Saint-Ignace, fruits des *Strychnos Nux vomica* et *Strychnos Ignatia*, un principe alcalin vénéneux doué d'une amertume insupportable (*la strychnine*), se sont assurés que ce même principe existe dans la racine de couleuvre : c'est donc à lui qu'elle doit sa propriété de causer des vertiges et des secousses tétaniques; mais d'après ce que j'ai dit plus haut de l'amertume comparée de l'écorce et du bois, c'est dans la première surtout que doit résider le principe vénéneux.

De la racine de Curcuma.

Radix curcumæ. — Off.

(Noms vulgaires: *Terra merita*, *Souchet* ou *Safran des Indes.*)

267. On connaît deux espèces de curcuma, l'une ronde, l'autre longue, qui sont produites: la première par le *Curcuma rotunda* L., la seconde par le *Curcuma longa* L.; tous deux de la monandrie monogynie, de la classe des monocotylédones épigynes de Jussieu, et de la famille des balisiers, autrement dite des amomées.

Ces deux plantes croissent dans les Indes orientales, et diffèrent très-peu l'une de l'autre. Il en est de même de leurs racines. Le curcuma long, qui est le plus répandu dans le commerce, est un peu moins gros et moins long que le petit doigt, cylindrique, plus ou moins contourné et quelquefois articulé. Il est recouvert d'une écorce mince, grise, chagrinée, marquée d'anneaux peu apparens. Il est compact à l'intérieur, d'un jaune orangé foncé, et offre une cassure tout-à-fait semblable à celle de la cire. Il a une odeur de gingembre très-marquée, une saveur chaude, amère et aromatique. Il teint la salive en jaune.

268. Le curcuma rond est en tubercules ronds ou ovoïdes, gros comme des œufs de pigeons, qui, dans l'état naturel tenaient les uns aux autres par des jets cylindriques, de même que cela a lieu dans le souchet rond. Il est recouvert d'une écorce grise marquée d'anneaux circulaires plus nombreux et plus marqués que dans l'autre espèce. Du reste il a même couleur intérieure, même cassure et mêmes propriétés. Presque tous les auteurs lui en donnent de moins actives, mais je les trouve égales dans les échantillons que je possède. Ce curcuma ne se trouve qu'accidentellement dans le commerce mêlé avec le premier.

MM. Vogel et Pelletier ont analysé le curcuma long et l'ont trouvé formé de matière ligneuse, de fécule amilacée, d'une matière colorante jaune, d'une autre matière colorante brune, d'une petite quantité de gomme, d'une huile volatile âcre et odorante, d'une petite quantité de muriate de chaux. Le plus important de ces principes est la matière colorante jaune qui s'y trouve en grande quantité et que son éclat rend utile dans la teinture, quoiqu'elle soit peu solide.

Cette matière colorante est très-soluble dans l'alcohol, dans l'éther et dans les huiles fixes et volatiles. Elle est très-sensible à l'action des alcalis qui la changent en rouge de sang. Aussi la teinture et le papier teint de curcuma sont-ils au nombre des réactifs que le chimiste emploie le plus souvent (*Journ. Pharm.* 1815. *p.* 289).

Le curcuma est employé dans l'Inde comme assaisonnement. Il est tonique, diurétique, stimulant et antiscorbutique. Il sert en outre en pharmacie pour colorer quelques onguens.

De la racine de Cyclame.
Radix cyclaminis. — Off.

(Noms vulgaires: *Arthanita*, *Pain de Pourceau.*)

269. *Cyclamen europœum* L. Pentandrie monogynie;

dicotylédones monopétales hypogynes de Jussieu, famille des primulacées.

Caract. génér. : Calice à 5 divisions; corolle en roue à 5 divisions réfléchies; tube renflé hors du calice; 5 étamines conniventes par leurs anthères; 1 style; 1 stigmate aigu; 1 capsule charnue à 5 valves. — *Car. spéc.* : Corolle réfléchie en arrière.

Cette plante pousse de sa racine de longs pétioles qui portent des feuilles presque rondes, marbrées en dessus, rougeâtres en dessous. Il s'élève parmi de longs pédoncules, qui soutiennent de petites fleurs purpurines d'une odeur agréable. Sa racine est sous la forme d'un pain orbiculaire aplati, brune au dehors, blanche en dedans, garnie de radicules noirâtres. Elle a une saveur âcre et caustique. Geoffroy, dans sa Matière médicale, annonce qu'elle perd toute son âcreté par la dessiccation; cela peut arriver quelquefois, mais celle que j'ai jouit encore d'une âcreté vraiment insupportable. Elle est émétique, purgative et hydragogue, même appliquée extérieurement. Malgré des propriétés si énergiques cette racine est peu employée maintenant, peut-être à cause du danger et de l'inconstance de ses effets. C'est elle qui donnait autrefois son nom à l'onguent d'*arthanita*. Quant au nom de *pain-de-pourceau*, il lui est venu de sa forme, et de la recherche que les porcs en font pour leur nourriture.

De la racine de Cynoglosse.

Radix cynoglossæ. — Off.

(Nom vulgaire : *Langue de chien.*)

270. *Cynoglossum officinale* L. Pentandrie monogynie; dicotylédones monopétales hypogynes, famille des borraginées.

Caract. génér. : Corolle infundibuliforme; tube fermé par des écailles, graines comprimées, adhérentes au style par leur partie intérieure. — *Caract. spécif.* : Étamines plus courtes que la corolle; feuilles larges, lancéolées, cotonneuses, sessiles. Du reste cette plante a le port d'une boraginée.

Sa racine est grosse, longue, droite, charnue, grise au dehors, blanche en dedans, d'une odeur vireuse, d'une saveur fade. Lorsqu'on veut la faire sécher il faut en séparer le centre qui a peu de vertu. L'écorce au contraire conserve toute son odeur et offre un médicament assez énergique. Sa poudre entre dans les pilules de cynoglosse.

On doit la conserver dans un endroit sec, car elle attire puissamment l'humidité.

De la racine de Dictame blanc ou de Fraxinelle.

Radix dictamni albi. — Off.

271. *Dictamnus albus* L. Décandrie monogynie; dicotylédones polypétales hypogynes, famille des rutacées.

Car. gén. : Calice à 5 divisions profondes; corolle à 5 pétales irréguliers; filets des étamines abaissés, recouverts de points glanduleux; 1 style; 5 capsules réunies au-dessous du centre. — *Car. spéc.* : Feuilles pinnées, tiges simples.

Cette plante croît surtout dans le midi de la France et en Italie. Elle s'élève à la hauteur de deux pieds; ses feuilles sont d'un vert foncé, luisantes et fermes; elles ressemblent pour la forme à celles du frêne, ce qui a valu à la plante son nom de *fraxinelle*. Ses fleurs sont disposées en épis au haut des tiges. Elles sont blanches ou purpurines, marquées de lignes rouges plus foncées et d'un bel effet. Toute la plante est très-odorante, et l'on assure même que, dans les pays méridionaux, les émanations qui s'en échappent sont assez concentrées pour être quelquefois inflammables par l'approche d'un flambeau.

La racine seule est usitée, et même seulement l'écorce mondée de sa racine. On nous l'envoie toute préparée du midi. Elle est blanche, roulée sur elle même, d'une odeur presque nulle et d'une saveur amère.

De la racine d'Ellébore blanc.

Radix veratri albi. — Off.

272. *Veratrum album* L. Polygamie monoëcie; monocotylédones à étamines périgynes, ordre des joncées J. *Car. gén.* : Fleurs hermaphrodites, et fleurs mâles avec un rudiment de pistil; calice coloré à 6 divisions profondes; 6 étamines; 3 pistils; 3 capsules polyspermes. — *Car. spéc.* : Épi sur-décomposé, corolles redressées.

Cette plante pousse une tige haute de deux ou trois pieds, enveloppée à sa partie inférieure par un grand nombre de feuilles grandes, larges, molles, plissées dans leur longueur, un peu velues. Elle porte en outre d'autres feuilles caulinaires plus espacées et plus petites, et au haut de la tige des épis de fleurs d'une couleur herbacée. Sa racine est composée d'un corps principal assez volumineux, garni de beaucoup de radicules blanches.

Cette racine telle qu'on nous l'apporte sèche de la Suisse, est sous la forme d'un cône tronqué, d'un pouce environ de diamètre moyen, de deux ou trois pouces de long, blanc à l'intérieur, noir et ridé au dehors; elle est privée ou garnie de ses radicules qui sont très-nombreuses, longues de trois à quatre pouces, grosses comme une plume de corbeau, blanches à l'intérieur, jaunâtres à l'extérieur. Toute la racine est douée d'une saveur d'abord douceâtre et mêlée d'amertume, qui devient bientôt âcre et corrosive. Elle a dans son ensemble quelque ressemblance avec la racine d'asperge, mais les radicules de celle-ci sont plus longues, à moins qu'elles n'aient été coupées, plus flasques, rarement sèches, d'une saveur qui n'est que un peu sucrée et amère; de plus sa souche n'est ni conique ni aussi compacte que celle de l'ellébore blanc.

La racine d'ellébore blanc est un vomitif et un purgatif drastique des plus violens. Elle n'est plus guère employée qu'à l'extérieur, dans les maladies pédiculaires et cutanées. Sa pulvérisation est dangereuse.

MM. Pelletier et Caventou ont retiré de la racine d'ellébore blanc :

Une matière grasse composée d'élaïne, de stéarine et d'un acide volatil.

Du gallate acide de vératrine.

Une matière colorante jaune.

De l'amidon.

Du ligneux.

De la gomme (*Ann. Phys. et Chim.* XIV. 81).

De la racine d'Ellébore noir.
Radix hellebori nigri. — Off.

273. On confond sous ce nom les racines de deux espèces d'ellébore, l'*Helleborus niger* et l'*Helleborus viridis* L. De la polyandrie polygynie, de la classe des dicotylédones polypétales hypogynes de Jussieu et de l'ordre des renonculacées.

Car. gén. : Calice o ; corolle à 5 pétales ou plus ; plusieurs nectaires bilabiés, tubulés ; 3 ou 5 styles ; 3 ou 5 capsules polyspermes. — *Car. spéc.* de l'*hel. niger* : Hampe à 1 ou 2 fleurs ; feuilles pédalées. — *Car. spéc.* de l'*h. viridis* : Tige bifide ; rameaux feuillus, biflores ; feuilles digitées.

Ces deux plantes croissent dans les lieux rudes, incultes et montagneux, surtout en Suisse et dans l'Auvergne ; elles sont cultivées dans les jardins. La première, plus grande dans toutes ses parties, a une très-belle fleur incarnate, portée souvent isolément sur une hampe longue de six à huit pouces. La seconde, plus petite, a les feuilles et les fleurs d'une même couleur vert-pâle ou jaunâtre. On nous apporte leurs racines sèches des pays précités.

274. La racine de l'*helleborus niger* est à peu près grosse et longue comme le petit doigt, d'un gris brunâtre au dehors, marquée d'anneaux circulaires à des distances assez rapprochées, et portant quelquefois des vestiges d'écailles. Elle est grise ou rougeâtre à l'intérieur, et offre im-

médiatement sous l'écorce un cercle de points blancs, lesquels sont les extrémités de fibres qui paraissent aller d'un bout à l'autre de la racine. Elle n'a pas d'odeur bien caractérisée. Sa saveur, lorsqu'elle est récemment séchée, est d'abord styptique, puis âcre et brûlante. Ce dernier caractère disparaît en partie dans les vieilles racines du commerce.

275. La racine de l'*helleborus viridis*, plus commune que la précédente, est sous la forme de souches tout-à-fait irrégulières et entremêlées, garnies inférieurement d'un grand nombre de radicules longues, que l'on s'est plu à tresser à la manière des cheveux avant leur dessiccation. Elle est d'un gris noirâtre au dehors, blanchâtre à l'intérieur. On y observe également, mais plus difficilement, le caractère d'un cercle de points blancs dans sa cassure. Sa saveur n'est pas styptique comme celle de la précédente ; elle offre de suite une âcreté considérable mêlée d'amertume. Ce caractère, comme dans l'autre, s'affaiblit avec le temps ; je lui trouve une odeur plus prononcée.

Ces deux racines sont fortement émétiques et purgatives. On les emploie surtout dans l'hypocondrie, la manie, la folie, etc. Ce n'est ni l'une ni l'autre, cependant, que les anciens employaient à cet usage. Celle-ci paraît due à une autre espèce d'ellébore que Tournefort a observé dans le Levant et qu'il a décrite : *Helleborus niger orientalis folio amplissimo, flore viride*. C'est l'*Helleborus orientalis* de Linné.

276. On emploie encore quelquefois la racine d'une autre espèce d'ellébore très-commune dans nos contrées, nommée *ellébore fétide*, *pied-de-griffon*: *Helleborus fetidus* L. Elle ressemble presque, pour la forme, à celle de l'*helleborus viridis*; mais elle est bien moins âcre au goût, et jouit, lorsqu'elle est récemment séchée, d'une odeur fort désagréable.

De la racine de Filipendule.
Radix filipendulæ. — Off.

277. *Spiræa Filipendula* L. Icosandrie pentagynie; dicotylédones polypétales périgynes, ordre des rosacées.

Car. génér. : Calice à 5 divisions; corolle pentapétale; 20 étamines; ovaires définis supères; autant de capsules polyspermes. — *Car. spéc.* : Feuilles pinnées avec interruption; folioles linéaires-lancéolées, inégalement dentées, entièrement glabres; fleurs en cime.

La racine de filipendule est fibreuse, chevelue, interrompue de distance en distance par des tubercules gros comme des olives, oblongs, noirâtres au dehors, blanchâtres en dedans, d'une saveur amère, astringente. Elle passe pour astringente et diurétique. On emploie également les feuilles.

De la racine de Fougère mâle.
Radix filicis maris. — Off.

278. *Aspidium Filix mas* de Swartz. *Polypodium Filix mas* L. Cryptogamie; famille des fougères.

Cette plante, comprise par Linné dans le genre *Polypodium*, en a été séparée par Swartz, avec beaucoup d'autres, auxquelles il a reconnu le caractère d'avoir la fructification éparse sous les feuilles en groupes arrondis, recouverts chacun par un tégument particulier attaché par un seul point. Ses caractères spécifiques sont : un feuillage bipinné; les folioles obtuses, crénelées; le stipe garni de paillettes; les fleurs réniformes.

La partie de cette plante, qui est employée en médecine, porte communément le nom de *racine*; mais c'est plutôt une *tige souterraine*, une *souche*, enfin ce que Linné nommait *stipes*. Cette souche est composée d'un grand nombre de tubercules oblongs, rangés tout autour et le long d'un axe commun; recouverts d'une enveloppe brune, coriace et foliacée; et séparés les uns des autres par des écailles très-fines, soyeuses et d'une couleur dorée. La vraie racine de la plante consiste dans les petites fibres dures et ligneuses qui sortent d'entre les tubercules que je viens de décrire. L'intérieur de la souche est d'une consistance solide, d'une couleur jaunâtre, d'une saveur astringente un peu amère et désagréable, d'une odeur nauséeuse.

La souche de fougère est anthelmintique.

De la racine de Fragon ou de petit-Houx.
Radix rusci. — Off.

279. *Ruscus aculeatus* L. Dioecie syngénésie; monocotylédones périgynes, famille des asparaginées.

Car. génér. : Fleurs mâles : calice coloré à 6 divisions profondes, 6 étamines syngénèses. Fleurs femelles : calice semblable; 6 étamines stériles; 1 style; 1 stigmate; 1 baie triloculaire; 1, 2 ou 3 semences sphériques, cornées. —*Car. spéc.*: Feuilles nues, portant les fleurs à leur surface supérieure.

Le fragon, ou petit-houx, est un petit arbrisseau toujours vert, à feuilles semblables à celles du myrte, mais plus raides et piquantes. Au printemps il produit des pousses que l'on peut manger comme celles de l'asperge. Sa racine est grosse comme le petit doigt, longue, noueuse, écailleuse et marquée d'anneaux très-rapprochés, comme les souchets. Elle est garnie, d'un côté surtout, d'un grand nombre de radicules de même que la racine d'asperge; mais on l'en distingue facilement à la forme de sa souche, qui est plus grêle, plus cylindrique, plus longue et moins écailleuse; à sa plus grande blancheur; à la plénitude de ses radicules : les deux saveurs sont peu différentes.

La racine de petit-houx est une des cinq racines dites apéritives.

De la racine de Fraisier.
Radix fragariæ. — Off.

280. *Fragaria vesca* L. Icosandrie polygynie ; dicotylédones polypétales périgynes, famille des rosacées. *Car. génér.* : Calice à 10 divisions ; corolle à 5 pétales ; réceptacle des semences ové, succulent, tombant. — *Car. spéc.* : Produit des jets qui prennent racine.

Cette plante croît naturellement dans les bois, et est cultivée dans les jardins. Ses feuilles sont ternées, dentelées, vertes en dessus, blanches en dessous et velues. Ses fleurs sont blanches, et naissent quatre ou cinq sur un péduncule. Ses fruits sont composés d'un réceptacle charnu et succulent qui porte les graines à sa superficie : ils sont ordinairement rouges, quelquefois blancs, d'un parfum et d'une saveur très-agréables. Sa racine est composée de deux ou plusieurs souches, longues de deux à trois pouces, réunies par leur partie inférieure d'où partent un assez grand nombre de radicules très-déliées. Toute la racine a une couleur très-brune à l'extérieur, fauve à l'intérieur, une odeur nulle, une saveur très-astringente.

On l'emploie en médecine comme apéritive et astringente. Les fruits sont recherchés sur les tables, et servent en outre à préparer quelques esprits aromatiques.

De la racine de Galanga grand et petit.
Radix galangæ majoris et minoris. — Off.

281. *Alpinia Galanga* Wild. ; *Maranta Galanga* L. ; plante herbacée de la monandrie monogynie ; de la classe des monocotylédones à étamines épigynes, et de la famille des amomées. Elle croît naturellement aux Indes, aux îles de la Sonde, à la Chine, d'où on nous envoie sa racine sèche.

On distingue deux sortes de galanga, qui sont dues

à deux variétés de la même plante, ou qui, peut-être, ne diffèrent que par l'âge auquel on les a récoltées. L'une, qui est le *grand galanga*, a de six lignes à deux pouces de diamètre ; elle est souvent bifurquée, longue de deux à trois pouces, cylindrique, d'un brun rougeâtre au dehors, et marquée comme d'anneaux ou de franges circulaires blanches. Elle est d'un fauve rougeâtre à l'intérieur, d'une texture fibreuse peu compacte ; elle a une odeur forte, analogue à celle du cardamome ; une saveur piquante, très-âcre et aromatique. Quelques droguistes lui donnent à tort le nom d'*acorus*.

Le petit galanga a de deux à quatre lignes de diamètre ; il est en général d'une couleur plus brune à l'extérieur, d'une odeur et d'une saveur encore plus fortes ; il est de même marqué de franges circulaires blanches.

On confond quelquefois le souchet long avec le petit galanga. Le souchet long est facile à reconnaître par sa couleur noire, l'absence des anneaux blancs, son odeur beaucoup plus faible et sa saveur amère, astringente, peu aromatique.

281 *bis*. Outre les deux racines de galanga que j'ai décrites, on en trouve quelquefois une dans le commerce qui en diffère assez, pour qu'on puisse l'attribuer à une plante d'une espèce différente. Pour la grosseur, elle tient le milieu entre le petit et le grand galanga ; elle est de même entourée de franges blanches ; mais son écorce est lisse, luisante et jaunâtre ; sa texture intérieure est beaucoup plus lâche, son odeur plus faible, et sa saveur moins piquante : souvent même elle est presque insipide, ce qui tient sans doute à la facilité avec laquelle une racine aussi poreuse doit perdre ses principes actifs en vieillissant. Son caractère le plus tranché est sa grande légèreté ; car, en en pesant des morceaux sensiblement égaux en volume à d'autres morceaux de vrai galanga, leur poids ne se trouve être que le tiers ou la moitié de ceux-ci. J'ignore si cette racine est celle du *kempfœria galanga*, qui est annoncée

dans les ouvrages de matière médicale, comme la source d'un faux galanga.

De la racine de Garance.

Radix rubiæ tinctorum. — Off.

282. *Rubia tinctorum* L. Tétrandrie monogynie; classe des dicotylédones monopétales épigynes, à anthères distinctes; famille des rubiacées.

Car. génér.: Calice très-petit; corolle en roue à 4 divisions; 4 étamines; 1 style bifide; 2 baies rapprochées, monospermes.— *Car. spéc.:* Feuilles annuelles; tige aiguillonnée.

La garance croît en France, et est cultivée dans les environs de Montpellier, à cause de sa racine qui est très-employée dans la teinture en rouge; mais celles d'Orient et d'Afrique sont plus estimées. Cette plante pousse des tiges longues, carrées, noueuses, rudes, portant à chaque nœud cinq ou six feuilles verticillées, hérissées de poils très-rudes. Ses fleurs sont petites et d'un jaune verdâtre; son fruit est formé de deux baies accolées, noires et succulentes; ses racines sont nombreuses, longues, rampantes, de la grosseur d'une plume d'oie, recouvertes d'une écorce rouge, dans laquelle surtout réside son principe colorant, car l'intérieur est jaunâtre; elles ont une saveur amère et styptique. Administrées en décoction, elles teignent en rouge le lait, les urines et les os; elles entrent dans le sirop d'armoise composé.

C'est avec la garance que l'on produit sur le coton ce beau rouge, nommé *rouge d'Andrinople*. Nous le tirions, autrefois, du Levant; mais depuis long-temps déjà on en fabrique en France d'une aussi bonne qualité. Depuis plusieurs années aussi, MM. Gonin, teinturiers de Paris, sont parvenus à fixer la même couleur sur la laine, en lui conservant tout son éclat et sa solidité.

De la racine de Gentiane.
Radix gentianæ. — Off.

283. *Gentiana lutea* L. Pentandrie digynie; dicotylédones monopétales hypogynes; famille des gentianées.

Car. gén.: Calice à 4 ou 5 divisions, corolle campaniforme ou infundibuliforme, limbe à 4 ou 5 divisions, 4 ou 5 étamines, style o, stygmate, capsule oblongue à 2 valves, 1 seule loge, 2 réceptacles longitudinaux. — *Car. spéc.:* Fleurs verticillées, corolle en roue, limbe à 5 divisions, calice en forme de spathe.

La gentiane pousse plusieurs tiges droites, fermes, hautes de deux ou trois pieds; ses feuilles sont larges, lisses, plissées comme celles de l'ellébore blanc; ses fleurs sont jaunes et disposées en verticilles le long de la tige; sa racine est grosse comme le poignet ou moins, longue et branchue: séchée, et telle qu'on nous l'apporte de la Suisse et de l'Auvergne, elle est grosse, très-rugueuse à l'extérieur, d'une texture spongieuse, jaune, d'une odeur forte et tenace, d'une saveur très-amère. On doit choisir celle qui est médiocrement grosse et non cariée.

M. Henry, qui vient de faire l'analyse de la racine de gentiane, y a trouvé, entre autres principes, de la glu, une huile odorante, une matière de nature résineuse ou cireuse, une matière extractive très-amère soluble dans l'eau et dans l'alcohol, de la gomme et quelques sels; il n'y a trouvé ni sucre ni amidon (*Journ. Pharm.* V. 97).

La racine de gentiane est stomachique, tonique et fébrifuge. Elle entre dans la thériaque et le diascordium; on l'emploie souvent en sirop, en teinture alcoholique, en extrait.

De la racine de Ginseng.

(Voyez racine de *Ninsin*).

De la racine de Gingembre.
Radix zingiberis. — Off.

284. *Amomum Zingiber* L. Monandrie monogynie; monocotylédones à étamines épigynes, famille des balisiers ou des amomées.

La plante qui fournit le gingembre croît naturellement dans les Indes, aux îles Philippines et à la Chine. Depuis elle a été transportée à la Nouvelle-Espagne, d'où elle s'est répandue aux Antilles et à Cayenne; maintenant ces derniers pays et surtout la Jamaïque en produisent une grande quantité. La racine de gingembre, telle que le commerce nous l'offre, est grosse comme le doigt, aplatie, palmée ou articulée, couverte d'un épiderme ridé, marqué d'anneaux peu apparens. Quelquefois l'épiderme est enlevé par places et laisse voir la substance même de la racine qui paraît noire et comme cornée. Mais l'intérieur est en général blanc, gris ou jaunâtre, et offre un assez grand nombre de fibres longitudinales. Le gingembre a une saveur âcre et brûlante, et une odeur forte, aromatique, qui lui est propre : il excite fortement l'éternument. Il faut le choisir pesant et non piqué des vers, ce à quoi il est très-sujet, malgré l'usage où l'on est de le tremper, avant sa dessiccation, dans une lessive de cendre ou de chaux, dans la vue cependant de l'en préserver autant que possible.

Le gingembre fournit à la distillation une huile volatile plus légère que l'eau, d'une odeur très-forte et d'une grande causticité. Il est très-employé comme médicament et comme assaisonnement : les vinaigriers en ajoutent au vinaigre pour en augmenter la force; les Indiens le font cuire dans du sucre et en forment ainsi un condiment fort agréable au goût, tonique et excitant.

De la racine de Guimauve.
Radix althææ. Off.

285. *Althæa officinalis* L. Monadelphie polyandrie. Dicotylédones polypétales hypogynes, famille des malvacées de Jussieu.

Car. gén.: Calice double, l'extérieur à 9 divisions; un grand nombre de capsules monospermes disposées circulairement. — *Car. spéc.:* Feuilles simples, cotonneuses.

Cette plante, ainsi que la mauve, a un port bien connu auquel on rapporte ordinairement celui des autres malvacées. Sa racine est longue, cylindrique, branchue, grosse comme le pouce, bien nourrie, mucilagineuse, blanche en dedans et recouverte d'un épiderme jaunâtre.

Dans le commerce on la trouve dépouillée de son épiderme, d'une belle couleur blanche, d'une odeur faible et d'une saveur douce et très-mucilagineuse. Il faut en outre la choisir bien nourrie et peu fibreuse. On l'emploie en poudre, en infusion et en décoction. Elle entre dans les sirops de guimauve et d'*althæa* de Fernel. Les feuilles de la plante sont aussi employées comme émollientes, et les fleurs comme pectorales. Celles-ci, outre leur double calice cotonneux à neuf divisions extérieures qui les distingue, ont cinq pétales d'un blanc rosé et d'une odeur faible agréable. Elles sont, comme le reste de la plante, mucilagineuses et adoucissantes.

De la racine d'Hermodacte.
Radix hermodactyli. — Off.

286. Cette, racine inconnue aux anciens Grecs, paraît avoir été mise en usage par les Arabes. Les botanistes ont long-temps différé d'opinion sur son origine. Quelques-uns l'ont attribuée à l'*iris tuberosa* L.; mais le plus grand nombre l'a toujours crue produite par une espèce de colchique nommée généralement aujourd'hui *colchicum illy-*

ricum, quoique ses caractères spécifiques ne paraissent pas encore bien établis. Le genre *colchique* appartient à l'hexandrie trigynie L., et à la classe des monocotylédones à étamines périgynes de Jussieu : il a donné son nom à la petite famille des colchicées.

La racine d'hermodacte nous vient d'Égypte et de la Natolie. C'est un corps tubéreux, amylacé, ayant la forme d'un cœur, marqué à la partie inférieure du côté convexe des vestiges d'un plateau de bulbe ordinaire, creusé profondément et dans toute sa longueur de l'autre côté, et ayant au bas du sillon une cicatrice qui indique le point d'insertion de la tige principale. Sur la partie convexe se trouve une seconde cicatrice d'où partait probablement une seconde tige à fleur ; enfin le sommet de la racine offre une dernière cicatrice d'où devaient s'élever les feuilles. Si on se rapelle que la racine de colchique *colchicum autumnale* (261.), est absolument conformée de la même manière, on sera convaincu que l'une et l'autre doivent être produites par des plantes du même genre, ce qui vient à l'appui de la dernière origine attribuée ci-dessus à l'hermodacte. Du reste, la racine d'hermodacte est facile à distinguer du colchique. Elle est beaucoup plus blanche, non ridée à l'extérieur, d'une saveur douceâtre, un peu mucilagineuse et un peu âcre. Elle est légèrement purgative et elle entre dans la composition des électuaires diaphœnix, caryocostin, et des tablettes diacarthami. On a prétendu que les Égyptiennes en mangeaient pour acquérir de l'embonpoint.

De la racine d'Impératoire.

Radix imperatoriæ. — Off.

287. *Imperatoria Ostruthium* L. Pentandrie digynie ; classe des dicotylédones polypétales épigynes, famille des ombellifères.

Car. gén. : Involucres oligophylles ; fruit presque

rond, comprimé, gibbeux au milieu, et ceint d'une membrane sur les bords. Pétales infléchis, échancrés.

L'impératoire croît en Suisse sur les Alpes. Sa racine, qu'on nous apporte sèche, est grosse comme le doigt, brune et très-rugueuse à l'extérieur; d'une texture fibreuse et d'une couleur jaune verdâtre à l'intérieur; d'une saveur aromatique, âcre et persistante; d'une odeur analogue à celle de l'angélique, mais plus forte. Toutes ces propriétés disparaissent avec le temps, et il n'est pas rare de trouver dans le commerce la racine d'impératoire vermoulue, noirâtre à l'intérieur, tombant en poussière lorsqu'on la casse, et d'une odeur faible. Il faut donc la choisir récente et telle que je l'ai décrite d'abord. Elle entre dans l'eau impériale, l'eau thériacale, l'esprit carminatif de Sylvius. Elle donne de l'huile volatile à la distillation.

Des racines d'Ipécacuanha.

288. L'ipécacuanha a été apporté en Europe vers l'année 1672. Il était alors connu sous le nom de *béconquille* et de *mine d'or*; mais on en fit peu d'usage jusqu'en 1686, époque à laquelle un marchand étranger en apporta de nouveau en France. Il fut alors préconisé et employé avec succès par Adrien Helvétius, médecin de Rheims. Cependant la source en restant inconnue, Louis XIV en acheta le secret en 1690, et le publia.

Jusqu'à ces dernières années il a régné une grande confusion dans la distinction des diverses sortes d'ipécacuanha que le commerce nous présente. Elle a cessé grâce au traité de M. Mérat, inséré dans le 26me. volume du Dictionnaire des Sciences Médicales, et l'histoire de l'ipécacuanha laisse actuellement bien peu de chose à désirer (1).

(1) Me sera-t-il permis de rappeler que j'étais arrivé précisément aux mêmes conclusions que M. Mérat avant la publication de son travail, comme il est reconnu des personnes qui ont suivi, en 1817 et janvier 1818, le cours de droguerie que je faisais alors à la Pharmacie Centrale des

Dans ce qui va suivre je prendrai pour premier guide le

hôpitaux civils, et comme il le sera certainement par M. Pelletier et par M. Marchand, lorsqu'ils se rappelleront que, à cette dernière époque, je présentai à M. Pelletier des échantillons d'ipécacuanha gris, brun, noir et blanc ondulé, avec leur étiquette et le nom spécifique des plantes qui les fournissent; et qu'à M. Marchand, je remis, sur la demande qu'il voulut bien m'en faire, une copie de ma leçon sur les ipécacuanhas, contenant la distinction des mêmes espèces?

Ce n'est donc pas sans quelque étonnement que j'ai lu dernièrement dans un article de M. Pelletier (*Journ. Pharm.* VI. 262.): « Le véritable ipécacuanha noir (Psychotria *emetica*)...... était inconnu des pharmaciens et des droguistes, et c'est par hasard, et sans le connaître, que j'en fis l'analyse en examinant une racine du droguier de mon père étiquetée ipécacuanha des côtes d'Or. Je ne fus pas peu surpris de la reconnaître quelque temps après dans un ipécacuanha qu'une maison de commerce avait reçu du Pérou par la voie de Cadix...... Ayant montré cet ipécacuanha à M. le docteur Mérat, il le reconnut pour être la racine du *psychotria emetica*........ Le travail de M. Mérat est imprimé dans le Dictionnaire des Sciences Médicales, article *ipécacuanha;* celui de M. Richard est consigné dans la première partie de sa thèse : il est donc postérieur à celui de M. Mérat; mais un premier mémoire de M. Richard, lu le 19 mars 1818, à la Société de Médecine de la Faculté, semblerait donner à ce botaniste des droits à l'antériorité, si les espèces sont aussi exactement indiquées que dans sa thèse. »

Je me mets aussi sur les rangs pour l'antériorité; car au mois de janvier 1818, je présentai à M. Pelletier:

Un échantillon d'ipécacuanha gris étiqueté *cephælis ipecacuanha.*
Un *id.* d'ipécacuanha brun étiqueté *variété du gris.*
Un *id.* d'ipécacuanha noir étiqueté *psychotria emetica* L.
Un *id.* d'ipécacuanha blanc étiqueté *viola ipecacuanha* L.?

M. Pelletier reconnut le premier comme celui qu'il avait analysé sous le nom de *cephælis ipecacuanha;* le second pour celui qu'il avait nommé *psychotria emetica;* le troisième pour être le même qu'un ipécacuanha provenant du droguier de son père et qu'il me montra encore étiqueté *ipécacuanha de la côte d'Or:* Il ne l'avait pas analysé, n'en connaissant pas l'origine, et se promit dès lors de le faire. Quant au dernier, M. Pelletier ne le reconnut pas pour être celui qu'il avait analysé sous le nom d'*ipécacuanha blanc*, ce dont j'étais certain d'avance; cet habile chimiste n'y ayant pas trouvé d'amidon, et la racine que je lui présentais en contenant évidemment. Cependant je montrai à M. Pelletier que mon ipécacuanha blanc était bien celui qui avait été décrit par Bergius, II. 756.

Les quatre ipécacuanhas dont je viens de parler ont toujours existé dans le droguier de la Pharmacie Centrale et ont pu y être vus par tous ceux qui ont visité cet établissement.

Dictionnaire des drogues de Lémery; car, si nous devons toute notre reconnaissance aux savans qui débrouillent tous les jours le chaos des espèces végétales auxquelles sont attribuées les différentes drogues exotiques; il est utile aussi pour le plus grand nombre des étudians et pour les droguistes, de montrer le rapport qu'ont leurs découvertes avec les descriptions contenues dans les ouvrages que les derniers ont entre les mains; et l'ouvrage de Lémery méritera toujours d'y rester, à cause de son exactitude à décrire les substances dont il a traité.

289. Lémery distingue quatre sortes d'ipécacuanha : une première *brune* à l'extérieur, tortue, ridée par anneaux, blanchâtre en dedans, cordée dans son milieu, difficile à rompre, d'un goût âcre et amer; une seconde *grise* tirant un peu sur le *rouge*, blanche en dedans, d'une configuration semblable, d'une propriété vomitive présumée plus faible; une troisième d'un *gris* plus *cendré* au dehors, brune en dedans, différant des deux autres par sa forme : elle est un peu plus grosse, et ses rides sont disposées longitudinalement et non par anneaux : elle a un goût doux et comme *glycyrrhizé*; une quatrième *blanche* partout, non tortue ni raboteuse, ressemblant beaucoup à la racine de *l'asclepias vincetoxicum*, venant des Indes orientales.

Il est impossible de ne pas reconnaître ces différentes sortes d'ipécacuanha dans celles que l'on trouve encore, soit dans le commerce, soit dans les droguiers. Je commence par les deux premières, l'ipécacuanha *brun* et l'ipécacuanha *gris rougeâtre* qui constituent entièrement, par leur mélange, l'ipécacuanha du commerce et qui sont, en France, les seules sortes officinales : les autres n'y parviennent que rarement.

De l'Ipécacuanha officinal ou annelé.

Radix ipecacuanhæ annulatæ. — Off.

290. Il suffit de comparer les deux racines qui con-

stituent cet ipécacuanha pour rester convaincu qu'elles sont produites par la même espèce végétale ; car elles ont tout-à-fait la même configuration, et M. Pelletier qui les a analysées en a retiré les mêmes principes actifs : enfin presque tous les botanistes se sont accordés à leur donner la même origine quoiqu'ils n'aient pas toujours été d'accord sur cette origine.

Ainsi suivant Mutis, dont le sentiment a été suivi pendant long-temps, l'ipécacuanha officinal serait dû au *Psychotria emetica* de Linné, plante du Pérou appartenant à la pentandrie monogynie, et à la famille des rubiacées de Jussieu. Mais d'après la description et le dessin de la plante envoyés du Brésil à M. Brotero, professeur de botanique à Coïmbre, ce savant fut convaincu qu'elle devait appartenir à un nouveau genre de la même famille des rubiacées. Il adopta pour ce genre le nom de *callicocca* qui avait déjà été proposé par un autre, tandis que celui de *cephœlis* était formé par Swartz. Ce dernier nom est définitivement adopté, et la plante se nomme *Cephœlis Ipecacuanha*.

Voici maintenant la description détaillée des deux variétés d'ipécacuanha officinal.

291. *Première variété:* Je la nomme *ipécacuanha annelé gris noirâtre*; *ipécacuanha brun* de Lemery; *ipécacuanha gris* ou *annulé* de M. Mérat (*Dict. Scienc. Méd.* XXVI. 10). Racine longue de trois à quatre pouces; tortue ou recourbée en différens sens, ordinairement de la grosseur d'une petite plume à écrire, et s'amincissant d'une manière remarquable vers son extrémité inférieure. Elle est formée d'un cœur ligneux blanc-jaunâtre qui va d'un bout à l'autre de la racine, et d'une écorce épaisse, bouillonnée, ou comme disposée par anneaux contre le cœur ligneux, et facile à en séparer. La couleur extérieure de cette écorce est le gris noirâtre; sa section transversale est de la même couleur, dure, cornée et demi-transparente. Elle a une saveur âcre manifestement aromatique.

L'odeur de la racine respirée en masse est forte, irritante et nauséeuse.

M. Pelletier a analysé comparativement et séparément la partie corticale et la partie ligneuse de cette racine (1) et en a retiré les produits suivans :

Partie corticale.

Matière grasse odorante.	2
Matière vomitive propre à l'ipécacuanha et nommée *émétine*.	16
Cire.	6
Gomme.	10
Amidon.	42
Ligneux.	20
Perte.	4
	100

Partie ligneuse.

Matière vomitive (*émétine*).	1.15
Matière extractive non vomitive.	2.45
Gomme.	5
Amidon.	20
Ligneux.	66.60
Matière grasse. . . . . des traces. . . .	
Perte.	4.80
	100 00

Il a ainsi expliqué et confirmé la croyance où l'on a toujours été que la partie corticale de l'ipécacuanha est beaucoup plus active que le *meditullium* ligneux.

292. *Deuxième variété. Ipécacuanha annelé gris rougeâtre; ipécacuanha gris rouge* de Lémery et de M. Mérat. Il a absolument la même forme que le précédent, mais il

(1) C'est par erreur que dans le mémoire de M. Pelletier, la racine qui a servi aux deux analyses suivantes, se trouve désignée sous le nom de *psychotria emetica*. (*Ann. Chim. et Phys.* IV. 179).

en diffère par la couleur de son écorce moins foncée et rougeâtre; par son odeur moins forte lorsqu'il est respiré en masse; par sa saveur non aromatique. M. Mérat le dit plus amer mais il faut que ce caractère soit variable, car je n'y trouve pas cette différence, et même l'amertume est si peu prononcée dans les deux, que je ne crois pas que l'on puisse en faire un caractère principal et comme exclusif pour séparer les ipécacuanhas vrais ou faux en deux séries (loc. cit. page 14).

De même que dans l'ipécacuanha gris noirâtre, l'écorce de la variété grise rougeâtre est ordinairement cornée et demi-transparente; et même ce caractère y est plus apparent, en raison de la couleur moins foncée de l'épiderme; mais quelquefois la section de cette écorce est opaque, mate et farineuse, et alors la racine, offrant en général des propriétés moins actives, en est moins estimée. Cette manière d'être ne forme pas une nouvelle variété distincte, car j'ai remarqué des racines dont une partie de la section transversale était opaque et l'autre cornée, et j'en ai vu beaucoup d'autres dont l'extrémité supérieure était cornée et l'inférieure amylacée.

M. Pelletier ayant analysé l'ipécacuanha gris rougeâtre privé de son *meditullium* ligneux l'a trouvé composé de

Matière grasse.	2
Émétine.	14
Gomme.	16
Amidon.	18
Ligneux.	48
Perte.	2
	100

Cette analyse rend raison de la propriété vomitive un peu moins forte de l'ipécacuanha gris rougeâtre comparé à la première variété; mais il n'explique pas l'odeur plus forte de celle-ci. Enfin je ne vois rien dans ces racines qui justifie les proportions presque inverses de l'amidon et de la matière ligneuse. Cette anomalie serait-elle due à une simple transposition de nombres ?

293. *Troisième variété ?* M. Mérat distingue une troisième variété d'ipécacuanha produite par le *cephœlis ipécacuanha*, qu'il nomme *ipécacuanha gris blanc*. Voici les caractères qu'il en donne : anneaux moins saillans, moins irréguliers, quoique remarquables encore ; teinte d'un gris blanc ; cassure et amertume comme dans la variété précédente ; racine plus volumineuse que les deux autres, ce qui lui fait soupçonner qu'elle ne doit les différences qu'on y observe qu'à ce qu'elle a été récoltée dans toute sa maturité ; on la trouve mélangée, mais bien rarement, dans l'ipécacuanha du commerce ; elle doit avoir autant de vertu que les deux premières variétés, si ce n'est davantage.

Je crois posséder cette racine, car je lui trouve tous les caractères indiqués par M. Mérat, à l'exception de la couleur qui est absolument la même que celle de l'ipécacuanha *gris rougeâtre*. Peut-être même tire-t-elle encore plus sur le rouge. Son odeur est moins forte, et cependant sa saveur est très-caractérisée. Elle doit certainement posséder des propriétés médicales très-actives. Si elle n'est due qu'à l'une des variétés précédentes cueillie à un âge plus avancé, ou plus développée et mieux nourrie en raison de la nature du terrein et de la culture, ce qui est aussi probable, ce sera à la variété grise-rougeâtre qu'il faudra la rapporter : cette croyance même me semble si fondée que je n'en fais pas ici une variété particulière. Si l'on croyait cependant devoir l'établir, je proposerais le nom d'*ipécacuanha annelé majeur*, dans lequel je ne fais pas mention de la couleur qui paraît ne pas être constante.

De l'Ipécacuanha strié.

Radix ipecacuanhæ striatæ. — Off.

294. Je passe à l'*ipécacuanha gris cendré glycyrrhizé* de Lémery, *ipécacuanha noir* de quelques auteurs, *ipécacuanha strié* de M. Mérat. Cette racine forme une

espèce bien distincte des variétés précédentes, tant par ses caractères physiques différens, que parce que la plante qui la fournit appartient à un autre genre de rubiacées. Elle est produite par le *Psychotria emetica* L., lequel, comme nous l'avons vu, n'est pas la source du véritable ipécacuanha officinal.

La grosseur de l'ipécacuanha strié varie d'une ligne à trois ou quatre, et sa longueur de un à quatre pouces. Il est formé, comme les autres, d'un *méditullium* ligneux et d'une écorce plus ou moins épaisse; mais cette écorce n'offre que quelques étranglemens circulaires fort rares, et, ce que ne présentent pas du tout les autres espèces, elle est ridée longitudinalement. D'ailleurs elle est d'un gris sale à l'extérieur, d'un gris noirâtre, ou même tout-à-fait noire à l'intérieur, d'une dureté peu considérable, et facile à tailler au couteau sans se séparer du cœur ligneux. Elle a une odeur peu marquée et une saveur presque nulle. Quant au cœur ligneux il est d'un jaune prononcé et perforé de beaucoup de trous visibles à la loupe. Peut-être ces caractères résultent-ils en partie de la vétusté des racines qu'il nous est très-difficile de renouveler. La même altération peut avoir lieu dans les propriétés physiques et médicales, et, quant à moi, je ne condamnerais pas la racine du *psychotria* sur une seule analyse et sur un petit nombre d'essais. Celle que M. Pelletier a analysée, depuis la publication de son mémoire, contenait 0.09 de matière vomitive, 0.12 de matière grasse, beaucoup d'amidon, de la gomme, du ligneux, et des traces peu sensibles d'acide gallique.

De l'Ipécacuanha ondulé.

Radix ipecacuanhæ undulatæ.

295. Avant de traiter de la dernière racine que Lémery et beaucoup d'autres auteurs ont improprement appelée *ipécacuanha blanc*, je dois m'occuper d'une autre qui mérite à plus juste titre ce nom, que j'ai trouvée en assez

grande quantité dans le droguier de la pharmacie centrale où elle existe toujours, et que j'ai reconnue pour être celle décrite par Bergius, sous le nom d'*ipécacuanha blanc*, et attribuée par lui au *viola ipecacuanha* L. (Bergius, II. pag. 756).

Je la nomme *ipécacuanha ondulé*; *ipécacuanha amylacé* ou *blanc* de M. Mérat. M. Mérat est peu disposé à croire que cet ipécacuanha soit dû au *viola ipecacuanha*, d'après l'examen de la racine de cette plante figurée par Vandelli; mais il pense toujours qu'elle peut appartenir au genre *viola* en raison de son analogie de forme avec la plupart des autres racines de ce genre. Il me semble que *s'il n'y a plus* que cette raison pour attribuer cette racine au genre *viola*, il y en a une toute aussi forte et peut-être plus forte pour l'attribuer à une espèce inconnue du genre *cephælis* ou d'un genre voisin; car la ressemblance extérieure est encore plus grande de ce côté. Je suppose donc que l'origine de cet ipécacuanha est encore inconnue (1).

La grosseur de l'ipécacuanha blanc varie dans les mêmes limites que celle de l'ipécacuanha officinal. Il est d'un gris blanchâtre à l'extérieur, et d'un blanc mat et farineux à l'intérieur. Il est de même pourvu d'un *meditullium* ligneux et son écorce paraît quelquefois *annelée* au premier coup d'œil; mais en y regardant avec plus d'attention on s'aperçoit qu'elle est plutôt *ondulée*, c'est-à-dire qu'une partie creusée ou sillonnée transversalement d'un côté, répond de l'autre à une partie convexe, de manière que le sillon n'est que demi-circulaire au lieu de faire tout le tour de la racine comme dans l'ipécacuanha officinal. Lorsqu'on casse l'ipécacuanha ondulé et qu'on regarde un instant après la cassure au soleil, on aperçoit, à la simple vue

(1) Au moment de livrer ceci à l'impression j'ai le plaisir de voir mon raisonnement justifié par l'extrait que nous a donné M. Virey du mémoire de M. Gomez (*Journ. Pharm.* VI. 279). L'ipécacuanha ondulé est produit par le *Richardia Brasiliensis* Gom., plante du Brésil de la famille des rubiacées.

et surtout vers la circonférence, des points éclatans et perlés, et la loupe fait voir qu'il s'est élevé au-dessus de la cassure un tas de matière blanche et micacée qu'on ne peut méconnaître pour de l'amidon. C'est cette observation qui, avant toutes choses, m'avait fait conclure que la racine analysée par M. Pelletier sous le nom d'ipécacuanha blanc n'était pas le véritable, ou au moins n'était pas celui de Bergius, car il n'y avait pas trouvé d'amidon. Il a depuis soumis celui qui nous occupe à l'analyse et l'a trouvé formé, sur cent parties, de six parties de matière vomitive, deux de matière grasse, d'une énorme quantité d'amidon et de très-peu de ligneux (article cité de M. Mérat, pag. 18).

L'ipécacuanha ondulé est encore reconnaissable par son odeur; il en a une de moisi (que je ne crois pas accidentelle), non irritante et tout-à-fait distincte de celle de l'ipécacuanha officinal. Il jouit de propriétés vomitives bien moins marquées, ce qui est d'accord avec l'analyse ci-dessus.

296. Je reviens sur les espèces d'ipécacuanha précédemment examinées; j'en ai distingué trois : l'ipécacuanha *officinal* ou *annelé*, l'ipécacuanha *strié* ou *noir*, l'ipécacuanha *ondulé* ou *blanc*. Le premier est fourni par le *cephœlis ipecacuanha* et nous offre deux ou trois variétés. L'ipécacuanha strié est produit par le *psychotria emetica* L. Quant à l'ipécacuanha ondulé, on l'attribue ordinairement à un *viola*; mais il me paraît tout aussi raisonnable de lui donner pour origine une plante rubiacée congénère ou voisine des *cephœlis*. (Voyez la note précédente.)

Voilà les seules espèces que j'admette, et pour peu que l'on veuille continuer de donner le nom d'*ipécacuanha* à toute racine de *viola*, de *cynanchum*, d'*asclepias*, d'*euphorbia*, de *spirœa*, etc. etc., par la seule raison que cette racine est employée comme vomitive dans les Indes ou chez les Iroquois, je proposerai, avec plus de fondement sans doute, de l'étendre aux racines d'*arnica*, d'*asarum* et d'*ellé-*

bore blanc, qui ont été pendant long-temps employées chez nous au même usage : en quoi par exemple la racine du *cynanchum ipecacuanha*, est-elle plus proche de l'ipécacuanha officinal que celle d'asarum ?

297. De toutes les racines que l'on a si mal à propos qualifiées du nom d'ipécacuanha, je n'en ai vu qu'une seule que l'on m'a dit provenir du droguier de M. le docteur Lherminier. Cette racine se rapporte entièrement à la description que M. Mérat donne de celle du *viola parviflora* dont il a tiré un échantillon de l'herbier de M. de Jussieu. Son écorce est mince, un peu crevassée, sans anneaux marqués, et d'un gris jaunâtre ; la cassure de cette écorce est médiocrement résineuse et non farineuse ou amylacée. Son *méditullium* ligneux est très-épais et d'un jaune assez prononcé. Un caractère assez tranché que j'y ajoute, c'est qu'il est composé de fibres bien distinctes à la circonférence et tordues comme les fils d'une corde. La racine n'a pas de saveur bien marquée, et j'en ai trop peu pour décider si elle est véritablement inodore. On observe sur quelques morceaux des stries transversales, demi-circulaires, analogues aux sillons de l'ipécacuanha ondulé, mais infiniment moins marquées.

Il paraît que cette racine vient d'Amérique, mais c'est en si petite quantité qu'on n'en trouve que dans quelques droguiers : elle n'a pas été analysée.

298. Il me reste à parler de la racine nommée par Lémery *ipécacuanha blanc*, et qui est très-probablement celle que M. Pelletier a analysée sous le même nom. Tout porte à croire que cette racine est celle du *Cynanchum Ipécacuanha* de Willdenow (*Asclepias asthmatica* L.), lequel croît à l'Ile-de-France : car Lémery la fait venir des Indes orientales, et lui donne une grande ressemblance avec celle de *l'Asclepias Vincetoxicum*, dont elle a aussi les feuilles. Je n'ai pas pu voir cette racine, bien qu'un droguiste assure en avoir chez lui.

M. Pelletier en a retiré par l'analyse :

Matière vomitive.	5
Gomme.	35
Matière animalisée.	1
Ligneux.	57
Perte.	2
	100

On peut douter avec quelque raison que la matière, dite ici matière vomitive, soit identique avec celle de l'ipécacuanha.

De la racine d'Iris commune.
Radix iridis germanicæ. — Off.

299. *Iris germanica* L. Triandrie monogynie; classe des monocotylédones à étamines périgynes, famille des iridées de Jussieu.

Car. génér. : Calice à 6 divisions pétaloïdes, dont trois redressées et trois abaissées en dehors; 3 stigmates en forme de pétales; capsule triloculaire. — *Car. spéc.* : Divisions du calice barbues; feuilles courtes, glabres, ensiformes, courbées en faulx; hampe multiflore.

Cette plante, cultivée dans les jardins pour la beauté de ses fleurs, est généralement connue. Sa racine est horizontale, grosse, charnue, articulée, recouverte d'un épiderme gris. Elle est blanche en dedans, d'une odeur vireuse et d'une saveur âcre. Elle est diurétique et purgative, mais peu usitée. Lorsqu'elle est sèche, elle offre une faible odeur de violette. On l'emploie dans les buanderies pour communiquer cette odeur aux lessives.

De la racine d'Iris de Florence.
Radix iridis florentinæ. — Off.

300. *Iris florentina* L. Mêmes classes, famille et genre que ci-dessus.

Car. spéc. : Divisions du calice barbues; feuilles ensiformes, glabres, très-courtes; hampe portant ordinairement deux fleurs.

Cette plante ressemble beaucoup à la précédente; mais sa fleur est toujours blanche, le tube du calice est plus long que l'ovaire, et sa racine est plus odorante. On nous apporte cette racine sèche et mondée d'Italie et de la Provence.

Elle est grosse comme le pouce, genouillée, très-pesante, d'une belle couleur blanche, d'une saveur âcre et amère, et d'une odeur de violette très-prononcée. Elle entre dans un grand nombre de préparations pharmaceutiques, et les parfumeurs en emploient une très-grande quantité. On en fabrique aussi de petites boules de la grosseur d'un pois, nommées *pois d'iris*, et très employées pour entretenir la suppuration des cautères.

La racine d'iris de Florence a fourni à M. Vogel, qui l'a analysée : de la gomme, un extrait brun, de la fécule, une huile fixe, une huile volatile, solide et cristallisable, de la fibre végétale (*Journ. de Pharm.* 1815, p. 481).

De la racine d'Iris faux-acore ou Iris des marais.

Radix iridis pseudo-acori. — Off.

301. *Iris pseudo-Acorus* L. — *Car. spéc.* : Pétales non barbus; feuilles ensiformes; divisions du calice alternes avec les stigmates plus courtes que les autres.

Cette espèce se trouve communément dans les endroits marécageux; ses feuilles sont beaucoup plus longues et plus étroites que dans les précédentes; ses fleurs sont jaunes; sa racine ressemble à celle des autres espèces : elle est très-âcre et purgative, lorsqu'elle est récente; mais elle est inodore : elle est inusitée.

Il y a quelques années qu'un Anglais a proposé la graine de l'iris des marais comme succédanée du café. Il paraît en effet que cette graine torréfiée se rapproche plus du café qu'aucune autre substance précédemment essayée; mais cette découverte n'a pas eu de suite, par le rétablissement de nos relations commerciales avec les Indes et l'Amérique.

De la racine de Jalap.
Radix jalapæ. — Off.

302 *Convolvulus Jalapa* L. Pentandrie monogynie; dicotylédones monopétales hypogynes, famille des convolvulacées.

Le jalap a été apporté en Europe vers l'année 1610. Son nom lui vient de Xalapa, ville du Mexique, auprès de laquelle la plante qui le produit est fort commune. Mais les vrais caractères de cette plante et sa place comme espèce végétale sont long-temps restés inconnus. Les botanistes, guidés par des analogies plus ou moins spécieuses, ont successivement regardé le jalap comme une sorte de bryone, de rhubarbe, et de mechoacan. Plus tard, on l'a cru produit par le *mirabilis jalapa* L., puis par le *mirabilis longiflora* L., enfin par le *mirabilis dichotoma*, dont la racine, suivant Bergius, a des propriétés purgatives très-prononcées. Cependant d'autres botanistes célèbres, Roi, Houston, Sloane et Miller, avaient déjà dit que le jalap était une espèce de liseron; et cette vérité, fortifiée depuis par un grand nombre de savans, a enfin été généralement reconnue.

La racine de jalap peut acquérir un volume et un poids considérables; car celle qui a été apportée fraîche en France de Charles-Town, et qui a vécu deux ans au Jardin du Roi, pesait à son arrivée 47 livres $\frac{3}{4}$, malgré qu'on en eût élagué une partie. Mais le poids de la racine sèche du commerce va rarement au delà d'une livre, et le plus souvent il est beaucoup moindre.

Cette racine est coupée en grosses rouelles, ou est en morceaux arrondis, marqués circulairement d'une forte incision faite avant sa dessiccation, dans la vue d'en abréger la durée; sa surface est très-rugueuse, et d'un gris foncé veiné de noir; son intérieur est d'un gris sale; sa cassure ondulée, lisse, à points brillans. Elle est très-pesante, d'une odeur nauséabonde, d'une saveur âcre et strangulante. Elle est dangereuse à piler.

La racine de jalap est très-sujette à être piquée des vers. Celle qui offre ce défaut, ne doit pas être employée pour préparer la poudre, car les insectes n'attaquant que la partie amylacée et laissant la résine dans laquelle réside la propriété purgative, la poudre en deviendrait trop active. Mais on peut sans inconvénient employer le jalap piqué à l'extraction de la résine.

Le jalap est un fort purgatif, assez constant dans ses effets, et précieux pour le peuple à cause de son prix peu élevé. On en prépare un extrait aqueux, une teinture alcoholique, et une résine beaucoup plus purgative que la racine elle-même : néanmoins le jalap simplement pulvérisé est encore la forme sous laquelle on l'emploie le plus souvent.

M. F. Cadet a donné, ainsi qu'il suit, les résultats de l'analyse de la racine de jalap : Eau 24 ; résine 50 ; extrait gommeux 220 ; fécule 12.5 ; albumine 12.5 ; ligneux 145 ; phosphate de chaux 4 ; muriate de potasse 8.1 ; sous-carbonate de potasse 2 ; sous-carbonate de chaux 2 ; carbonate de fer 0.1 ; silice 2.7 ; perte 17 : total 500 (voyez, pour plus de détails, *Journ. de Pharm.* 1817, p. 495 et suiv.).

De la racine de Jean Lopez.

Radix lopeziana. — Off.

303. Cette racine porte le nom du premier voyageur portugais qui l'apporta en Europe. L'arbre qui la produit croît dans les Indes orientales ; mais il est inconnu quant au reste. La racine varie beaucoup en grosseur ; elle est sous la forme de bâtons, qui ont jusqu'à huit ou neuf pouces de long et un ou deux pouces de diamètre, ou sous celle d'un tronc ligneux de cinq à six pouces de diamètre. Le bois en est blanc-jaunâtre, plus léger que l'eau, poreux et néanmoins susceptible d'être poli. Il a

une saveur amère et une odeur nulle. L'écorce est brune, compacte, amère, recouverte elle-même d'un épiderme jaune, spongieux, doux au toucher et comme velouté. Cette racine est quelquefois employée comme antidyssentérique; mais elle est très-rare et fort chère.

De la racine de Lobelie syphilitique.
Radix lobeliæ. — Off.

304. *Lobelia syphilitica* L. Syngénésie monogamie; dicotylédones monopétales périgynes, famille des lobéliacées de Jussieu.

Car. génér. : Calice à 5 divisons; corolle à 2 lèvres, dont la supérieure est à 2 divisions, et l'inférieure plus grande à 3 lobes; 5 étamines à anthères réunies; 1 style; 1 capsule à 2 ou 3 loges polyspermes, s'ouvrant par le sommet.— *Car. spéc. :* Tige dressée; feuilles ovées-lancéolées, sous-dentées; plis du calice réfléchis.

Cette plante croît naturellement dans les lieux humides de la Virginie et de plusieurs autres parties de l'Amérique septentrionale. On la cultive depuis assez long-temps en France, et elle est connue dans les jardins sous le nom de *cardinale bleue*. Elle s'y élève à la hauteur d'un pied et demi à deux pieds; elle contient un suc laiteux très-âcre, et agit comme sudorifique, purgative et émétique, suivant les doses.

La racine de lobélie sèche, telle que le commerce nous la présente, est grosse comme le petit doigt, d'un gris cendré au dehors, et marquée de stries superficielles, circulaires et longitudinales, disposées régulièrement de manière à donner à l'épiderme une certaine ressemblance avec la peau d'un lézard; sa cassure transversale est jaune, comme feuilletée, et offre beaucoup de cellules rayonnantes du centre à la circonférence; sa saveur est légèrement sucrée; son odeur un peu aromatique, et se rapprochant de celle des aristoloches.

Depuis long-temps la racine de lobélie est employée

par les Canadiens comme antisyphilitique. On l'a essayée en France dans le même cas, mais avec un succès contesté.

De la racine de Mandragore.

Radix mandragoræ. — Off.

305. *Atropa Mandragora* L. Pentandrie monogynie; dicotylédones monopétales hypogynes, famille des solanées.

Car. génér. : Corolle en cloche; étamines écartées; baie globuleuse. — *Car. spéc.* : Hampe uniflore.

La mandragore a les feuilles très-grandes, et sortant immédiatement du collet de la racine; ses péduncules floraux sont très-courts, et ses baies ont la grosseur d'une petite pomme; sa racine est blanchâtre, longue, grosse, bifurquée, et ayant à peu près la forme d'un *scrotum*, ce qui lui avait fait donner le nom d'*antropomorphon*. Toute la plante est dangereuse; ses baies sont un poison souvent funeste aux enfans; ses feuilles sont narcotiques, et entrent dans la composition du baume tranquille; sa racine, également narcotique, est très-rarement employée à l'intérieur : elle l'est quelquefois en cataplasme.

De la racine de Méchoacan.

Radix mechoacannæ. — Off.

306. Cette racine a pris son nom de la province de Méchoacan, au Mexique, d'où elle nous est apportée.

Elle est fournie par une espèce de liseron qui a été nommée *Convolvulus Mechoacan*, mais qui, à vrai dire, est peu connue jusqu'à présent. Elle est coupée en rouelles assez grosses ou en morceaux de toute autre forme; mondée de son écorce, dont on aperçoit quelquefois cependant des vestiges jaunâtres. Elle est tout-à-fait blanche et farineuse à l'intérieur, inodore, d'une saveur presque nulle d'abord, suivie d'une légère âcreté. On prétend que l'on falsifie quelquefois le méchoacan avec la bryone sèche. A la vérité, les grosses rouelles de méchoacan offrent quelquefois des stries concentriques comme la bryone; mais celle-ci est moins blanche, d'une odeur désagréable, d'une saveur amère, âcre, et même caustique. De plus on observe sur toutes les parties du méchoacan, qui étaient à l'extérieur de la racine, des taches brunes et des pointes ligneuses, provenant des radicules, et la racine de bryone ne peut pas offrir ce caractère. Il serait beaucoup plus facile de confondre le méchoacan avec la racine d'arum-serpentaire dont j'ai parlé précédemment; voici à quoi on peut les distinguer : cet arum est en morceaux plus arrondis; sa saveur est plus âcre; on aperçoit ordinairement sur l'une de ses faces, qui est celle d'où partait la tige, des vestiges concentriques d'écailles ou de feuilles. On n'y trouve jamais ces restes de radicules ligneuses qui distinguent le méchoacan.

Le méchoacan est légèrement purgatif. On suppose avec raison, sans doute, qu'il doit cette propriété à une petite quantité d'une résine analogue à celle du jalap, ces deux plantes appartenant au même genre.

De la racine de Méum.

Radix mei athamantici. — Off.

307. *Æthusa Meum* L. Pentandrie digynie : dicotylédones polypétales épigynes, à anthères distinctes; famille des ombellifères de Jussieu.

Car. génér. : Involucre o; involucelle latéral, triphylle, pendant; fruit strié. — *Car. spéc.* : Toutes les feuilles sétacées.

La racine de *méum* nous est apportée sèche de la France méridionale et de l'Espagne. Elle est grosse comme le petit doigt, longue de quatre pouces, grise au dehors, blanchâtre en dedans, d'un tissu lâche, d'une saveur et d'une odeur de racine d'ache ou de livèche, mais plus faibles : sa saveur est mêlée d'un peu d'amertume.

Ce qui distingue surtout cette racine, c'est son collet

qui est entouré d'un grand nombre de poils rudes et dressés de même que dans la racine de chardon-roland. On pourrait donc quelquefois la confondre avec cette dernière; mais la racine de chardon-roland est en général plus grosse, plus longue, et, de plus, est d'une odeur désagréable. La racine de *méum* est très-peu usitée maintenant.

De la racine de Nard Indien ou Spicanard.
Radix nardi indici. — Off.

308. Produite par l'*Andropogon Nardus* L.; de la polygamie monoécie; des monocotylédones à étamines hypogynes de Jussieu, et de la famille des graminées.

Cette substance, telle qu'on nous l'apporte des Indes orientales, se compose d'un tronçon de racine très-court, surmonté d'un paquet de fibres rougeâtres, fines, dressées le long de la tige, et imitant la forme d'un épi qui aurait la grosseur et la longueur du petit doigt. Ces fibres, dont la plupart sont encore disposées en réseau de feuilles, ne sont effectivement que le squelette desséché des feuilles qui embrassaient le collet de la plante, et qui se sont détruites tous les ans. Elles ont une odeur forte et agréable, et une saveur amère, aromatique, plus marquée que celle de la racine proprement dite; de sorte qu'elles en forment la partie principale.

Le nard indien est peu employé maintenant, ce qui tient en partie à ce qu'on ne le trouve plus que vieilli dans le commerce, et piqué des vers; il n'y a pas de doute qu'il ne jouisse, étant plus récent, de propriétés propres à justifier le grand usage que les anciens en faisaient (1).

---

(1) Un de leurs imitateurs nous a dit :

Et de cette conque azurée
Tirons le nard délicieux
Dont l'odeur seule fait qu'on aime:
Qui prête un charme à Vénus même
Et l'annonce au banquet des dieux.

Il y a loin de cette apologie au spicanard de nos boutiques.

On substitue souvent au nard indien la racine de l'*Allium Victorialis* L. ? que l'on nomme pour cette raison *faux spicanard*; ils sont faciles à distinguer. Le faux spicanard est formé d'une véritable racine, chevelue, très-fine, de laquelle naissent trois ou quatre tiges, entourées d'un faisceau de fibres brunes, droites, qui sont, comme dans le vrai spicanard, le débris des feuilles radicales; mais ces trois ou quatre tiges ayant été renfermées sous terre, jusqu'à un paquet de feuilles verdâtres qui les termine supérieurement, les fibres, dont je parle, sont entremêlées d'autres fibriles ou radicules semblables à celles de la partie inférieure. Enfin le faux spicanard n'offre qu'une odeur terreuse et une saveur à peine sensible, quoique la plante récente ait une odeur d'ail assez prononcée. Le nard indien a, d'un autre côté, une certaine ressemblance avec la racine de chardon-roland et celle de méum; mais outre que cette ressemblance est peu marquée, la saveur et l'odeur bien différentes de ces racines ne permettent pas de les confondre.

De la racine de Nard celtique.

Voyez racine de valériane celtique (361).

De la racine de Nard de Crète ou de Nard de montagne.

Voyez racine de grande valériane (360).

De la racine de Nard sauvage.

Voyez racine d'asarum (244).

De la racine de Nénuphar.

Radix nymphææ. — Off.

309. *Nymphœa alba et N. lutea* L. Polyandrie monogynie; monocotylédones à étamines épigynes, famille des hydrocharidées.

Car. génér. : Calice coloré à 4 ou 5 feuilles ; corolle à 10 ou 20 pétales ; étamines très-nombreuses ; style 0 ; stigmate large, orbiculaire, étoilé ; 1 baie dure, multiloculaire, tronquée. — *Car. spéc.* du *nymphœa alba* : Feuilles en cœur très-entières ; calice quadrifide. —Du *nymphœa lutea* : Feuilles en cœur très-entières ; calice pentaphylle, plus grand que les pétales.

Cette plante croît dans les étangs ; ses feuilles flottent sur la surface de l'eau, et ses fleurs, lorsqu'elles s'épanouissent, s'élèvent au-dessus. Elles sont très-belles, blanches ou jaunes selon l'espèce. On les emploie en pharmacie, ainsi que la racine qui est très-longue et fort grosse, verdâtre ou brune à l'extérieur, et marquée régulièrement de larges plaques brunes, taillées en lozanges. Cette racine est blanche en dedans, charnue, fongueuse et imprégnée d'un suc visqueux. On la regarde comme très-rafraîchissante et un peu narcotique.

Des racines de Ninsin et de Ginseng.

310. Il a toujours régné entre ces deux racines, produites cependant par des plantes de genres et de familles différentes, une confusion causée par une grande ressemblance de forme, de propriétés, et par la proximité des pays qui les fournissent. Toutes deux, en effet, croissent en Chine, au Japon ou dans la Corée ; sont revêtues par la crédulité des peuples de propriétés merveilleuses, et leurs deux noms, qui paraissent être une altération l'un de l'autre, signifient également *figure d'homme*, parce que, souvent bifurquées par leur partie inférieure, ces racines figurent à peu près les cuisses d'un homme. Enfin, de ces deux racines, il n'en existe qu'une seule dans le commerce, que l'on donne pour l'une et pour l'autre, et il n'est pas facile de décider à quelle espèce il faut véritablement la rapporter.

Le ginseng (*radix ginseng*), est produit par le *panax*

quinquefolium L., de la polygamie diœcie, des dicotylédones polypétales épigynes et de la famille des araliacées de Jussieu. Cette plante croît en Chine, au Japon, et depuis a été trouvée au Canada; sa racine est tellement recherchée en Chine et dans toute l'Asie Orientale, qu'on l'y vend au poids de l'or; et que les ambassadeurs de Siam en apportèrent à Louis XIV, comme une des productions les plus précieuses de ces contrées.

On la récolte en Chine pour le compte seul de l'empereur, et avec un appareil dont le récit tient peut-être plus de la fable que de la vérité. On peut en dire autant des propriétés toutes surnaturelles que les Chinois lui attribuent, comme de celle de réparer les forces épuisées par quelque cause que ce soit.

Cette racine, suivant la description qu'en donne Geoffroy, est longue de deux pouces, grosse comme le petit doigt, le plus souvent partagée par le bas en deux branches égales, que l'on a comparées aux cuisses d'un homme; elle doit être roussâtre et raboteuse à l'extérieur, jaunâtre, cornée et demi-transparente à l'intérieur, d'une saveur légèrement âcre, amère et aromatique; d'une odeur agréable. Le collet de la racine est formé de nœuds tortueux où sont imprimés obliquement et alternativement, tantôt d'un côté, tantôt d'un autre, les vestiges de la tige unique que la plante produit chaque année.

Si cette description ne comprenait que les premiers caractères généraux, elle pourrait à la rigueur convenir à la seule racine que l'on trouve dans le commerce; mais la configuration si remarquable du collet de la racine, qu'on n'aurait sans doute pas ainsi décrite, sans que la racine de ginseng en offrît au moins le motif, me porte à croire que la racine du commerce, qui n'offre rien de pareil, n'est pas de la racine de ginseng. Je la regarde donc comme du *ninsin*, d'autant plus qu'on peut lui appliquer toute la description de cette racine donnée par Geoffroy, tome 2, pages 193 et 194.

La racine de ninsin, (*radix ninsi.*—Off.), est produite par le *Sium Ninsi* L., de la pentandrie digynie, des dicotylédones polypétales épigynes, et de la famille des ombellifères. Elle croît en Chine et dans la Corée: elle y est moins estimée que le ginseng.

Cette racine, telle que nous l'avons, à souvent la forme d'un navet, renflée vers la partie superieure, allongée par le bas et se terminant en pointe; quelquefois bifurquée. Elle offre souvent près du collet un tubercule qui paraît être le germe d'une nouvelle racine, devant remplacer l'ancienne l'année d'après. D'autres fois ce tubercule se change en une seconde tige. La grosseur de la racine varie de six lignes à deux pouces, et sa longueur d'un pouce et demi à trois ou quatre.

L'épiderme de la racine de ninsin est d'un gris jaunâtre, ridé et marqué d'un grand nombre de légers sillons circulaires, d'une couleur un peu plus foncée que le reste; sa cassure est inégale, un peu rayonnée, et sa section transversale faite à l'aide du couteau offre, sur un fond blanc et plus près de l'extérieur que du centre, un cercle jaunâtre. Elle n'a pas d'odeur lorsqu'elle est entière, mais lorsqu'on la pile il s'en développe une semblable à celle de la bryone sèche, désagréable par conséquent, quoique beaucoup plus faible; sa saveur est à la fois sucrée et amère.

Cette racine est inusitée en France. Elle ne doit cependant pas être dépourvue de toute propriété médicante, mais il conviendrait de la constater par l'expérience, car il n'y a aucun fonds à faire sur celles tout-à-fait exagérées que les orientaux lui ont attribuées.

De la racine d'Orcanette.

Radix anchusæ rubræ. — Off.

311. *Anchusa tinctoria* L. Pentandrie monogynie; dicotylédones monopétales hypogynes, famille des boraginées.

Car. gén. : Corolle infundibuliforme dont le tube est fermé par des écailles ; semences rétrécies à la base. — *Car. spécif.* : Cotonneuse ; feuilles lancéolées obtuses ; étamines plus courtes que la corolle.

Cette plante croît dans les lieux sablonneux de la Provence et du Languedoc ; elle pousse plusieurs tiges hautes de huit pouces environ, très-velues, courbées vers la terre. Ses feuilles sont semblables à celles de la buglose, et ses fleurs sont bleues ou purpurines. Sa racine, telle que le commerce nous l'offre, est grosse comme le doigt, formée d'une écorce foliacée, ridée, et d'un rouge violet très-foncé : sous cette écorce se trouve un corps ligneux composé de fibres menues, cylindriques, ordinairement distinctes les unes des autres et seulement soudées ensemble ; rouges également à l'extérieur, mais blanches intérieurement. Elle est inodore et presque insipide. On l'emploie dans la teinture et en pharmacie pour colorer quelques onguens.

Il y a deux autres plantes de la famille des boraginées, que l'on trouve également en Provence, et dont les racines rouges sont quelquefois substituées à celle de l'*anchusa tinctoria*. Ce sont le *Lithospermum tinctorium* L, et l'*Onosma echioides* L. Enfin il paraît que, du temps de Lémery, on apportait encore quelquefois, du Levant en Europe, une plante, feuilles et racines mêlées, qu'il désigne sous le nom d'*orcanette de Constantinople*. Cette plante, qui doit être le *Lawsonia inermis* L, l'*alkanna* ou le *tamarhendi* d'Avicennes, était employée par les anciens peuples de l'Asie, pour se teindre les mains, les cheveux, la barbe et différentes parties du corps. Elle devait être encore plus riche en matière colorante que notre orcanette.

La matière colorante de l'orcanette a été examinée par M. Pelletier. Elle est insoluble dans l'eau, soluble dans l'alcohol, l'éther, les huiles et tous les corps gras, auxquels elle communique une belle couleur rouge. Elle forme, avec les alcalis, des combinaisons d'un bleu superbe, solubles ou insolubles; précipitée de sa dissolution alcoholique par des dissolutions métalliques, on en obtient des laques diversement colorées, que l'on pourrait chercher à utiliser (*Bulletin de Pharmacie*, 1814, p. 445).

De la racine d'Oseille.
Radix acetosæ. — Off.

312. *Rumex Acetosa* et *R. Acetosella* L. Hexandrie trigynie; dicotylédones apétales à étamines périgynes, famille des polygonées.

Car. gén. : Calice à 6 divisions profondes, dont les trois intérieures sont plus grandes et rapprochées; 6 étamines à filets capillaires colorés; 3 styles; stigmates en pinceaux; 1 graine nue triangulaire au fond du calice. — *Car. spéc.* Du *R. Acetosa* : Fleurs dioïques, feuilles oblongues sagittées; du *R. Acetosella*: Fleurs dioïques, feuilles lancéolées-hastées.

Les feuilles de ces deux espèces d'oseille, et surtout de la dernière, sont très-usitées, soit comme aliment, soit comme médicament. Elles contiennent un suc d'une agréable acidité due à du sur-oxalate de potasse. Leurs racines sont rouges, longues, ligneuses, grosses comme une plume ou davantage, inodores, et d'une saveur astringente. Elles sont employées en décoction comme rafraîchissantes.

Ce sont ces plantes, du suc desquelles on extrait en partie, en Suisse et en Souabe, le sur-oxalate de potasse, ou sel d'oseille.

De la racine de Pareira-Brava ou de Butua.
Radix pareiræ-bravæ. — Off.

313. *Cissampelos Pareira* L. Diœcie monadelphie; dicotylédones polypétales hypogynes, famille des ménispermées.

Le pareira-brava est une espèce de liane du Brésil; son

nom, en portugais, veut dire *vigne sauvage*. Sa racine est ligneuse, très-fibreuse, dure, tortueuse, et de la grosseur du bras d'un enfant, plus ou moins; elle est brune à l'extérieur, d'un gris jaunâtre à l'intérieur, offrant dans sa coupe transversale une grande quantité de cercles concentriques traversés par de nombreuses lignes radiaires; elle est inodore et douée d'une saveur amère. Elle paraît jouir des propriétés fondante et diurétique à un degré très-marqué.

De la racine de Patience sauvage ou de Parelle.
Radix patientiæ. — Off.

314. *Rumex acutus* L. Hexandrie trigynie; dicotylédones apétales à étamines périgynes, famille des polygonées.

Caract. gén.: (Voyez-les à l'article *racine d'oseille*). — *Caract. spéc.:* Fleurs hermaphrodites; valvules dentées granifères; feuilles cordées-oblongues, aiguës.

La patience croît dans les lieux humides, et a le port de la grande oseille: sa racine est fusiforme, charnue, brune à l'extérieur, jaune à l'intérieur; elle a une odeur qui lui est propre, une saveur amère et austère; on l'emploie récente ou sèche, comme dépurative et antiscorbutique. Elle contient du soufre et de l'amidon. On trouve naturellement, et l'on cultive d'autres espèces de patience, qu'on peut employer à défaut de la première. Ce sont la patience crispée, *Rumex crispus* L.; la patience des jardins, *R. Patientia* L.; la patience d'eau, *R. aquaticus*. On peut encore employer la patience rouge, nommée aussi l'*herbe sang-dragon*, à cause de la couleur rouge de sa tige et des côtes de ses feuilles; c'est le *R. sanguineus* L. Une autre espèce de patience très-volumineuse est celle qui a été nommée rhubarbe des moines, *R. alpinus* L.

De la racine de Persil.
Radix petroselini. — Off.

315. *Apium Petroselinum* L. Pentandrie digynie; dicotylédones polypétales épigynes, famille des ombellifères.

Caract. gén. : Involucre et involucelles; fruit ové, strié; pétales égaux. — *Car. spéc.* : Feuilles de la tige linéaires; involucelles très-petites.

On cultive le persil dans les jardins; il peut s'y élever à la hauteur de trois ou quatre pieds : ses feuilles sont décomposées, à folioles profondément découpées et dentées; elles sont douées d'une odeur très-forte, surtout lorsqu'on les froisse entre les doigts : sa racine est simple, grosse comme le doigt, blanche, aromatique. Cette racine, récemment séchée, est légère, d'un gris jaunâtre, ridée à l'extérieur, pourvue d'un *meditullium* jaune, d'une odeur faible, mais agréable; d'une saveur légèrement âcre et amère. Comme elle ne tarde pas à perdre ces propriétés, en même temps qu'elle devient la proie des vers, il convient de la choisir récente. C'est une des cinq racines dites *apéritives*. Les feuilles sont résolutives étant appliquées à l'extérieur; leur plus grand usage est dans l'art culinaire.

Le fruit du persil est aussi employé en pharmacie : il entre dans la composition du sirop d'armoise. Il est, comme celui de toutes les ombellifères, composé de deux semences accolées, qui sont recourbées et striées; il ressemble à celui de l'anis, mais il est plus petit, non pubescent, d'une couleur plus foncée, et marqué sur chaque semence de cinq côtes saillantes blanches : il a, lorsqu'on le froisse dans les doigts, l'odeur de la térébenthine.

De la racine de Pivoine.
Radix pæoniæ. — Off.

316. *Pæonia officinalis* L. Polyandrie digynie; dico-

tylédones polypétales hypogynes, famille des renonculacées.

Car. gén. : Calice à 5 feuilles concaves, orbiculaires, persistantes, corolle à 5 pétales arrondis, étamines très-nombreuses, pas de style, capsules polyspermes. — *Car. spéc.* : Folioles oblongues.

On distingue deux variétés de pivoine officinale, désignées autrefois sous les noms de pivoine *mâle* et de pivoine *femelle*. La première, qui est la plus grande, est la seule usitée ; on la cultive dans les jardins, à cause de la beauté de sa fleur qui se double facilement : son fruit est une follicule longue, épaisse, arrondie, velue et recourbée, qui s'ouvre longitudinalement d'un seul côté, et laisse voir des semences rouges ou brunes, rondes et grosses comme des pois : sa racine est napiforme, médiocrement grosse, rougeâtre au dehors, blanche en dedans, d'une odeur forte, analogue à celle du raifort lorsqu'elle est récente : nouvellement séchée, elle conserve encore une partie de son odeur et une saveur assez marquée ; mais, lorsqu'elle commence à vieillir, et telle qu'elle existe presque toujours dans le commerce, elle n'est plus que farineuse et un peu astringente. Elle entre dans le sirop d'armoise composé et dans la poudre de guttète. Ses semences servent à faire, pour les enfans, des colliers auxquels on a attribué la propriété de faciliter la dentition. On fait une eau distillée de ses fleurs.

De la racine de Polygala de Virginie.

Radix polygalæ senegæ. — Off.

317. *Polygala Senega* L. Diadelphie octandrie ; dicotylédones monopétales hypogynes, famille des polygalées.

La plante qui produit cette racine croît dans l'Amérique septentrionale. La racine sèche, telle que nous l'avons, varie depuis la grosseur d'une plume jusqu'à celle du petit doigt. Elle est toute contournée, remplie d'éminences calleuses, et terminée supérieurement par une tubérosité difforme ; on y remarque une côte saillante, qui, suivant tous les contours de la racine, va du sommet à l'extrémité ; son écorce est grise, épaisse, comme résineuse ; son *meditullium* ligneux est blanc ; sa saveur, d'abord fade et mucilagineuse, devient âcre, piquante, excite la toux et la salivation ; son odeur est nauséeuse, sa poussière irritante. L'écorce est plus énergique que le cœur, et l'infusion aqueuse est plus âcre que l'alcoholique. Le polygala récent est employé, en Amérique, contre la morsure des serpens ; celui que nous avons est encore un médicament fort énergique et excitant.

De la racine de Polygala vulgaire.

Radix polygalæ vulgaris. — Off.

318. *Polygala vulgaris* L. Mêmes classes, famille et genre que le précédent.

Car. gén. : Calice pentaphylle, dont 2 divisions colorées, sont en formes d'ailes ; corolle papillonacée ; 8 étamines diadelphes ; 1 style ; légume ou capsule en cœur renversé, biloculaire. — *Car. spéc.* : Fleurs aigrettées, en grappes ; tiges simples, herbacées, tombantes ; feuilles linéaires-lancéolées.

Cette plante est commune en France, dans les lieux herbeux, montagneux et non cultivés ; elle s'élève à la hauteur d'un demi-pied, et porte, depuis le milieu de sa tige jusqu'au haut, de petites fleurs bleues, violettes ou purpurines, rarement blanches. Le commerce nous offre sa racine et sa tige non séparées et séchées ; la tige est menue, cylindrique et d'une couleur verte ; la racine est longue d'un pouce, d'une ligne à une ligne et demie de diamètre, figurée comme le polygala de Virginie, mais moins contournée, plus unie, et n'offrant pas cette côte saillante qui distingue l'autre espèce : la couleur est plus foncée à l'extérieur, et son intérieur, presque entièrement ligneux, a une saveur très-faiblement aromatique, puis un peu âcre, sans amertume bien sensible ; elle a une odeur faible non désagréable. Cette racine est très-peu usitée.

De la racine de Polygala amer.
Radix polygalæ amaræ. — Off.

319. *Polygala amara* L. Cette espèce ne diffère guère de la précédente, que parce que ses tiges sont un peu plus droites, et ses feuilles radicales obovées et plus grandes que celles de la tige. Suivant Murray, elle s'en distingue aussi par sa saveur amère très-marquée : il lui attribue également plus de propriétés médicales ; mais il est extrêmement rare de trouver le polygala amer dans le commerce, et ce qu'on donne sous ce nom n'est que du polygala vulgaire.

De la racine de polypode commun.
Radix polypodii. — Off.

(Vulgairement *Polypode de Chêne.*)

320. *Polypodium vulgare* L. Cryptogamie; famille des fougères.

Car. gén. : Fructification réunie en groupes distincts et épars sur le dos des feuilles. — *Car. spéc.* : Feuillage pinnatifide ; ailes oblongues, sous-dentées, obtuses ; racine squammeuse.

Ce que nous désignons sous le nom de racine de polypode, n'est, de même que dans la fougère, qu'une tige radiciforme, une souche, ou le *stipes* de Linné. Cette souche récente est couverte d'écailles jaunâtres, dont quelques-unes subsistent après la dessiccation ; séchée, elle est grosse comme un tuyau de plume, cassante, aplatie, offrant deux surfaces bien distinctes : l'une, tuberculeuse, qui donnait naissance aux feuilles ; l'autre, unie, est garnie de quelques épines, provenant des radicules ; du reste elle est brune ou jaunâtre à l'extérieur, verte à l'intérieur, d'une saveur douceâtre et sucrée, mêlée d'âcreté, et d'un goût nauséeux; son odeur est désagréable et analogue à celle de la fougère. La souche de polypode passe pour être laxative et apéritive.

De la racine de pomme de terre.
Radix solani tuberosi. — Off.

321. *Solanum tuberosum* L. Pentandrie monogynie; dicotylédones monopétales hypogynes, famille des solanées.

Car. gén. : Corolle en roue; anthères presque réunies et présentant au sommet deux ouvertures; baie biloculaire. — *Car. spécif.* : Tige herbacée sans aiguillons; feuilles pinnées très-entières; pédoncules sous-divisés.

Cette plante, originaire d'Amérique, est le végétal le plus précieux que l'Europe ait tiré du nouveau monde. Sa racine extrêmement riche en amidon est devenue l'aliment du riche comme du pauvre, et, après le froment et le maïs, c'est ce qu'on peut trouver de mieux pour faire du pain. On la cultive partout; seulement elle demande une terre mobile.

On en distingue deux variétés principales : l'une dont la racine est compacte, pesante, et dont l'épiderme est rouge; l'autre qui est plus volumineuse, moins dense, dont l'épiderme est gris.

Les pommes de terre rouges sont les meilleures. Elles contiennent plus de fécule et ne se réduisent pas en bouillie, comme celles de la seconde sorte, par la coction dans l'eau. L'automne est le temps le plus favorable pour les arracher de terre. On peut les conserver tout l'hiver dans une cave; mais, au printemps, elles germent et se gâtent. Pour obvier à cet inconvénient, qui a lieu à l'époque de la plus grande rareté des substances alimentaires, on a conseillé d'en faire sécher une partie en automne, ce qui permet alors de les conserver très-long-temps. Pour cela on les monde de leur épiderme, on les plonge pendant quelques minutes dans l'eau bouillante et on les fait sécher dans une bonne étuve. Elles deviennent alors très-dures, cassantes et cornées, et l'air ne peut plus les attaquer. Il faut les conserver dans un endroit sec et à l'abri des insectes.

M. Vauquelin chargé par la société d'agriculture d'analyser quarante-sept variétés de pommes de terre, en a obtenu les résultats suivans :

1000 Parties de pomme de terre contiennent

Eau.	de 670 à	780 part.
Amidon.	214	244
Parenchyme.	60	189
Albumine.		7
Asparagine		1
Résine.		
Matière animalisée particulière.	4	5
Citrate de chaux.		12
Phosphate de potasse et phosphate de chaux. . . .		
Citrate de potasse et acide citrique libre. . . .		

Les seuls principes de la pomme de terre qui aient une saveur marquée, sont la résine qui est amère, aromatique et cristalline, et la matière animalisée; ce sont aussi les seuls qui soient colorés. (*Jour. Pharm.* 1817. *p.* 481 *et suiv.*)

On extrait en grand, pour le besoin des arts, l'amidon des pommes de terre. On lui donne plus particulièrement, dans l'usage ordinaire, le nom de *fécule* de pomme de terre.

De la racine de Pyrèthre.

Radix pyrethri. — Off.

322. *Anthemis Pyrethrum* L. Syngénésie polygamie superflue: dicotylédones monopétales épigynes, à anthères réunies; famille des corymbifères.

La plante qui produit la pyrèthre croît en Turquie, en

Asie et surtout en Afrique. On nous envoie sa racine sèche de Tunis. Elle est cylindrique, longue et grosse comme le doigt, quelquefois garnie d'un petit nombre de radicules ; grise et rugueuse au dehors, grise ou blanchâtre en dedans, d'une saveur brûlante et qui excite fortement la salivation. Elle offre, lorsqu'on la respire en masse, une odeur forte, irritante et désagréable. Murray, cependant, ne lui donne aucune odeur, et effectivement celle du commerce manque souvent de ce caractère ; mais cela tient à sa vétusté, et c'est une raison pour la rejeter. Il faut également rejeter celle qui est piquée des vers, ce à quoi elle est très-sujette. M. Gauthier, pharmacien de Paris, a fait l'analyse de la racine de pyrèthre ; il résulte de son travail qu'elle contient une huile volatile, une huile fixe à laquelle elle doit ses propriétés actives (1), un principe colorant jaune, de la gomme, un tiers de son poids d'inuline et un peu plus encore de ligneux. (*Journ. Pharm.* 1818, *p.* 49.)

La pyrèthre est souvent employée dans les maladies des dents, dans la paralysie de la langue, et toutes les fois que l'on veut exciter une abondante salivation. Les vinaigriers en emploient pour donner du mordant au vinaigre.

323. Lemery distingue une seconde espèce de pyrèthre qu'il attribue au *Pyrethrum umbelliferum* C. B., et qu'il dit être longue d'un demi-pied, plus menue que la précédente, grise-brune au dehors, blanchâtre en dedans, garnie par le haut de fibres barbus, comme l'est la racine de meum. Il lui donne le même goût âcre et brûlant et ajoute qu'on l'apporte entassée par petites bottes de la Hollande et d'autres lieux.

Geoffroy, qui ne fait pas mention de cette pyrèthre, en admet une autre produite par le *Chrysanthemum frutescens* L. des Canaries, et qu'il décrit, d'après Linné,

---

(1) M. Boullay a élevé des doutes sur la nature de ce produit, et paraît disposé à le croire plutôt analogue à quelques résines.

blanche, ligneuse, moins grosse et moins charnue que la pyrèthre ordinaire, et pas aussi brûlante.

Je ne connais ni l'une ni l'autre de ces racines.

De la racine de Quassie amer.

Radix quassiæ amaræ. — Off.

(Vulgairement *bois de Quassie*, *bois de Surinam*, *Quassia amara.*)

324. *Quassia amara* L. Décandrie monógynie; dicotylédones polypétales hypogynes, famille des magnoliers.

Le quassie est un arbre de la Guyane, connu à cause des propriétés fébrifuges de sa racine. On nous apporte cette racine revêtue de son écorce qui est unie, peu épaisse, grise tachetée, peu adhérente au bois. Le bois est blanc, très-léger, d'une amertume franche, très-marquée, moins grande cependant que celle de l'écorce; inodore.

On doit choisir la racine de quassie d'une grosseur moyenne, c'est-à-dire de un pouce à un pouce et demi de diamètre. Les plus grosses paraissent être moins actives. Le bois de la tige (?), que l'on trouve quelquefois dans le commerce en bûches plus ou moins grosses, a peu de vertu.

Le principe amer du quassie est très-soluble dans l'eau et dans l'alcohol; il n'altère en rien la teinture de tournesol; est précipité par le nitrate d'argent, l'acétate de plomb et le chlorure d'étain. Les autres dissolutions métalliques ne lui font éprouver aucun changement: il n'est précipité ni par la noix de galle ni par la gélatine animale. Il existe presque à l'état de pureté dans la racine.

De la racine de Quinte-feuille.

Radix quinquefolii. — Off.

325. *Potentilla reptans* L. Icosandrie polygynie; dicotylédones polypétales périgynes, famille des rosacées.

Car. génériques : Calice à 10 divisions; 5 pétales; semences arrondies, fixées à un réceptacle petit et dépourvu de suc. — *Car. spéc.* : Feuilles quinées; tige rampante; péduncules uniflores.

Cette plante ressemble à un fraisier et s'étend comme lui sur la terre à l'aide de jets traçans qui prennent racine de distance en distance. On l'en distingue facilement, cependant, par ses feuilles qui sont plus petites et divisées en cinq ou sept folioles sur chaque pétiole. Sa racine est plus longue que celle du fraisier, cylindrique, pivotante, d'un rouge brun au dehors, blanche en dedans, d'une saveur astringente. Lorsqu'on veut la faire sécher il faut inciser l'écorce longitudinalement ou en spirale et la détacher du cœur ligneux que l'on rejette. Cette écorce conserve ses couleurs et sa saveur primitives : rouge brune au dehors, blanche à l'intérieur, astringente.

De la racine de Raifort sauvage.

Radix raphani silvestris. — Off.

326. *Cochlearia Armoracia* L. Tétradynamie siliculeuse; dicotylédones polypétales hypogynes, famille des crucifères.

Car. génér. : Silicule échancrée, renflée, rude au toucher; valves gibbeuses, obtuses. — *Car. spéc.* : Feuilles radicales lancéolées, crénelées; feuilles de la tige incisées.

Cette plante est une espèce de cochléaria, comme l'indique son nom générique; mais ses feuilles, bien différentes de celles du cochléaria officinal, sont très-grandes, longues, larges, pointues, et semblables à celles de certaines patiences. Sa tige est haute d'un pied et demi, droite, ferme, creuse et cannelée; sa racine est longue d'un pied ou deux, rampante, cylindrique, blanche, d'un goût âcre et brûlant. Elle est inodore, lorsqu'elle est entière; mais elle exhale, lorsqu'on l'écrase, un principe d'une âcreté telle que les yeux ne peuvent le supporter. Cette circonstance seule, qui indique la grande volatilité du principe auquel le raifort doit ses propriétés médicinales, fait qu'on ne l'emploie guère qu'à l'état récent, et non desséché.

L'analyse du raifort n'a pas encore été faite d'une manière précise. Nous savons seulement qu'il contient de l'amidon et une huile volatile d'une nature toute particulière ; car le soufre paraît être un de ses principes constituans. C'est à sa présence que le raifort doit la propriété de noircir les vaisseaux de métal dans lesquels on le distille, et Baumé a vu des cristaux de soufre se former dans un esprit de cochléaria très-chargé, qu'il avait préparé à ce dessein.

Le raifort sauvage est un des plus puissans excitans et antiscorbutiques que nous ayons. Il forme la base du sirop, du vin et des tisanes antiscorbutiques ; pareillement de l'alcoholat des cochléarias.

De la racine de Raifort cultivé ou de Radis.

Radix raphani sativi. — Off.

327. *Raphanus sativus* L. Tétradynamie siliqueuse ; crucifères de Jussieu.

Car. gén. : Calice fermé ; silique charnue, cylindrique, inégalement renflée, sous-articulée ; 2 glandes mellifères entre les 2 petites étamines et le pistil, et entre les plus longues et le calice. — *Car. spéc.* : Silique cylindrique, inégalement renflée, biloculaire.

On distingue deux variétés principales de cette plante, qui est un véritable raifort ; c'est le *gros radis* ou *radis noir*, et *le petit radis* ou *la rave*. La racine de la première variété, qui est noire au dehors, acquiert la forme et la grosseur d'un navet ; elle a une saveur âcre, piquante et agréable, due probablement au même principe que dans le raifort sauvage. La racine de la seconde variété, bien plus petite, plus douce et plus habituellement servie sur les tables, offre encore quatre sous-variétés, causées par la forme qui est longue ou ronde, et par la couleur qui est rouge ou blanche.

C'est surtout au printemps que l'on mange ces racines; elles sont antiscorbutiques.

De la racine de Ratanhia.
Radix ratanhiæ. — Off.

328. Cette racine est produite en différentes contrées de l'Amérique par plusieurs espèces de *krameria;* telles sont le *Krameria triandra* R. et P. au Pérou, et le *Krameria Ixina* L. aux Antilles.

Ce genre de plantes a été rangé dans la tétrandrie monogynie, quoique ses caractères ne soient pas encore bien établis. Sa place dans la méthode naturelle est incertaine.

La racine de ratanhia est ligneuse, et divisée en un grand nombre de radicules cylindriques, longues, ayant depuis la grosseur d'une plume jusqu'à celle du pouce; elle est composée d'une écorce rouge-brune, un peu fibreuse, ayant une saveur très-astringente, non amère; et d'un cœur entièrement ligneux, très-dur, d'un rouge pâle et jaunâtre. Comme ce cœur a moins de saveur et de propriétés médicales que l'écorce, il convient de choisir les racines les plus petites, ou au moins les moyennes, parce qu'elles contiennent proportionnellement plus de cette écorce que les grandes.

D'après l'analyse de M. Vogel, la racine de ratanhia contient un principe rouge, résinoïde, astringent, de la gomme et de l'amidon; plus quelques sels de chaux, de la magnésie et de la silice qui résultent de son incinération. Le commerce nous fournit aussi l'extrait de ratanhia tout préparé. Il est sec, cassant, à cassure vitreuse, presque noire; d'une saveur très-astringente, donnant une poudre d'une couleur de sang. Ces propriétés le rapprochent beaucoup du kino. Je donnerai à l'article de ce dernier les caractères propres à les distinguer (*Journ. de Pharm.* 1819. p. 193.)

Le ratanhia et son extrait sont employés comme astringens et toniques dans les hémorragies, les écoulemens vénériens, etc.

De la racine de Réglisse.

329. *Glycyrrhiza glabra* L. Diadelphie décandrie; dicotylédones polypétales périgynes, famille des légumineuses.

Car. génér. : Calice bilabié $\frac{4}{1}$ (1); légume ovale comprimé.—*Car. spéc.* : Légume glabre; stipules nuls; foliole impaire pétiolée.

Cette plante, cultivée dans nos jardins, s'élève à la hauteur de trois ou quatre pieds; ses feuilles sont pennées comme celles d'un grand nombre de légumineuses; ses fleurs sont purpurines, papillonacées; ses racines sont longues de plusieurs pieds, traçantes, cylindriques, lisses, de la grosseur du doigt. Elles sont brunes au dehors, jaunes en dedans, d'une saveur sucrée, mêlée d'une certaine âcreté. Mais la réglisse qu'on nous apporte sèche du midi de la France et de l'Espagne est plus sucrée que celle des environs de Paris. Il faut la choisir d'un beau jaune à l'intérieur, ce qui est un indice certain qu'elle n'a pas été avariée; car souvent elle est plus ou moins rousse et d'un goût âcre fort désagréable.

Nous devons à M. Robiquet une analyse soignée de la racine de réglisse. Il y a trouvé : 1°. de l'amidon que M. Lautour y avait également signalé; 2°. une matière animale, coagulable par la chaleur (albumine?); 3°. du ligneux; 4°. des phosphates et malates de chaux et de magnésie; 5°. une huile résineuse, brune et épaisse, à laquelle la réglisse doit son âcreté; 6°. un principe qui n'a du sucre que sa saveur sucrée, et qui en diffère tellement,

(1) Cette sorte de signe est souvent employée par les botanistes. Le chiffre supérieur indique le nombre de divisions de la lèvre supérieure, et le chiffre inférieur celui des divisions de la lèvre inférieure.

à d'autres égards, qu'on doit le regarder comme un corps particulier. Ce principe est à peine soluble dans l'eau froide, très-soluble dans l'eau bouillante, à laquelle il communique une consistance gélatineuse par le refroidissement; il se dissout facilement à froid dans l'alcohol, n'est pas susceptible d'éprouver la fermentation alcoholique, et ne donne pas d'acide oxalique par l'acide nitrique : 7°. enfin, un principe soluble dans l'eau, cristallisable en octaèdre, qui diffère de l'asparagine par cette cristallisation, et parce qu'il dégage de l'ammoniaque, lorsqu'on le traite par la potasse caustique.

C'est avec la racine de réglisse que l'on prépare en Italie et en Espagne le suc de réglisse du commerce, dont nous parlerons au rang des produits végétaux. Nous employons la racine en nature pour sucrer les tisanes; alors il faut observer de ne la traiter que par l'eau froide, ou tout au plus tiède; car le principe oléo-résineux âcre, qu'il convient d'éviter dans ce cas, est insoluble par lui-même dans l'eau; il ne s'y dissout en partie qu'à la faveur des autres principes, et s'y dissout d'autant plus que la température est plus élevée.

La racine de réglisse m'a donné lieu, il y a déjà long-temps, de faire une observation d'un genre tout différent, que les botanistes prendront pour ce qu'elle pourra valoir. Ils admettent comme une différence essentielle entre les tiges et les racines, que ces dernières sont dépourvues de canal médullaire. Or, ce que nous nommons *racine* de réglisse, en offre un qu'un peu d'attention y fait facilement distinguer. Faut-il donc admettre des exceptions à la règle dont je viens de parler, ou bien est-il préférable de regarder les longs jets de la réglisse comme une partie analogue aux jets traçans du fraisier, et destinés, comme eux, à propager la plante à des distances plus ou moins considérables? Je n'y vois en effet d'autres différences que celles qui résultent de leur situation dans l'intérieur de la terre; alors la racine proprement dite de la réglisse consisterait seulement dans les radicules qui accompagnent les jets qui font le sujet de cet article.

De la racine de Rhapontic ou Rapontic.
Radix rhei rhapontici. — Off.

330. *Rheum Rhaponticum* L. Ennéandrie trigynie ; dicotylédones apétales à étamines périgynes, famille des polygonées.

Car. gén. : Calice coloré à 6 divisions profondes ; 9 étamines ; 3 styles ; une graine triangulaire. — *Car. spéc.* : Feuilles glabres, pétioles sous-sillonnés.

Cette plante paraît être le Ρα ou le Ρῆον des anciens ; elle a été appelée depuis *rha-ponticum*, c'est-à-dire, *rha des bords du Pont-Euxin*, lorsqu'il fut devenu nécessaire de la distinguer d'une autre espèce apportée de la Scythie, qui fut pour cette raison, nommée *rha-barbarum* ; les Romains enveloppant sous la même désignation de *barbares*, tous les peuples assez forts ou assez éloignés d'eux pour se défendre contre leur esprit de domination universelle. Comme on le voit cette nouvelle racine nommée *rha-barbarum*, est notre rhubarbe actuelle.

Le rapontic croît naturellement dans l'ancienne Thrace, sur les bords du Pont-Euxin ; mais on le trouve plus abondamment encore au nord de la mer Caspienne, dans les déserts situés entre le Volga et l'Yaik (l'Oural), qui paraissent même en être la première patrie ; car, par un rapprochement assez curieux, *rha* est aussi l'ancien nom du Volga, soit que le fleuve ait donné son nom à une plante abondante sur ses bords, soit que l'inverse ait eu lieu. Le rapontic croît également en Sibérie sur les montagnes du Krasnojar : il ne s'est répandu en Europe que postérieurement à l'année 1610, époque à laquelle Alpinus en fit venir de Thrace.

Le rapontic, cultivé maintenant dans nos jardins, pousse de sa racine des feuilles très-grandes, en forme de cœur, lisses, d'un vert foncé, portées sur de longs pétioles.

D'entre elles s'élève une tige, haute de deux à trois pieds, portant des feuilles semblables aux premières, mais plus petites, et terminées par une panicule de fleurs blanches. La racine est brune au dehors, jaune et marbrée en dedans, grosse, charnue, souvent divisée en plusieurs rameaux; d'une saveur amère, astringente et aromatique.

Le commerce nous présente cette racine sèche sous deux formes. Selon l'une, elle est grosse comme le poing, ou moins, d'une apparence ligneuse, et d'un gris rougeâtre à l'extérieur; sa cassure transversale est marbrée de rouge et de blanc, de manière que ces deux couleurs forment des stries très-serrées et rayonnantes du centre à la circonférence. Elle a une saveur très-astringente et mucilagineuse, teint la salive en jaune et ne croque pas sous la dent. Son odeur est analogue à celle de la rhubarbe, mais plus désagréable et peut en être facilement distinguée. Sa poudre a une teinte rougeâtre que n'a pas celle de la rhubarbe.

C'est cette racine qui se trouve décrite et analysée dans le mémoire de M. Henry, sur les rhubarbes (*Bull. de Pharmacie* VI. 87.), sous le nom de *rhubarbe de France*. Je rappelerai plus loin les résultats de cette analyse.

L'autre sorte de rapontic ressemble tout-à-fait à celui décrit par Lémery. Elle est longue de trois à quatre pouces, grosse de deux ou trois, d'une apparence moins ligneuse que la précédente, d'un jaune pâle, plus pur ou moins rougeâtre à l'extérieur, ce qui lui donne une plus grande ressemblance avec la rhubarbe, et permet à quelques personnes d'en mêler par fraude à la rhubarbe de Chine ou de Moscovie; mais sa cassure rayonnante, sa saveur astringente, mucilagineuse, non sablonneuse, et son odeur semblable à celle de la première sorte, l'en font facilement distinguer.

Le rapontic, principalement sa dernière sorte, qui depuis quelques années surtout simule presque parfaitement la rhubarbe, provient d'un établissement considérable qui s'est formé à peu de distance de Lorient, dans le département du Morbihan; l'endroit même où est situé cet établissement en a pris le nom de *Rheumpole*. Mais alors il serait possible que cette sorte provînt en partie du *rheum undulatum* qu'on cultive en grande quantité à Lorient, au rapport de Morellot, (*Dict. des Drogues*, II. 363.); dans ce cas aussi le nom de rapontic lui serait mal appliqué, et le nom plus général de *rhubarbe de France* lui conviendrait mieux.

De la racine de Rhubarbe.

Radix rhei palmati. — Off.

331. Cette racine connue postérieurement au rapontic, nous vient des contrées les plus sauvages de l'Asie, ce qui est cause qu'on a été si long-temps indécis sur la plante qui la produit; aujourd'hui même, toute incertitude ne paraît pas levée à cet égard, et l'on ne trouvera pas sans doute inutiles les détails dans lesquels je vais entrer, au sujet des trois plantes du genre *rheum* qui ont partagé l'avis des savans.

332. *Rheum undulatum*. L. — *Car. spécif.* : Feuilles duvetées; pétioles lisses. Son caractère principal consiste dans l'ondulation très-marquée du limbe de ses feuilles; celui que l'on pourrait tirer du duvet qui les recouvre, n'est pas constant, puisque l'on trouve des rhubarbes à feuilles ondulées glabres : ces feuilles sont d'un vert pâle, leur pétiole est presque demi-cilindrique; la tige s'élève à quatre ou cinq pieds.

Linné, attribuant d'abord la rhubarbe officinale à cette espèce, l'avait nommée *Rheum Rhabarbarum*, jusqu'au moment où la découverte du *Rheum palmatum* le fit changer d'idée, et substituer au premier nom celui de *Rheum undulatum*. Il est certain cependant que ce dernier *Rheum* est cultivé en grand en Sibérie; mais, du temps de Pallas et de Georgi, sa racine ne paraissait pas encore jouir de la même estime que celle de la Tartarie; d'où il faut conclure que la rhubarbe de Tartarie est comme un type que toutes les nations, même la russe, se sont efforcées de remplacer par un produit de leur sol, et qu'elle est la seule vraie rhubarbe officinale. Je ne sais si le gouvernement russe, qui n'a pas cessé d'encourager la culture de la rhubarbe en Sibérie, est parvenu depuis à en faire recevoir le produit dans le commerce; car il ne faut pas croire que cette rhubarbe soit celle que nous nommons *rhubarbe de Moscovie;* celle-ci est de la rhubarbe de Tartarie, venue seulement par la voie de Russie. Au moins, l'identité que l'on trouve entre notre rhubarbe de Moscovie, et celle que Murray décrit sous le nom de *rhubarbe de Bucharie*, ne me paraît pas laisser de doute à cet égard.

Le *Rheum undulatum* vient fort bien dans nos jardins; sa racine séchée ne diffère pas sensiblement de celle du rapontic.

333. *Rheum compactum*. L. — *Car spéc.* : Feuilles sous-lobées, très-obtuses, très-glabres, luisantes, denticulées.

Cette espèce diffère peu du rapontic, quant aux feuilles, et si j'en puis juger par l'échantillon que j'en ai reçu du Jardin du Roi, c'est celle de toutes dont la racine s'éloigne le plus de la rhubarbe (1). Sa racine est plus petite que le rapontic, d'une amertume très-décidée, et, lorsqu'elle est séchée, d'une odeur tout-à-fait désagréable. Sa marbrure est radiée comme celle du rapontic et très-fine. On verra tout à l'heure le seul indice sur lequel on s'est fondé, pour regarder cette espèce comme une des sources de la rhubarbe.

334. *Rheum palmatum*. L. — *Car. spéc.* : Feuilles palmées acuminées.

Cette espèce se cultive aussi dans les jardins; ses feuilles palmées sont d'un vert sombre, le toucher en est rude, leur pétiole cylindrique est marqué de taches rouges; la tige s'élève à la hauteur de deux à trois pieds. D'après Murray, cette plante fut connue de la manière suivante:

---

(1) Comme la plante était très jeune il serait possible que cela eût influé sur les propriétés que j'expose.

Sur le désir de Kauw Boerhaave, premier médecin de l'empereur de Russie, le sénat chargea un marchand tartare de lui procurer des semences de rhubarbe, ce qui fut exécuté. Ces graines, semées à Saint-Pétersbourg, produisirent du *rheum undulatum*, qui était déjà connu depuis quelques années, et du *rheum palmatum* encore inconnu. David de Gorter vit cette nouvelle espèce en 1758, et la fit connaître à Linné, qui la signala aussitôt, et la comprit dans la seconde édition de son *Species plantarum*, publiée en 1762.

Murray dit ensuite :

« Si je remonte à la première origine de cette opinion, que le *rheum palmatum* est la source de la véritable rhubarbe, je n'en trouve pas d'autre que l'assurance donnée par le marchand tartare, que les semences qu'il apportait appartenaient à la véritable espèce ; et, comme ces semences produisirent du *rheum palmatum* et du *rheum undulatum*, il s'ensuit que l'une quelconque de ces deux espèces doit autant être regardée comme la véritable que l'autre. On doit facilement pardonner à Gorter et à Mounsey, si, séduits par la belle forme de la nouvelle plante, ils lui ont attribué la rhubarbe officinale plutôt qu'à l'espèce qu'ils possédaient déjà. Bientôt les sentimens déclarés de Linné et de Hope, aidés du témoignage des savans qui se trouvaient en rapport d'amitié avec eux, l'emportèrent ; et tous ceux qui vinrent après eux les suivirent, jusqu'aux nouveaux doutes élevés par Pallas et Georgi, qui ont étudié l'histoire naturelle de la Russie sur les lieux mêmes. Des Buchares assurèrent à Pallas ne pas connaître les feuilles du *rheum palmatum*, ajoutant que les feuilles de la vraie rhubarbe étaient rondes, et marquées sur le bord d'un petit nombre d'incisions ; d'où Pallas conclut qu'ils voulaient lui décrire le *rheum compactum*. Un Cosaque dépeignit à Georgi le *rheum undulatum* pour la véritable espèce. L'un et l'autre pensent que sur les monts les plus méridionaux, plus découverts et plus secs, comme le sont ceux du Thibet, le *rheum undulatum* peut produire une racine plus belle que sur les montagnes froides et humides de la Sibérie; et, par une raison semblable, ils déterminent les lieux de la Russie les plus propres à la culture de cette espèce.

» Il paraît raisonnable de conclure de tout ceci, que la rhubarbe vendue aux Russes, et tirée de la Tartarie chinoise, provient, non d'une seule espèce de *rheum*, mais de plusieurs. »

Jusqu'à ce dernier temps j'avais adopté le sentiment de Murray, et je pensais comme lui, que ce qui avait pu entraîner Linné et ses disciples à regarder exclusivement le *rheum palmatum* comme la source de la rhubarbe, était ce penchant involontaire, dont ne sont pas exempts les plus grands hommes, qui les porte à estimer davantage les nouveaux fruits de leurs travaux que les précédens; mais je suis détrompé, et Linné a dû être guidé par un motif plus digne de lui.

335. Je dois à la bienveillance de M. Thouin, jardinier en chef du Jardin du Roi, des échantillons de racines des *rheum palmatum*, *undulatum*, *compactum et rhaponticum*. Ces plantes, cultivées dans un terrain probablement différent de celui de leur mère-patrie, ont pu éprouver des altérations plus ou moins grandes, mais ces altérations doivent être du même genre; et si l'une des racines précitées nous présente des caractères beaucoup plus rapprochés de la rhubarbe de Tartarie que les autres, nous pourrons en conclure, presque avec certitude, que c'est la véritable espèce.

Or, de ces échantillons, deux se ressemblent parfaitement pour l'odeur, la saveur et la marbrure, ce sont ceux provenant des *rheum rhaponticum* et *undulatum*. Celui du *R. compactum* s'éloigne encore plus de la vraie rhubarbe, comme je l'ai dit.

Le *rheum palmatum* seul jouit exactement de l'odeur et de la saveur de la rhubarbe de Chine (sauf le craquement sous la dent); et le premier caractère, surtout, est si marqué, et tranche tellement avec le même caractère dans les autres espèces, qu'il ne me reste plus, quant à moi, aucun doute, et que je regarde exclusivement le *rheum palmatum* comme la source de la vraie rhubarbe.

336. Cette plante, suivant Murray, croît spontanément sur une longue chaîne de montagnes en partie dépourvue de forêts, qui, bordant à l'occident la Tartarie chinoise, commence au nord, non loin de la ville de Selin, et s'étend, au midi, jusque vers le lac *Kokonor*, voisin du Thibet. Le sol en est retourné par des taupes : l'âge propre à la récolte des racines est indiqué par la grosseur des tiges (c'est ordinairement la sixième année). On les arrache dans les mois d'avril et de mai, et quelquefois aussi en automne. On les nettoie, on les coupe en morceaux; et, après les avoir percées et enfilées, on les suspend, soit aux arbres voisins, soit dans les tentes, soit même aux cornes des brebis. Lorsque la récolte est finie, on les porte aux habitations, où, sans doute, on achève de les faire sécher. Selon Duhalde, les Chinois achèvent cette dessiccation sur des tables de pierre chauffées en dessous par le moyen du feu.

337. Autrefois, que tout le commerce de l'Asie se faisait par la Natolie, cette rhubarbe nous était transmise par cette voie, d'où elle a quelquefois reçu le nom de *rhubarbe de Turquie*, ou d'*Alexandrette;* mais, depuis fort long-temps, elle vient par deux autres voies : une partie est apportée par mer de Canton, et se nomme *rhubarbe des Indes*, ou plus communément *rhubarbe de Chine;* l'autre partie est transportée à Kiachta en Sibérie, par des marchands buchares, qui la vendent au gouvernement russe. Il y a, dans cette ville, des commissaires chargés d'examiner scrupuleusement la rhubarbe, et de la faire nettoyer et monder morceau par morceau, car le gouvernement n'achète que celle qui est tout-à-fait belle. Cette rhubarbe est ensuite expédiée pour Pétersbourg, où elle est encore visitée avant que d'être livrée au commerce. C'est elle que Murray désigne

sous le nom de *rhubarbe de Bucharie*, et que nous nommons *rhubarbe de Moscovie*. Voici les caractères de ces rhubarbes.

338. La rhubarbe de Chine est ordinairement en morceaux arrondis, d'un jaune sale à l'extérieur, d'une texture compacte, d'une marbrure serrée, d'une couleur briquetée terne, d'une odeur prononcée, d'une saveur amère. Elle colore la salive en jaune orangé et croque très-fort sous la dent. Elle est plus pesante que l'autre, et, pour la couleur, sa poudre tient le milieu entre le fauve et l'orangé.

La rhubarbe de Chine est ordinairement percée d'un petit trou dans lequel on trouve encore la corde qui a servi à la suspendre pendant sa dessiccation. Sa couleur plus terne que celle de la rhubarbe de Moscovie paraît provenir du long voyage qu'elle a fait sur mer. C'est en partie à la même cause qu'on doit attribuer l'inconvénient qu'elle a de présenter souvent des morceaux gâtés et rousseâtres dans leur intérieur; mais lorsqu'elle est choisie avec soin, bien saine et non piquée des vers (1), elle est très-estimée. On trouve aussi dans le commerce de la rhubarbe de Chine mondée au vif à la manière de la rhubarbe de Moscovie, mais sa texture plus compacte, sa couleur plus obscure ou plus grise, et la petitesse des trous dont elle est percée l'en font toujours facilement distinguer.

339. La rhubarbe de Moscovie est ordinairement en morceaux un peu applatis, irréguliers, anguleux, et percés de grands trous faits en Sibérie, lors de la remise de la rhubarbe aux commissaires russes, dans la vue d'appro-

(1) La rhubarbe est sujette à être piquée; dans le commerce on masque ce défaut en bouchant les trous avec une pâte faite de poudre de rhubarbe et d'eau et ensuite en roulant les morceaux secs dans de la poudre de rhubarbe. Un des premiers soins, lorsqu'on achète de la rhubarbe doit être d'enlever cette poussière trompeuse qui la recouvre, et de casser les morceaux les plus pesans et les plus légers. Les premiers sont ordinairement humides et noirs à l'intérieur; les seconds sont pulvérulens à force d'avoir été traversés en tous sens par les insectes.

prier les trous primitifs qui avaient servi à suspendre la racine, et d'enlever les parties environnantes qui sont toujours plus ou moins altérées. Cette rhubarbe est d'un jaune pur à l'extérieur; sa cassure est en général moins compacte que celle de la rhubarbe de Chine. Elle est marbrée de veines rouges et blanches très-apparentes et très-irrégulières. Elle a une odeur très-prononcée et une saveur amère-astringente. Elle colore fortement la salive en jaune safrané et croque sous la dent. Sa poudre est d'un jaune plus pur que celle de la rhubarbe de Chine. Cette rhubarbe est la plus estimée.

340. Il n'y a pas de pays en Europe où l'on n'ait cherché à naturaliser la rhubarbe. Elle croît à peu près bien dans tous, mais sa racine n'y acquiert ni les mêmes propriétés médicales ni les mêmes principes que dans sa patrie. Une des différences les plus singulières et les plus constantes qu'on y ait remarqué, est l'absence presque totale de l'oxalate de chaux. Schèele l'a observée sur la rhubarbe de Suède, Model sur celle de Saint-Petersbourg, et M. Henry sur celle de France. Il faut se rappeller cependant que celle-ci était, à ce que je crois maintenant, du rapontic. Voici les résultats des analyses faites par M. Henry.

341. La rhubarbe de Chine contient un principe particulier auquel elle doit sa couleur, sa saveur et son odeur. Ce principe est jaune, insoluble dans l'eau froide, soluble dans l'eau chaude, l'alcohol et l'éther. Il se volatise en partie au feu sous la forme d'une fumée jaune odorante; il a une saveur amère très-âpre qui est celle de la rhubarbe concentrée. Il donne avec la potasse et l'ammoniaque des dissolutions rouges d'où les acides le précipitent en lui restituant sa couleur. Il est rougi et précipité par l'eau de chaux.

Il forme avec tous les acides, (hormis je crois, l'acide acétique) des composés jaunes, insolubles : avec les dissolutions de plomb, d'étain, de mercure et d'argent, des précipités jaunes : avec le sulfate de fer un précipité vert noirâtre : avec la gélatine un précipité caséeux coriacé. Il est très difficilement altérable par l'acide nitrique qui ne le change ni en acide malique, ni en acide oxalique.

Le second principe de la rhubarbe est une huile fixe, douce, rancissant par la chaleur, soluble dans l'alcohol et dans l'éther. Elle n'y existe qu'en très-petite quantité.

On y trouve une assez grande quantité de sur-malate de chaux, une petite quantité de gomme, de l'amidon, du ligneux, de l'oxate de chaux qui fait *le tiers* de son poids, une petite quantité d'un sel à base de potasse, une très-petite quantité de sulfate de chaux et d'oxide de fer : en tout dix principes.

342. La rhubarbe de Moscovie, malgré un extérieur assez différent de la rhubarbe de Chine, ne paraît pas s'en éloigner dans sa composition plus que ne peuvent le faire deux parties pareilles tirées d'individus de la même espèce. On y retrouve les mêmes principes et presqu'en mêmes proportions. Il faut observer cependant qu'une proportion un peu plus faible d'oxalate de chaux dans la rhubarbe de Moscovie paraît constante, Schèele ayant obtenu un résultat semblable. C'est pourquoi aussi la rhubarbe de Moscovie croque moins sous la dent.

343. La rhubarbe de France contient une bien plus grande quantité de matière colorante, mais ce principe est rougeâtre au lieu d'être jaune. On y trouve aussi beaucoup plus de matière amylacée, ce qui est une suite de ce qu'elle contient moins d'oxalate de chaux; car la quantité de celui-ci s'élève au plus au dixième du poids de la racine.

La rhubarbe est stomachique, légèrement purgative et vermifuge. On l'emploie en poudre, en infusion dans l'eau, dans l'alcohol, en sirop et en extrait. Elle entre dans un grand nombre de préparations composées.

De la racine de Salep ou du Salep.
Radix salep. — Off.

344. *Orchis mascula* L. Gynandrie hexandrie ; monocotylédones à étamines épigynes, famille des orchidées. *Car. gen.* : Calice coloré, à 6 divisions profondes, les 5 supérieures rapprochées en forme de casque, l'inférieure abaissée, large, terminée postérieurement par un éperon ; 2 étamines sur le pistil, logées chacune dans une fossette ; capsule uniloculaire à 3 valves ; graines très-nombreuses. — *Car. spécif.* : Bulbes indivis ; lèvre du nectaire quadrilobée crénelée ; éperon obtus ; pétales dorsaux réfléchis.

Cette racine telle qu'elle nous vient de la Turquie et de l'Asie-Mineure est en petites bulbes ovoïdes, ordinairement enfilées sous forme de chapelets, d'une couleur grise jaunâtre, demi-transparentes et d'une cassure cornée. Elle a une odeur faible approchant de celle du mélilot, une saveur mucilagineuse un peu salée. Ces propriétés, qui lui donnent l'apparence d'une gomme, sont cause qu'on n'a pas soupçonné pendant long-temps que le salep fût une racine. Enfin Geoffroy, ayant pris les racines de différens *orchis* indigènes, les ayant mondées de leur épiderme, lavées, enfilées, trempées dans l'eau bouillante et séchées, obtint du salep en tout semblable à celui des Orientaux, et prouva par-là plusieurs choses : d'abord que le salep était une racine préparée d'une manière analogue à celle qu'il avait employée, ensuite que les racines d'orchis indigènes, préparées de cette même manière, pouvaient remplacer le salep.

Le salep est nourrissant et restaurant. On l'emploie en gelée, sucré et aromatisé ; ou incorporé dans du chocolat, qui prend alors le nom de *chocolát analeptique au salep* : il contient beaucoup d'amidon.

De la racine de Salsepareille.

Radix sarsaparillæ. — Off.

345. *Smilax Sarsaparilla* L. Diœcie hexandrie ; monocotylédones à étamines périgynes, famille des asparaginées.

La salsepareille est une plante sarmenteuse et épineuse de l'Amérique. Sa racine est composée d'une souche ligneuse semblable à celle de l'asperge ou du petit houx, très-dure, plus ou moins grosse, munie d'un grand nombre de radicules longues souvent de six pieds, grosses comme une plume à écrire, flexibles, ne s'enfonçant pas profondément en terre, mais s'étendant près de sa surface. Lorsqu'on veut en faire la récolte, on arrose fortement la terre, et lorsqu'elle est bien détrempée on en retire les racines toutes entières au moyens de crochets. Telle est au moins la méthode que l'on doit suivre pour la salsepareille de Honduras, au Mexique.

Il nous vient de la salsepareille de Honduras, du Brésil et du Pérou. Il en résulte différentes sortes faciles à reconnaître.

346. La salsepareille de Honduras est en racines fort longues, garnies de leurs souches et de quelques tronçons de tiges noueuses; entières, mais repliées en bottes de deux pieds de longueur, et réunies en balles du poids de cent à cent-cinquante livres. Elle a au dehors une couleur grise qui paraît souvent noirâtre à cause de la terre qui la recouvre, et qui s'y est attachée et durcie après avoir été détrempée comme je l'ai dit. Elle offre aussi des cannelures longitudinales dues à la dessiccation de sa partie corticale. Cette partie corticale est d'un blanc rosé à l'intérieur et recouvre un cœur ligneux, blanc, cylindrique, qui se continue sans interruption d'un bout à l'autre de la racine, et lui donne la propriété de se fendre dans le sens de sa longueur avec une grande facilité. Elle a une saveur fade un peu visqueuse, quelquefois amère, et une odeur terreuse particulière qui se développe singulièrement par la décoction dans l'eau.

347. La salsepareille du Brésil, dite de Portugal, nous arrive privée de ses souches et en bottes cylindriques d'un poids variable. Elle est d'un rouge terne à l'extérieur, cylindrique et marquée de légères stries longitudinales. Elle est tout-à-fait blanche à l'intérieur et paraît presque entièrement formée d'amidon. Elle a une saveur un peu amère.

348. La salsepareille du Pérou, ou salsepareille caraque, est munie de ses souches comme celle de Honduras; mais elle est très-propre, non terreuse, et d'un gris pâle un peu rougeâtre à l'extérieur; elle ne paraît pas aussi flasque ou cannelée; elle est cylindrique et seulement striée longitudinalement. Ses stries sont plus apparentes que celles de la salsepareille du Brésil. Elle se fend avec la plus grande facilité, et présente alors un cœur ligneux dont la couleur blanche tranche agréablement avec le rouge rosé de l'écorce. Cette salsepareille a donc une très-belle apparence, mais elle est presqu'insipide, ce qui peut faire douter qu'elle soit aussi active que les autres; de plus, elle a l'inconvénient d'être souvent mêlée d'une autre racine qui doit toujours être, à la vérité, une espèce de salsepareille, mais qui est toute ligneuse, fibreuse, non amylacée et entièrement insipide. C'est la salsepareille de Honduras que l'on doit préférer aux autres, malgré qu'il y ait encore beaucoup de choix à y faire.

La racine de salsepareille est maintenant la substance végétale estimée la plus efficace contre les maladies syphilitiques.

De la racine de Sassafras.

Radix sassafras. — Off.

349. *Laurus sassafras* L. Ennéandrie monogynie; dicotylédones apétales à étamines périgynes, famille des laurinées.

Le sassafras ou *pavame* est un assez bel arbre qui croît à la Virginie, à la Caroline et dans la Floride. On nous envoie sa racine sèche en souches ou en morceaux de la grosseur de la cuisse ou du bras. Son écorce est brune, ferrugineuse, plus aromatique que le bois ; le bois est jaunâtre, poreux, et d'une odeur forte particulière. On le râpe avant de l'employer.

349 Bis. On trouve également dans le commerce l'écorce de sassafras provenant du tronc et des branches de l'arbre, et beaucoup plus aromatique encore que celle de la racine, quoique le bois de la racine le soit plus que le bois de la tige.

Cette écorce est tantôt recouverte d'un épiderme mince grisâtre, tantôt raclée et d'une couleur de rouille. Elle est comme spongieuse sous la dent, d'une saveur forte, amère et aromatique. Sa surface intérieure, qui est d'un rouge plus foncé que le reste, offre un grand nombre de très-petits cristaux blancs, brillans et transparens, qui m'ont paru, à l'aspect, tout-à-fait semblables à ceux que l'on observe sur la fève péchurim. Cette écorce devrait être employée en médecine comme sudorifique, préférablement au bois de la racine.

Six livres de racine sassafras donnent, à la distillation, d'une once à une once et demie d'une huile volatile plus pesante que l'eau, et incolore lorsqu'on vient de la préparer, mais se colorant avec le temps.

De la racine de Sceau-de-Notre-Dame.
Radix tamni. — Off.

350. *Tamus communis* L. Diœcie hexandrie ; monocotylédones à étamines périgynes, famille des asparaginées.

Car. gén. : Fleurs mâles : calice coloré à 6 divisions, 6 étamines rapprochées. Fleurs femelles : calice *idem* ; 6 étamines stériles ; 1 style trifide ; 1 baie infère triloculaire. — *Car. spéc.* : Feuilles en cœur, entières.

Le tamier est une plante sarmenteuse dont on se sert pour garnir les murs de feuillage. Sa racine est grosse, tubéreuse, noire au dehors, blanche en dedans, d'une saveur âcre, et imprégnée d'un suc gluant. Elle est un peu purgative et hydragogue; elle est aussi résolutive étant employée en cataplasme.

De la racine de Sceau-de-Salomon.

Radix polygonati. — Off.

351. *Convallaria Polygonatum*, L. *Polygonatum uniflorum* Desf. Hexandrie monogynie; monocotylédones à étamines périgynes, famille des asparaginées.

Car. gén. : Calice coloré à 6 divisions au sommet; 6 étamines; 1 style; baie sèche, sphérique, tachetée. — *Car. spéc.* : Feuilles alternes, amplexicaules; tige à 2 tranchans; pédoncules axillaires sous-uniflores.

Cette plante ressemble beaucoup au muguet, et en diffère surtout par ses fleurs qui sont infundibuliformes au lieu d'être en grelot. Sa racine est longue, grosse comme le pouce, articulée, blanche, garnie de beaucoup de radicules, d'une saveur douceâtre. Elle est astringente et employée comme cosmétique.

De la racine de Serpentaire commune.

Voyez racine d'*Arum-Serpentaire* (243).

De la racine de Serpentaire de Virginie.

Voyez racine d'*Aristoloche-Serpentaire* (240).

De l'écorce de Simarouba.

Cortex simarubæ. — Off.

351 Bis. *Quassia Simaruba* L. F. *Simaruba amara* Aublet. Décandrie monogynie; dicotylédones polypétales hypogynes, famille des magnoliers.

Je range cette écorce parmi les racines puisqu'elle paraît être en effet celle de la racine et non de la tige. Elle nous vient de la Guyane. Le bois, dont on trouve quelquefois des fragmens dans l'écorce, est léger et peu amer;

mais l'écorce a une amertume franche, très-forte. Elle est en morceaux longs de plusieurs pieds, roulée ou repliée sur elle-même, très-fibreuse, légère, blanchâtre, très-difficile à rompre et à pulvériser. Son principe amer paraît être le même que celui du quassia. Elle est anti-dyssentérique.

De la racine de Souchet long.
Radix cyperi longi. — Off.

352. *Cyperus longus* L. Triandrie monogynie; monocotylédones à étamines hypogynes, famille des Cypéracées.

Car. gén. : Fleurs hermaphrodites; 3 étamines; 1 style; 3 stygmates; épillets comprimés, garnis de paillettes; fleurs disposées sur deux rangs opposés. — *Car. spéc.* : Chaume triangulaire, feuillu; ombelle feuillue, sur-décomposée; pédoncules nus; épis alternes.

Le souchet long croît en France et en Italie, dans les lieux marécageux. On en trouve à Gentilly. Sa racine est rameuse, marquée d'impressions circulaires inégales et de nœuds. Elle est grosse comme une plume de cigne, recouverte d'une écorce très-brune. L'intérieur est ligneux, d'une couleur rougeâtre, d'une saveur amère, astringente et aromatique. Entière, elle a une odeur de violette faible. Elle donne une eau distillée aromatique, mais ne fournit pas d'huile essentielle. Elle est peu usitée, ainsi que la suivante.

De la racine de Souchet rond.
Radix cyperi rotundi. — Off.

353. *Cyperus rotundus* L. Mêmes classes, ordres et genre que le précédent.

Le souchet rond croît en Égypte et en Syrie : sa racine est formée de tubercules ovoïdes, gros comme de petites noix, unis entre eux par une radicule longue, ligneuse, traçante et menue; les tubercules sont marqués d'anneaux circulaires et parallèles ; leur écorce est presque noire et d'une texture foliacée ; l'intérieur de la racine est blanchâtre, spongieux et désagréable à mâcher ; sa saveur est légèrement aromatique ; son odeur assez douce, mais faible.

De la racine de Spicanard.

Voyez *racine de nard indien* (308).

De la racine de Squine.

Radix chinæ. — Off.

354. La racine de squine est produite par deux variétés du *Smilax China*, L., de la diœcie hexandrie, et des monocotylédones à étamines périgynes, famille des asparaginées. L'une de ces variétés croît en Chine (d'où la racine a pris son nom) et dans les Indes-Orientales ; l'autre vient au Mexique et dans divers autres pays de l'Amérique. Leurs racines se ressemblent tellement, qu'on les confond facilement ensemble ; cependant, quelques auteurs attribuent à la squine d'Asie plus de dureté, de compacité, et une plus grande pesanteur.

La racine de squine est en général un peu moins grosse que le poing, noueuse, genouillée, recouverte d'une écorce brune-rougeâtre, lisse. Sa texture intérieure varie : tantôt elle est spongieuse, légère, d'un blanc rosé, facile à couper et à pulvériser ; d'autres fois elle est très-pesante, très-dure, compacte, comme résineuse ou gommeuse, et d'une couleur brune, surtout vers le centre. C'est cette dernière qu'il faut préférer, parce qu'elle doit être plus riche en principes solubles dans l'eau, et qu'elle est moins sujette à être piquée des vers. L'une et l'autre n'ont qu'une saveur peu sensible et farineuse. Elles contiennent une très-grande quantité d'amidon, de la gomme, et une matière colorante rouge soluble dans l'eau.

La squine a acquis une sorte de célébrité, comme antivénérienne et anti-goutteuse, par l'usage qu'en fit Charles-Quint. Bien qu'elle ait perdu de l'estime qu'on en a fait, elle est encore assez souvent employée, associée aux autres sudorifiques.

De la racine de Tormentille.
Radix tormentillæ. — Off.

355. *Tormentilla erecta* L. Icosandrie polygynie; dicotylédones polypétales périgynes, famille des rosacées.

Car. gén. : Calice à 8 divisions, dont 4 alternes plus petites; corolle à 4 pétales; 15 ou 16 étamines; 8 ou 10 styles; autant de graines rondes fixées à un petit réceptacle desséché. — *Car. spéc.* : Tiges un peu élevées; feuilles sessiles.

La tormentille s'élève à la hauteur d'un pied et demi; ses feuilles ressemblent à celles de la quintefeuille, mais sont plus grandes; elle croît sur les Alpes et les Pyrénées, d'où on nous envoie sa racine sèche.

Cette racine est d'une forme irrégulière : tantôt allongée et grosse comme le doigt, tantôt formée de tubercules réunis. Elle est brune au dehors, rougeâtre en dedans, très-pesante, d'un goût astringent. Elle a quelque ressemblance avec la bistorte; mais celle-ci est plus rouge, plus astringente, ordinairement comprimée, et deux fois repliée sur elle-même.

La tormentille est astringente; elle est quelquefois employée à tanner les cuirs.

De la racine de Turbith.
Radix turpethi. — Off.

356. *Convolvulus Turpethum* L. Pentandrie monogynie; dicotylédones monopétales hypogynes, famille des convolvulacées.

La plante qui fournit le turbith croît aux Indes-Occidentales en Asie, et dans l'île de Ceylan. La racine, telle que nous l'avons, est rompue en tronçons de quatre à cinq pouces, pleins à l'intérieur, ou ne consiste qu'en une écorce très-épaisse dont on a séparé le cœur : son diamètre varie de six lignes à un pouce ; son extérieur est gris cendré ou rougeâtre ; l'intérieur est blanchâtre ; la partie corticale est compacte et gorgée d'une résine orangée, qui exsude souvent à la longue par l'extrémité des morceaux rompus ; la partie du centre, lorsqu'elle existe, et quelquefois aussi l'écorce elle-même, sont entièrement criblées de trous ronds très-apparens à la simple vue. Ces trous, qui sont les extrémités des fibres parallèles et longitudinales dont paraît se composer la racine, lui donnent absolument l'aspect d'une tige de bambou ou de jonc coupée transversalement. Il est étonnant qu'aucun auteur ne fasse mention de ce caractère qui est si tranché, qu'avec un peu moins de certitude sur la famille de la plante qui produit le turbith, on serait tenté de l'attribuer à une monocotylédone.

Le turbith n'a pas d'odeur, sa saveur est peu sensible d'abord, mais elle laisse une impression nauséeuse assez forte. C'est un fort purgatif.

Le turbith ressemble assez au costus arabique pour qu'on puisse les confondre à la première vue. Mais les différences d'odeur, de saveur et de texture, qu'on y remarque bientôt, les font facilement distinguer.

De la racine de Turbith faux ou de Thapsie.

357. Cette racine est produite par l'une des trois espèces suivantes : *Thapsia villosa*, *T. Asclepium* et *T. garganica* L. ; de la pentandrie digynie et de la famille des ombellifères.

Elle est grosse comme le doigt, longue, chevelue dans sa partie supérieure, d'un gris blanchâtre ou quelquefois noirâtre au dehors, pourvue, lorsqu'elle est récente, d'un suc laiteux très-âcre. Cette racine purge si violemment qu'on a renoncé à l'employer. Elle paraît avoir quelque ressemblance de forme avec les racines de *meum* et d'*eryngium*; ne l'ayant pas sous les yeux je ne puis en déterminer les différences.

Le *Seseli Turbith* L., mêmes classes et famille que les précédentes, donne aussi une espèce de faux turbith.

De la racine de Valériane sauvage.
Radix valerianæ silvestris. — Off.

358. *Valeriana officinalis* L. Triandrie monogynie; dicotylédones monopétales à étamines épigynes distinctes, famille des valérianées.

Car. gén.: Calice très-petit (cal. o. L.); corolle infundibuliforme à 5 divisions; tube terminé inférieurement par une bosse; 1 semence. — *Car. spécif.:* Fleur triandre; toutes les feuilles pinnées.

Cette plante croît dans les bois. Elle s'élève à la hauteur de quatre ou cinq pieds. Ses tiges sont droites, grêles, fistuleuses, garnies d'espace en espace de feuilles opposées, vertes, profondément découpées, un peu velues en dessous. Les fleurs sont petites, nombreuses, disposées en cime au haut des tiges, d'une couleur blanche purpurine, d'une odeur agréable. La racine est petite, formée d'un collet écailleux très-court, entouré de tous côtés de radicules blanches, cylindriques, d'une à deux lignes de diamètre, qui conservent leur plénitude par la dessiccation et prennent le plus souvent une apparence cornée.

Cette racine a une odeur désagréable qui se développe par la dessiccation au point de devenir très-forte et fétide. Cette odeur a cela de remarquable qu'elle plaît singulièrement aux chats. Ceux-ci déchirent les sacs de cette racine qu'on laisse à leur disposition, se vautrent dessus et en mangent même avec délices.

La racine de valériane sauvage a une saveur un peu amère qui est comme légèrement sucrée au commencement. Elle fournit à la distillation une huile volatile verte d'une odeur forte, semblable à la sienne propre. Elle est très-employée comme antispasmodique.

Valériane aquatique.

359. Il y a une autre sorte de valériane que l'on trouve ordinairement mêlée à celle dont je viens de traiter. Elle en diffère en ce qu'elle a crû dans un lieu humide et marécageux, comme on le voit par la terre qui y reste attachée et qui a évidemment été détrempée d'eau. Mais je ne suis pas certain de l'espèce botanique qui la produit. En effet, le *Valeriana officinalis* L. que l'on trouve ordinairement dans les bois, croît aussi quelquefois dans les lieux humides, acquiert alors des feuilles plus larges, plus vertes, plus lisses, et forme une variété de la même espèce qui pourrait bien fournir la racine dont je veux parler. D'un autre côté, Lemery rapporte la valériane aquatique au *Valeriana palustris minor* de Gaspard Bauhin et de Tournefort, et Valmont de Bomare donne comme son nom synonymique le *Valeriana dioica* L. J'ignore donc si cette racine que l'on peut nommer *valériane aquatique* est due à la variété aquatique du *Valeriana officinalis* ou au *Valeriana dioica*.

La racine de valériane aquatique diffère de celle de valériane des bois par sa couleur qui est d'un gris foncé au dehors comme en dedans; par ses radicules plus déliées, plus fibreuses et ridées à l'extérieur, ce qui vient de ce qu'elles ont pris plus de retrait par la dessiccation; le collet est de même que dans l'autre court et écailleux; son odeur est aromatique, ayant toujours de l'analogie avec l'autre, mais néanmoins agréable; sa saveur est peu différente, peut-être un peu plus amère. Enfin ce qui peut servir encore à distinguer cette racine de la première, c'est la terre qui se trouve ordinairement renfermée entre leurs radicules. La terre qui reste attachée à la valériane des bois est légère, sablonneuse, jaunâtre et tombe en poussière par la percussion. Celle qui se trouve dans la racine de valériane aquatique est noirâtre, compacte, dure à casser, toutes qualités d'une terre argileuse qui a été détrempée dans l'eau et ensuite desséchée.

Cette valériane jouit de propriétés analogues à la première, mais dans un moindre degré.

De la racine de grande Valériane.

Radix valerianæ phu. — Off.

360. *Valeriana phu* L. — *Car. spéc.:* Fleurs triandres; feuilles de la tige pinnées; feuilles radicales entières.

Cette espèce est cultivée dans les jardins. Toutes ses parties sont plus grandes que dans les précédentes, si ce n'est sa tige qui n'a que trois pieds de haut. Sa racine est très-facile à distinguer des deux premières : elle est formée d'un corps de racine long et gros comme le doigt; d'une couleur grise, et marquée d'anneaux circulaires qui paraissent être des vestiges d'insertion d'écailles foliacées noirâtres. Ce corps de racine, qui se trouve placé transversalement dans la terre, est nu du côté qui regardait la surface du sol, et garni de l'autre d'un grand nombre de radicules dirigées en bas. Ces radicules sont grises et ridées à l'extérieur, et d'une couleur foncée en dedans. L'odeur de la racine est analogue à celle de la première espèce, mais moins forte et cependant désagréable, ce qui la distingue de la seconde. Sa saveur est manifestement plus amère. Elle jouit dans un moindre degré des propriétés de la première.

La racine de grande valériane, est le *phu*, ou *nard de Crête*, dont il est fait mention dans le douzième livre de Pline.

De la racine de Valériane celtique ou Nard celtique.

Radix valerianæ celticæ. — Off.

361. *Valeriana celtica* L. — *Car. spéc. :* Fleurs triandres; feuilles ovales, oblongues, obtuses, très-entières. Cette espèce croît sur les montagnes de la Suisse et du Tyrol,

pays des anciens Celtes ; d'où lui est venu le nom qu'elle a toujours porté de *nard celtique*. On nous envoie sa racine disposée en paquets ronds et plats, encore munie de feuilles, et mêlée de beaucoup de terre sablonneuse. La racine elle-même est composée d'un petit tronc allongé, entièrement recouvert d'écailles blanches imbriquées, et muni, d'un seul côté, ou à l'extrémité, de deux ou trois radicules brunes très-menues : toute la racine a une saveur très-amère, légèrement aromatique, et une odeur terreuse désagréable. Les radicules, froissées dans le creux de la main, en développent une un peu plus marquée, qui a quelque chose de celle de la valériane.

Elle était plus usitée autrefois qu'aujourd'hui, car elle n'est plus guère employée que pour la thériaque. On doit la choisir chargée de terre le moins possible, et la priver de ses feuilles lorsqu'elle en est pourvue.

Des racines de Zédoaires.

On connaît trois sortes de zédoaire : la ronde, la longue et la jaune : toute incertitude n'est pas levée à l'égard de leur origine.

La Zédoaire ronde.

Radix zedoariæ rotundæ. — Off.

362. Est attribuée au *Kœmpferia rotunda* L. De la monandrie monogynie, de la classe des monocotylédones à étamines épigynes, et de la famille des amomées. Cette racine nous vient des Indes en Asie, et des îles Moluques, coupée en deux ou en quatre parties, représentant des moitiés ou des quartiers de petits œufs de poule : la partie convexe de ces morceaux est souvent anguleuse et toujours garnie de pointes épineuses, qui sont des restes de radicules. Cette même partie convexe, dans les morceaux qui ne sont pas privés de leur épiderme, offre une surface comme foliacée, et marquée d'anneaux circulaires, sem-

blables à ceux du souchet et du curcuma ronds, mais moins nombreux et moins marqués. Enfin, cette même partie offre souvent une cicatrice ronde de quatre à cinq lignes de diamètre, provenant indubitablement de la section d'un prolongement cylindrique qui unissait deux tubercules entre eux. D'après cette description, il est facile de se faire une idée de la zédoaire ronde dans son état naturel; ce doit être une racine tuberculeuse, grosse comme un œuf de poule, marquée d'anneaux circulaires comme le souchet ou le curcuma, garnie tout autour d'un grand nombre de radicules ligneuses, toutes dirigées en bas, et unie, tubercule à tubercule, par des prolongemens cylindriques de quatre à cinq lignes de diamètre, et d'un pouce de longueur présumée. Cette disposition est entièrement semblable à celle du curcuma rond.

La zédoaire ronde est d'un blanc grisâtre au dehors, pesante, compacte, grise et souvent cornée à l'intérieur, d'une saveur amère, fortement camphrée; lorsqu'elle est entière, son odeur ressemble à celle du gingembre, mais plus faible et camphrée : lorsqu'on la pulvérise, cette odeur devient plus forte et analogue à celle du cardamome.

La Zédoaire longue.

Radix zedoariæ longæ. — Off.

363. La zédoaire longue est une racine un peu moins longue et moins grosse que le petit doigt, ordinairement terminée en pointe mousse à ses deux extrémités, recouverte d'une écorce ridée, d'un gris blanchâtre; grise et souvent cornée à l'intérieur. Son odeur et sa saveur sont absolument semblables à celles de la zédoaire ronde.

Les auteurs ne sont pas d'accord sur la plante qui produit cette zédoaire; les uns pensent qu'elle n'est formée que des jets cylindriques qui unissent les tubercules de la zédoaire ronde; les autres la croient la racine entière d'une autre plante. Voici ce que je puis dire à ce sujet : j'ai un morceau de zédoaire ronde muni de son prolongement cylindrique ; cette partie a bien l'écorce, la couleur, la cassure et l'odeur de la zédoaire longue, puisque ces caractères sont semblables dans les deux espèces ; et, si on la récolte, il n'y a pas de doute qu'elle ne fasse une sorte de zédoaire longue : mais cette partie cylindrique n'a guère qu'un pouce de long ; n'est pas amincie à ses extrémités, enfin, ne porte pas de radicules ; tandis que la zédoaire longue du commerce offre des restes de radicules ligneuses semblables à celles de la zédoaire ronde, et couchées dans le sens de l'axe de la racine, ce qui indique sa position à peu près perpendiculaire dans le sein de la terre, et ne s'accorde pas avec l'idée de jets horizontaux unissant les tubercules de l'autre espèce. Je suis donc persuadé que la zédoaire longue est fournie par une autre plante que la zédoaire ronde ; mais par une plante très-voisine, peut-être par une simple variété, comme le sont chez nous deux petites racines que l'on sert sur les tables, sous le nom de raves et de radis.

La zédoaire longue a une certaine ressemblance, ou, si l'on peut s'exprimer ainsi, un air de famille avec le gingembre. On les distingue cependant facilement : le gingembre est palmé ou articulé, et très-aplati ; la zédoaire est formée d'un morceau unique, non divisé, peu aplati, rugueux et comprimé en différens sens ; d'ailleurs l'odeur et la saveur sont différentes, et beaucoup plus marquées dans le gingembre.

La Zédoaire jaune.

Radix zedoariæ luteæ. — Off.

364. Cette racine est peu connue ; on la trouve mêlée en petite quantité à la zédoaire ronde, à laquelle elle ressemble entièrement par sa forme, ses radicules et la disposition de ses prolongemens cylindriques. Elle en diffère par sa couleur, qui est semblable à celle du curcuma, par

sa saveur et par son odeur, qui, tenant le milieu entre celles de la zédoaire et du curçuma, sont cependant plus désagréables que celles de l'un et de l'autre : elle se distingue, d'un autre côté, du curcuma rond, par son volume plus considérable, sa surface convexe souvent anguleuse, sa couleur extérieure plus blanche et semblable à celle de la zédoaire, sa couleur intérieure plus pâle ; au total, elle se rapproche plus de la zédoaire que du curcuma, et doit être fournie par une plante analogue à la première.

Je présume que cette racine de zédoaire jaune, est le *cassumuniar* dont il est fait mention dans le 2e. volume de la *Matière Médicale* de Geoffroy, pag. 47.

De la racine de Zérumbeth.
Radix zerumbeth. — Off.

365. Beaucoup d'auteurs, et notamment Lémery, ont confondu le zérumbeth avec la zédoaire ronde. Il est hors de doute cependant que le zérumbeth ne soit une autre racine, produite par l'*amomun zerumbeth* L., et apportée très-rarement en Europe. Geoffroy la décrit ainsi : racine tubéreuse, genouillée, inégale, grosse comme le pouce et quelquefois comme le bras, un peu applatie, blanchâtre ou jaunâtre ; d'un goût âcre, un peu amer, aromatique, approchant du gingembre ; d'une odeur agréable. Je n'ai jamais vu cette racine.

DIVISION II. — *Des Bois.*

Le nombre des bois employés en pharmacie est fort petit, et diminue journellement. Il est bon néanmoins de connaître ceux d'entre eux, dont l'usage se soutient toujours dans la teinture et l'ébénisterie, la médecine pouvant les réclamer tôt ou tard.

Du bois d'Acajou.
Lignum mahagoni.

366. *Swietenia Mahagoni* L. Decandrie monogynie; famille des méliacées.

L'acajou est un grand et bel arbre des îles de l'Amérique, dont le bois fort dur, assez léger, susceptible d'un beau poli, et non sujet à être piqué des vers, est très-employé dans l'ébénisterie. Il est jaunâtre lorsqu'il est récent, mais il acquiert une belle couleur rouge en vieillissant. L'écorce de l'arbre est fébrifuge ainsi que celle d'une autre espèce, le *Swietenia febrifuga*.

Ce n'est pas cet arbre qui produit le fruit nommé dans les Officines *noix d'acajou*.

Du bois d'Aloès.
Lignum aloës. — Off.

Il règne une assez grande incertitude sur les diverses espèces de bois d'aloës, et sur les arbres qui les produisent. Voici ce que j'ai trouvé de moins obscur dans les auteurs que j'ai à ma disposition.

367. Il existe une première espèce de bois d'aloès, nommée aussi *calambac*, qui est très-rare même en Asie, et qui s'y vend au poids de l'or. Ce bois paraît être très-résineux, comme onctueux, d'une couleur jaspée, et doit répandre, lorsqu'on le brûle, une odeur des plus suaves. Il est réservé pour parfumer les temples et les palais des grands, et ne vient que très-rarement en Europe. On cite comme un fait curieux, qu'au nombre des présens envoyés par le roi de Siam à Louis XIV, se trouvait une certaine quantité de bois de calambac. Ce bois est attribué à un arbre de la Cochinchine, nommé par Loureiro *Aloexylum Agallochum*, et rapporté à la décandrie de Linné.

368. Une espèce de bois d'aloès plus commune, est produite dans le même pays, par l'*Excœcaria Agallocha* L.,

de la Diœcie triandrie, et de la famille des euphorbiacées. Cet arbre est petit et tortu, rempli d'un suc laiteux, caustique et fort dangereux s'il en tombe dans les yeux, comme l'indique le nom d'*arbor excœcans* qui lui a été donné par Rhumph, et celui d'*excœcaria* formé depuis par Linné. Le bois de cet arbre a des propriétés analogues au calambac, et est d'autant plus estimé, qu'il s'en rapproche d'avantage. C'est à lui surtout que l'on applique le nom d'*agalloche*.

369. Une troisième espèce de bois d'aloès, est celui que l'on nomme *bois d'aigle*. Il est fourni par un arbre de la Cochinchine et de la presqu'île de Malaca, nommé par Cavanilles *Aquilaria ovata*.

Il en vient aussi du Mexique, où il est produit par un arbre encore inconnu. Lémery distingue le bois d'aigle du bois d'aloès, c'est-à-dire, de l'agalloche, parce que celui-ci est amer, et que le bois d'aigle ne l'est pas.

370. Enfin Lémery décrit, sous le nom d'*aspalat*, un autre bois qu'il dit être compact, pesant, oléagineux, odorant, de couleur purpurine, obscure et marbrée, d'un goût un peu amer et piquant. Cette description se rapporte assez au calambac, dont Lémery parle à peine, pour qu'on puisse mettre en question si ce ne sont pas les mêmes.

Quoiqu'il en puisse être de ces différentes sortes de bois d'aloès, et des arbres qui les produisent, voici les caractères que je trouve à ceux que je possède.

371. 1ère. *Sorte*. Ce bois est noueux, très-pesant, compact, onctueux et étonnamment résineux. Il est à l'extérieur d'un brun rougâtre uniforme, mais la nouvelle section qu'y produit la scie, offre une couleur un peu plus grise, marquée de taches noires, dues à un suc particulier extravasé: c'est ce qu'on exprime en disant qu'il est *jaspé*. Sa cassure transversale n'offre pas le caractère dont il va être parlé en décrivant les autres sortes, ce qui tient peut-être à la grande quantité de résine dont tous

ses vaisseaux sont gorgés ; il a une forte odeur de myrrhe et de résine animé mêlées ; son intérieur présente des excavations remplies d'une résine rougeâtre qui a quelque analogie avec la myrrhe ; il se réduit en poudre sous la dent et jouit d'une saveur amère ; il répand un parfum très-agréable lorsqu'on le brûle ou qu'on le chauffe sur une plaque métallique. Ces caractères convenant également au calambac et à l'aspalat de Lémery, on lui donnera celui de ces noms que l'on voudra. Ce bois existe dans les droguiers de la Pharmacie Centrale et de l'Hôtel-Dieu de Paris.

372. 2e. *Sorte.* J'ai deux échantillons de cette sorte, qui ne sont pas entièrement semblables ; l'un est un tronçon tout à fait noueux, pesant, ressemblant beaucoup au bois de Rhodes, dont son odeur le rapproche également un peu. Cette odeur a cependant de plus grands rapports avec celle de la résine animé. Ce bois est d'un jaune assez pur, amer, et se broie sous la dent. La coupe transversale de la scie y produit une surface lisse, résineuse ou comme cireuse, d'une couleur orangée assez uniforme. Ce bois n'est pas caverneux dans son intérieur ; il parfume l'air quand on le brûle.

373. Le second échantillon est d'une couleur grisâtre, et sa surface devient noire avec le temps. Sa pesanteur spécifique varie, et un morceau ayant été scié en deux, une des parts a surnagé sur l'eau ; l'autre, qui contenait un nœud, est tombée au fond. Sa saveur est amère, son odeur à peu près celle de la résine animé ; plusieurs morceaux offrent des excavations remplies d'une résine rouge semblable à celle de la première sorte. La coupe transversale de la scie y découvre un caractère particulier : la surface est lisse et résineuse, mais parsemée d'une infinité de points blancs, qui doivent résulter de la déchirure des parois d'autant de tubes, dont la direction suit celle du bois. Lorsqu'au lieu de scier entièrement le morceau, on laisse au centre une portion intacte, et qu'on la rompt, la

partie rompue offre de ces tubes qu'on peut apercevoir à l'aide de la loupe.

C'est cette sorte que je propose de distinguer par le nom d'agalloche.

374. 3e. *Sorte.* Ce bois a une couleur jaune sale comme verdâtre ; il est peu résineux, comparativement aux précédens, quelquefois spongieux, difficile à diviser sous la dent. Il n'est nullement amer, et sa saveur est seulement un peu aromatique ; il a une odeur faible, bien distincte de celle de l'agalloche, et comme musquée. J'ai pensé que ce dernier caractère pouvait être accidentel ; j'ai lavé ce bois plusieurs fois, et l'ai fait, chaque fois, sécher à l'étuve ; il l'a toujours conservé. Il présente d'une manière bien plus marquée que le bois d'agalloche, le caractère des points blancs résultant de sa coupe transversale, et celui des tubes mis à découvert par la fracture partielle des morceaux ; mais cette différence tient peut-être seulement à ce que ces tubes, étant moins remplis de résine, sont plus apparens. Il exhale, lorsqu'on le projette sur un fer chaud, qui ne doit pas être rouge, une odeur agréable semblable à celle du bois d'aloès, mais moins forte ; et pour peu que le fer soit trop chaud, cette odeur est couverte par celle du bois qui brûle. Ce bois doit être le bois d'aigle. Ces différens bois sont fort peu usités maintenant.

Du bois de Baumier.

Xylobalsamum, i. — Off.

375. *Amyris Opobalsamum* L. Octandrie monogynie ; dicotylédones polypétales périgynes, famille des térébinthacées.

C'est le bois de l'arbre qui produit le baume de La Mecque. Tel que nous le recevons, il est formé seulement de fragmens des plus petites branches, et se compose d'une écorce rugueuse, rougeâtre, et d'un petit *meditullium* ligneux blanc. Il a une saveur aromatique légèrement amère et une odeur douce et agréable. Il n'est plus usité.

Du bois de Brésil ou de Fernambouc.

Lignum brasiliense, sis. — Off.

376. *Cæsalpinia echinata* Lam. Décandrie monogynie ; dicotylédones polypétales épigynes, famille des légumineuses.

Cet arbre du Brésil est fort grand, fort gros, tortu et épineux. Son bois est recouvert d'un aubier très-épais, qu'on enlève avant de l'envoyer, ce qui en diminue beaucoup le volume. Il est de différentes nuances de rouge, inodore, d'une saveur peu sensible ; il ne sert que dans la teinture.

Le même arbre, ou quelqu'autre espèce voisine, croît également aux îles Antilles ; le bois, qui en provient, a reçu les noms de *Bresillet*, *de bois de Sainte-Marthe*, *bois des Antilles*. Le *bois de Sappan* ou *du Japon* est encore un bois analogue, produit par le *Cœsalpinia Sappan* L., arbre des Grandes Indes, cultivé aussi à l'île de France. De tous ces bois, c'est celui du Brésil proprement dit qui est le plus estimé.

Du bois de Campêche ou bois d'Inde.

Lignum campechianum, i. — Off.

377. *Hæmatoxylum campechianum* L. Grand arbre de la décandrie monogynie et de la famille des légumineuses, comme les précédens.

Il croît à Campêche en Amérique, à l'île de Sainte-Croix, à la Jamaïque. Les auteurs ne s'accordent pas sur plusieurs de ses caractères : les uns annoncent que toutes ses parties sont aromatiques et employées comme telles ; d'autres lui donnent des feuilles inodores. Il est possible qu'il y en ait plusieurs espèces.

Le bois de campêche nous est apporté en grosses bûches, d'un brun noir au dehors, d'un rouge jaunâtre en dedans, devenant d'un rouge vif par le poli ; d'une odeur d'iris ; d'une pesanteur spécifique supérieure à celle de l'eau.

Le bois de campêche donne, par l'ébullition dans l'eau, une liqueur rouge très-chargée, qui passe au rouge vif par les acides, et au bleu violet par les alcalis, les oxides métalliques et les sels avec excès d'oxide. Il est très-usité dans la teinture en noir et en bleu; il l'est aussi dans l'ébénisterie, car il prend un très-beau poli.

M. Chevreul a obtenu la matière colorante du bois de campêche à l'état de pureté, et lui a donné le nom d'*Hématine*. Elle est soluble dans l'eau bouillante, et cristallisable par l'évaporation. La dissolution bouillante est d'un rouge orangé, qui passe au jaune par le refroidissement; les acides la rendent jaune d'abord, puis rouge. Les alcalis, au contraire, lui donnent une couleur pourpre ou violette (*Ann. Chim.* LXXXI. 128).

Du bois de Cèdre.

Lignum cedrinum, i. — Off.

378. *Abies cedrus.... Pinus cedrus* L. Monœcie monadelphie; dicotylédones diclines irrégulières, famille des conifères.

Très-grand arbre originaire du mont Liban en Syrie.

Il en découle pendant l'été une résine, connue sous le nom de *résine de cèdre*. Son bois, tant célébré dans les livres sacrés, est effectivement supérieur aux autres par sa légèreté et son incorruptibilité. On l'emploie pour les grandes constructions, de même que pour les ouvrages de marqueterie.

Du bois de Couleuvre.

Voyez racine de *couleuvre*.

De la tige de Douce-Amère.

Caulis dulcamaræ. — Off.

379. *Solanum Dulcamara* L. Pentandrie monogynie; dicotylédones monopétales hypogynes, famille des solanées.

Car. génér. : (voyez à l'article *racine de pomme-de-terre*) (321). — *Car. spéc.* : Tige sans aiguillons, frutescente, flexueuse; feuilles supérieures hastées; grappes en cime.

Cette plante pousse des tiges sarmenteuses qui s'élèvent de trois à six pieds, grêles, couvertes d'une écorce verte d'abord, puis blanchâtre et rude, renfermant un canal médullaire très-large.

Ces tiges récentes ont une odeur fort désagréable et repoussante : sèches, elles sont presque inodores, d'une saveur amère, qui laisse un arrière-goût sucré, ce qui a valu à la plante le nom de *douce-amère*. On les emploie comme dépuratives.

Du bois d'Ébène.
Lignum ebenum, i. — Off.

380. *Diospyros Ebenum* L. Polygamie diœcie; dicotylédones monopétales périgynes, famille des ébénacées.

Cet arbre croît surtout à Madagascar. Son bois est d'une belle couleur noire, très-pesant et d'une saveur piquante; il répand une odeur agréable sur les charbons allumés; il prend un poli parfait, et est très-recherché pour les ouvrages de marqueterie et de mosaïque.

On connaît aussi une espèce d'ébène rouge que l'on nomme *grenadille*; et une autre verte qui est le bois d'*évilasse*. Cette dernière vient des Antilles.

Du bois de Fustet.
Lignum cotini.

381. *Rhus cotinus* L. Pentandrie trigynie; dicotylédones polypétales périgynes, famille des térébinthacées.

Car. génér. : Calice à 5 divisions; corolle à 5 pétales; 1 drupe sphérique; 1 noyau osseux. — *Car. spéc.* : Feuilles très-simples, ovales, élargies au sommet.

Le fustet est un grand arbrisseau de France, cultivé dans les jardins à cause de l'élégance de son feuillage et des houppes capillaires qui succèdent ordinairement à ses fleurs, en place des fruits qui avortent.

Le bois de fustet est d'un jaune assez foncé, et donne une couleur jaune usitée dans la teinture.

Du bois de Gaïac.
Lignum guajaci. — Off.

382. *Guajacum officinale* L. Décandrie monogynie; dicotylédones polypétales hypogynes, famille des rutacées.

Cet arbre croît dans les îles de l'Amérique; son bois nous est envoyé en grosses bûches, recouvertes d'une écorce grise, compacte, très-dure, très-pesante et très-résineuse, d'une saveur amère.

Cette écorce, gardée pendant long-temps, présente, à sa surface interne, comme une infinité de petits cristaux brillans que je soupçonne être de l'acide benzoïque. Le bois est très-dur, très-pesant, résineux, composé d'un cœur brun-verdâtre, et d'un aubier jaune; il n'a pas d'odeur, mais il fait éternuer lorsqu'on le râpe. Sa râpure, qui est jaune, a une saveur âcre, strangulante, et jouit de la propriété de devenir verte à la lumière. Toutes ces propriétés sont dues à la résine, qui, comme nous le verrons par la suite, les possède à un haut degré. Le bois de Gaïac rapé est usité en décoction comme sudorifique. Entier, les tourneurs l'emploient à faire des mortiers, des roulettes de lits, et d'autres objets pour lesquels la dureté est une qualité essentielle.

Du bois de Genévrier.
Lignum juniperi. — Off.

383. Ce bois est fourni par le genévrier commun, *Juniperus communis* L., de la diœcie monadelphie, et de la famille des conifères.

Il est léger, peu compact, d'un blanc veiné de rouge, d'une odeur aromatique, d'une saveur peu sensible : il n'est plus employé.

Du bois Jaune.
Lignum luteum, tei.

384. On emploie sous ce nom en teinture le bois de plusieurs arbres, et, entre autres, celui du *Morus tinctoria* L., de la monœcie tétrandrie, et de la famille des urticées.

Ces bois ne sont d'aucun usage en médecine.

Du bois de Mahaleb ou de Sainte-Lucie.
Lignum mahaleb.

385. *Prunus Mahaleb* L. Icosandrie monogynie; dicotylédones polypétales périgynes, famille des rosacées.

Car. génér. : Calice quinquefide; corolle pentapétale; 20 étamines ou plus; 1 style; 1 drupe; 1 noyau lisse à suture saillante. — *Car. spéc.* : Fleurs en corymbes terminaux; fleurs ovales.

Le cerisier mahaleb croît en Suisse et dans la ci-devant Lorraine, principalement aux environs du village de Sainte-Lucie, d'où il a pris son nom. Son bois est gris-rougeâtre, compacte, assez pesant, d'une odeur agréable; il est très-recherché des ébénistes, des tabletiers et des tourneurs. L'amande de son noyau est employée par les parfumeurs.

Du bois des Moluques.

Voyez *Grains de Tilly* dans la division des fruits.

Du bois Néphrétique.
Lignum nephreticum, i. — Off.

386. Ce bois a été attribué au *Guilandina Moringa* L.,

ou *Moringa zeilanica* Lam., arbre qui produit également le fruit nommé *noix de Ben*, et qui appartient à la décandrie monogynie et à la famille des légumineuses. Mais cette opinion mérite peu de confiance; car la noix de Ben, qui est bien produite par le *moringa zeilanica*, vient de Ceylan, de l'Arabie et de l'Égypte, d'où on n'apporte jamais de bois néphrétique; tandis que le bois néphrétique vient de la Nouvelle-Espagne qui ne nous fournit pas de noix de Ben.

Quelle que soit l'origine de ce bois, voici quelles sont ses propriétés physiques. Il est très-pesant, inodore, formé d'un aubier blanchâtre assez compacte, et d'un cœur rougeâtre aussi dur que celui du gaïac. Ce bois a donc quelque ressemblance avec le gaïac, mais son écorce est légère, fibreuse à l'intérieur, fongueuse et crevassée à l'extérieur. Sa saveur, quoique peu sensible, se distingue par quelque chose de pipéracé.

Le bois néphrétique donne à l'eau et à l'alcohol une teinture qui paraît jaune lorsqu'on la place entre l'œil et la lumière, et bleue si on la regarde autrement. Un acide rend la couleur jaune permanente, et un alcali lui rend la propriété de changer.

Ce bois, auquel on a attribué des propriétés contre les maladies des reins, n'est plus du tout employé.

Du bois d'Oxicèdre.
Lignum oxicedri. — Off.

387. *Juniperus Oxicedrus* L. Mêmes classes, ordres et genre que le genévrier commun, dont il ne diffère que par ses feuilles qui sont plus courtes que sa baie. Il croît dans le midi de la France. Son tronc laisse exsuder une résine odorante qui porte son nom. Son bois est rougeâtre, odorant et sudorifique. On en retire par la distillation à la cornue la véritable *huile de Cade*.

Du bois de Roses ou bois de Rhodes.
Lignum rhodium, ii. — Off.

388. Le premier de ces noms lui a été donné à cause de son odeur, et le second parce qu'on le tirait autrefois de de l'île de Rhodes; par une raison semblable on l'a nommé quelquefois *bois de Chypre;* mais depuis long-temps il nous vient surtout des îles Canaries, où il est produit par un liseron arborescent, *Convolvulus scoparius* L., de la pentandrie monogynie, des dicotylédones monopétales hypogynes et de famille des convolvulacées. On l'avoit attribué pendant quelque temps au *Genista canariensis* L., de la famille des légumineuses.

Suivant Murray, le bois de Rhodes est une racine ligneuse que l'on trouve ordinairement en morceaux noueux, courbés, durs, de la grosseur d'un ou deux pouces; il est blanchâtre au dehors, d'un jaune rougeâtre en dedans, d'une odeur de roses surtout lorsqu'on le râpe; d'une saveur légèrement amère; facile à enflammer lorsqu'on l'approche d'une bougie. Il ajoute que plus il est pesant et foncé en couleur, meilleur il est.

389. J'ai sous les yeux deux morceaux de bois de Rhodes : l'un d'eux a certainement appartenu à la tige du végétal et non à la racine, car on y distingue très-facilement le canal médullaire; il ressemble beaucoup au santal citrin pour sa couleur; il est plus pesant que l'eau; résineux ou plutôt huileux; doué d'une odeur de roses très-marquée. Il n'est pas blanchâtre à l'extérieur, il est même d'un jaune plus foncé qu'à l'intérieur; on y découvre quelques vestiges d'une écorce grise.

390. Le second morceau est d'un jaune rougeâtre et est plus pesant que le premier; il a donc les deux qualités qui doivent le rendre préférable suivant Murray, et effectivement, son odeur est bien plus forte que celle de l'autre. Il a un aspect gras et on dirait qu'il a été imprégné

d'huile ; il est noueux et carié à peu près comme pourrait l'être une racine. Le centre du bois, où pourrait se trouver le canal médullaire, n'en fait pas partie, et ce caractère manque. En admettant, cependant, ce qui est probable, que ce morceau ait appartenu à la racine de l'arbre, on en tirera la conséquence que la racine et le tronc nous sont envoyés et jouissent tous deux de l'odeur de la rose, mais que la racine est de beaucoup préférable au tronc, comme cela a lieu pour le *sassafras*, le *quassia* et plusieurs autres bois médicinaux.

Le bois de Rhodes fournit à la distillation une huile volatile que l'on prépare surtout en Hollande, et qui sert souvent à sophistiquer celle de roses.

Il est aussi très-estimé pour les ouvrages de tour et de marqueterie ; mais celui que l'on emploie le plus souvent pour cet usage est un autre bois à odeur de roses plus faible, qui vient des Antilles et qui est produit par l'*amyris balsamifera* L., de la famille des térébinthacées.

Des bois de Santal blanc et de Santal citrin.
Santalum album et santalum citrinum. — Off.

391. Ces deux bois sont produits, ou par un même arbre qui est le *Santalum album* L., de la tétrandrie monogynie et de la famille des onagres, ou par deux variétés de cet arbre. Presque tous les auteurs ont admis, d'après Paul Hermann, qu'ils provenaient du même tronc ; que le santal blanc était l'aubier, et le jaune le bois parfait. Morellot, d'un autre côté, suppose, d'après Rhumph, que le santal citrin est produit par les individus les plus âgés ; voici ce que je trouve de contraire à ces deux opinions :

D'abord, on trouve très-fréquemment des bûches de santal citrin garnies de leur aubier ; cet aubier est très-odorant par lui-même, et n'est pas du santal blanc dont l'odeur à l'air est pour ainsi dire nulle. Secondement, le santal blanc est santal blanc jusqu'au centre, c'est-à-dire qu'il n'y a pas de distinction sensible de bois et d'aubier, et que le centre est inodore à l'air libre, ce qui le distingue du santal citrin. Enfin une forte présomption que ces deux santaux ne sont pas l'aubier ou le bois l'un de l'autre, c'est que le santal citrin vient de la Chine et de Siam, et le santal blanc de l'île de Timor.

Quant au sentiment admis par Morellot, il est certain que l'âge des végétaux change souvent leurs propriétés; mais alors il me semble que le centre des morceaux de santal blanc dont l'âge peut être calculé par le nombre des couches ligneuses, devrait être plus aromatique que l'aubier du santal citrin, et c'est le contraire qui a lieu.

Je trouve dans l'organisation de ces deux bois, tels que je les ai vus, une raison plus plausible de leur différence.

Le santal citrin offre un aubier, un bois parfait, et souvent un canal médullaire très-apparent et percé de part en part. Ainsi il n'y a pas de doute qu'il n'ait appartenu au tronc de l'arbre. Il n'en est pas de même du santal blanc qui est d'une compacité à peu près uniforme jusqu'au centre; qui, scié dans le sens de l'axe, ne présente çà et là que quelques marques d'une légère carie sans aucune apparence de canal médullaire, et dont la forme extérieure tortueuse et l'entrecroisement des fibres à l'intérieur établissent d'une manière peu douteuse qu'il a appartenu à une racine. Si ces caractères sont constans, ce que je n'affirme pas, on en pourra conclure que le santal citrin est un tronc d'arbre, et le santal blanc une racine, nonobstant tout autre discussion sur l'identité ou la différence des arbres qui les fournissent.

Je reviens d'une manière précise sur les caractères physiques de ces deux bois.

392. Le santal citrin est en bûches droites, faciles à fendre, composées d'un aubier blanchâtre, et d'un cœur jaunâtre ou fauve. Il est assez dur et compact, mais est moins pesant que l'eau. Il a une odeur très-forte et aro-

matique qui tient de la rose, et une saveur amère. L'aubier a moins d'odeur et de saveur.

393. Le santal blanc est un peu tortueux, plus difficile à fendre, d'une texture intérieure plus uniforme, et sans distinction apparente de bois et d'aubier; néanmoins il est plus dense, un peu plus coloré, et plus odorant au centre qu'à la circonférence; car il n'est pas entièrement dépourvu d'une odeur analogue à celle du santal citrin.

Le santal blanc est très-peu employé. Le santal citrin l'est davantage. Il entre dans le sirop de rhubarbe et l'électuaire de safran composés; il fournit, à la distillation, une huile volatile plus pesante que l'eau, et congelable par un froid médiocre.

Du bois de Santal rouge.
Lignum santalum rubrum. Off.

394. Est produit par le *Pterocarpus santalinus* L. Arbre de la diadelphie décandrie, et de la famille des légumineuses, qui croît à Ceylan, dans le royaume de Golconde, à Timor et dans les îles environnantes.

Ce bois nous est apporté en morceaux équarris, qui, par le temps, sont devenus d'un brun noirâtre à l'extérieur, mais qui sont d'un rouge de sang à l'intérieur: sa texture est très-fibreuse et assez remarquable; car ses fibres sont disposées par couches dirigées alternativement en sens inverse, de sorte que, lorsqu'on le fend dans le sens de son diamètre, il se sépare en deux morceaux, qui sont comme engrenés l'un dans l'autre; et que, lorsqu'on y passe le rabot, la surface est alternativement polie et déchirée. Les parties polies offrent un grand nombre de pores allongés remplis de résine.

Le santal rouge est moins pesant que les deux bois précédens. Il est très-résineux, peu odorant et peu sapide: peu employé en pharmacie, il l'est davantage en teinture.

M. Pelletier a fait des recherches sur le santal rouge et

sa matière colorante. L'eau n'a que peu d'action sur ce bois ; l'alcohol rectifié en a une beaucoup plus grande, et néanmoins ne le décolore pas entièrement. La matière dissoute a les propriétés générales des *résinoïdes*. Elle est à peine soluble dans l'eau froide, plus soluble dans l'eau bouillante, très-soluble dans l'alcohol, l'éther, l'acide acétique et les alcalis. Elle est presque insoluble dans les huiles fixes et volatiles, excepté l'huile volatile de lavande et celle de romarin, ce qui est un caractère assez singulier (*Bulletin de Pharm.*, 1815, pag. 453).

DIVISION III. — *Des Écorces.*

De l'écorce d'Alcornoque.

Cortex alcornocæ. — Off.

395. Cette écorce a été apportée, pour la première fois, de l'Amérique méridionale en Espagne, par don Joaquin Jove, en 1804 ; elle ne l'a été en France qu'en 1812, par M. Poudenx, médecin. L'arbre qui la produit est encore inconnu ; car, si d'un côté, M. Virey suppose que c'est le *Quercus Suber* L., pris dans sa jeunesse, et avant qu'il n'ait donné de liége, de l'autre, M. Poudenx assure que c'est un arbre analogue aux guttiers, et appartenant à la dodécandrie monogynie ; malheureusement il ne donne aucune description à l'appui de son opinion.

L'écorce d'alcornoque est formée de deux parties distinctes : 1°. d'une partie extérieure ordinairement raclée et mondée au couteau, épaisse néanmoins de deux lignes, rougeâtre, d'une cassure grenue, d'une saveur astringente un peu amère ; 2°. d'une partie interne ou *liber*, jaune, mince, fibreuse, d'une saveur amère, et colorant la salive en jaune.

Cette écorce a d'abord été annoncée comme un spécifique de la phthisie pulmonaire ; on a proposé ensuite d'isoler son liber, et de l'employer comme succédané de l'ipécacuanha : elle n'a soutenu ni l'une ni l'autre épreuve ; et, comme cela n'arrive que trop souvent, elle est passée d'une annonce fastueuse à un oubli trop complet.

De l'écorce d'Angusture vraie.

Cortex angusturæ veræ. — Off.

396. L'emploi de cette écorce, en Europe, ne remonte pas au delà de l'année 1788. Elle fut d'abord apportée en Angleterre de l'île de la Trinité, où l'arbre qui la produit avait été transporté des environs d'Augustura, ville de la Terre-Ferme. Aujourd'hui il en vient beaucoup des Florides, de la Caroline et de la Virginie.

L'écorce d'angusture, de même que toutes les drogues exotiques, a été attribuée successivement à différens arbres, et entre autres au *Magnolia glauca* L., de la famille des magnoliacées, et au *Cusparia Angustura* de Humboldt, de la famille des méliacées. Aujourd'hui on l'attribue généralement à un autre arbre, observé par le même savant dans son dernier voyage, et nommé depuis, par Wildenow, *Bonplandia trifoliata*, en l'honneur du botaniste français qui a partagé les périls et les travaux du premier. Ce dernier arbre appartient à la décandrie monogynie et à la famille des magnoliacées. Les caractères extérieurs de l'écorce d'angusture sont variables, et on la trouve sous trois formes dans le commerce.

397. Il y en a des morceaux courts, plats, minces, plus ou moins larges, recouverts d'un épiderme gris-jaunâtre, mince et peu rugueux ; leur cassure est d'un brun-jaunâtre, nette, compacte et résineuse ; leur surface intérieure est d'un jaune-fauve souvent rosé, et se divise facilement par feuillets ; leur odeur et leur saveur sont un peu moins fortes que celles des variétés suivantes.

398. On en trouve d'autres morceaux qui sont longs de six à quinze pouces, qui ont une odeur forte, animalisée, très-désagréable ; qui sont roulés et recouverts d'un épi-

derme épais, fongueux, blanc, et comme limoneux. Dessous cet épiderme est l'écorce proprement dite, qui est brune, dure, compacte, et qui casse nette sous la main. Cette écorce a une saveur amère, sur laquelle domine le principe odorant et nauséeux ; cette saveur passée, il reste à l'extrémité de la langue une impression mordicante qui excite la salivation.

399. Enfin, on trouve des morceaux d'angusture qui tiennent le milieu entre les précédens, c'est-à-dire, qu'ils sont plus longs, moins plats, et plus épais que les premiers, que leur enveloppe extérieure est grise, peu épaisse et peu fongueuse, et qu'ils ont la même saveur et la même odeur que les derniers. Toutes ces écorces peuvent provenir du même arbre croissant dans des expositions différentes.

La poudre d'angusture a une couleur presque semblable à celle de la poudre de rhubarbe ; son infusion dans l'eau est très-colorée, amère, odorante et nauséeuse comme l'écorce.

Ses propriétés médicales sont d'être fébrifuge et anti-dyssentérique.

De l'écorce de fausse Angusture.

Cortex pseudo-angusturæ. — Off.

400. Il est de la plus grande importance de bien apprendre à distinguer cette écorce d'avec la précédente, car c'est un poison très-actif : douze ou dix-huit grains suffisant pour tuer des chiens assez forts, et des accidens trop répétés ayant appris qu'elle avait la même action vénéneuse sur l'homme.

Cette écorce vient d'Amérique, comme celle d'Angusture, et des mêmes contrées ; mais on ignore entièrement l'arbre qui la produit. Je ne sais par quelle bizarrerie on a voulu l'attribuer à un arbre d'Abyssinie, nommé *Brucea antidysenterica*, ou *ferruginea*. C'est par la même, sans doute, qui a fait penser que le *moringa zeilanica* produisait le bois néphrétique d'Amérique, et l'*eucalyptus resinifera* de la Nouvelle-Hollande, le kino des bords du fleuve Gambie.

L'écorce de fausse angusture est beaucoup plus épaisse que la véritable; compacte, pesante, et comme racornie par la dessiccation. Sa substance intérieure est grise, et son épiderme varie : tantôt il est peu épais, non fongueux, et d'un gris jaunâtre, marqué de points blancs proéminens; tantôt il est fongueux et d'une couleur de rouille de fer. Du reste cette écorce est presque inodore, et sa saveur, qui est infiniment plus amère que celle de la vraie angusture, persiste très-long-temps au palais sans laisser d'âcreté à l'extrémité de la langue. Sa poudre a une couleur bien différente de l'autre, car elle est d'un blanc légèrement jaunâtre.

Pour mettre encore mieux les pharmaciens à même de distinguer ces deux écorces, je rappellerai la comparaison de leurs infusés aqueux que je fis il y a quelques années. Elle pourra être utile, nonobstant des travaux plus récens faits sur ces mêmes écorces.

401. J'ai fait macérer pendant dix-huit heures un gros de poudre de chacune des deux angustures dans trois onces d'eau, et j'ai filtré. Le résidu de l'angusture vraie avait encore une odeur et une saveur très-fortes; l'autre était toujours très-amer.

	ANGUSTURE VRAIE.	FAUSSE ANGUSTURE.
Saveur.	De l'écorce.	De l'écorce.
Odeur.	De l'écorce.	Nulle.
Couleur.	Orangée.	Orangée; moitié moins foncée.
Teinture de tournesol.	Couleur détruite.	Paraît très-faiblement rougie ou rien.
Nitrate de baryte.	Rien.	Rien.
Oxalate d'ammoniaque.	Grand trouble.	Grand trouble.
Nitrate d'argent.	Précipité très-abondant qu'un grand excès d'acide nitrique ne redissout pas.	Trouble qu'un excès d'acide nitrique ne fait pas disparaître.

	ANGUSTURE VRAIE.	FAUSSE ANGUSTURE.
Émétique.	Précipité très-abondant blanc jaunâtre.	Précipité blanc.
Deutochlorure de mercure.	Précipité très-abondant.	Trouble.
Sulfate de fer.	Précipité gris blanchâtre très-abondant.	Couleur vert-bouteille; trouble léger.
Ferrocyanate de potasse.	Rien : l'acide hydrochlorique y forme ensuite un précipité jaune très-abondant.	Trouble léger qui n'augmente pas par l'acide hydrochlorique; la liqueur prend un aspect verdâtre.
Noix de galle.	Précipité jaunâtre très-abondant.	Précipité blanc extrêmement abondant.
Gélatine.	Rien.	Rien.
Potasse caustique.	En petite ou en grande quantité, la liqueur se fonce en orangé avec une teinte verdâtre et précipite. L'acide nitrique rétablit la couleur primitive, et......	Une petite quantité donne une couleur vert-bouteille; une grande quantité, une couleur orangée foncée avec une teinte verdâtre; la liqueur reste transparente. L'acide nitrique ajouté peu à peu rétablit la couleur vert-bouteille, puis celle de l'infusion.
Eau de chaux.	En petite ou en grande quantité, couleur plus foncée légèrement verdâtre et grand trouble; l'acide nitrique rétablit la couleur primitive, et........	En petite quantité, couleur vert-bouteille transparente; en plus grande quantité, couleur jaune légèrement verdâtre et léger trouble. L'acide nitrique rétablit, d'abord la couleur vert-bouteille puis la couleur de l'infusion, mais affaiblie.
Acide nitrique.	Une petite quantité trouble fortement la liqueur; couleur affaiblie; en grande quantité, liqueur rouge transparente.	En petite quantité, couleur affaiblie, liqueur transparente; en grande quantité, liqueur rouge transparente.
Acide sulfurique.	En petite quantité, trouble fortement; un excès redissout le précipité sans rougir la liqueur.	Rien.
Acide muriatique.	Trouble qui se redissout aussitôt; couleur affaiblie.	Couleur affaiblie, aucun trouble.

Voici les conséquences que l'on peut tirer de ces essais :

Aucune des deux infusions ne contient de sulfate.

Toutes deux contiennent probablement une petite quantité d'un muriate.

Toutes deux contiennent un sel calcaire.

Ni l'une ni l'autre, ne contient de tannin. Elles contiennent plutôt un principe azoté, précipitable par la noix de galle.

La teinture de tournesol, le sulfate de fer, le ferrocyanate de potasse aidé de l'acide hydrochlorique, et les alcalis, offrent les meilleurs moyens pour les distinguer.

Je ne puis quitter cette sorte d'examen chimique, sans prémunir mes lecteurs contre une idée fausse qu'ils pourraient prendre de la matière orangée qui recouvre souvent l'écorce de la fausse angusture, en lisant un passage d'un ouvrage justement célèbre sur les poisons. Il y est dit *qu'on obtient à l'instant de très-beau bleu de Prusse, si l'on traite par l'acide muriatique la poussière jaune qui recouvre l'écorce de la fausse angusture; ce qui prouve évidemment la nature ferrugineuse de cette matière*. Quand cette matière serait de nature ferrugineuse, à moins qu'elle ne fût de ferrocyanate de potasse, qui, comme on le sait, forme du bleu de Prusse avec l'acide hydrochlorique, on ne voit pas comment elle pourrait donner un pareil produit: mais cette matière jaune n'est pas de nature ferrugineuse; car elle brûle, se charbonne au feu, et laisse une petite quantité de cendres blanches qui ne contiennent pas plus de fer que la plupart des autres cendres végétales. Enfin, j'ai traité cette matière jaune par l'acide hydrochlorique; l'acide s'est teint en jaune, la partie ligneuse s'est décolorée, et voilà tout.

402. Dans ce même temps je fis aussi un essai comparatif de l'action des deux angustures. A dix heures du matin un gros de la première ayant été donné à un chien médiocre, au bout d'une heure il avait eu une selle ordinaire et deux vomissemens de matière glaireuse légèrement teinte en jaune, mais transparente, de sorte que la substance ingérée n'avait pas été rejetée. Alors il éprouvait un léger tremblement dans les pates, qui a cessé bientôt après. L'animal faisait des mouvemens de déglutition qui ont été en augmentant jusqu'à trois heures de l'après-midi, époque

à laquelle il a vomi la totalité de l'augusture. Il s'est endormi et ensuite a dîné avec appétit.

J'ai fait avaler à un autre chien neuf grains de poudre de fausse angusture mêlée à du miel. Presqu'aussitôt il a paru abattu et a cherché l'obscurité. Il ne paraissait pas éprouver d'autre effet lorsque, huit minutes après, l'ayant pris dans les mains, il a raidi tous les membres et a haleté d'une manière pénible, jusqu'à ce qu'on l'eût reposé à terre. Peu après l'état convulsif s'est déclaré sans avoir besoin d'être déterminé par l'attouchement; il durait avec la plus grande violence pendant deux ou trois minutes, après lesquelles succédait un relâchement d'une demie à une minute. Le chien est mort trois quarts d'heures après l'injection du poison.

J'ai voulu essayer si quelque substance ne pourrait pas détruire les effets d'un poison aussi énergique. J'avais remarqué l'abondance et la densité du précipité formé par la teinture de noix de galle dans le macéré de fausse angusture, et l'entière décoloration de la liqueur. J'en avais conclu que la noix de galle, paraissant rendre insoluble la matière vénéneuse du macéré, et pouvant être prise elle-même à une dose assez considérable sans agir comme poison, pourrait servir de contre-poison à la fausse angusture. Voici l'expérience que j'ai tentée. A dix heures un quart du matin j'ai fait prendre au chien qui avait subi l'expérience de la véritable angusture, vingt-quatre grains de poudre de la fausse mêlée à du miel. Trois minutes après on lui a fait avaler, autant que possible, l'infusé aqueux d'une once de noix de galle pulvérisée dans douze onces d'eau et on l'a abandonné à lui-même. Aussitôt sa bouche a laissé couler une matière filante très-épaisse; il est devenu très-abattu et s'est couché; mais il se levait de temps en temps et cherchait l'air: il paraissait ivre. A une heure un quart il est sorti et a rendu une assez grande quantité d'une urine d'un jaune extrêmement foncé. Ses membres postérieurs sont devenus très-faibles, ses pupiles très-dilatées, sa respiration haletante, ensuite pénible et bruyante; le ventre très-déprimé : la faiblesse a toujours augmenté. L'animal est mort à deux heures sans convulsions et en rendant par la bouche une grande quantité d'un liquide sanguinolent. Il y avait trois heures trois-quarts qu'il avait pris le poison.

Bien que cet animal soit mort, le long temps qu'il a vécu après l'ingestion de la substance vénéneuse, et l'absence des convulsions, prouvent que la noix de galle agissait dans l'estomach sur le principe délétère, à mesure qu'il se dissolvait, et le dénaturait en le rendant insoluble. Mais le composé insoluble formé n'a-t-il pas, en exerçant une action délétère différente, contribué à la mort de l'individu? Cela est possible; aussi ne m'appuyerai-je pas de cette seule expérience pour annoncer la noix de galle comme le contre-poison de la fausse angusture. On peut présumer, cependant, qu'elle serait utile pour en détruire les effets, surtout en en combinant l'emploi avec les autres moyens curatifs indiqués dans l'excellent ouvrage de M. Orfila.

MM. Pelletier et Caventou ont analysé l'écorce de fausse angusture et en ont retiré une matière alcaline vénéneuse analogue à la strychnine et à la morphine, mais en différant, cependant : ils l'ont nommée *brucine*, mais à tort. Ils ont retiré en outre, de l'écorce, une matière grasse non vénéneuse, beaucoup de gomme, une matière jaune soluble dans l'eau et dans l'alcohol, des traces de sucre, et du ligneux (*Ann. Chim.* et *Phys.* XII. 113).

M. Pelletier a également analysé la matière orangée ou le lichen qui recouvre souvent l'écorce de fausse angusture. Il en a obtenu une matière grasse, d'une saveur douce; une matière colorante jaune, insoluble dans l'eau, remarquable par la belle couleur verte qu'elle prend avec l'acide nitrique; une autre matière jaune soluble; un peu de gomme, pas d'amidon, de la fibre ligneuse (*Journal de Pharm.* V. 546).

De l'écorce de Cannelle vraie.
Cortex cinnamomi. — Off.

403. Cette écorce est produite par le *Laurus Cinnamomum* L.; petit arbre de l'ennéandrie monogynie et de la famille des lauriers, qui croît dans différentes parties des Indes orientales, à Sumatra, à Java, mais surtout dans l'île de Ceylan qui fait le principal commerce de la cannelle. Delà il a été propagé, par le moyen des fruits, à l'Ile-de-France, et à Cayenne où maintenant il prospère. On le trouve également à la Guadeloupe et à l'île Saint-Vincent.

On cultive à Ceylan plusieurs variétés de cannellier qui ne donnent pas toutes une écorce également estimée. Si l'on joint à cette cause les variations de qualité dues à l'âge de l'arbre et à son exposition plus ou moins propice, on ne sera plus étonné d'entendre dire qu'une grande partie de la cannelle dite de Chine, provient de Ceylan, sans qu'on puisse assigner au juste quelle est la cause, parmi celles énoncées ci-dessus, qui a influé sur sa qualité.

Lorsque le cannellier est bien exposé, il peut donner son écorce au bout de cinq ans; mais dans une position contraire, il n'en donne de bonne qu'au bout de huit, douze et même seize ans. On l'exploite jusqu'à trente ans et on en fait deux récoltes par an, dont la première et la plus forte dure depuis le mois d'avril jusqu'au mois d'août, et dont la seconde commence en novembre et finit en janvier.

Pour y procéder on coupe toutes les branches de plus de trois ans qui paraissent avoir les qualités requises; on détache, avec un couteau, l'épiderme que l'on rejette. Ensuite on fend longitudinalement l'écorce, et on l'enlève. Cette écorce ressemble alors à des tubes fendus dans leur longueur. On insère les plus petits dans les plus grands et on les fait sécher au soleil. Par la dessication l'écorce se roule sur elle-même et prend la forme qu'on lui voit dans le commerce. On sépare les qualités et on en forme des surons que l'on envoie en Europe. Les menus de l'écorce qu'on n'a pas pu y faire entrer sont distillés et fournissent une assez grande quantité d'huile essentielle qui est versée dans le commerce.

On trouve dans le commerce au moins cinq sortes de cannelle qui sont : celles de *Ceylan* et de *Chine*, la cannelle *matte*, et deux autres sortes qui viennent de Cayenne.

404. La cannelle de Ceylan fine, qui est la plus estimée, est en faisceaux très-longs, composés d'écorces aussi minces que du papier, renfermées en grand nombre les unes dans les autres, ayant une couleur citrine blonde, une saveur agréable, aromatique, chaude, un peu piquante et un peu sucrée. Elle est douée d'une odeur très-suave, et ne donne guère à la distillation qu'un gros d'huile volatile par livre ; mais cette huile est d'une odeur très-agréable quoique forte.

405. La cannelle dite de Chine, probablement parce qu'il en vient aussi de ce pays et des autres contrées orientales de l'Asie, est en faisceaux plus courts, et se compose d'écorces plus épaisses, plus rouges et d'une odeur plus forte qui a quelque chose de désagréable. Sa saveur est également plus chaude, plus piquante et offre un goût de punaise : enfin elle est moins estimée ; néanmoins on l'emploie de préférence à la première pour en extraire l'huile volatile, parce qu'elle en produit davantage, et quoique cette huile soit plus colorée et moins suave.

J'ai conservé cette description de la cannelle de Chine parce qu'on en trouve encore qui possède les propriétés qui y sont indiquées ; mais souvent, à présent, le commerce ne nous offre sous le nom de cannelle de Chine qu'un ramas d'écorces brisées, entourées de quelques écorces plus entières, d'une odeur et d'une saveur presque nulles. Cette cannelle diffère peu du *cassia lignea;* elle doit être entièrement rejetée.

406. La cannelle matte est l'écorce qui provient du tronc du cannellier de Ceylan. Elle est privée de son épiderme,

large d'un pouce, plus ou moins, épaisse de deux lignes, presque plate ou peu roulée; son extérieur est légèrement rugueux et d'un jaune foncé; son intérieur est d'un jaune plus pâle et comme recouvert d'une légère couche vernissée et brillante. Sa cassure est fibreuse comme celle du quinquina jaune, et brillante. Elle a une odeur et une saveur de cannelle agréables, mais très-faibles. Cette cannelle doit aussi être rejetée.

407. La première sorte de cannelle de Cayenne, que j'ai vue il y a quelques années, est en écorces aussi minces et aussi longues que la belle cannelle de Ceylan, dont elle a également l'odeur et le goût; seulement elle est plus pâle en couleur, beaucoup plus large et plus volumineuse.

Suivant ce que m'a dit M. Marchand qui en possède encore un bel échantillon, cette cannelle provenait du vrai cannellier de Ceylan transplanté à Cayenne, mais elle aurait été récoltée à un âge trop avancé par l'ignorance des colons. Aujourd'hui qu'on la récolte plus jeune elle diffère à peine de la cannelle de Ceylan.

408. La seconde sorte de cannelle de Cayenne est à la première ce que la cannelle de Chine est à la cannelle de Ceylan; et effectivement, suivant M. Marchand, cette cannelle provient d'une première transplantation d'un cannellier bâtard qui eut lieu de l'île de Sumatra à Cayenne. Elle est épaisse à peu près comme la cannelle de Chine, en bâtons isolés, d'une odeur assez forte et agréable, d'une saveur aromatique et piquante. Voici maintenant ce qui la distingue : elle n'est qu'imparfaitement privée de son épiderme qui est gris ou blanchâtre, et elle se réduit en pâte dans la bouche, tant elle est mucilagineuse.

La cannelle et son huile ne sont pas les seuls produits que l'on tire du cannellier. On apporte encore en Europe ses fruits non développés et desséchés dont je parlerai dans la division des fruits; dans l'île de Ceylan même on obtient une espèce de camphre par la distillation de l'écorce de sa racine, et son fruit, qui est un drupe ovoïde de la grosseur d'une olive, fournit par expression une huile concrète dont on fait des bougies odorantes.

409. M. Vauquelin ayant fait un examen comparé des cannelles de Ceylan et de Cayenne (2ᵉ. sorte ?) en a retiré également de l'huile volatile, du tannin, du mucilage, une matière colorante et un acide (*Journal de Pharmacie*. III. 433). Elles doivent contenir de plus de l'amidon; au moins est-il certain que la cannelle de Chine en contient une grande quantité.

De l'écorce dite *Cassia lignea* ou *Cannelle de Malabar*.

Cassia lignea. — Off.

410. Cette écorce est produite par le *Laurus Cassia* L., espèce très-voisine du *laurus cinnamomum*, qui croît également à Ceylan et sur la côte de Malabar, où elle paraît cependant avoir été détruite presque entièrement par les Hollandais; lorsque, ayant conquis l'île de Ceylan sur les Portugais, ils voulurent ôter aux autres nations jusqu'à l'ombre du commerce de la canelle.

Cette écorce a la forme et la couleur de la cannelle; mais elle est presque dépourvue d'odeur, et sa saveur, qui est mucilagineuse, est en outre à peu près nulle. Elle est aussi en tubes très-droits et parfaitement cylindriques, tandis que la cannelle est ordinairement flexueuse.

Le cassia lignea n'est plus guère employé que lorsqu'on fait le thériaque et le diascordium.

C'est le même arbre qui la produit, qui donne également les feuilles dites *indiennes* ou *Malabathrum*.

De l'écorce de Culilawan.

Cortex culilawan. — Off.

411. *Cannelle giroflée* de quelques-uns; *Cortex caryophylloides* de Rhumph.

Cette écorce est produite par un arbre des îles Moluques, et surtout de l'île d'Amboine. Sur la foi de Rhumph,

Linné l'a réuni aux lauriers, bien qu'il ait les feuilles opposées, et l'a nommé *Laurus Culilawan*. Il appartient donc, comme les autres, à l'ennéandrie monogynie et à la famille des laurinées. L'écorce est en morceaux plus ou moins longs, presque plats ou peu convexes, épais de une à trois lignes, fibreux, raclés à l'extérieur ou recouverts d'un épiderme blanchâtre ; d'un jaune rougeâtre à l'intérieur et ressemblant assez à de mauvais quinquina jaune. Elle a une odeur de muscades et de girofles mêlés, qui, lorsqu'on la pulvérise, acquiert quelque chose de l'huile de térébenthine. Elle a une saveur aromatique, chaude, un peu piquante, et mêlée d'un léger goût astringent et mucilagineux. Elle donne une huile volatile à la distillation : elle est peu employée.

* *De l'écorce de Cannelle Giroflée.*

Cortex caryophyllata. — Off.

(*Cassia Caryophyllata*, Mur.)

412, Cette écorce, à laquelle on a plus généralement accordé le nom de cannelle giroflée, a aussi porté ceux de *bois de crabe*, *capelet*, *bois de girofle*. Elle a été attribuée pendant long-temps à un arbre de Madagascar, qui a du rapport avec les lauriers, et que Sonnerat a nommé *Agatophyllum aromaticum*. C'est le même qui produit le fruit connu sous le nom de *noix de girofle* ou de *ravensara*. Depuis, d'autres savans, entre autres Murray, lui ont donné pour origine le *Myrtus caryophyllata* L., arbre croissant à Ceylan, à la Jamaïque, à Cuba, à la Guadeloupe, et dans les autres îles de l'Amérique.

La cannelle giroflée est en bâtons longs de deux pieds et demi environ, d'un pouce de diamètre et imitant une canne. Ces bâtons sont formés d'un grand nombre d'écorces minces, compactes, très-dures et très-serrées, roulées les unes autour des autres, et maintenues à l'aide d'une petite corde faite d'une écorce fibreuse. La cannelle giroflée est unie et d'une couleur brune foncée, lorsqu'elle est privée de son épiderme qui est gris-blanchâtre ; mais quelquefois elle en est pourvue. Elle offre une forte odeur de girofle et une saveur chaude et aromatique ; elle est très-dure sous la dent.

Elle jouit des propriétés du girofle, et peut le remplacer dans les assaisonnemens, quoiqu'elle soit plus faible.

De l'écorce de Cannelle blanche.
Cortex cannellæ albæ seu cannella alba. — Off.

(Dite faussement *Costus doux*, *Costus corticosus.*)

413. Cette écorce vient des Antilles, et surtout de la Jamaïque. Elle est fournie par un arbre nommé par Murray *Cannella alba*, appartenant à la dodécandrie monogynie et à la famille des magnoliers. On le dépeint ainsi : *Arbre baccifère, aromatique, à feuilles de laurier, à fruit vert caliculé et en grappes.*

L'écorce est en morceaux plus ou moins roulés, d'une longueur qui n'excède guère cinq pouces, ordinairement de trois quarts de pouces de diamètre et d'une à deux lignes d'épaisseur. Quelquefois, cependant, on en trouve des morceaux provenant du tronc qui sont plus larges, plus épais, et recouverts d'un épiderme fongueux, rougeâtre, crevassé, souvent d'un blanc de craie à l'extérieur.

L'écorce ordinaire est raclée, d'un jaune-orange pâle et comme cendré à l'extérieur ; sa cassure est grenue, blanchâtre, comme marbrée ; sa surface intérieure paraît revêtue d'une pellicule beaucoup plus blanche que tout le reste ; elle a une saveur amère, aromatique et piquante ; une odeur très-agréable, approchant de celle du girofle ; sa poudre est blanche ; elle donne une huile volatile à la distillation.

La cannelle blanche est souvent substituée dans le commerce à l'écorce de Winter. Aussi quelques auteurs lui ont-ils donné le nom de *fausse écorce de Winter*. Elles sont faciles à distinguer, comme on le verra à l'article de cette dernière. On peut consulter aussi le *Journal de Pharmacie* (V. 482 et suiv.), où l'on trouve une analyse comparée de ces deux écorces, faite par M. Henry.

De l'écorce de Cascarille.
Cortex cascarillæ seu Cascarilla.

414. *Chacrille, quinquina aromatique, écorce éleutérienne.* Cette écorce est fournie par le *Croton Cascarilla* L., petit arbrisseau de la monoécie monadelphie et de la famille des euphorbes, qui croît au Paraguay, au Pérou et aux îles de Bahama. L'écorce est roulée, compacte, pesante, ayant une cassure résineuse et rayonnée. Elle est d'un brun obscur, souvent comme racornie par la dessiccation, nue ou recouverte d'un épiderme blanc, rugueux et fendillé comme celui du quinquina, et quelquefois parsemé d'un petit lichen. Elle a une saveur amère, aromatique, et une odeur agréable surtout lorsqu'on la chauffe. Elle contient beaucoup de résine, et donne à la distillation une huile volatile, verte, aromatique et suave. Elle est très-fébrifuge, mais elle échauffe beaucoup, et, à cause de cela, ne convient pas à tous les tempéramens. Elle arrête le vomissement et la dyssenterie; on la mêle au tabac pour l'aromatiser; mais elle enivre à trop forte dose. Elle donne un beau noir à la teinture.

De l'écorce de Chêne.
Cortex roboris. — Off.

415. *Quercus Robur* L. Monoécie polyandrie; dicotylédones diclynes irrégulières, famille des amentacées.

Car. gén. : Fleurs monoïques; *fleurs mâles* : Calice à 4 divisions; 5 ou 10 étamines; *fleurs femelles* : Calice composé d'écailles imbriquées et soudées. Le calice persiste, croît, et prend la forme d'une coupe qui entoure la base d'un fruit oblong recouvert d'une peau cartilagineuse.

— *Car. spéc.* : Feuilles tombantes, oblongues, élargies en haut ; sinuosités piquantes, angles obtus.

L'espèce de Linné, telle que je viens d'en exposer les caractères, comprend deux variétés, dont l'une a les fruits sessiles, et l'autre pédunculés. On en fait maintenant deux espèces, que l'on nomme *Quercus sessiliflora* et *Quercus racemosa*. Lam. et Décand. C'est à la première surtout qu'appartient le nom de *chêne rouvre*.

L'écorce de chêne varie selon l'âge de l'arbre ; lorsqu'il est vieux, elle est épaisse, raboteuse, noire et crevassée au dehors ; rougeâtre en dedans. Lorsqu'il est jeune, elle est moins rude ou presque lisse, couverte d'un épiderme gris-bleuâtre diversement dessiné ; d'un rouge pâle et blanchâtre à l'intérieur. Alors aussi, elle est bien plus riche en principe astringent, et jouit d'une odeur fade particulière, qui est celle que l'on sent dans les tanneries.

Cette écorce séchée et réduite en poudre prend le nom de *tan*, et sert à tanner les peaux. On l'emploie aussi en médecine comme un puissant astringent.

De l'écorce de Chêne jaune ou Quercitron.

Cortex querci tinctoriæ.

416. *Quercus tinctoria* L. Petite espèce de chêne qui croît dans les forêts de la Pensilvanie. On se sert de son écorce pour tanner les peaux ; mais on en exporte aussi une grande quantité en Europe, à cause de sa richesse en un principe colorant jaune que l'on peut substituer à celui de la gaude.

De l'écorce de Chêne-Liége ou Liége.

Cortex suberis vel suber. — Off.

417. *Quercus Suber* L. Mêmes classes, ordres et genre que les précédens. — *Car. spéc.* : Feuilles ovales-oblongues, indivises, dentées en scie, cotonneuses en dessous ; écorce crevassée fongueuse.

Le chêne-liége est toujours vert ; il croît en Espagne, en Italie et dans nos départemens méridionaux. Il commence à fournir son écorce, qui est très-épaisse et fonguense, à l'âge de quinze ou seize ans, et il peut en donner de nouvelle tous les six à huit ans, jusqu'à cent cinquante ans, sans périr. Lorsqu'on a obtenu cette écorce en grandes plaques carrées, on la chauffe et on la charge de poids pour la redresser ; alors on la fait sécher très-lentement, afin de lui conserver sa flexibilité.

On choisit le liége épais, flexible, élastique, d'une porosité fine, d'une couleur rougeâtre, non ligneux dans son intérieur.

En Espagne on brûle les rognures de liége dans des vases clos, et on en retire un charbon très-noir et très-léger, qui est estimé en peinture. Ce charbon est aussi recommandé contre les hémorroïdes, étant mêlé à de l'huile d'olives.

Le liége a été regardé, pendant quelques années, comme un principe immédiat des végétaux ; mais il est évident qu'une écorce n'est pas un principe immédiat. Elle peut bien en contenir, et même plus d'un, comme cela est effectivement ; tout ce qu'on peut dire, c'est que la majeure partie du liége est un corps particulier, que l'on peut nommer *subérine*, analogue au ligneux et à la fungine des champignons, mais en différant en ce que, traité par l'acide nitrique, il donne naissance à un acide particulier qui a été nommé *acide subérique*.

On doit, à M. Chevreul, une analyse du liége. Cette substance a d'abord perdu 0,04 d'*eau* par la dessiccation ; traitée ensuite par l'eau dans le digesteur distillatoire, elle a fourni, à la distillation, une petite quantité d'une *huile volatile odorante* et de l'*acide acétique ;* la liqueur restant dans le digesteur, lui a donné un *principe colorant jaune*, un *principe astringent*, une *matière animalisée*, de l'*acide gallique*, un *autre acide*, du *gallate de fer*, de la *chaux*, en tout 0,1425 ; la partie insoluble dans l'eau traitée par l'alcohol, lui a cédé les mêmes principes que ci-dessus, plus une matière analogue à la cire, mais cristallisable, qu'il a nommée *cérine*, une *résine molle* qu'il croit être une combinaison de cérine, avec une autre substance qui l'empêche de cristalliser, *deux autres matières* paraissant encore contenir de la cérine unie à des principes non déterminés, en tout 0,1575. Le liége, épuisé par l'eau et l'alcohol, différait peu du liége naturel; il pesait 0,70 (*Ann. Chim.* XCVI, 155). C'est à cette partie, supposée entièrement privée de ses principes solubles, que l'on peut appliquer le nom de *subérine*.

De l'écorce dite *Costus amer.*

418. En parlant de la racine de *costus* (265), j'ai dit que les anciens en distinguaient trois espèces, l'*arabique*, l'*indien* et le *syriaque*. Les nouveaux Grecs en ont distingué deux autres, le *doux* et l'*amer*, soit que ces espèces fussent les mêmes que deux des trois précédentes, soit qu'elles fussent différentes.

Dans nos temps modernes, il ne nous reste, de ces costus, que l'*arabique*; et tous les autres sont perdus, ou sont employés sous d'autres dénominations. Mais les demandes qu'on en a toujours faites de temps à autre, ont été cause que les commerçans se sont efforcés de les retrouver dans leurs magasins, et de là sont venus, sans doute, les nouveaux noms de *costus doux*, *costus corticosus*, *costus âcre*, *costus amer*, tous donnés à des écorces venues d'Amérique, inconnues par conséquent aux anciens, et ne devant aucunement porter le nom de costus.

J'ai déjà traité de la cannelle blanche, à laquelle s'appliquent les deux premiers noms de *costus doux* et de *costus corticosus*; je parlerai plus tard de l'écorce de winter, nommée par quelques-uns *costus âcre*; je traiterai ici d'une écorce que j'ai trouvée chez M. Marchand, sous le nom de *costus amer*, et faute de lui en connaître un plus convenable.

419. Cette écorce est en morceaux de différentes longueurs et grosseurs, dont les plus gros ont dû faire partie d'un tronc de deux pouces à deux pouces et demi de diamètre, et dont les plus petits, qui sont tout-à-fait roulés, ont appartenu à des rameaux d'un pouce environ.

Ces plus gros morceaux sont épais de trois lignes, assez légers, recouverts d'un épiderme gris crevassé; ils ont une cassure médiocrement fibreuse, jaunâtre, et une surface intérieure d'une apparence fibreuse: quelquefois ils ont été raclés à l'extérieur, et alors leur surface est unie et d'un blanc rosé. Ils sont inodores, et leur saveur se rapproche de celle de la fausse angusture, mais est beaucoup plus faible.

Les morceaux roulés sont recouverts d'un épiderme gris moins rugueux, souvent marqué de taches blanches à peu près comme la fausse angusture, quelquefois blanc et fongueux comme dans la véritable. La cassure est moins fibreuse que dans les gros morceaux; la surface intérieure est revêtue d'une pellicule unie d'une couleur plus foncée que l'écorce elle-même, qui est d'un jaune très-pâle à l'intérieur; la saveur est semblable à celle des morceaux précédens.

Ne consultant d'abord qu'un certain air de ressemblance, que je croyais remarquer entre cette écorce et les angustures, je la prenais pour une sorte de l'une ou de l'autre; mais l'essai par les réactifs m'a persuadé que c'était une écorce toute différente.

Deux gros de poudre ayant été mis à macérer, du jour au lendemain, dans trois onces d'eau, la liqueur filtrée m'a donné les résultats suivans:

Tournesol; faiblement rougi.

Nitrate de baryte; précipité de sulfate.

Oxalate d'ammoniaque; trouble.

Nitrate d'argent; précipité abondant de muriate.

Émétique; rien.

Deutochlorure de mercure; rien.

Deutosulfate de fer; liqueur rougie, puis précipité grisâtre.

Ferrocyanate de potasse; rien : *acide muriatique*; trouble.

Noix de galle; léger trouble.

Potasse; couleur safranée, liqueur transparente.

Chaux; couleur safranée.

Acide nitrique; en petite quantité, trouble : en excès, liqueur transparente, couleur rehaussée.

Acide sulfurique; précipité qu'un excès augmente au lieu de redissoudre.

Acide hydrochlorique; même effet.

Il n'est pas à ma connaissance que cette écorce soit employée.

De l'écorce de Garou ou de Sain-Bois.
Cortex gnidii. — Off.

420. *Daphne Gnidium* L; et aussi l'écorce de *mézéréon*, ou de bois-gentil, *Daphne Mezereum* L. Arbrisseaux de l'octandrie monogynie de Linné, de la classe des dicotylédones apétales à étamines périgynes, et de la famille des thymélées.

Car. gén. : Calice coloré en tube, limbe quadrifide, 8 étamines renfermées dans le tube, 1 style, 1 stigmate, beia monosperme.—*Car. spéc.* du *Daphne Gnidium* : Panicule terminale, feuilles linéaires-lancéolées pointues. — Du *Daphne Mezereum* : Fleurs sessiles attachées à la tige 3 à 3, feuilles lancéolées tombantes.

L'écorce de ces deux arbrisseaux, ainsi que celle de la lauréole, *Daphne Laureola* L., sont également épispastiques. Mais c'est surtout celle du garou, ou *daphne gnidium*, qui nous est apportée du Languedoc, où cet arbrisseau est très-commun. Il croît également en Espagne et en Italie. Cette écorce est très-mince, et néanmoins difficile à rompre. Elle est couverte d'un épiderme demi-transparent, d'un gris foncé, crispé ou ridé transversalement par le fait de la dessiccation, et uniformément marqué de distance en distance de petites taches blanches tuberculeuses. Dessous cet épiderme se trouvent des fibres longitudinales très-tenaces que l'on pourrait filer comme le chanvre, si elles n'étaient pas couvertes, du côté de l'épiderme, d'une soie très-fine, blanche et lustrée, qui, en s'introduisant dans la peau, y cause des démangeaisons insupportables. L'intérieur de l'écorce est d'un jaune de paille, uni, mais déchiré longitudinalement. Toute l'écorce a une odeur faible, et cependant nauséeuse; une saveur âcre et corrosive. Elle est épispastique, étant appliquée sur la peau, en écorce, en poudre ou en pommade. Elle nous arrive en morceaux longs de trois ou quatre pieds, larges de un à deux pouces, pliés par le milieu et réunis en bottes. On doit la choisir large et bien séchée.

On nous envoyait auparavant, au lieu de l'écorce de garou, les rameaux mêmes de l'arbrisseau desséchés; et on était dans l'usage d'en séparer l'écorce à Paris, à mesure du besoin, en la ramollissant préalablement dans l'eau, ou, ce qui est encore pis, dans du vinaigre. Il est évident, que l'écorce qui a été enlevée de dessus le bois récent, sans macération préliminaire, et qui a été séchée promptement, doit être plus efficace. Il faut donc préférer, au bois de garou, l'écorce toute préparée que nous offre le commerce.

De l'écorce de Marronier d'Inde.
Cortex hippocastani. — Off.

421. *Æsculus Hippo-Castanum* L.; heptandrie monogynie; dicotylédones polypétales hypogynes, famille des érables.

Car. gén.: Calice renflé à 4 dents; corolle à 5 pétales unguiculés inégalement colorés; 7 étamines, 1 style,

1 capsule aiguillonée, coriace, trivalve et triloculaire; graines lisses. — *Car. spéc.* : Fleurs heptandres.

Cet arbre est originaire des Indes orientales; le premier pied que l'on ait vu en France fut planté au jardin de Soubise, à Paris, en 1515. Le second l'a été au Jardin du Roi en 1655; maintenant il est extrêmement répandu, et fait l'ornement des jardins et des parcs par la beauté de son feuillage et l'élégance de ses fleurs. Ses semences ressemblent aux grosses châtaignes dites *marrons*; leur parenchyme est amylacé et amer; depuis quelque temps on a commencé à l'utiliser en en fabricant des pois à cautères.

L'écorce du marronier d'Inde a été prônée à différentes époques comme succédanée du quinquina; mais elle n'a pas soutenu, d'une manière tout-à-fait satisfaisante, les épreuves auxquelles on l'a soumise. Celle des branches de deux à trois ans, que l'on doit préférer, est brune et rugueuse à l'extérieur, de couleur de chair dans sa cassure, qui est plutôt grenue que fibreuse; elle est inodore, et jouit d'une saveur amère, astringente, très-désagréable.

L'infusion aqueuse d'écorce de marronier rougit le tournesol; précipite la gélatine, verdit et forme un précipité vert par le sulfate de fer; ne précipite pas l'émétique; précipite par les acides, par la baryte et la chaux, ne précipite pas par la potasse qui lui donne une couleur bleue intense (Henry. *Annal. de Chimie*, LXVII, 210). La même infusion forme, avec le nitrate d'argent, un précipité gris, passant de suite au noir, ce qui la distingue de l'infusion de quinquina qui produit avec le même réactif un précipité blanc permanent (Planche. *Bulletin de Pharm.*, I. 35)

Des écorces de Quinquinas.

422. Le quinquina vient du Pérou et paraît avoir été apporté pour la première fois, en Europe, en 1640. On

n'est pas d'accord si les Péruviens en connaissaient, ou non, l'usage avant cette époque ; mais quoiqu'il en puisse être, il est certain qu'en 1638, la femme du comte *del Cinchon* ou *Chinchon*, vice-roi du Pérou, étant attaquée d'une fièvre opiniâtre, un corrégidor de Loxa lui indiqua le quinquina, dont elle fit usage et qui la guérit. Par la suite, cette comtesse distribua elle-même le quinquina réduit en poudre, ce qui lui fit donner le nom de *poudre de la comtesse*, et elle en rapporta avec elle à son retour en Europe qui eut lieu en 1640. Mais ce ne fut guère qu'en 1649, que les jésuites de Rome, en ayant reçu une grande quantité d'Amérique, le mirent en vogue, et firent changer son nom en celui de *poudre des jésuites* ; car ils le distribuaient toujours en poudre, afin d'en tenir l'origine cachée : enfin, en 1679, Louis XIV en acheta le secret d'un Anglais nommé Talbot, et c'est depuis ce temps seulement qu'on a reçu en France du quinquina en écorces.

423. La première espèce de quinquina connue, paraît être le quinquina de Loxa. Elle a été décrite avec soin par La Condamine, académicien français qui fut envoyé, en 1730—1740, au Pérou, pour y mesurer quelques degrés du méridien terrestre, et qui se rendit également célèbre par deux genres d'occupation aussi différens : ses recherches sur le quinquina se trouvent dans les mémoires de l'académie des sciences pour l'année 1738.

Cette espèce de quinquina appartient, comme celles qui ont été découvertes depuis, au genre *Cinchona* de Linné, de sa pentandrie monogynie, et de la famille des rubiacées de Jussieu. Il est visible que ce mot *cinchona* est formé du nom du vice-roi dont j'ai parlé : quant au nom français *quinquina*, Murray met en doute s'il n'est pas dérivé de *cinchona* par corruption ; mais, suivant La Condamine, il existe au Pérou un autre arbre dont l'écorce y était employée comme fébrifuge, avant la découverte du quinquina, et s'y nommait *quina quina* ; et c'est par confusion que, dans les premiers temps les naturels du pays ont étendu à la nouvelle écorce ce nom, que nous avons traduit par *quinquina*.

424. L'arbre qui produit cette autre écorce fébrifuge, ancien quinquina des Péruviens, diffère peu de celui qui donne le baume du Pérou. Celui-ci est le *Myroxylon peruiferum* de Linné fils; le premier, qui a été désigné sous le nom de *Myrospermum peruanum*, appartient très probablement au même genre. Pour ce qui est du quinquina de Loxa, il porte au Pérou le nom de *corteza* ou de *cascara de Loxa*, ce qui signifie seulement *écorce de Loxa*. Il y porte également le nom de *cascarilla* (petite écorce), et ceux qui le récoltent se nomment *cascarilleros*.

425. Mais une seule espèce de quinquina ne suffisant pas à beaucoup près à la consommation, on en a mis successivement plusieurs autres en usage, et aujourd'hui le nombre des espèces ou des variétés en est devenu tellement considérable, qu'il est presqu'impossible de les distinguer toutes, et d'indiquer d'une manière un peu certaine l'espèce botanique à laquelle on doit rapporter chacune.

A la tête des savans qui ont étendu le nombre des espèces de quinquina connues, il faut placer Mutis, botaniste espagnol qui partit, en 1760, pour la Nouvelle-Grenade, comme médecin du vice-roi, et qui fut nommé, en 1780, directeur de l'expédition botanique de Santa-Fé organisée dans ce pays par le gouvernement espagnol.

Mutis distingua et décrivit quatre espèces officinales de quinquinas; savoir : le quinquina orangé, qu'il met en première ligne pour l'efficacité, produit par son *Cinchona lancifolia*; le rouge, produit par le *C. oblongifolia*; le jaune, par le *C. cordifolia*; le blanc, par le *C. ovalifolia*.

Ces quinquinas se trouvent décrits, et les arbres qui les produisent très-exactement figurés, d'après M. Zéa, dans le traité des fièvres pernicieuses de M. Alibert. Mutis ne connaissait pas le quinquina gris de Loxa, ou le croyait le même que son quinquina orangé.

Après Mutis, viennent : M. Zéa son disciple et le

défenseur de ses opinions ; Vahl ; MM. Ruiz et Pavon auteurs de la *Flore péruvienne* ; M. Tafalla leur successeur au Pérou ; MM. de Humboldt et Bonpland auteurs des *plantes équinoxiales*, et beaucoup d'autres.

Dernièrement, parmi nous, M. Laubert et M. Virey ont essayé de nous débrouiller le chaos des quinquinas. J'exposerai ici les principaux résultats de leurs recherches, qui ne s'accordent pas en tout ; mais faut-il s'en étonner, quand des botanistes espagnols qui, pour s'instruire spécialement de cet objet, ont passé une partie de leur vie en Amérique, sont en opposition les uns avec les autres.

427. M. Laubert nous apprend d'abord (*Bulletin de Pharm.* II. 289.) qu'on distingue dans le commerce d'Espagne quatre sortes principales de quinquina, nommées : *cascarilla de Loxa*, *calisaya*, *cascarilla roxa*, et *huanuco* ; chacune de ces sortes comprend plusieurs variétés.

428. Le cascarilla de Loxa se compose d'écorces fines récoltées dans la province de Loxa au Pérou, entre Cuença et Quito. On en compte six sortes nommées : *amarilla*, *colorada*, *peruviana*, *delgada*, *lampigna*, et *lagartijada*.

D'après les caractères que M. Laubert en donne, on voit bien, en masse, que ces variétés se rapportent à notre *quinquina gris fin de Loxa*, mais il est très-difficile de les distinguer les unes des autres. M. Laubert leur donne pour origine :

A l'*amarilla*.	le *Cinchona*.	
Au *colorada*.	le même.	
Au *peruviana*.	le *C. nitida*.	R. et P.
Au *delgada*.	le *C. hirsuta*.	R. et P.
Au *lampigna*.	le *C. lanceolata*.	R. et P.
Au *lagartijada*.	le *C*.	

429. M. Laubert décrit trois sortes de calisaya ou de quinquina jaune : le calisaya *arrolada* ou *roulé*, le *C.* de *plancha* ou plat, et le *C.* de *Santa-Fé*. Les arbres qui les produisent ne sont pas indiqués.

430. M. Laubert distingue cinq variétés de quinquina

rouge, dont la première qu'il nomme *vraie*, et qui est celle du commerce, lui paraît être d'une origine inconnue, tandis que l'opinion générale est qu'elle est fournie par le *C. magnifolia* R. P., qui est le même que le *C. oblongifolia* de Mutis. M. Laubert attribue à cet arbre un autre quinquina rouge que je ne connais pas, non plus que les autres.

431. Le quinquina huanuco a été apporté pour la première fois en Espagne, en 1799, mêlé avec d'autres espèces. M. Laubert en donne des caractères que je retrouve entièrement dans une écorce que j'ai et dont j'ai vu quelques-unes pareilles dans une caisse de gros quinquina lima.

M. Laubert parle encore d'un grand nombre d'autres quinquinas, parmi lesquels il faut citer le Q. orangé de Mutis et son Q. blanc.

432. M. Virey, dans la première édition de son Traité de pharmacie, attribue :

Le quinquina gris fin de Loxa au *Cinchona condaminea* H. et B.

Le quinquina gris pâle, ou gros lima, au *Cosmibuena obtusifolia* R. et P., *Cinchona macrocarpa* Vahl, *C. ovalifolia* Mut.

Le quinquina orangé au *Cinchona officinalis* de Vahl, *C. lancifolia* Mutis, *C. nitida* R. et P., et au *C. lanceolata*.

Le quinquina huanuco au *C. glandulifera* R. P.

Le quinquina calisaya au *C. pubescens* de Vahl, *C. cordifolia* de Mutis, *C. ovata* R. et P.

Le quinquina jaune batard, ou *lampigna*, au *C. lanceolata* R. et P.

Le quinquina rouge vrai au *C. magnifolia* R. et P., *C. oblongifolia* M.

433. Depuis, M. Virey (*Bull. de Pharm.* IV. 485.), a donné la synonymie suivante des mêmes espèces :

Quinquina de Loxa, *C. condaminea* H. B.

Quinquina orangé ou vrai calisaya, *C. nitida* R. et P.

Quinquina rouge, *C. oblongifolia* M., qu'il ne regarde plus comme synonyme du *C. magnifolia* R. et P.

Quinquina gris ordinaire, *C. pubescens* de Vahl, et ses synonymes.

Quinquina blanc, *Cosmibuena obtusifolia* R. et P., et ses synonymes.

Ici, le calisaya du commerce est regardé comme identique avec le quinquina orangé de Mutis, et attribué, comme lui, au *C. nitida*.

Le *C. pubescens* de Vahl, qui dans le premier ouvrage fournit le calisaya, produit ici une espèce de quinquina gris.

Ce n'est plus le quinquina gris pâle qui est produit par le *Cosmibuena obtusifolia*, c'est le quinquina blanc.

434. Mais tout récemment M. Virey a publié une *Histoire naturelle des médicamens* dans laquelle on retrouve presque textuellement la synonymie des quinquina de son Traité de pharmacie. Ainsi on y voit de nouveau le quinquina orangé distingué du calisaya; le calisaya attribué au *C. pubescens* de Vahl, et le quinquina rouge attribué au *C. magnifolia* R. et P., qui redevient synonyme du *C. oblongifolia* de Mutis.

Enfin M. Laubert, dans l'article *quinquina* du Dictionnaire des Sciences Médicales, décrit, d'après MM. de Humboldt et Bonpland, vingt-six espèces de quinquina dont voici les principales :

A. Quinquinas à corolles velues.

435. 1re. *Espèce.* — *Le Cinchona condaminea*, Humb. et Bonpl. Cet arbre croît sur la pente des montagnes, au 4e. degré de latitude sud, à une élévation moyenne de 9 à 1200 toises, et à une température de 15 à 16 degrés; ses feuilles sont ovales ou lancéolées, très-entières, très-glabres, vertes des deux côtés, relevées en dessous par plusieurs nervures, dans l'aisselle de chacune d[illegible] les

se trouve une fossette, qui renferme une humeur cristalline très-astringente.

C'est cette espèce qui fournit le quinquina gris de Loxa, que nos savans auteurs *disent* être connu, depuis 1638, sous le nom de quinquina d'*Uritusinga*. Cependant les caractères de son écorce *ne se rapportent pas* entièrement au quinquina de Loxa que nous avons. M. Laubert la décrit : écorce roulée, d'une ligne d'épaisseur, de deux à cinq lignes de diamètre; à surface *lisse* ou peu raboteuse, *fauve-grisâtre*, marquée de petites crevasses transversales parallèles; à surface interne lisse, d'un rouge orangé; de consistance assez compacte; ayant une cassure nette, avec quelques filets ligneux vers le bord interne; offrant un goût astringent-amer, sans être nauséabond, et assez intense; d'une odeur *faible;* donnant une poudre jaune-grisâtre. Cette écorce se trouve rarement dans le commerce, étant réservée pour la pharmacie royale de Madrid.

436. *Variété.* — *Cinchona scrobiculata* Humb. et Bonpl. Originaire du Pérou, où il forme d'immenses forêts dans la province de Jaen de Bracomoras. Cet arbre s'élève à la hauteur de quarante pieds; son écorce, dont on fait un grand commerce, est connue sous le nom de quinquina *fina*, et c'est probablement celle que l'on vend chez nos droguistes sous le nom de quinquina *gris fin de Lima.* Les jeunes écorces ont une si grande analogie avec celles du *C. condaminea*, qu'il est difficile de les distinguer.

437. 2e. *Espèce.* — *Cinchona lancifolia* de Mutis, que M. de Humboldt croit être le *C. angustifolia* de Ruiz et Pavon. Arbre d'un fort beau port, de trente à quarante-cinq pieds d'élévation, et de un à quatre pieds de diamètre. Il croît entre le quatrième et le cinquième degré de latitude nord, sur la pente des montagnes, entre sept cents et quinze cents toises d'élévation, et à une température moyenne de treize degrés de Réaumur, ou moindre. *Il est toujours solitaire, et ce qui le rend encore plus rare, c'est qu'il se multiplie moins facilement par surgeons que*

le cordifolia *et l'*oblongifolia. Il produit le *quinquina-orangé de Santa-Fé*

Mutis avait cru à tort que le quinquina fin d'Uritusinga était identique avec son quinquina orangé : celui-ci est pesant, compact, dur, d'une cassure ligneuse, roulé en tubes plus gros et plus épais ; sa surface externe est plus raboteuse et plus chagrinée, ses fentes circulaires plus profondes. Au-dessous de la légère couche de cryptogames grisâtres qui l'enveloppent ordinairement, sa couleur est d'un fauve obscur ; cette couleur devient moins sombre dans les parties internes ; sa poudre a une couleur orangée pâle, sa saveur est fortement amère, permanente, très-peu styptique, et sensiblement aromatique. Ce quinquina se rencontre rarement dans le commerce.

438. Mutis, dont M. Laubert adopte le sentiment, assure que le quinquina de Calisaya, province du Pérou méridional, dans l'intendance de la Paz, appartient au *cinchona lancifolia.* Cette écorce est roulée sur elle-même (*Calisaya arrolada*), ou en morceaux épais et plats auxquels on donne le nom de *calisaya de Plancha*, ou de *calisaya de Lima.* Elle ressemble beaucoup à celle du *cinchona lanceolata;* cependant sa couleur est moins rougeâtre et plus jaune ; son goût est aussi très-amer, un peu styptique et aromatique. L'épiderme des grosses branches se détache facilement. Il est sans goût, et on le croit sans efficacité. Le reste de l'écorce se brise sans peine ; sa cassure est fibreuse, et il s'en détache des filamens très-petits et très-minces qui s'enfoncent dans l'épiderme, et y produisent une forte démangeaison. Ce quinquina est très-estimé, et se vend sous le nom de *quinquina jaune royal.*

439. On vend aussi, sous le nom de *calisaya de Santa-Fé*, une *grosse* écorce plate, *peu épaisse*, et d'un jaune sale, sans épiderme, d'une amertume désagréable ; elle est peu estimée.

MM. Zéa, de Humboldt, et d'autres botanistes distinués, regardent comme des variétés du *C. lancifolia:*

440. 1°. Le *C. nitida* de la Flore péruvienne, qui habite les andes du Pérou. Son écorce, connue sous le nom de *peruviana* dans le commerce espagnol, ressemble à celle du *C. lancifolia* de Mutis.

441. 2°. Le *C. lanceolata*, dont l'écorce est connue dans le commerce espagnol sous les noms de *cascarilla lampigna*, *cascarilla amarilla de Mugna*, et figure parmi les quinquinas jaunes ; elle est moins estimée que les précédentes.

442. Je m'arrête ici pour soumettre quelques difficultés à M. Laubert. Mutis a nommé l'écorce de son *C. lancifolia*, croissant à Santa-Fé, *quinquina orangé*, et l'a placée au premier rang pour l'efficacité, et bien au-dessus des autres; s'il est vrai que le calisaya du Pérou soit produit par le même *C. lancifolia*, il doit être identique avec le quinquina orangé, sauf les différences possibles apportées par la diversité des deux climats, et le nom de *calisaya* reporté sur un quinquina de Santa-Fé, ne peut s'appliquer qu'au quinquina orangé de Mutis; comment donc se fait-il que le *calisaya de Santa-Fé* ne soit, et ne doive être en effet qu'une écorce peu estimée ?

443. Secondement, les botanistes les plus distingués regardant le *C. nitida* comme une simple variété du *C. lancifolia*, on pourrait en conclure que le *quina peruviana*, produit par le premier, se rapproche au moins beaucoup du quinquina orangé de Mutis (c'est ce que M. Laubert admet), et encore plus du calisaya du Pérou, la différence de pays n'existant plus dans ce dernier cas. Or, le quinquina *peruviana*, tel que M. Laubert a eu la bonté de me le montrer chez lui, et dont il a bien voulu me donner un échantillon, diffère entièrement du calisaya, et se rapproche du quinquina gris fin de Loxa plus que de toute autre sorte.

444. Troisièmement, ce que M. Laubert nous dit, d'après Mutis, de la rareté du *C. lancifolia*, et surtout de la difficulté avec laquelle il se propage par surgeons (difficulté qu'il doit conserver partout), s'accorde peu

avec la grande abondance du calisaya dans le commerce. Je ne suis donc pas encore convaincu que le quinquina calisaya, dit jaune royal, soit produit par le *C. lancifolia* de Mutis.

445. 3ᵉ. *Espèce.* — *Cinchona cordifolia*, ou quinquina jaune de Mutis; *C. pubescens* de Vahl; *C. ovata* R. et P.

Arbre droit de quinze à vingt pieds d'élévation, croissant à quatre degrés de latitude nord, entre neuf cents et quatorze cents toises d'élévation, et à peu près à la même latitude sud, dans les provinces de Cuença et de Loxa. Son écorce est en tubes et en gros morceaux peu roulés, dure, ligneuse, d'un jaune-paille à l'intérieur, très-amère, et sans aucune astriction; elle est recouverte d'un épiderme fin, très-adhérent, et plus grisâtre qu'elle; sa poudre est beaucoup plus pâle que celle du quinquina orangé.

M. Zéa regarde comme une variété du *C. cordifolia*, le *C. hirsuta* R. et P.; et M. Vahl y joint encore le *C. purpurea* de la Flore péruvienne.

446. 4ᵉ. *Espèce.*—*C. oblongifolia* Mut. Humb. et Bonp. *C. magnifolia* R. et P. Cet arbre, un des plus grands du genre *cinchona*, croît vers le cinquième degré de latitude nord, à une élévation de six à treize cents toises; et aussi au sud de l'équateur; ses feuilles ont depuis un pied et demi jusqu'à deux de longueur; ses fleurs, qui sont blanches et longues d'un pouce, exhalent une odeur analogue à celle des fleurs d'oranger : l'écorce sèche est d'un rouge prononcé, semblable, par ses formes, sa grosseur et son épiderme, au quinquina calisaya; mais elle est moins amère, et remarquable par sa grande stypticité.

447. 5ᵉ. *Espèce.* — *Cinchona macrocarpa* de Vahl; *C. ovalifolia* M. Cette espèce produit le quinquina *blanc* de Mutis, qui est très-compacte, grisâtre à l'extérieur, blanchâtre et comme basané à l'intérieur, très-mince lorsqu'il appartient aux jeunes pousses, à peu près d'une ligne d'épaisseur lorsqu'il provient des grosses branches; la cassure en est ligneuse, inégale, spongieuse, et comme for-

mée de différentes couches ; son goût, d'abord peu marqué, devient très-amer et désagréable.

448. 6e. *Espèce.—Cinchona ovalifolia* Humb. et Bonp., différent de celui de Mutis.

.... *Espèce. — Cinchona brasiliensis*, à très-petites fleurs non encore bien déterminées.

.... *Espèce. — C. micrantha*, Fl. péruv. Arbre d'un beau port, un des plus grands de ce genre, croissant dans les andes péruviennes.

.... *Espèce. — C. parviflora* Poiret; croît à la Martinique.

7e. *Espèce. — C. excelsa* Roxburg ; croît dans les Indes orientales.

449. .... *Espèce. — C. glandulifera* R. et P. Se trouve au nord de Huanuco, au Pérou.

B. Quinquinas à corolles glabres.

* Étamines renfermées dans la corolle.

450. 8e. *Espèce. — Cinchona grandiflora* Humb., *Cosmibuena obtusifolia* R. et P. Arbre du royaume de Santa-Fé.

9e. *Espèce. — Cinchona parviflora* Mutis.

10e. *Espèce. — C. acutifolia* R. et P.

11e. *Espèce. — C. acuminata.*

** Étamines saillantes hors de la corolle ; *Exostema* H. et Bonp.

12e. *Espèce. — Cinch. dissimiliflora*; de la Nouvelle-Grenade.

13e. *Espèce. — C. longiflora* Lambert ; de la Guyane.

451. 14e. *Espèce. — C. cariboea*; croissant à la Jamaïque aux environs de la Havanne, à Saint-Domingue ; trouvé également à la Guadeloupe, sur les bords la mer, et sur les versans des mornes de ce côté.

« L'écorce sèche du tronc, telle que la fournit le commerce, est en fragmens un peu convexes, de sept pouces environ de longueur, d'une ligne et demie d'épaisseur, composée de deux couches : l'externe, traversée par des gerçures profondes, est jaunâtre, spongieuse, insipide, et se laisse facilement écraser entre les doigts; l'interne est plus pesante, dure, fibreuse, d'un brun verdâtre. L'écorce des branches est convexe ou roulée sur elle-même; son épiderme est mince, grisâtre, couvert de rides, recouvert de lichens; l'autre partie de l'écorce offre une couche brunâtre (Murray, *Appar. Méd.* VI. 58). La saveur de cette écorce, d'abord sucrée et mucilagineuse, devient ensuite très-amère; elle colore la salive en jaune verdâtre; sa poudre est d'un gris jaunâtre (Voyez le *Traité des fièvres pernicieuses intermittentes* de M. le docteur Alibert). L'écorce du *C. caribœa* de la Guadeloupe a une saveur mucilagineuse, amère, douceâtre; il est connu dans cette île sous les noms de *bois de chandelle*, *marie galante*, *poirier de montagne*. »

..... *Espèce. — Cinchona lineata.*

452. 15e. *Espèce. — Cinchona floribunda* de Swartz; *C. montana* de Badier; *Exostema floribunda* de Bonpl. Cet arbre a été découvert, en 1742, par Desportes, à Saint-Domingue. Il croît également à la Jamaïque, la Martinique, la Guadeloupe et Sainte-Lucie. Son écorce, que l'on trouve assez souvent dans le commerce, se nomme *Quinquina piton*, *Q. de Sainte-Lucie*, *Q. de Saint-Domingue.*

16e. *Espèce. — C. angustifolia* de Swartz, à Saint-Domingue.

17e. *Espèce. — C. brachycarpa* de Lambert, au nord de la Jamaïque occidentale.

18e. *Espèce. — C. coriacea* de Poiret, à Saint-Domingue.

19. *Espèce. — C. corymbifera*, trouvé par Forster dans une des îles des Amis.

20e. *Espèce. — C. philippica* de Cavanilles, à Manille.

Les autres espèces sont encore mal déterminées.

Quelle que soit l'étendue de l'extrait que je viens de donner de la partie botanique du travail de M. Laubert, extrait dans lequel j'ai compris, autant que possible, la description des écorces, et par suite ce qui pourrait servir de guide pour rattacher les sortes du commerce aux espèces botaniques; j'avoue qu'il me sera le plus souvent impossible à moi même d'opérer ce rapprochement. Aussi vais-je m'attacher principalement à bien décrire les sortes du commerce : je n'aurai pas entièrement perdu le fruit de mon travail, si quelque savant parvient à reconnaître, d'une manière certaine, dans une de mes écorces, le produit d'une espèce botanique.

Je divise d'abord les quinquinas, comme on le fait ordinairement, en quinquinas gris, jaunes, rouges, et en faux quinquinas.

Des Quinquinas gris.

Première sorte : *Quinquina gris fin de Loxa.*

453 Cette écorce varie en grosseur, depuis celle d'une petite plume jusqu'à celle du petit doigt. Elle est entièrement roulée, et recouverte d'un épiderme fin, rugueux, offrant des fissures transversales, parallèles. Cet épiderme est naturellement d'un gris foncé; mais il est le plus souvent blanchi par différens cryptogames, dont à la simple vue on distingue trois formes principales. Tantôt ce n'est qu'une très-légère couche blanche appliquée sur l'épiderme, et qui semble identifiée avec lui; tantôt ce sont des expansions foliacées qui se détachent facilement de l'écorce; d'autrefois, ce sont des filets blancs, ramifiées et presque capillaires. Ce dernier cryptogame est particulier au quinquina de Loxa, et ne se retrouve sur aucune autre espèce; de plus le quinquina de Loxa est généralement plus chargé de lichens que les autres, ce qui tient à l'humidité des lieux qu'il habite (M. Marchand).

Le quinquina de Loxa est très-mince, n'ayant guère que

d'une demi-ligne à une ligne de diamètre, et très-léger; sa cassure est tout à-fait nette dans les écorces les plus jeunes (1), un peu fibreuse à l'intérieur dans celles qui sont plus âgées; sa couleur intérieure varie du jaune pâle au fauve rougeâtre; sa saveur est astringente et amère; son odeur, qui est très-développée, est celle du vieux bois que l'on respire dans les forêts humides.

454. Quant à l'origine de ce quinquina, dois-je dire que celui que M. Laubert m'a montré, comme provenant du *C. condaminea*, ne ressemble pas du tout au quinquina que je viens de décrire, lequel forme la majeure partie du loxa du commerce, et même que cette écorce, étiquetée *C. condaminea*, serait probablement mal reçue des commerçans? Car elle n'a aucun des caractères extérieurs d'après lesquels ils ont l'habitude de décider qu'un quinquina est d'une bonne sorte. Elle était, autant que je me le rappelle, d'un gris rougeâtre à l'extérieur, presque sans fissures transversales, sans lichens, et de peu de saveur. Je penche plutôt pour attribuer le quinquina gris-fin de Loxa au *C. nitida* (443).

455. Mais quelle que soit l'espèce botanique qui produise le quinquina gris de Loxa, l'âge auquel on le récolte apporte de très-grandes variations dans ses propriétés. En choisissant les écorces les plus jeunes et les plus minces, je les ai constamment trouvées d'une saveur très-astringente et mucilagineuse, formant avec l'eau froide une liqueur jaune foncée, qui précipitait très-abondamment la gélatine, et ne précipitait ni l'émétique ni le macéré de tan; tandis que les écorces les plus grosses, qu'on reconnaissait pour appartenir à la même sorte, à cause de leurs caractères physiques semblables, étaient bien

(1) Lorsque ces écorces sont privées de toute partie ligneuse; car elles offrent souvent à leur intérieur une portion de bois blanc très-fibreux, qu'il est très-facile d'en détacher. Ce caractère, tout-à-fait accidentel, peut cependant servir à reconnaître le quinquina gris fin de Loxa: on ne le retrouve dans aucune autre sorte.

moins astringentes, plus amères, et donnaient une liqueur moins foncée, qui se troublait fortement par la gélatine sans former de précipité, se troublait fortement par la solution d'émétique, et précipitait le macéré de tan. Les essais chimiques ne peuvent donc pas toujours servir à la distinction certaine des espèces de quinquina.

Deuxième sorte : *Quinquina gris fin de Lima.*

456. Cette écorce varie en grosseur, depuis celle d'une grosse plume jusqu'à celle d'un doigt. Elle est beaucoup plus uniforme dans ses caractères extérieurs que la première ; car, tandis que la couleur du quinquina de Loxa varie du gris presque noir au blanc, que son épiderme est très-rugueux et très-fendillé ou preque uni, privé de cryptogames ou en offrant de trois ou quatre genres différens ; le quinquina fin de Lima est généralement d'un gris bleuâtre, provenant du mélange de la très-légère couche blanche qui le recouvre avec la couleur brune-noirâtre de l'épiderme ; il offre quelquefois les expansions foliacées blanches du quinquina de Loxa, mais jamais, à ce que m'a assuré M. Marchand, l'autre lichen blanc, filamenteux : son épiderme est rugueux et marqué de fissures transversales, à des distances très-rapprochées et à peu près égales.

Ce quinquina est entièrement roulé ; manifestement plus lourd et plus épais que celui de Loxa, à cassure nette et très-résineuse à l'extérieur, légèrement fibreuse ou fibreuse à l'intérieur, d'une saveur faiblement amère et astringente, non mucilagineuse ; d'une odeur que M. Marchand trouve différente de celle du Loxa, mais qui me semble seulement plus faible.

Ce quinquina est probablement celui que M. Laubert attribue au *C. scrobiculata* H. et B. Il a été très-estimé pendant un temps, mais maintenant il est moins recherché que celui de Loxa, parce qu'il ne fournit presque pas d'extrait à l'eau : on est loin d'avoir prouvé, cependant, que la partie de cette écorce insoluble dans l'eau et soluble dans l'alcohol soit sans efficacité sur l'économie animale; il ne faut donc pas la négliger.

Troisième sorte : *Quinquina gros lima*, et les plus grosses écorces, *Quinquina gris en grosses écorces.*

457. Ce quinquina est en écorces qui sont de la grosseur du petit doigt à celle du pouce et davantage; il est assez uniformément revêtu d'une couche crétacée qui lui donne un aspect blanc tout-à-fait différent des deux autres; son épiderme est fendillé transversalement, le plus souvent mince et adhérent au bois; mais dans quelques morceaux, il est épais, fongueux et peut se séparer en plusieurs couches. L'écorce elle-même est quelquefois mince, dure sous la dent, et à cassure nette; d'autres fois elle est chargée de ligneux dans son intérieur, par suite plus épaisse et à cassure fibreuse. Elle a une couleur qui en général la rapproche du quinquina jaune; sa saveur est à la fois astringente et amère; son odeur est celle du quinquina gris, mais très-faible.

J'ai vu cette écorce, chez M. Laubert, étiquetée *calisaya arrolada*. Je ne crois pas cependant qu'il faille la confondre avec le quinquina jaune en écorce dont je traiterai plus tard (467), et qui est bien celui que M. Laubert a décrit sous le nom de *calisaya arrolada*, dans le Bulletin de Pharmacie tome II, page 301. D'un autre côté c'est évidemment ce quinquina que M. Virey nomme *quinquina gris pâle* (Histoire naturelle des médicamens p. 210.), et qu'il attribue au *C. ovata* R. et P.; mais s'il est vraiment produit par cet arbre, il ne doit pas différer du quinquina calisaya ou jaune royal que M. Virey attribue au même *C. ovata*, (page 211); cependant il a des caractères différens, et M. Virey l'en a séparé : il y a ici contradiction. Quelle que soit l'origine de ces deux quinquinas, je pense qu'elle ne peut pas être la même pour les deux.

Quatrième sorte : *Quinquina huanuco.*

458. Je n'ai qu'une écorce de ce quinquina, mais j'en ai vu d'autres exactement pareilles dans une caisse de quinquina de Lima, où M. Marchand m'a dit en rencontrer quelquefois. Je lui donne le nom de *huanuco*, parce que je lui trouve tous les caractères indiqués par M. Laubert pour cette sorte de quinquina (*Bull. Pharm.* II. 309).

Grosseur du pouce; épaisseur d'une ligne et demie; forme entièrement roulée; surface très-raboteuse avec des fissures transversales très-rapprochées; épiderme assez mince (fongueux dans un endroit), noirâtre, mais recouvert, par place, d'une matière crétacée; cet épiderme est sans goût; il se sépare très-facilement de l'écorce par très-petites plaques, et y laisse des impressions circulaires très-nombreuses; la cassure est ligneuse; la couleur interne, celle du quinquina jaune; la saveur amère, un peu pâteuse; l'odeur nulle, dans le morceau isolé que je décris.

459. *Examen chimique des quinquinas gris.* Nous n'avons rien de complet sur la composition chimique de ces quinquinas : on trouve, à la vérité, dans les annales de chimie (XVI. 172.), une analyse de M. Bartholdi (et non Berthollet, suivant l'observation de M. Laubert), qu'on peut supposer avait été faite sur un quinquina gris; mais les résultats en sont assez extraordinaires pour qu'il soit permis de les révoquer en doute. L'auteur a extrait d'une once de quinquina, par le moyen de l'eau bouillante, 131 grains de matière soluble, composée suivant lui de : *nitrate de potasse* 20 grains, *muriate de chaux* 6 grains, *muriate de magnésie* 4 grains, *muriate d'alumine* 1 grain et demi, *mucilage* 60 grains, *poudre rougeâtre* contenant de l'acide gallique 40 grains.

M. Armand Séguin a fait des essais sur plus de six cents échantillons de quinquinas; mais nous en tirerons peu de

ESPÈCES.	CARACTÈRES DE L'ÉCORCE.	CARACTÈRES DU MACÉRÉ.	TEINTURE DE TOURNESOL.	GÉLATINE.	MACÉRÉ DE TAN.	ÉMÉTIQUE.	SULFATE DE FER.	OXALATE D'AMMONIAQUE.	ACTIONS DIVERSES.
Q. gris supérieur. (3).		Presque incolore ; amer-astringent.		Ppté blanc très-abondant.	Ppté rouge.	Ppté blanc abondant.	Ppté vert d'émeraude.		Ne précipite pas le macéré de Q. jaune royal.
Q. gris cannelle. (4).		Rouge foncé ; amer astringent.		Ppté brun fauve.	o.	o.	Couleur verte sans ppté.		Ne ppte pas le Q. gris supérieur. Ppte le Q. jaune royal en brun fauve.
Q. gris. (6).	Écorces très-minces, roulées ; paraissent être du Q. de Loxa.	Rouge de vin de Malaga ; amer-astringent.		Ppté blanc abondant.	Ppté jaune rougeâtre.	Ppté blanc jaunâtre.	Ppté vert.		Ppte le Q. jaune ; ne ppte pas le Q. de Santa-Fé.
Q. gris plat. (7).	Se rapporte au Q. blanc de Santa-Fé rapporté par M. de Humboldt.	Coul. plus fauve ; fade, non amer ni astringent.		o.	o.	o.	Belle couleur verte et ppté.		Ppte le Q. jaune en brun. Ne ppte pas le Q. gris cannelle.
Q. de Loxa. (12).	Provient des branches de 2 ans ; saveur amère-astringente.	Jaune. rougeâtre ; faible odeur de moisi ; saveur amère.		Flocons blancs glutineux.		Ppté blanc jaunâtre.	Couleur verte bleuâtre et précipité.	Ppté.	Ppte la noix de galle en blanc jaunâtre.
Q. ordinaire du Pérou. (15).	Gris au dehors ; couleur d'ocre en dedans, surface rugueuse, amer-astringent.	Jaune pâle ; amer-astringent.	Rougie.	Ppté blanc jaunâtre abondant.	Ppté blanc jaunâtre.	Ppté blanc jaunâtre.	Ppté vert.		
Q. de Loxa, petites écorces.	Poudre d'un gris jaunâtre très-pâle. (453).	Mousseux, jaune foncé, astringent.	Rougie.	Ppté très-abondant.	Louche léger.	Trouble léger.	Couleur verte très-foncée ; ppté.	Trouble.	Ppte les Q. Q. qui ne pptent pas la gélatine.
Q. de Loxa, grosses écorces.	(453).	Jaune ; amer.	Rougie.	Très-trouble, sans ppté.	Ppté.	Très-trouble.	Vert très-foncé, trouble.	Ppté.	Ne ppte ni le Q. rouge n°. 487., ni le Q. jaune n°. 470.
Q. de Lima fin.	Poudre d'un fauve grisâtre assez foncé. (456).	Jaune pâle ; amer.	A peine rougie.	Trouble.	Précipité rougeâtre.	Ppté jaunâtre.	Ppté vert qu'un excès de sulfate redissout.	Louche.	Ppte la noix de galle.
Q. de Lima gros.	Poudre jaune prenant par l'eau une coul. presque rouge. (457).	Jaune pâle ; très-amer.	Rougie fortement.	Rien, ou louche et léger ppté.	Précipité rougeâtre abondant.	Trouble, ou ppté abondant.	Couleur verte foncée, ou ppté abondant.	Ppté.	
Q. Huanuco.	(458).	Presque incolore ; amer.	Rougie.	o.	Ppté.	o.	Verdit légèrement.	Ppté.	Ppte la noix de galle et les Q. Q. qui pptent la gélatine.

lumière pour les sortes qui nous occupent, ce savant chimiste n'ayant publié que les résultats généraux de son travail. Un des plus remarquables est que le principe fébrifuge du quinquina n'est pas astringent, ne précipite pas la gélatine, et précipite au contraire l'infusion de tan (*Ann. Chim.* XCI. 276). Il eût été plus exact, sans doute, de se borner à dire que les infusions de plusieurs quinquinas estimés jouissent de cette propriété, et encore, comme l'a observé M. Vauquelin, n'en peut-on rien conclure contre d'autres espèces qui offrent des caractères différens.

Nous puiserons des connaissances plus positives dans les expériences de M. Vauquelin sur dix-sept échantillons de quinquina, au nombre desquels il s'en trouve six gris. Voici le tableau des résultats qu'il a obtenus en essayant le macéré de ces quinquinas par divers réactifs (*Ann. Chim.* LIX. 113). Je placerai au-dessous ceux que m'ont donnés les quatre sortes de quinquina gris que j'ai distinguées. A l'exemple de M. Vauquelin j'ai opéré en faisant macérer, pendant vingt-quatre heures, une partie de quinquina pulvérisé dans seize parties d'eau.

Notà. 1°. Les nombres placés dans les d ux premières colonnes sont les numéros d'ordre des espèces examinées par M. Vauquelin ou ceux qui sont en marge des paragraphes de cet ouvrage.

2°. Lorsque M. Vauquelin renvoie à d'autres espèces de quinquina, c'est à celles dont il a traité; pareillement lorsque je renverrai à d'autres quinquinas, ce sera à ceux dont j'ai déjà parlé ou dont je parlerai par la suite.

3°. *ppter.* signifie précipiter; il en est de même de ses dérivés. *Voyez le tableau ci-contre* (460).

461. Les conséquences que l'on peut tirer de ces essais sont :

1°. Le quinquina de Loxa précipite la gélatine, et cela d'autant plus qu'il provient de plusieurs jeunes branches.

2°. Ce même quinquina, le plus jeune, est très-mucilagineux, et ne précipite que très-peu, ou pas, l'infusion de tan et la solution d'émétique, tandis que, plus âgé, il est moins mucilagineux et précipite ces deux réactifs.

3. Il précipite le sulfate de fer en vert ou en vert bleuâtre. En général le précipité est soluble dans un excès de sulfate et donne une liqueur d'un beau vert foncé : cela est cause que les quinquinas qui contiennent peu du principe précipitant, donnent de suite une belle liqueur verte transparente avec le sulfate de fer; d'un autre côté, comme on n'est pas toujours sûr de mettre la même quantité de sulfate dans ses essais, la précipitation et la non précipitation par le sulfate de fer forment deux caractères peu distinctifs, lorsque, toutefois, le dernier cas est accompagné d'une forte coloration de la liqueur.

4°. Le quinquina de Lima fin contient moins d'acide libre que les autres quinquinas gris; son macéré précipite à peine la gélatine, mais précipite beaucoup plus le tan et l'émétique.

5°. Les mêmes différences sont encore plus marquées dans le quinquina de Lima gros, ce qui joint à sa saveur beaucoup plus amère le rapproche des quinquinas jaunes.

6°. Le quinquina huanuco paraît être d'une qualité très-inférieure.

7°. Tous ces quinquinas contiennent un sel à bâse de chaux, indiqué par l'oxalate d'ammoniaque; mais en petite quantité, car le sulfate de soude n'a aucune action sur leur macéré.

En général les quinquinas gris se distinguent des autres, par leur odeur de bois chansi; par leur saveur astringente-amère qui porte avec elle un bouquet particulier; par la petite quantité de sel calcaire qu'ils renferment.

462. Si au lieu de traiter ces quinquinas par l'eau froide, on les soumet à l'action de l'eau bouillante, ce liquide se chargera d'une beaucoup plus grande quantité de principes, mais il se troublera par son refroidissement. Le pré-

cipité que l'on désigne ordinairement sous le nom de *résine* est loin d'en être une : c'est, pour la plus grande partie, un corps *sui generis*, colorant, soluble à la vérité dans l'alcohol, mais non entièrement insoluble dans l'eau (1). La liqueur d'où ce principe colorant s'est précipité en contient encore une certaine quantité, qui lui donne sur les réactifs une action semblable à celle du macéré et même plus forte.

On peut, en faisant évaporer cette liqueur presqu'à siccité, et étendant le résidu d'eau froide, en séparer la plus grande partie de ce principe colorant. Alors elle ne contiendra plus guère que du mucilage et du sel calcaire.

Depuis M. Vauquelin, un grand nombre de chimistes se sont occupés de l'analyse des quinquinas, et si aucun ne l'a fait d'une manière complète, il en est résulté cependant une masse de faits qui ne seront pas inutiles à leurs successeurs.

463. Il faut citer, d'abord, M. Laubert qui, ayant traité du quinquina de Loxa par l'éther sulfurique, en a obtenu une teinture jaune, dont il a retiré une substance molle verdâtre qui lui a présenté quelque ressemblance avec la glu, et une autre substance soluble dans l'alcohol, composée elle-même d'une matière huileuse rosée et d'un principe blanc cristallisable. (*Journ. Pharm.* II. 289.)

M. Gomez paraît avoir retiré du quinquina une substance également blanche et cristallisable; mais leurs caractères respectifs n'étant pas encore parfaitement établis, il est impossible de décider si elles sont identiques ou non.

464. M. Reuss, professeur de chimie à Moscou, a fait des recherches assez suivies sur les quinquinas, et en a conclu, entre autres choses, que les quinquinas contiennent, outre le principe colorant rouge qu'il nomme *rouge cinchonique*, un principe amer soluble dans l'eau, appelé par lui *amer cinchonique*. (*Journ. de Pharm.* I. 488.)

(1) Le précipité doit contenir, en outre, divers composés de ce même corps avec de la chaux, de l'amidon et une matière animalisée qui existe dans le quinquina.

465. M. Pfaff, professeur à Kiel, a cherché à vérifier la découverte de M. Gomez sur le principe blanc cristallisable. Il n'est pas parvenu au même résultat, ce qui n'est pas étonnant, puisqu'il a opéré d'une manière toute différente. Il a tiré de ses expériences les conséquences suivantes :

1°. Les matériaux immédiats, capables de précipiter l'émétique, la noix de galle et la gélatine animale, sont tous solubles dans l'eau et dans l'alcohol.

2° Les principes qui précipitent la noix de galle et l'émétique, paraissent coexister constamment sans être identiques.

3°. La substance qui précipite l'infusion de noix de galle est la véritable cause de l'amertume du quinquina, ou le principe amer, quoique son union avec la noix de galle soit dépourvue de toute amertume.

4°. La matière qui se précipite avec la gélatine animale diffère tout-a-fait de ce principe amer; elle appartient à cette modification du tannin qui colore en vert les dissolutions de fer, et qui existe dans quelques mauvaises espèces de quinquina sans ce principe amér. (*Journ. Pharm.* I. 556.)

Aucun de ces travaux, non plus que d'autres plus récens, ne nous font connaître la vraie composition du quinquina. Cette gloire, sans doute, est réservée à M. Pelletier, qui a porté enfin sur le quinquina l'infatigable persévérance et la sagacité auxquelles nous devons de si belles analyses, tant végétales qu'animales.

Des Quinquinas jaunes.

Première sorte : *Quinquina* dit *Calisaya* ou *jaune royal.*

466. Ce quinquina, connu en Europe seulement depuis 1790, se trouve dans le commerce pourvu ou privé de son épiderme, et désigné sous les noms de quinquina jaune royal *en écorces*, et de quinquina jaune royal *mondé.*

467. *Quinquina jaune en écorces.* Ce quinquina varie

de la grosseur du doigt à celle de deux ou trois pouces de diamètre.

Dans les petites écorces l'épiderme est assez mince, très-rugueux, et marqué de distance en distance de crevasses transversales. Il est presqu'insipide, et paraît être naturellement brun; mais, très-souvent, la couleur de sa surface est altérée par quatre sortes de cryptogames. Le plus ordinairement c'est un léger enduit blanc qui recouvre uniformément cette surface; d'autres fois cet enduit devient plus épais et manifestement tuberculeux; d'autres fois encore il est jaune et ressemble à de la cire fondue qui aurait coulé dans les fissures de l'écorce; quelquefois, enfin, ce sont des expansions foliacées, semblables à celles qui sont si communes sur le quinquina gris de Loxa.

L'épiderme des écorces que je décris est presque toujours détaché par plaques de l'écorce proprement dite, sur laquelle il reste alors des empreintes transversales qui répondent aux fissures de la partie enlevée. L'écorce même est épaisse de une à deux lignes, d'un jaune brunâtre à l'extérieur, d'un jaune fauve à l'intérieur, d'une saveur très-amère, un peu astringente. Sa cassure est très-fibreuse, surtout du côté du centre, et grossière.

468. Dans les grosses écorces, l'épiderme est semblable à l'extérieur à celui des petites, mais il est épais de deux à quatre lignes, et, par suite de cela, encore plus rugueux et plus profondément crevassé; néanmoins ses crevasses ne pénètrent pas jusqu'à l'écorce, qui n'offre plus ces impressions circulaires que l'on remarque sur les plus jeunes. Cet épiderme est composé de couches dont les plus extérieures paraissent se détacher naturellement au bout de deux ou trois ans, à mesure qu'il s'en forme de nouvelles par-dessous. Chacune de ces couches est formée d'une matière rouge pulvérulente, entremêlée de fibres qui ressemblent à des poils blancs, et elle est séparée des autres couches par une membrane d'un rouge brun, comme veloutée. La disposition de ces couches est telle, que leur

coupe transversale présente l'image de plusieurs polyèdres inscrits les uns dans les autres. Du reste cet épiderme est insipide, et sa poudre est d'un rouge foncé.

L'écorce intérieure est épaisse de deux lignes, d'un jaune-fauve foncé, d'une texture entièrement fibreuse, mais fine et uniforme. Elle paraît, par son exposition à la lumière, toute parsemée de points brillans, qui sont les extrémités des fibres mêmes dont elle est formée, lesquelles, vues à la loupe, paraissent jaunes et transparentes lorsqu'elles sont dépouillées d'une matière rouge briquetée qui les recouvre. Cette écorce laisse échapper, lorsqu'on la brise, de petites fibres aiguës qui pénètrent dans la peau, et y causent une démangeaison désagréable; elle a une saveur très-amère et astringente, plus forte dans la couche externe que dans la partie du centre; ses fibres se séparent avec une grande facilité sous la dent, et y croquent un peu, à la manière de la rhubarbe de Chine.

469. *Quinquina jaune royal mondé.* J'ai sous les yeux quatre échantillons de ce quinquina.

Le premier est en morceaux longs, entièrement roulés, minces, d'un petit diamètre, marqué de quelques empreintes transversales, et ayant une certaine ressemblance avec la cannelle. Aussi le vend-on sous le nom de *quinquina-cannelle*. Il est très-amer et difficile à écraser sous la dent, ce qui tient à son peu de développement, ayant été récolté très-jeune.

470. Le second est en morceaux longs, également bien roulés, tout-à-fait cylindriques, épais d'une à trois lignes, gros comme le pouce, ayant une surface très-unie, enfin ressemblant encore parfaitement à de grosse cannelle. Il est *très-compacte*, *très-pesant*, d'une *très-forte amertume*. Ce quinquina, qui semble regorger de principes solubles, doit être d'une très-grande efficacité.

471. Le troisième est en morceaux également roulés, gros comme le pouce, épais d'une à deux lignes, très-pesant, très-amer; peut-être, cependant, un peu moins que

le précédent. Il en diffère, en outre, par sa forme générale ; car, au lieu d'être parfaitement cylindrique, il est comprimé en différens sens, et offre des rides longitudinales qui doivent s'être formées pendant sa dessiccation.

472. Le quatrième est proprement celui que M. Laubert nomme *Calisaya de Plancha*. Il est en morceaux larges, plats, épais de deux à trois lignes ; ordinairement munis de portions de leur épiderme, qui présente toujours, pour son caractère distinctif, des fibres blanches couchées au milieu d'une matière rouge pulvérulente (1). Du reste cette écorce offre tous les caractères de celle que j'ai décrite (468).

Tous ces quinquinas sont hauts en couleur et d'une odeur très-faible.

Deuxième sorte : *Quinquina jaune*.

473. Je crois devoir séparer, des quinquinas précédens, deux autres échantillons qui jouissent d'un aspect général assez différent, pour qu'on puisse mettre en doute s'ils sont produits par le même arbre.

Le premier de ces échantillons est en morceaux convexes, parti-cylindriques, quelquefois recouverts d'un épiderme mince, feuilleté, d'un gris argentin ; le plus souvent raclés à l'extérieur, et offrant une surface unie, d'un rouge brun. Ces morceaux, raclés ou non raclés, présentent çà et là, sur leur surface extérieure, des cavités peu profondes, d'une figure ronde ou ovale plus ou moins irrégulière, qui sont remplies d'une matière rougeâtre, pulvérulente, entremêlée de poils blancs. Cette matière, qui est évidemment la même que celle dont est formé l'épiderme fongueux du quinquina calisaya précédemment décrit (468), lie ces deux espèces ensemble, en nous montrant que l'écorce qui en est privée, était cependant sus-

(1) Cet épiderme ainsi raclé ressemble assez au poil ras de quelques animaux.

ceptible de la produire, et qu'elle l'aurait probablement fait, si elle eût vécu sous l'influence des mêmes circonstances extérieures que l'autre.

Cette écorce est d'une épaisseur qui ne varie guère que de une à deux lignes; sa cassure est toute fibreuse; les fibres, qui sont très-fines, s'introduisent dans la peau comme celles du quinquina calisaya, et y causent la même démangeaison : en examinant la cassure avec une loupe, on y découvre, quoique avec peine, des points blancs perlés différens des fibres, et semblables à ceux du quinquina de Carthagène (476 et 478). Sa saveur est d'une amertume très-marquée, qui se rapproche un peu de celle de l'angusture; son odeur est très-faible.

Enfin, un dernier caractère, qui disparaît en partie dans les vieilles écorces, mais qui est très-tranché dans les nouvelles, c'est que la partie de l'écorce qui avoisine l'épiderme est rose, tandis que celle du côté du centre est d'un jaune pur : le mélange de ces deux couleurs donne à ce quinquina une teinte générale *orangée*; et, si un quinquina doit porter ce nom (abstraction faite des antécédens), c'est celui qui nous occupe.

474. Deuxième échantillon. Ce quinquina est en écorces tout-à-fait plates, larges souvent de deux pouces, et privées d'épiderme, dont quelques portions, cependant, qui y restent encore, sont semblables à celui du précédent. Sa surface extérieure est comme verdâtre et très-inégale, étant marquée d'impressions transversales comme le jeune calisaya, de cavités ovales, remplies de matière fongueuse, comme le précédent; offrant, en outre, des aspérités et des inégalités qu'on ne retrouve sur aucune autre sorte; du reste elle ressemble à la précédente par sa saveur, sa cassure, sa couleur rosée vers l'extérieur est jaune à l'intérieur. Je lui trouve une odeur beaucoup plus marquée, ce qui tient sans doute à ce qu'elle est plus récente, car ces deux écorces proviennent, à n'en pas douter, du même arbre.

Sorte douteuse : *Calisaya de Santa-Fé.*

M. Laubert m'a donné sous ce nom deux écorces très-différentes, dont voici la description.

475. La première est un morceau plat, épais de quatre à six lignes, en grande partie recouvert d'un épiderme rouge, fongueux, poilu; l'écorce même est très-fibreuse, et offre tous les caractères du quinquina calisaya, seulement elle est moins amère, beaucoup plus légère, et sa poudre, qui est d'une couleur plus foncée que celle des calisayas précédemment décrits, occupe un volume double pour le même poids. Ce quinquina me paraît être un vrai calisaya d'une qualité inférieure.

476. La seconde écorce est un morceau plat, très-mince, d'une couleur très-pâle, recouvert d'un épiderme d'un blanc argentin, non fendillé. Cet épiderme est recouvert, par places, d'une matière rougeâtre, comme micacée, dans laquelle la loupe fait encore découvrir quelques fibres blanches, et qui doit être un reste d'une couche épidermoïdale détruite. La cassure de l'écorce est fibreuse, mais à fibres très-courtes, et on y distingue, à la simple vue, une infinité de points blancs perlés, qui, examinés à la loupe, paraissent être une exsudation particulière, ou un sel implanté sur les fibres ligneuses; sa saveur est légèrement acide, amère, et ensuite sucrée. Je crois que ce quinquina est le même que celui de la Nouvelle-Carthagène, dont je vais parler; seulement il présente, dans un degré plus éminent, ces points blancs perlés qui le distinguent des précédens.

Troisième sorte : *Quinquina jaune de la nouvelle Carthagène.*

477. J'ai trouvé, sous cette dénomination, chez M. Marchand, deux écorces bien différentes par leur grosseur, mais que je crois provenir du même arbre. L'une, mince

et plate, ne diffère, de celle que je viens de décrire, que parce que les points blancs perlés y sont moins apparens, et qu'elle est presque insipide.

478. La seconde est composée d'un épiderme épais de deux à trois lignes, et d'une partie ligneuse qui en a quatre ou cinq. L'épiderme est formé d'une matière jaune rougeâtre entièrement micacée, séparée en plusieurs couches par des lames d'un gris argentin; il est insipide et aussi désagréable à mâcher que celui du liége. La partie ligneuse est également d'un jaune rougeâtre, extrêmement fibreuse, légère, spongieuse sous la dent et insipide; la loupe y fait apercevoir des points blancs, opaques; sa poudre est d'une couleur orangée foncée. Ce quinquina est bien celui que M. Virey nomme de même *quinquina de la Nouvelle-Carthagène*, et qu'il attribue au *Portlandia hexandra*, Jacq.

479. *Examen chimique des Quinquinas jaunes.* Ces quinquinas ont été, dès l'abord de leur arrivée en Europe, le sujet des expériences d'un grand nombre de chimistes, qui tous y ont reconnu, plus ou moins, la présence d'une matière résinoïde, d'une matière gommeuse, de l'acide gallique, ou autre, de quelques sels, etc. Mais le plus marquant de ces travaux est sans contredit celui de M. Deschamps, pharmacien de Lyon, qui est parvenu à retirer, d'une livre de quinquina jaune, jusqu'à trois onces d'un sel cristallisé, à acide végétal et à base de chaux, qu'il a nommé *quinquinate de chaux*. Il a reconnu que le quinquina rouge et le gris en contenaient également, mais en bien moindre quantité, et beaucoup plus difficile à séparer des principes résineux et extractifs. Le procédé de M. Deschamps se trouve dans les *Annales de Chimie*, tome XLVIII, page 65.

M. Vauquelin, dans des expériences semblables à celles dont j'ai déjà rendu compte, a opéré sur quatre sortes de quinquina jaune, qui sont ses 1re., 8e., 14e. et 17e. espèces. J'en offre, ci-joint, le tableau auquel je joins,

ESPÈCES.	CARACTÈRES DE L'ÉCORCE.	CARACTÈRES DU MACÉRÉ.	TEINTURE DE TOURNESOL.	GÉLATINE.	TAN.	ÉMÉTIQUE.	SULFATE DE FER.	SULFATE DE CUIVRE.	SULFATE DE SOUDE.	OXALATE D'AMMONIAQUE.	ACTIONS DIVERSES.
(1). *Quinquina jaune royal.*		Jaune; très-amer, légèrement astringent.	Rougit très-sensiblement.	Ppté blanc floconneux abondant.		Ppté blanc jaunâtre.	Couleur verte de bile; précipité *idem*.	Ppté jaune rougeâtre.		Dépôt d'oxalate de chaux.	La décoction se trouble en refroidissant.
(8). *Quinquina jaune.*	(*Cinchona pubescens.*)	Jaune d'or, très-amer, moussant par l'agitation.	o.	o.		Ppté blanc jaunâtre.	Couleur verte foncée, sans précipité.				L'alcohol gallique y forme un ppté qu'un excès redissout et que l'eau fait reparaître; contient beaucoup de sel calcaire.
(14). *Q. orangé de Santa-Fé.*	Couleur cannelle; épais, sans épiderme, fibreux; non astringent.	A peine coloré; très-amer.		o.		o.	Verdit sans précipiter.				Ne précipite pas la noix de galle.
(18). *Q. jaune de Cuença.*	Venant de branches de 4 à 6 ans. Avarié.	Ni amer, ni astringent.		o.	o.	o.	Verdit sans précipiter.				Écorce grise à l'extérieur, couverte d'un lichen blanc; d'un jaune brun à l'intérieur; fibreuse, presque sans saveur.
Q. jaune en écorces.	(467).	Jaune fauve; très-amer styptique.	Rougit.	Trouble et précipité.	Précipité.	Précipité.	Liqueur verte; précipité vert bleuâtre.	Ppté blanchâtre abondant.	Précipité.	Ppté très-abondant.	
Quinquina jaune mondé.	(470 et 471).	Jaune fauve; très-amer astringent.	*Idem.*	Ppté blanc abondant.	*Idem.*	Ppté très-abondant.	Liqueur et ppté verds.	Ppté blanchâtre.	Ppté très-abondant.	*Idem.*	
Calisaya de Plancha.	(468 et 472).	Jaune, très-amer.	*Idem.*	Trouble ou ppté blanc.	Précipité.	Comme le n°. 471.	N°. 471.	Ppté blanchâtre très-abondant.	Comme le n°. 471.	*Idem.*	
Quinquina jaune orangé.	(473).	Jaune fauve, très-amer.	*Idem.*	N°. 471.	Précipité très-abondant.	N°. 471.	N°. 471.	N°. 471.	N°. 471.	*Idem.*	
Quinquina jaune plat.	(474).	*Idem.*	*Idem.*	Grand trouble.	*Idem.*	N°. 471.	N°. 471.	N°. 471.	N°. 471.	*Idem.*	La noix de galle forme dans tous ces quinquinas un précipité très-abondant.
Gros Calisaya dit Santa-Fé.	(475).	Jaune pâle, amer.	*Idem.*	Ppté blanc.	Précipité rougeâtre.	Ppté blanc abondant.	Ppté bleuâtre qu'un excès redissout; liqueur verte foncée.	o.	o. ou léger louche.	Ppté abondant.	Précipité moins abondant.
Q. Carthagène mince.	(476 et 477).	Presque incolore, saveur amère peu sensible.	*Idem.*	Léger louche.	Grand trouble.	Trouble.	Liqueur verte sans précipité.	o.	o.	Précipité.	
Q. Carthagène épais.	(478).	Incolore, saveur amère.	o.	o.	Précipité.	o.	Verdit à peine.	o.	o.	Grand trouble.	

comme j'ai déjà fait, les résultats que j'ai obtenus avec les sortes que j'ai décrites (Voyez le *tableau* 480).

481. En comparant les quinquinas examinés par M. Vauquelin, avec ceux que j'ai traités, et en mettant de côté quelques différences qui peuvent être accidentelles, on voit que l'espèce que M. Vauquelin a nommée *Quinquina jaune royal*, est la même que le *calisaya de plancha* de M. Laubert : je ne sais à quelle sorte rapporter celle que M. Vauquelin nomme seulement quinquina jaune; son quinquina orangé de Santa-Fé a beaucoup de rapport avec le quinquina de Carthagène épais.

482. En comparant mes résultats entre eux, on voit que le quinquina jaune royal, ou calisaya, précipite la gélatine, le tan, l'émétique, les sulfates de fer, de cuivre et de soude, l'oxalate d'ammoniaque, la noix de galle; on voit, comme je le disais précédemment, que le calisaya de Santa-Fé de M. Laubert est du calisaya ordinaire d'une qualité inférieure.

La chose qui m'a le plus surpris, a été de voir que les quinquinas jaunes numérotés 473 et 474, et surtout le premier, m'aient donné des résultats tout-à-fait semblables à ceux des numéros 470 et 471. Cela joint à ce que les premiers m'ont présenté des indices d'une organisation semblable à celle des seconds (473), me force à conclure que tous ces quinquinas sont produits par une même espèce botanique. Mais alors que ce soit par le *C. lancifolia* ou par le *C. cordifolia*, que deviendra l'autre espèce ? est-ce que ses produits sont tout-à-fait nuls pour le commerce ? ou bien faut-il admettre que deux espèces botaniques différentes, mais voisines, puissent donner des écorces semblables par leurs propriétés chimiques, quoique déjà dissemblables par leurs caractères physiques ? Je ne le crois pas ; je ne crois pas non plus que les produits de l'une ou de l'autre espèce soient nuls pour le commerce; je pense que le quinquina jaune royal, ou calisaya, est produit par le *C. cordifolia*, et que les écorces du *C. lancifolia* se trouvent confondues avec celles du *C. nitida* dans les quinquinas gris.

483. M. Vauquelin a obtenu avec son quinquina royal et le sulfate de cuivre un précipité jaune rougeâtre. Tous les miens m'ont donné un précipité blanchâtre, ce qui m'a fait penser que ce précipité pouvait n'être en partie que du sulfate de chaux formé par la double décomposition du sulfate de cuivre et du kinate de chaux; alors j'ai remplacé le sulfate de cuivre par le sulfate de soude; et, comme on peut le voir, tous les quinquinas jaunes de bonne qualité ont formé un précipité blanc avec ce réactif. Or, comme aucun quinquina gris, et presqu'aucun quinquina rouge, ne présentent ce caractère, le sulfate de soude offre un excellent moyen de reconnaître les quinquinas jaunes de bonne qualité. Tous ces quinquinas contiennent tellement de kinate de chaux, qu'il suffit de les triturer un instant avec de l'eau, pour en former une forte dissolution calcaire.

Si c'est M. Deschamps qui a signalé le premier ce sel calcaire, c'est M. Vauquelin qui en a isolé l'acide et nous a fait connaître que ces propriétés étaient différentes de celles des autres acides végétaux (*Ann. Chim.* LIX. 162.). M. Vauquelin a nommé cet acide *acide kinique*, et son sel calcaire, *kinate de chaux*. Aujourd'hui, d'après l'observation de M. Reuss que ces noms pourraient également convenir à des produits analogues du suc kino, on s'accorde à nommer l'acide et le sel du quinquina, *acide cinchonique* et *cinchonate de chaux*.

Des quinquinas rouges.

Première variété : *Quinquina rouge orangé fin.*

484. Cette écorce a l'apparence extérieure du quinquina gros lima; elle est tout-à-fait roulée, et souvent en deux parties qui se rejoignent au milieu; son épiderme est très-mince, généralement et uniformément blanc, offrant quel-

quefois des taches jaunes dues à un très-petit cryptogame grenu implanté sur sa surface; cet épiderme est fendillé longitudinalement, avec quelques fissures transversales à des espaces assez éloignés. L'écorce, proprement dite, est d'un rouge orangé, unie à l'extérieur, d'une ligne d'épaisseur, très-dure, très-compacte, fibreuse seulement à l'intérieur, d'une saveur amère-astringente très-prononcée, aromatique, finissant par être sucrée. La poudre est d'une couleur orangée rouge.

Deuxième variété : *Quinquina rouge roulé fin.*

485. Ce quinquina diffère du précédent par une surface plus rugueuse, et une couleur grise assez foncée; il a des fissures transversales plus rapprochées, une couleur intérieure d'un rouge beaucoup plus pur et plus foncé. Il offre le même cryptogame jaune. L'épaisseur de l'écorce est de deux à trois lignes; sa cassure est nette à l'extérieur, fibreuse à l'intérieur. La dureté et la saveur varient également : l'extérieur est très-dur sous la dent et jouit d'une saveur astringente aromatique, très-prononcée; l'intérieur est un peu spongieux et peu sapide.

Troisième variété : *Quinquina rouge de Santa-Fé.*

486. Ce quinquina est entièrement roulé, bien cylindrique, de la grosseur du pouce, très-rugueux à l'extérieur, marqué en tous sens de nombreuses fissures, et, de distance en distance, d'autres fissures transversales plus apparentes. Son épiderme est mince, très-adhérent à la partie ligneuse, gris-foncé, chargé de taches jaunes dues au même cryptogame dont j'ai déjà parlé. L'écorce même est d'un rouge assez prononcé. Tous ces caractères se rapportent avec ceux du quinquina précédent; mais voici ce qui distingue celui de Santa-Fé : Il est pâteux sous la dent, non amer, mais acide et un peu astringent, à peu près

comme certains faux sucs d'acacias. Il est comme fragile, et casse ordinairement, sous l'effort des mains, par un plan perpendiculaire à l'axe. Sa cassure est très-peu fibreuse, et cependant elle n'est pas nette comme celle des quinquinas chargés de résine ; elle est inégale. Enfin cette cassure offre le singulier caractère de blanchir au bout de quelque tems, sur-tout à la partie interne, et si alors on l'examine à la loupe on voit qu'il s'y est formé une sorte d'exsudation blanche, grenue.

Quatrième variété : *Quinquina rouge verruqueux roulé.*

487. L'épiderme de ce quinquina est quelquefois jaune ou blanc et un peu fongueux ; d'autrefois mince, d'un gris rouge et très-adhérent au bois. Dans les deux cas, lorsqu'on le gratte avec un couteau, on met à nud la partie ligneuse, qui est d'un rouge brun et chargée de verrues ou d'autres proéminences de formes variées. Cette écorce a une saveur styptique, aromatique, teint fortement la salive en rouge, et donne une poudre d'un rouge orangé foncé.

Cinquième variété : *Quinquina rouge verruqueux en grosses écorces.*

488. Ce quinquina se présente sous un grand nombre d'aspects différens, en raison du plus ou moins de développement que prend son épiderme qui, tantôt est mince, tantôt est épais et fongueux : j'en ai trois formes principales sous les yeux.

1re. *Forme.* Épiderme mince, blanchâtre, marqué de très-petites fentes irrégulières ; offrant quelques portions fongueuses plus élevées. Partie ligneuse très-chargée de verrues.

2e. *Forme.* Épiderme épais, mais dur, marqué de profondes crevasses transversales et ressemblant entièrement à celui du Q. calisaya en grosses écorces. Il en diffère cependant : *A.* parce qu'on y découvre très-peu de ces fibres blanches qui font ressembler l'épiderme du Q. calisaya à une peau chargée d'un poil ras ; *B.* par sa belle couleur rouge foncée à l'intérieur, et par la couleur grise des lames qui séparent ses différentes couches, tandis que dans le calisaya, ces lames sont brunes et plus foncées que la substance qu'elles renferment. *C.* Cette substance rouge possède une amertume et une astringence marquées, quoique beaucoup moins fortes que celles de la partie ligneuse ; cette même substance est insipide dans le calisaya.

3°. *Forme.* Epiderme très-fongueux, pulvérulent, séparé de même par des lames grises, d'un aspect micacé.

Dans ces deux formes, la partie ligneuse est également très-inégale et marquée de verrues, et, dans les trois, elle est d'un rouge vif et d'une saveur amère astringente très-marquée (ces deux propriétés diminuent de l'extérieur à l'intérieur) ; sa cassure est toute fibreuse, mais sa coupe opérée à l'aide de la scie est lisse et très-résineuse à l'extérieur.

Sixième variété : *Quinquina rouge orangé verruqueux.*

489. Ce quinquina, comme tous les autres, est roulé dans ses petites écorces, plus ou moins ouvert dans les moyennes, plat dans les grandes.

Dans toutes, l'épiderme est étendu uniformément et sans crevasses ; d'une couleur grise-rougeâtre, grise orangée ou verdâtre : cet épiderme est remarquable par un très-grand nombre de points proéminens, rangés avec une sorte de régularité, répondant aux parties verruqueuses du liber, et qui, ayant été plus exposés au frottement que les parties environnantes, sont en général usés et d'une couleur orangée. La partie ligneuse a des propriétés semblables à celles des variétés précédentes ; seulement elle est d'un rouge beaucoup plus pâle ; ou d'un rouge orangé. Aussi ce quinquina constitue-t-il, avec la première variété, la sorte qui porte dans le commerce le nom de *quinquina rouge pâle*; et, comme on recherche davantage le rouge foncé, quelques droguistes lui donnent la teinte qui lui manque par différens moyens qu'il est inutile de rapporter.

490. *Examen chimique des Quinquinas rouges.*

Fourcroy, pour faire l'analyse du quinquina rouge, en a épuisé, en différentes fois, une once par quatorze livres d'eau distillée. Les premières décoctions, qui étaient d'un rouge orangé, se troublaient fortement par le refroidissement, et laissaient précipiter une matière rouge-orangée pulvérulente; les dernières se coloraient et se troublaient à peine.

Ces décoctions évaporées et refroidies ont laissé déposer une grande partie de la matière colorante, qui en a été séparée par ce moyen; et, en dernier résultat, elles se sont réduites presque à rien.

Le produit total de l'évaporation pesait trente-huit grains, sur lesquels l'eau froide a eu peu d'action. Cependant la liqueur filtrée rougissait le tournesol, noircissait le sulfate de fer, était précipitée par l'eau de chaux qui en dégageait en outre de l'ammoniaque: d'autres essais y ont démontré la présence de l'acide muriatique et de la chaux.

Le quinquina épuisé par l'eau a été traité par l'alcohol, et lui a fourni vingt-quatre grains d'une matière rouge, semblable à celle qui avait été enlevée par l'eau, si ce n'est que celle-ci est insoluble dans l'alcohol, par suite de quelque altération qu'elle a dû éprouver pendant sa longue coction.

Le résidu, pesant encore sept gros, s'est dissous presque entièrement dans une lessive de soude caustique. Ce résidu devait être du ligneux, encore combiné à de la matière colorante rouge.

En résumé on voit, par cette analyse, qu'une once ou cinq cent soixante-seize grains de quinquina rouge contiennent environ cent grains d'une matière colorante

ESPÈCES.	CARACTÈRES DE L'ÉCORCE.	CARACTÈRES DU MACÉRÉ.	TEINTURE DE TOURNESOL.	GÉLATINE.	TAN.	ÉMÉTIQUE.	SULFATE DE FER.	SULFATE DE CUIVRE.	SULFATE DE SOUDE.	OXALATE D'AMMONIAQUE.	ACTIONS DIVERSE
Quinquina de Santa-Fé. (2. 16).	Extérieur gris, intér. rouge; épais peu roulé; saveur astringente peu amère.	Rougeâtre, peu amer, mais astringent.	Rougie.	Flocons rougeâtres ou ppté brun.	o.	o.	Verdit sans ppté, ou ppté vert-foncé.	Ppté brun rougeâtre.		Dépôt d'oxalate de chaux.	
Q. rouge faussement appelé Q. Piton. (5).		Rouge-orangé, amer astringent.		Précipité rougeâtre.		Ppté blanc jaunâtre.	Ppté vert.				
Cinchona magnifolia. (10).		Rouge-rubis, peu mucilagineux, légèrement amer, très-astringent	o. ou rougie.	Ppté abondant.		o.	Belle couleur verte d'oxide de chrôme.				
Q. Q. rouge orangé et rouge roulé fin.	(484 et 485).	Jaune, très-amer.	Rougie.	Louche.	Ppté abondant.	Ppté très-abondant.	Précipité gris-noirâtre.		Louche et flocons rouges.	Ppté abondant.	Le ppté gris noirâ formé par le sulf. de se redissout dans un cès de sulfate; lique verte: plus tard il reforme un ppté ver
Quinquina de Santa-Fé.	(486).	Jaune pâle, amer.	Rougie.	o.	Précipité.	Trouble.	Verdit sans précipité.	o.	o.	Précipité.	
Q. rouge verruqueux.	(487 et 488).	Jaune; très-amer, acide.	Rougie fortement.	o.	Ppté rouge.	Précipité.	Couleur vert de bile.	o.	o.	Léger précipité.	Précipite abonda ment la noix de gal
Q. rouge orangé verruqueux.	(489).	Jaune plus foncé, saveur amère désagréable se rapprochant du tan.	Rougie.	o.	Ppté rouge.	Précipité.	*Idem* et précipité.	o.	Ppté rougeâtre.	Précipité un peu plus abondant, rougeâtre.	*Idem.*

rouge particulière, un acide libre, un sel calcaire, un sel ammoniacal, ou peut-être seulement une substance très-animalisée, du ligneux.

La même quantité de quinquina rouge incinérée a donné treize grains d'une cendre composée de deux grains de sous-carbonate de potasse, deux tiers de grain de muriate de potasse, un demi-grain de sulfate de potasse, deux grains de magnésie, et d'environ huit grains de carbonate de chaux (*Ann. Chim.* VIII. 174.).

Voici le tableau des essais de M. Vauquelin sur les quinquinas rouges, suivis de ceux que j'ai obtenus avec les quinquinas que j'ai décrits (*Tableau* 491.).

492. En comparant mes résultats avec ceux de M. Vauquelin, j'y trouve des différences tellement grandes, qu'il m'est impossible d'en tirer aucune conséquence générale : je ne les présente donc que comme particuliers à mes échantillons. Par une raison semblable je ne pense pas que l'on doive appliquer, sans restriction, aux quinquinas rouges, l'examen particulier que M. Vauquelin a fait du macéré des quinquinas qui ne précipitent ni par le tan ni par la gélatine (*Ann. Chim.* LIX. 145), puisque tous mes quinquinas rouges, sans exception, ont précipité par ces deux réactifs.

Cette partie du travail sur les quinquinas demandera probablement à être modifiée.

Des faux Quinquinas.

Je donne à ces quinquinas le surnom de *faux*, non-seulement parce que leurs écorces jouissent de propriétés particulières qu'on ne retrouve pas dans ceux qui ont été examinés jusqu'ici, mais encore parce que deux d'entre eux appartiennent à des arbres qui, ayant leurs étamines saillantes hors de la corolle, ont été séparés du genre *cinchona* pour en former un autre sous le nom d'*exostema*. L'origine de la troisième, dite quinquina *nova*, n'est pas encore bien déterminée.

Du Quinquina Nova.

493. Cette écorce, connue depuis une quinzaine d'années, est longue d'un pied plus ou moins, roulée lorsqu'elle est petite, ouverte ou presque plate lorsqu'elle est plus grosse, ayant en général une forme parfaitement cylindrique. Son épiderme est blanchâtre, mince, uni, offrant à peine quelques cryptogames (dont un entre autres sous la forme de plaques jaunes, cireuses, mamélonnées); sans autres fissures que quelques déchirures transversales, répondant à celles du liber; et celles-ci ne me paraissent être qu'un effet de la dessication, tandis que les impressions circulaires observées dans le quinquina jaune roulé, par exemple, tiennent à l'organisation même de l'écorce. Quelquefois l'épiderme manque : l'écorce proprement dite est épaisse de une à trois lignes, d'un rouge pâle incarnat, devenant plus foncé à l'air, surtout à la surface externe qui, lorsqu'elle est privée d'épiderme, est toujours d'un rouge brunâtre : sa cassure est feuilletée à l'extérieur, fibreuse à l'intérieur; et, lorsqu'on l'examine à la loupe, on découvre, entre les fibres et surtout entre les feuillets, une très-grande abondance de deux matières grenues, dont l'une est rouge et l'autre blanchâtre, ce qui donne à la masse la couleur rosée que j'ai indiquée. Un morceau m'offre sur sa cassure déjà ancienne, plus près du bord externe que de l'interne, une exsudation jaune, transparente et brillante comme une gomme, ou une résine, et dont, en raison de sa petite quantité, il m'est impossible de déterminer la nature. L'écorce a une saveur fade, astringente, analogue à celle du tan, et une odeur faible, qui tient le milieu entre celle du tan et du quinquina gris. Sa poudre est fibreuse et d'un rouge assez prononcé.

Ce quinquina, essayé par les réactifs de la même manière que tous les précédens, m'a donné les résultats suivans, en regard desquels je place ceux offerts par l'écorce de chêne en poudre, ou *tan*.

494.

	QUINQUINA NOVA.	POUDRE DE TAN.
Couleur.	Rouge-jaunâtre.	Brune.
Odeur.	De tan.	De tan.
Saveur.	Peu sensible.	Astringente fade.
Tournesol.	Faiblement rougi.	o
Gélatine.	Précipité abondant brun-rougeâtre.	Précipité rougeâtre très-abondant.
Émétique.	o, puis louche léger.	o, puis trouble.
Sulfate de fer.	Précipité bleu.	Précipité bleu noir.
Sulfate de cuivre.	Brunit et précipite?	Précipité brun-verdâtre.
Sulfate de soude.	o	o
Oxalate d'ammoniaque.	Trouble et précipité peu abondant.	Trouble.

495. Ces résultats nous offrent trois différences remarquables avec ceux qui m'ont été fournis par les quinquinas :

La première est la couleur du macéré de quinquina nova, qui est rouge jaunâtre, tandis qu'aucun macéré de quinquina n'a eu une couleur plus foncée que le jaune doré.

La seconde est son odeur de tan.

La troisième est que le sulfate de fer y forme un précipité bleu, ce qu'il ne fait avec aucun quinquina.

Ces mêmes résultats nous offrent un rapprochement bien plus remarquable encore; c'est que le quinquina nova jouit de tous les caractères du tan ou de l'écorce de chêne; ne serait-il pas possible, d'après cela, que l'on se fût trompé en l'attribuant à un *cinchona*, ou à un arbre d'un des genres qui en ont été détachés?

Du Quinquina Caraïbe.

N'ayant pas ce quinquina, je ne puis en dire autre chose que ce qu'on en a vu (451).

Du Quinquina Piton.

(Quinquina de Sainte-Lucie ou de Saint-Domingue).

496. Cette écorce est produite par le *C. floribunda* Swartz (452). Cet arbre, qui s'élève à trente ou quarante pieds, croît surtout sur les montagnes des Antilles; et, comme, dans ces îles, le sommet des montagnes se nomme *Piton*, l'écorce en a pris le nom de *Q. Piton*. Telle que je l'ai sous les yeux, elle est roulée, cylindrique, grosse comme le doigt, recouverte d'un épiderme variable : tantôt cet épiderme est d'un gris foncé, très-mince, ridé longitudinalement; tantôt il est recouvert de plaques cryptogamiques, blanches et tuberculeuses, et marqué de légères fissures transversales; d'autrefois, enfin, il est épais, fongueux, crevassé, blanchâtre à l'extérieur, jaunâtre à l'intérieur. Dans tous les cas l'écorce elle-même est mince, légère, très-fibreuse, sans ténacité, facile à déchirer ou à fendre dans le sens de sa longueur. Sa cassure est d'un gris jaunâtre, mais sa surface interne est d'une couleur plus ou moins noire, entremêlée de fibres blanches longitudinales; son odeur, quoique faible, est nauséeuse; sa saveur est excessivement amère et désagréable. Elle passe pour vomitive, cathartique, et même pour n'être pas entièrement dénuée de propriétés vénéneuses.

497. *Analyse chimique.* Le quinquina piton donne, par la macération dans l'eau, un liquide rouge très-foncé, très-amer, ne rougissant pas le tournesol, et paraissant plutôt alcalin qu'acide.

Une livre de poudre, traitée par l'eau bouillante jusqu'à épuisement complet, a donné neuf onces cinquante-six grains d'extrait. Lorsqu'au lieu de faire évaporer les liqueurs immédiatement, on les laisse refroidir en repos, elles déposent une matière noire, molle et filante, insoluble dans l'eau froide, pesant cinq onces; par une nouvelle évaporation, jusqu'à réduction à deux ou trois livres, il s'en dépose encore deux onces deux gros : la liqueur restante, mêlée au double d'alcohol, laisse précipiter une once de principe gommeux, 1er. *principe immédiat.*

La matière gluante, précipitée par le refroidissement, ayant été traitée par l'alcohol, a laissé trois gros d'une poudre insoluble d'un rouge magnifique, contenant elle-même deux gros d'un principe colorant du plus beau rouge (2e. *principe*), et un gros de gomme.

La solution alcoholique évaporée spontanément, a laissé déposer une matière cristalline jaunâtre, 3e. *principe.*

La liqueur évaporée ayant été étendue d'eau, a formé des flocons blancs jaunâtres, qui, lavés et séchés, pesaient un gros douze grains; 4e. *principe.*

La liqueur, évaporée entièrement, a donné une sorte d'extrait (5e. *principe*), contenant une très-petite quantité de sels de potasse et de chaux.

Le résidu du quinquina épuisé par l'eau était du ligneux (6e. *principe*), contenant une assez grande quantité de carbonate de chaux.

La matière gommeuse ne différait de la gomme ordinaire, que par sa couleur brune.

La poudre rouge est un principe colorant particulier, insoluble dans l'eau et l'alcohol, soluble dans les alcalis sans décomposition, donnant de l'ammoniaque à la distillation.

La matière cristalline jaune paraît être un autre principe peu soluble dans l'eau, soluble également dans les alcalis, donnant de l'ammoniaque à la distillation.

Les flocons blancs jaunâtres, précipités par l'eau de la dissolution alcoholique de l'extrait, se ramollissent sur les charbons, y exhalent une fumée blanche très-fétide, et donnent de l'ammoniaque à la distillation. Fourcroy, auteur de l'analyse, les regarde comme une sorte de gluten.

La matière brune, qui fait les deux tiers de l'extrait, est d'une saveur très-amère, insoluble dans l'eau froide, soluble dans l'eau bouillante et dans l'alcohol, et donne un peu d'ammoniaque à la distillation (*Ann. de Chim.*, VIII. 113).

Cette analyse dont mon extrait ne peut donner qu'une faible idée, est sans contredit une des plus belles qui aient été exécutées sur une substance végétale, non-seulement pour l'époque où elle a été faite (1790), mais même pour celle-ci. Elle n'est cependant pas entièrement satisfaisante, car il n'est pas probable que le quinquina piton contienne quatre principes azotés différens : on est plutôt porté à penser que la séparation de ces principes, n'a pas été parfaite ; et c'est aussi probablement ce qui a empêché Fourcroy de les mieux caractériser.

498. M. Vauquelin ayant essayé le macéré de quinquina piton, comparativement à celui des autres quinquinas, lui a reconnu les caractères suivans :

Couleur; rouge de sang veineux.
Saveur; plus amère et plus désagréable que celui de tous les autres quinquinas.
Gélatine; 0.
Émétique; précipité abondant.
Sulfate de fer; idem.
Nitrate de mercure; idem.

Il existe encore d'autres analyses du quinquina piton, antérieures et postérieures à celles de Fourcroy, comme on peut le voir dans l'article cité de M. Laubert, p. 448 et 449.

499. Je ne puis quitter un sujet aussi important que le quinquina, sans faire quelques observations sur différens passages de M. le docteur Mérat, dans la partie du même article *quinquina*, qui lui appartient. Je sais que c'est une grande témérité à moi que de m'en prendre à si forte partie ; mais cette considération doit céder à l'utilité publique, et peut-être aussi au désir qui me presse d'alléger une accusation beaucoup trop générale, que M. Mérat fait peser sur les pharmaciens.

Notre savant médecin préfère à tous les quinquinas, le

quinquina gris. Rien de plus juste; c'est le plus anciennement connu, et c'est lui qui a fondé la réputation du quinquina; il est donc très-efficace; mais cette prédilection pour le quinquina gris conduit M. Mérat trop loin, et je doute qu'il soit approuvé de ses confrères, lorsqu'il leur dit, p. 481 :

« Ainsi l'acidité du quinquina jaune..... l'astringence du quinquina rouge..... le principe aromatique du quinquina orangé..... ne sont pas des vertus bien prouvées, et d'ailleurs ces propriétés peuvent être facilement ajoutées au quinquina ordinaire par d'autres substances médicamenteuses faciles à se procurer et à varier suivant les besoins. »

Je raisonnais en moi-même sur cette proposition, et je me demandais s'il convenait ainsi de réduire la matière médicale au seul quinquina gris, sauf à y ajouter d'autres substances médicamenteuses propres à lui donner les qualités attribuées aux autres quinquinas, tandis qu'il est si facile de se procurer ces quinquinas eux-mêmes; lorsque j'ai trouvé une autorité à mon appui; c'est M. Mérat lui-même qui nous dit, p. 529 :

« Au surplus, les différentes espèces de quinquina qu'on possède actuellement rendent ces associations presqu'inutiles. L'orangé convient très-bien lorsqu'il s'agit de joindre des aromatiques au quinquina ordinaire; le rouge, lorsqu'il est nécessaire d'y ajouter des astringens; le quinquina blanc, lorsqu'il faut modérer l'effet ordinaire de cette écorce, etc. Généralement le quinquina agit bien plus efficacement seul et sans addition, qu'avec toutes les combinaisons dues au génie des praticiens, etc.

500. *Page* 481 : « Il ne faut donc pas prendre à la lettre cette opinion de Mutis, qui ne voulait pas qu'on demandât quel était le meilleur quinquina pour l'emploi, et qui prétendait que le meilleur était, suivant le genre de la maladie, telle ou telle espèce. »

Quoi de plus raisonnable cependant que cette opinion

de Mutis ? Et pourrai-je me persuader que le quinquina gris, remarquable par son principe aromatique, et qui doit être de la même espèce que le quinquina orangé de Mutis, lequinquina jaune, si abondant en un sel calcaire soluble, le quinquina rouge gorgé d'un principe colorant rouge, pourrai-je croire que ces trois quinquinas agissent de la même manière, et qu'ils n'aient pas chacun une action particulière, plus appropriée à certains cas qu'à d'autres ?

501. *Page* 481. « C'est d'après cette opinion que M. Alibert propose de les unir ensemble, afin d'en faire un quinquina qui réunisse les propriétés particulières à chacun d'eux. »

M. Alibert a émis cette opinion à une époque où M. Vauquelin n'avait pas encore annoncé que les infusions de la plupart des quinquinas se précipitent réciproquement; mais je doute qu'il la conçut à présent; car il résulte évidemment du fait dont je parle, que le mélange de diverses espèces de quinquina ne peut donner lieu qu'à un médicament moins efficace que les mêmes espèces prises séparément, puisque plusieurs de leurs principes se neutralisent réciproquement, et se séparent même tout-à-fait du médicament préparé, dans le cas où l'eau en est l'excipient.

502. *Page* 482. « Les jeunes écorces et les très-vieilles sont moins puissantes : on a remarqué qu'elles étaient plus acides dans le premier cas et qu'elles contenaient plus de tannin et de résine dans le second. »

Je n'ai pas remarqué de différence bien sensible dans l'acidité des jeunes et des vieilles écorces; je ne me fais pas encore une idée bien nette des rapports qui peuvent exister entre la résine des quinquinas et leur propriété tannante; mais j'ai toujours observé, en général, que les écorces âgées étaient plus riches en un principe résinoïde presqu'insoluble dans l'eau, et les plus jeunes au contraire, riches en un principe soluble dans l'eau, tannant et précipitant la gélatine.

503. *Page* 487. « La crainte de la falsification des écorces doit engager tous les pharmaciens à toujours acheter des droguistes des quinquinas en écorces, et jamais en poudre, *comme le font la plupart d'entre eux*, et surtout ceux des provinces. Il est à la vérité à meilleur marché, et cela leur évite la peine de le pulvériser, etc. »

Sans doute il y a des pharmaciens peu jaloux de leur art et peu consciencieux; mais à quoi faut-il attribuer cette déviation d'hommes honnêtes et généralement élevés dans des sentimens généreux, si ce n'est à la multiplicité des officines qui les met en contact avec le besoin. Malgré cela faut-il dire avec M. Mérat, que la plupart le font? Je ne le crois pas.

504. *Page* 487. « Il faut qu'un pharmacien honnête choisisse lui-même ses écorces et les fasse pulvériser sous ses yeux. Il doit d'ailleurs avoir *au moins deux qualités* de ces écorces, parce qu'il n'est pas indifférent de donner le jaune pour le gris, tandis qu'on *pourrait donner ce dernier pour l'autre sans inconvénient.* »

Et si l'on me demande du quinquina rouge, que donnerais-je? Je suis plus rigide que M. Mérat lui-même. Un pharmacien doit avoir chez lui du quinquina gris de Loxa, du Q. de Lima, du Q. jaune royal, du Q. rouge; et il ne doit pas plus donner du quinquina gris pour du jaune (malgré qu'il soit plus cher), que du jaune pour du gris; parce que ces deux écorces diffèrent dans leur composition chimique et qu'elles doivent différer dans leurs propriétés médicales.

Je suis au reste de l'avis de M. Mérat : le médecin doit spécifier le quinquina qu'il ordonne; et lorsqu'il ne le fait pas, il est utile de convenir que le pharmacien donnera du quinquina gris; je l'ai toujours vu pratiquer, et l'ai toujours pratiqué ainsi.

505. *Page* 488. « Il est heureusement du nombre de ceux qui ne s'altèrent pas avec le temps et qui, pourvu qu'ils soient abrités de l'humidité, conservent toutes leurs

vertus. Rüiz a remarqué *qu'il ne prenait pas la poussière*, comme le font le plus grand nombre des substances exotiques, et Mutis, que le plus ancien était toujours le meilleur, sans doute parce que ses principes se combinent mieux..... Il est donc nécessaire de s'approvisionner pour long-temps de cette précieuse écorce.... Il y a un autre avantage à cela, c'est qu'on a constamment un quinquina de vertu égale..... Un pharmacien doit donc avoir toujours de *vieux* quinquina pour les cas graves etc. »

Sans doute le quinquina, convenablement abrité, est un des médicamens qui conservent le mieux leurs propriétés; mais est-il raisonnable de dire que le plus vieux soit le meilleur? L'observation de Ruiz ressemble trop à une puérilité pour qu'il soit nécessaire de la combattre bien sérieusement : du quinquina conservé dans une caisse non couverte serait-il doué d'une faculté répulsive propre à écarter la poussière qui voltige dans l'air, et qui sans cela tomberait autant sur lui que sur tous les corps environnans? est-ce bien là ce que Ruiz a voulu dire? Quant à l'opinion de Mutis je crois l'avoir vue rapportée quelque part, mais seulement en ce sens, que les écorces les plus âgées sur l'arbre sont préférables aux plus jeunes; si elle est telle que l'interprète notre savant médecin, je la combats comme une des plus funestes qui puissent s'établir.

D'abord cette opinion est contraire à ce que nous observons journellement sur toutes nos drogues simples, que nous sommes obligés de rejeter au bout d'un certain temps, lorsque leur saveur et leur odeur progressivement diminuées ne nous laissent plus voir en elles que des médicamens infidèles; et elle est surtout contraire au quinquina gris préféré par M. Mérat à tous les autres, par la raison qu'étant le plus aromatique de tous, c'est celui qui a le plus à perdre par la vétusté. Sans être de l'avis de celui qui, l'année dernière, pensait à guérir des fièvreux en leur faisant respirer l'odeur du quinquina, je ne crois pas que son principe aromatique soit absolument inerte. D'ailleurs

Mutis, qui regardait le quinquina gris comme appartenant à la même espèce que son quinquina orangé, attribuait à celui-ci *une action spéciale sur le système nerveux*, à cause de son arome (p. 419).

Mais ce n'est pas là le plus grave inconvénient de l'opinion émise par M. Mérat. En conseillant aux pharmaciens d'avoir chez eux de vieux quinquina pour les cas les plus graves, n'est-ce pas dire également aux droguistes et aux négocians de le laisser vieillir dans leurs magasins, pour en augmenter le prix et la qualité; et ne semble-t-il pas déjà les entendre nous dire, pour toute réponse à nos observations sur sa couleur terne, son odeur nulle, sa saveur peu marquée: *c'est du vieux quinquina?*

Que cette opinion s'établisse, et un jour peut-être on traitera de fable la propriété fébrifuge du quinquina tombé en désuétude!

De l'écorce de Sureau.
Cortex sambuci. — Off.

506. *Sambucus nigra* L. Pentandrie trigynie; dicotylédones monopétales épigynes à anthères distinctes, famille des caprifoliées.

Car. gén.: Calice à 5 dents; corolle en roue à 5 divisions; 5 étamines; 1 style; 1 stigmate; baie à 3 ou 4 graines; fleurs en cime. — *Car. spéc.*: Cimes à 5 branches; feuilles pinnées; folioles sous-ovales dentées; tige d'arbre. (— *Car. spéc.* de l'*ièble*, *Sambucus Ebulus* L.: Cimes à 3 branches, stipules foliacées; tige herbacée.)

Le sureau est un arbuste qui répand une odeur désagréable, et dont le bois très-léger renferme un canal médullaire très-large, surtout dans les jeunes branches. Ces jeunes branches poussent très-rapidement, et sont recouvertes d'un épiderme vert d'abord, mais qui ne tarde pas à devenir gris et parsemé d'aspérités. C'est la seconde écorce de ces branches que l'on emploie en médecine.

Pour la recueillir, on coupe les branches du sureau, on racle légèrement, avec un couteau, l'épiderme gris, puis on enlève par lambeaux l'écorce verte qui est dessous, et on la fait sécher. Cette écorce est alors sous la forme de lanières très-fines, d'un blanc verdâtre, d'une saveur douceâtre astringente, d'une odeur faible. Elle est vomitive et purgative à la dose d'une once par pinte de décoction. Elle est employée dans l'hydropisie.

L'écorce d'ièble a les mêmes propriétés.

La fleur de sureau est aussi usitée, et même l'est beaucoup plus que l'écorce. Sur l'arbre elle est disposée en très-belles cimes blanches et fort odorantes : séchée, elle est d'un très-petit volume, jaune et d'une odeur encore forte et agréable. On en prépare une eau distillée, un vinaigre aromatique, et différentes préparations magistrales. Elle est sudorifique et résolutive.

Enfin on récolte la baie de sureau pour en tirer le suc et le réduire en extrait. Ces baies sont grosses comme de petits pois, presque noires et remplies d'un suc rouge foncé, passant au violet par les alcalis, et au rouge vif par les acides. On les nommait autrefois *grana actes*, ce qui ne veut rien dire autre chose que graine de sureau, ἀκτὴ étant le nom grec de l'arbre.

De l'écorce de Tamarisc.

Cortex tamaricis. — Off.

507. *Tamarix gallica* L. Pentandrie trigynie; dicotylédones polypétales périgynes, famille des portulacées.

Car. gén. : Calice à 5 dents; corolle à 5 pétales, capsule uniloculaire trivalve; semences aigrettées. — *Car. spéc.* : Fleurs pentandres (l'autre espèce, le *Tamarix germanica*, a les fleurs décandres).

Le tamarisc est un arbre de moyenne hauteur, qui croît en Italie, en Espagne et dans le midi de la France, dans les lieux humides. On le cultive aussi dans nos jardins. Ses feuilles sont très-menues, approchantes de celles du cyprès ou de la sabine, mais d'un vert plus pâle et jaunâtre, et non odorantes. Son écorce sèche est légère, d'un gris brun ou verdâtre à l'extérieur, rouge à l'intérieur, et se séparant, lorsqu'on la casse, en lames plates, dont chaque surface est chagrinée, et qui, lorsqu'elles sont très-minces, offrent un réseau hexagone allongé, très-propre à démontrer la manière dont les fibres des écorces, en général, forment des mailles en se déjetant alternativement à droite et à gauche, et en se soudant aux points de contact.

L'écorce de tamarisc a une saveur astringente, légèrement nauséeuse et très-faiblement amère. Elle donne beaucoup de potasse par sa combustion. Elle est peu employée en médecine.

De l'écorce de Winter nommée aussi Costus âcre.

Cortex winteræ. — Off.

508. Cette écorce a pris son nom de *Winter*, commandant de vaisseau parti avec Drake en 1577, pour faire le tour du monde, et qui, obligé par la tempête de séjourner au détroit de Magellan, abandonna le chef de l'expédition, et revint en Angleterre en 1579, apportant avec lui cette écorce, dont il fit usage, comme d'épice, durant la traversée. Il crut pouvoir attribuer à son emploi la guérison du scorbut, dont son équipage fut attaqué, et lui donna par-là une sorte de célébrité.

L'écorce de winter vient donc des terres magellaniques. L'arbre qui la produit a été nommé, par Solander, *Winterana aromatica*; par Forster et Linné jeune, *Drymis winteri*; enfin, par Murray, *Wintera aromatica*, nom qui doit être définitivement adopté ; cet arbre appartient à la polyandrie polygynie de Linné, et à la famille des azédarachs ou des méliacées de Jussieu.

L'écorce de winter est en morceaux roulés, qui ont ordinairement un pied de long, et dont le diamètre varie de trois quarts de pouce à deux pouces, et l'épaisseur de deux à trois lignes ; elle est ordinairement raclée à l'extérieur, assez lisse et grise, ou d'un gris rougeâtre sale ; l'intérieur du tube est de la même couleur, et d'autres fois noirâtre ; les plus gros morceaux sont intacts à l'extérieur, et médiocrement rugueux (1). Cette écorce a une cassure compacte, grise vers la circonférence, rouge à l'intérieur, et offrant ordinairement une ligne de démarcation très-sensible. Elle a une odeur de basilic et de poivre mêlés, qui devient tellement forte par la pulvérisation, qu'on ne peut plus la comparer qu'à celle de l'essence de térébenthine. Sa saveur est âcre et brûlante ; sa poudre a la couleur de la poudre de quinquina.

Un dernier caractère de cette écorce, est de présenter, çà et là, à sa surface, des taches rouges elliptiques, qui sont des vestiges de tubercules étoilés, s'élevant, dans l'état naturel, au-dessus de l'épiderme. L'écorce de winter est encore usitée ; elle entre dans le vin diurétique amer de la Charité.

DIVISION IV. — *Des Bulbes et des Bourgeons.*

Je range, dans cette même et courte division, les bulbes et les bourgeons, parce que, comme je l'ai dit dans les généralités précédemment exposées, une bulbe n'est qu'un bourgeon permanent, et qu'il est temps, tout en reconnaissant une chose que personne ne conteste plus, que quelqu'un commence à séparer les bulbes des racines.

De la bulbe d'Ail.

Bulbus allii. — Off.

509. *Allium sativum* L. Hexandrie monogynie ; monocotylédones à étamines périgynes ; famille des liliacées.

(1) Il paraît que ce sont ces grosses écorces de winter qui se trouvent désignées dans Lemery sous le nom d'*écorce Caryocostin.*

Car. gén. : Fleurs en tête enveloppées d'une spathe ; calice ouvert à 6 divisions profondes ; 6 étamines, 1 style ; capsule triloculaire. — *Car. spéc.* : Tige bulbifère à feuilles planes ; bulbe composée ; étamines à 3 pointes.

Cette plante est pénétrée d'un suc âcre, volatil, et qui réside surtout dans sa bulbe. Cette bulbe est composée de *cayeux*, dont chacun est muni de ses enveloppes. Elle a une saveur âcre et caustique, une odeur forte, irritante et très-tenace. Elle incommode surtout les yeux lorsqu'on la monde de ses pellicules ou qu'on la pile. Elle est usitée comme assaisonnement. Elle est aussi anthelmintique et prophylactique, et entre dans la composition du vinaigre des quatre voleurs. Elle contient beaucoup de mucilage, du soufre, et une huile volatile pesante et caustique.

Autres espèces usitées dans l'art culinaire :

L'Ognon, *Allium Cepa* L.

L'Échalotte, *Allium Ascalonicum* L.

La Civette, *Allium Schœnoprasum* L.

Le Porreau, *Allium Porrum* L.

La Rocambolle, *Allium Scorodoprasum* L.

De la bulbe de Lys.

Bulbus lilii. — Off.

510. *Lilium candidum* L. Mêmes classes et ordres que les précédens.

Car. gén. : Calice coloré en cloche, à 6 divisions profondes, portant des lignes nectarifères longitudinales ; 6 étamines ; 1 style ; 3 stigmates épais ; capsule allongée, triangulaire, triloculaire, dont les valves sont réunies à l'aide de poils entrelacés. — *Car. spéc.* : feuilles éparses ; calice en cloche, glabre en dedans.

Cette plante fait l'ornement des jardins par la beauté de ses fleurs qui sont disposées en grand nombre le long du sommet de la tige, et d'une blancheur éblouissante. Elles sont douées d'une odeur très-agréable d'abord, mais qui ne tarde pas à porter à la tête. On en prépare en pharmacie une eau distillée et une huile par infusion.

Les bulbes de lys sont fort grosses et composées d'écailles ou feuilles avortées courtes, épaisses et peu serrées. On les emploie en cataplasme, étant cuites sous la cendre. Elles sont émollientes.

De la bulbe de Scille.
Bulbus scillæ. — Off.

511. *Scilla maritima* L. mêmes classes et ordres que les précédens.

Car. gén. : Calice coloré à 6 divisions très-profondes, ouvertes, tombantes; 6 étamines; tous les filets aplatis, également dilatés à la base; 1 style; 1 capsule à 3 loges. — *Car. spéc.* : Fleurs nues; bractées déchirées.

La bulbe de scille est très-volumineuse, composée de tuniques serrées, rouge ou blanche selon la variété de la plante; mais la rouge est la seule usitée en médecine. On nous l'envoie récente de l'Espagne et des îles de la Méditerranée. Les premières tuniques en sont rouges, sèches, minces, transparentes, presque dépourvues du principe âcre et amer de la scille; on les rejette. Les tuniques du centre sont blanches, très-mucilagineuses et encore peu estimées. Il n'y a donc que les tuniques intermédiaires que l'on doive employer. Elles sont très-amples, épaisses et recouvertes d'un épiderme blanc rosé; elles sont remplies d'un suc visqueux, inodore, mais très-amer, très-âcre et même corrosif. Ces dernières propriétés se perdent en partie par la dessiccation, et l'amertume domine alors. Pour faire sécher ces tuniques, on les coupe en lanières, on les enfile en forme de chapelets, et on les suspend dans une étuve; il faut les y laisser long-temps pour être certain de leur entière dessiccation; et il est nécessaire de les conserver dans un endroit sec, parce qu'elles attirent fortement l'humidité.

La scille est employée en poudre, en extrait, en teinture, en miel et en oximel.

Suivant M. Vogel, qui a fait l'analyse de la bulbe de scille, elle est composée d'un principe particulier (scillitine), d'une amertume excessive, soluble dans l'eau et dans l'alcohol, déliquescent, et auquel la scille doit une partie de ses propriétés; de gomme, de tannin, de citrate de chaux, de matière sucrée, de fibre ligneuse, et d'un dernier principe âcre et corrosif, mais que l'auteur n'a pu isoler (*Ann. de Chim.*, LXXXIII. 147).

Du bourgeon de Peuplier.
Gemma populi. — Off.

512. *Populus nigra* L. Diœcie octandrie; dicotylédones diclines irrégulières, famille des amentacées.

Car. gén.: Fleurs mâles en châtons cylindriques; lames du calice déchirées; corolle ou écaille caduque, renflée, oblique, entière. *Fleurs femelles :* chatons, calice et corolle comme dans les fleurs mâles; stigmate quadrifide; capsule biloculaire; beaucoup de semences aigrettées. —*Car. spéc. :* Feuilles deltoïdes pointues, dentées en scie.

Les bourgeons de cet arbre sont oblongs, pointus, longs d'environ six lignes, épais de deux, d'un vert jaunâtre, enduits d'une matière résineuse, glutineuse, très-odoriférante. On peut les faire sécher, et ils conservent encore beaucoup d'odeur et leurs autres propriétés; mais on préfère les employer récens. Ils font la base de l'onguent *populeum*.

Il y a deux autres espèces de peuplier communes dans ce pays, le *Peuplier blanc* et le *Peuplier Tremble; Populus alba* et *Populus tremula* L. Le premier se distingue du peuplier noir, par son bois qui est plus blanc, moins dur et moins nerveux; il est aussi moins gros et moins grand. Le second a été nommé *tremble*, à cause de ses feuilles qui sont dans une agitation presque continuelle, même lorsque l'air ne paraît pas sensiblement agité.

Une autre espèce non moins remarquable par sa forme conique et sa majestueuse grandeur, est le *peuplier* venu d'*Italie*, *Populus fastigiata*.

Du bourgeon de Sapin.
Gemma abietis. — Off.

513. *Abies taxifolia*; *Pinus Picea* L. Monœcie monadelphie; dicotylédones diclines irrégulières; famille des conifères.

Car. gén. : *Fleurs mâles* entourées d'un grand nombre de petites écailles imbriquées; filets des étamines réunis en faisceau. *Fleurs femelles* : cône composé d'écailles concaves, minces au sommet, renfermant chacune deux noix ailées; feuilles solitaires. — *Car. spéc.* : Feuilles échancrées.

Ce sapin a la tige droite, les branches horizontales, la tête pyramidale, les cônes redressés, l'écorce blanchâtre, le bois tendre et résineux. Il fournit beaucoup de mâts de vaisseaux et de bois de construction. Ses bourgeons qui nous viennent des pays septentrionaux, et surtout de Russie, ont une forme conique arrondie, et sont ordinairement composés de cinq ou six bourgeons latéraux, placés tout autour de la base d'un bourgeon terminal plus gros, long de six lignes à un pouce; ils sont revêtus d'écailles rougeâtres, droites, et sont tout gorgés de résine, dont une partie même est exsudée sous la forme de larmes à leur surface; leur odeur et leur saveur sont résineuses, légèrement aromatiques : on les emploie dans les affections scorbutiques, goutteuses et rhumatismales.

514. On trouve dans le commerce deux autres espèces de bourgeons que l'on substitue quelquefois aux premiers, mais qui sont produits par des arbres différens : les uns sont les bourgeons du pin sauvage, *Pinus silvestris* L. Ils viennent du Berry; sont d'une couleur plus foncée que ceux de sapin, beaucoup plus longs, cylindriques et recouverts

d'écailles recourbées en dehors et roulées en volutes. Ils sont rarement recouverts d'exsudation résineuse. Les autres sont produits par l'*Abies alba* (la sapinette blanche), et viennent d'Allemagne ; ils sont longs d'un pouce à dix-huit lignes, cylindriques, d'une à deux lignes de diamètre seulement, tout recouverts d'écailles jaunes très-petites, imbriquées très-régulièrement. Ces deux espèces de bourgeons paraissent employées en Allemagne ; en France on préfère ceux du sapin, comme étant plus résineux et plus aromatiques.

FIN DU TOME PREMIER.

ADDITION

A l'article *des Quinquinas*, page 365.

Après avoir fait connaître les résultats obtenus par différens chimistes sur la composition des quinquinas, j'ai annoncé que M. Pelletier s'occupait de leur analyse et qu'il y avait tout lieu d'espérer qu'il nous éclairerait enfin sur leur véritable nature. Cette attente n'a pas été trompée; et le travail de M. Pelletier et de M. Caventou, son habile collaborateur, se trouvant terminé en même temps que l'impression de cet ouvrage, mais non encore publié, il a eu la complaisance de m'en donner un extrait, dont il veut bien que je gratifie mes lecteurs.

Quinquina gris.

« D'après le mémoire lu à l'Institut, sur les quinquinas, par M. Caventou et par moi, le quinquina gris est composé de :

1°. Cinchonin uni à l'acide kinique (j'adopte le mot *kinique* pour l'acide);
2°. Matière grasse verte;
3°. Matière colorante rouge peu soluble (rouge cinchonique) ;
4°. Matière colorante rouge soluble (tannin);
5°. Matière colorante jaune;
6°. Kinate de chaux;
7°. Gomme;
8°. Amidon.

» Le *Cinchonin* découvert par Gomez, mais dont ce chimiste n'avait ni connu la nature alcaline, ni examiné les combinaisons, est une véritable base salifiable. Sa capacité paraît même l'emporter sur celle de la morphine, puisque le poids de sa molécule est de 38.488, tandis que celui de la morphine est de 40.250 (1).

» Le Cinchonin est à peine soluble dans l'eau; aussi sa saveur est-elle long-temps à se développer; mais dissous dans l'alcohol, ou mieux dans un acide, il a une saveur amère, sous-aromatique, en tout semblable à celle du quinquina gris.

» Le Cinchonin s'unit à tous les acides et forme des sels parfaitement neutres. Ces sels ont une saveur très-amère; la plupart sont cristallisables; la proportion de leurs élémens est constante; le sulfate, par exemple, est formé de :

Cinchonin.	100
Acide sulfurique.	13.021

» Le nitrate de cinchonin est cristallisable.

» Le muriate cristallise assez bien et en belles aiguilles; il est formé de :

Cinchonin.	100
Acide hydrochlorique.	8.961

» L'acide oxalique forme avec le cinchonin un sel neutre presqu'insoluble à froid : aussi en versant de cet acide, ou mieux encore de l'oxalate d'ammoniaque, dans un sel soluble de cinchonin, y fait-on un précipité très-blanc et abondant, qu'on pourrait prendre pour de l'oxalate de chaux; mais ce précipité est soluble dans un excès d'acide oxalique, dans l'alcohol, etc.

» L'acide gallique forme avec le cinchonin un sel neutre, également très-peu soluble : c'est à l'acide gallique

---

(1)

Strychnine.	47.625
Brucine.	51.500

Le poids de la molécule est d'autant plus fort que la capacité est plus faible.

que l'infusion de noix de galle doit la propriété de précipiter la décoction des bons quinquinas, et c'est le cinchonin qui dans ce cas est précipité. Le tannin est étranger à cet effet.

» Le cinchonin est très-peu soluble dans l'éther; il se dissout au contraire parfaitement daus l'alcohol, et *cristallise* par l'évaporation lente de ce menstrue.

» Il existe plusieurs procédés pour obtenir le cinchonin: si on lave de la matière résinoïde de quinquina avec de l'eau de potasse, on dissout toute la matière colorante rouge et jaune, et il reste une substance d'un blanc verdâtre. Cette substance, dissoute dans l'alcohol, donne des cristaux que M. Laubert a décrits avec soin, sous le nom de *matière blanche* ou *résine pure blanche* du quinquina, mais qui sont un mélange intime de cinchonin et de matière grasse. Pour en extraire le cinchonin, il faut le dissoudre dans un acide étendu (l'hydrochlorique); la matière grasse se sépare. On filtre et on décompose l'hydrochlorate par de la magnésie : le cinchonin reste mêlé à l'excès de cette base lavée, et il suffit de l'action de l'alcohol pour le redissoudre et l'obtenir à l'état de pureté.

» On peut avec plus d'avantages obtenir le cinchonin en traitant directement la matière résinoïde du quinquina par l'acide hydrochlorique, et décomposant l'hydrochlorate formé par la magnésie; mais dans ce cas, il faut employer un grand excès de magnésie pour retenir les matières colorantes rouges et les rendre insolubles dans l'alcohol, en réagissant sur elles comme il est expliqué dans le mémoire.

» L'*acide kinique*, qui était uni au cinchonin, se retrouve dans les eaux de lavage du précipité magnésien, à l'état de kinate de magnésie; on obtient ce sel en le faisant cristalliser; on le purifie par des lavages à l'alcohol, et par de nouvelles cristallisations; il peut être converti en kinate de chaux, dont on retire l'acide par le procédé de M. Vauquelin.

» L'acide kinique jouit, entre autres propriétés que nous lui avons reconnues, de celle de former par le feu un acide *pyrokinique* cristallisable, susceptible de précipiter le fer en beau vert, etc.

» La *matière grasse verte* est celle que M. Laubert a le premier signalée et décrite avec soin : il l'avait obtenue directement en traitant le quinquina par l'éther.

» La *matière colorante rouge insoluble*, ou *peu soluble*, n'est autre que le rouge cinchonique découvert par Reuss et assez bien décrit par ce chimiste ; mais nous avons trouvé à cette substance une propriété qui jette un grand jour sur la théorie des matières tannantes, c'est celle de pouvoir être changée en une sorte de tannin par l'action successive des alcalis et des acides. Nous entrons dans de grands détails sur cet objet dans notre mémoire.

» La *matière colorante rouge soluble* diffère de la précédente par sa solubilité et ses propriétés chimiques ; elle jouit des propriétés tannantes, indépendamment de l'action des alcalis : son examen nous conduit à de nouvelles considérations sur le tannin.

» La *matière colorante jaune* est soluble dans l'eau, dans l'alcohol, et précipitable par le sous-acétate de plomb, qui donne un moyen de l'obtenir dépouillée de cinchonin. Elle diffère de la matière jaune de M. Laubert, en ce qu'elle est privée du cinchonin qui donnait à celle-ci son amertume et la propriété de précipiter par la noix de galle. Elle diffère peu de la matière colorante jaune qu'on rencontre dans beaucoup de végétaux, et qui accompagne presque constamment le corps ligneux.

» Le *kinate de chaux* a été découvert par M. Deschamps. Quand on a épuisé du quinquina par l'alcohol, on retrouve ce kinate de chaux dans le résidu, et on peut l'extraire par infusion dans l'eau tiède : une décoction fournirait trop de tannate d'amidon, qui rendrait le kinate difficile à obtenir.

» Nous ne dirons rien de la gomme et de l'amidon.

Quinquina jaune ou Calisaya.

» Le quinquina jaune diffère chimiquement du précédent, en ce que le principe alcalin qu'on en retire par l'analyse se distingue du cinchonin, par plusieurs propriétés essentielles ; nous avons cru devoir nommer ce nouvel alcali *quinine*.

» La quinine s'obtient par les mêmes procédés que le cinchonin ; elle en diffère par les propriétés physiques et chimiques suivantes.

» Non combinée aux acides, elle est incristallisable ; sa teinture alcoholique évaporée lentement donne une matière translucide qui recouvre la capsule sous la forme d'un vernis ; entièrement desséchée elle est d'un blanc grisâtre et poreuse ; elle est très-soluble dans l'éther, tandis que le cinchonin l'est fort peu ; elle forme avec les acides des sels dont la plupart diffèrent complétement de ceux du cinchonin par leur forme, leur aspect et leur composition. Elle a moins de capacité pour les acides : son sulfate est formé de

Quinine.	100
Acide sulfurique.	10.9147

» Ce sel diffère entièrement par sa cristallisation du sulfate de cinchonin ; il a un aspect satiné et nacré très-remarquable ; il est peu soluble dans l'eau froide ; un excès d'acide le rend très-soluble.

» Le phosphate de quinine diffère aussi beaucoup par son aspect du phosphate de cinchonin ; mais il n'en est pas de même du nitrate qui est également incristallisable, et qui n'étant pas non plus très-soluble, lorsqu'il est neutre, se précipite par l'évaporation des liqueurs aqueuses sous la forme de gouttelettes.

» L'acétate de quinine est très-remarquable par sa grande facilité à cristalliser, par l'aspect nacré et satiné de ses cristaux, et par la manière agréable dont ces cristaux se groupent en gerbes ou en étoiles. On sait que l'acétate de cinchonin cristallise difficilement, et simplement en lamelles ou petites plaques transparentes et sans aspect nacré.

» La quinine forme avec l'acide oxalique et l'acide gallique des sels insolubles; par cette propriété elle se rapproche du cinchonin; elle paraît être plus sensible quo lui à la présence de l'acide gallique.

» Les différences qui existent entre la quinine et le cinchonin seront mieux senties par la lecture du mémoire, et l'examen de leurs sels fait dans un laboratoire ne devra, selon nous, laisser aucun doute à ceux qui répéteront les expériences.

» Le quinquina jaune diffère peu du quinquina gris par ses autres principes; nous avons consigné dans le texte les légères différences que nous y avons trouvées.

» Il n'y a pas cependant de matière gommeuse bien caractérisée dans le quinquina jaune; aussi obtient-on plus facilement le kinate de chaux qu'il contient, et le kinate de magnésie qu'on prépare en le traitant par cette base à l'instant indiqué.

Quinquina rouge.

» L'analyse de ce quinquina a offert cela de très-remarquable qu'il contient les deux alcalis propres à chacune des deux espèces précédentes, et chacun en quantité plus forte. Si, comme nous n'en doutons pas, ces *bases salifiables* constituent le principe actif des quinquinas, le quinquina rouge serait le quinquina par excellence.

» Le mémoire est terminé par un chapitre dans lequel nous cherchons à établir par la récapitulation des faits, par raisonnement et par analogie, que le principe actif du quinquina est le cinchonin pour le quinquina gris, la quinine pour le quinquina jaune, et ces deux bases pour le quinquina rouge. Nons y démontrons que toutes les matières présentées successivement comme principe actif du quinquina contenaient plus ou moins de ces bases salifiables ; que les principes indiqués comme inertes étaient ceux qui s'en trouvaient dépouillés ; nous combattons particulièrement un article du Dictionnaire des Sciences Médicales, et nous finissons par des considérations générales sur l'avantage que l'art de guérir peut tirer de l'analyse des végétaux. »

J. P.

ERRATA DU TOME PREMIER.

Pages.	Lignes.		
5	8	Ceilan	*Lisez:* Ceylan.
21	24	dune	d'une.
78	20	*poupre*	*pourpre.*
156	11	sulfure du cuivre	sulfure de cuivre.
id.	26	peintures	peinture.
158	5	*Beauvais*	de *Beauvais.*
185	14	mis	mise.
id.	18	faiseau	faisceau.
189	12	le pomme	la pomme.
201	15-16	*élœaynées*	*élœagnées.*
302	20	sassafras	de sassafras.
325	5	de l'île	l'île.
id.	10	famille	la famille.
335	29	d'une, once	d'une once.
348	26	beia	baie.
374	23	tout-à-fai	tout-à-fait.
388	17	celui	celle.

www.ingramcontent.com/pod-product-compliance
Ingram Content Group UK Ltd.
Pitfield, Milton Keynes, MK11 3LW, UK
UKHW020608230726
13926UKWH00005B/2272